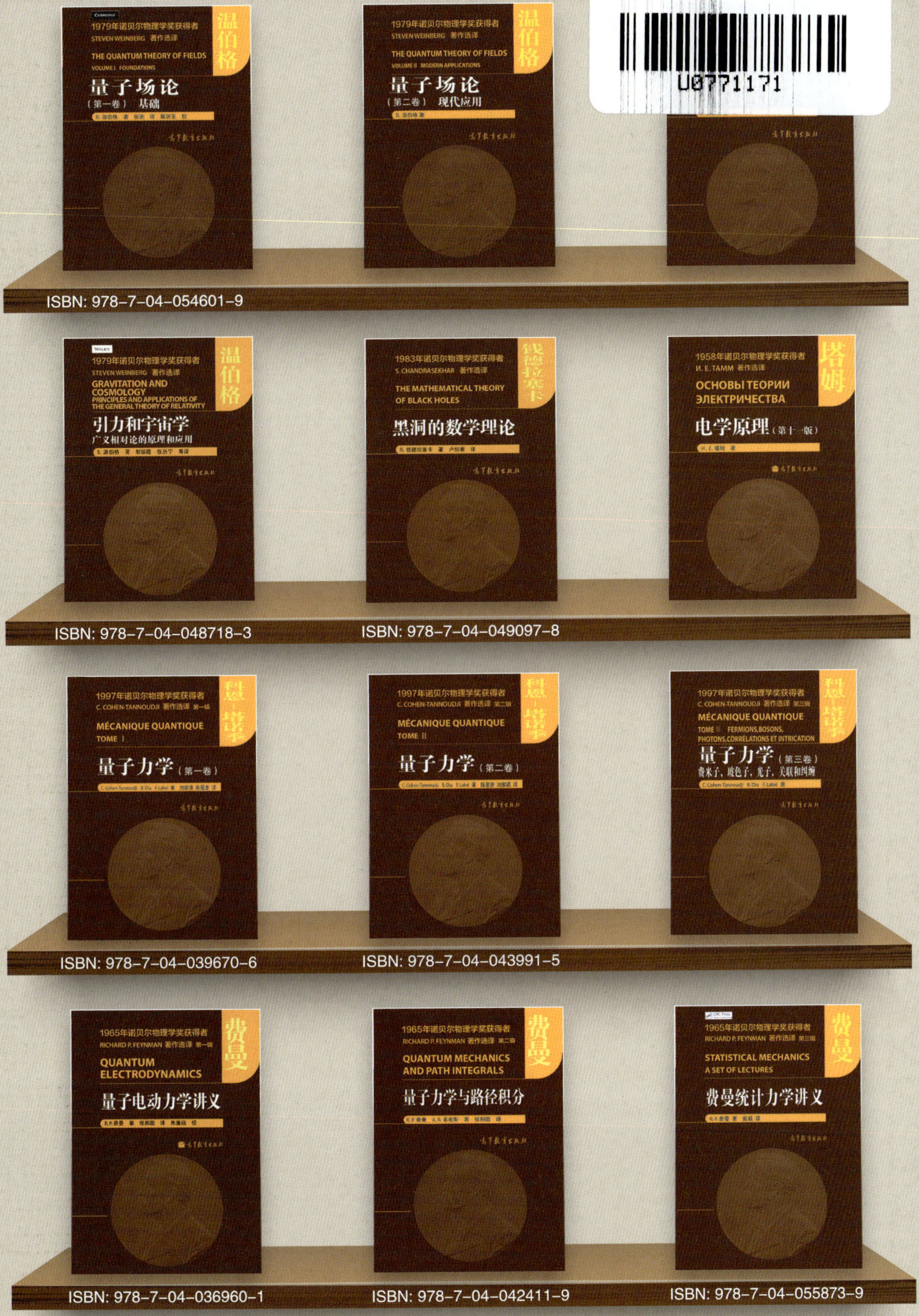

温伯格
1979年诺贝尔物理学奖获得者
STEVEN WEINBERG 著作选译
THE QUANTUM THEORY OF FIELDS
VOLUME I FOUNDATIONS
量子场论
（第一卷） 基础
温伯格
1979年诺贝尔物理学奖获得者
STEVEN WEINBERG 著作选译
THE QUANTUM THEORY OF FIELDS
VOLUME II MODERN APPLICATIONS
量子场论
（第二卷） 现代应用
ISBN: 978-7-04-054601-9
温伯格
1979年诺贝尔物理学奖获得者
STEVEN WEINBERG 著作选译
GRAVITATION AND COSMOLOGY
PRINCIPLES AND APPLICATIONS OF THE GENERAL THEORY OF RELATIVITY
引力和宇宙学
广义相对论的原理和应用
钱德拉塞卡
1983年诺贝尔物理学奖获得者
S. CHANDRASEKHAR 著作选译
THE MATHEMATICAL THEORY OF BLACK HOLES
黑洞的数学理论
塔姆
1958年诺贝尔物理学奖获得者
И. E. TAMM 著作选译
ОСНОВЫ ТЕОРИИ ЭЛЕКТРИЧЕСТВА
电学原理（第十一版）
ISBN: 978-7-04-048718-3
ISBN: 978-7-04-049097-8
1997年诺贝尔物理学奖获得者
C. COHEN-TANNOUDJI 著作选译
MÉCANIQUE QUANTIQUE
TOME I
量子力学（第一卷）
1997年诺贝尔物理学奖获得者
C. COHEN-TANNOUDJI 著作选译
MÉCANIQUE QUANTIQUE
TOME II
量子力学（第二卷）
1997年诺贝尔物理学奖获得者
C. COHEN-TANNOUDJI 著作选译
MÉCANIQUE QUANTIQUE
TOME III FERMIONS, BOSONS, PHOTONS, CORRÉLATIONS ET INTRICATION
量子力学（第三卷）
费米子、玻色子、光子、关联和纠缠
ISBN: 978-7-04-039670-6
ISBN: 978-7-04-043991-5
费曼
1965年诺贝尔物理学奖获得者
RICHARD P. FEYNMAN 著作选译
QUANTUM ELECTRODYNAMICS
量子电动力学讲义
费曼
1965年诺贝尔物理学奖获得者
RICHARD P. FEYNMAN 著作选译
QUANTUM MECHANICS AND PATH INTEGRALS
量子力学与路径积分
费曼
1965年诺贝尔物理学奖获得者
RICHARD P. FEYNMAN 著作选译
STATISTICAL MECHANICS
A SET OF LECTURES
费曼统计力学讲义
ISBN: 978-7-04-036960-1
ISBN: 978-7-04-042411-9
ISBN: 978-7-04-055873-9

А. Б. МИГДАЛ

КАЧЕСТВЕННЫЕ МЕТОДЫ В КВАНТОВОЙ ТЕОРИИ

量子理论中的定性方法

А. Б. 米格达尔 著
姬扬 译

中国教育出版传媒集团
高等教育出版社 · 北京

图书在版编目（CIP）数据

量子理论中的定性方法 /（俄罗斯）米格达尔著；姬扬译 . -- 北京 : 高等教育出版社，2025. 8. -- ISBN 978-7-04-064526-2

Ⅰ. O413

中国国家版本馆 CIP 数据核字第 2025BF3936 号

LIANGZI LILUN ZHONG DE DINGXING FANGFA

策划编辑 王　超　　责任编辑 王　超　　封面设计 王　洋　　版式设计 杨　树
责任绘图 马天驰　　责任校对 窦丽娜　　责任印制 高　峰

出版发行	高等教育出版社	网　　址	http://www.hep.edu.cn
社　　址	北京市西城区德外大街4号		http://www.hep.com.cn
邮政编码	100120	网上订购	http://www.hepmall.com.cn
印　　刷	固安县铭成印刷有限公司		http://www.hepmall.com
开　　本	787mm×1092mm 1/16		http://www.hepmall.cn
印　　张	19		
字　　数	280千字	版　　次	2025年8月第1版
购书热线	010-58581118	印　　次	2025年8月第1次印刷
咨询电话	400-810-0598	定　　价	109.00元

本书如有缺页、倒页、脱页等质量问题，请到所购图书销售部门联系调换

物 料 号　64526-00

中译本序

米格达尔 (Arkadii Benediktovich Migdal, 1911.3.11—1991.2.9) 是世界著名的理论物理学家, 苏联科学院院士, 理论物理学朗道学派的代表性人物, 以物理洞察力和迅速理解问题本质的能力而闻名于世, 在核物理、凝聚态物理、天体物理和粒子物理等方面都做出了重大贡献。

讲量子理论的书很多, 但是很少有什么书介绍量子理论研究中的定性方法。《量子理论中的定性方法》是米格达尔院士写的一本奇书, 来自他给莫斯科工程物理学院学生讲授量子力学的讲义。他把敏锐的物理洞察力与自己对物理学和物理现象的深刻理解结合起来, 认为学生学习量子理论比学习公式和方程的数学操作更重要。

理论物理学最吸引人的一个特点是, 许多问题的解决依赖于用定性的方法猜答案, 而不是用严格的方法推公式, 但是在讲课的时候, 理论物理学的方法往往是高度形式化的和数学化的, 让初学者感到特别困难, 更重要的是, 这并不是实际科学工作中常用的建设性方法。这本书为初学者传授解决科学问题的正确方法。与其他正规量子力学教材不同, 这本书专门讲述理论物理学家处理量子物理问题的各种“独门诀窍”。这本书分为 6 章, 分别以量纲分析和“模型”近似、各种类型的微扰理论、准经典近似、物理量的解析性质、多体问题中的方法、量子场论中的定性方法为题, 介绍了理论物理学家们在实际工作中采用的但很少有人公开传授的“武林秘籍”。

这本书出版于 1975 年, 马上就受到了国际理论物理学界的追捧, 1977 年就被译为英文出版, 译者是后来的诺贝尔物理学奖获得者莱格特 (A. J. Leggett) 教授, 并被收入“物理学前沿”(Frontiers in Physics) 和“高级经典图书”(Advanced Book Classics) 这两种系列丛书。遗憾的是, 这本书出版已近 50 年, 但仍然没有中译本出现。最近我高兴地了解到, 中国科学院半导体研究所的姬扬研究员将这本理论物理学的奇书翻译为中文, 并寻求出版[①]。

这本书里有很多公式, 毕竟是讲述量子理论的书, 不用数学是不可能的, 但是这本书强调物理图像和物理意义, 使用的数学基本上只有高等数学的难度, 物理系的高年级学生应该都能掌握。原著出版的时候还没有电子排版技术 (英文版直接把公式剪贴过去), 而中译本全部用 LaTeX 重新排版, 公式和符号排版美观, 便于阅读。

这本书自出版以来, 至今仍在重印, 米格达尔院士讲述的研究方法历久而弥新, 不失现实的教学和研究意义。中译本的出版发行, 将会很大地帮助对量子理论感兴趣的物理系高年级本科生、研究生以及从事相关工作的科研人员和教育工作者。

刘寄星

2023 年 6 月

① 姬扬研究员已于 2024 年入职浙江大学物理学院。

前　言

在理论物理学中，大多数问题的解决始于定性方法的应用，这些方法是这门学科最优美和最吸引人的地方。我们所说的“定性方法”是指量纲分析和用简单模型做估算，研究某个小参数的极限情况，使用物理量的解析特性，以及从对称性出发推导结果，即相对于各种变换的不变性 (例如洛伦兹不变性或同位旋不变性)。然而，正如课堂经验表明的那样，对初学者来说，最困难的正是理论物理学的这些方面。

不幸的是，理论物理学的方法通常以正式的、数学的方式提出，而不是以它们在科学工作中使用的建设性的方式提出。本书的目标是弥补这个缺点，也就是说，向该学科的初学者传授解决科学问题的正确方法。这个目标在很大程度上决定了介绍的特点；一般性的结果总是先针对特殊的情况，或者用极其简化的模型获得。我认为，正式的阐述如果不留下逐步解决问题的痕迹，不留下抛洒“汗水”的痕迹，往往会让科学研究的初学者觉得缺了一些东西。因此，我尽可能地指出处理问题的一般方法，特别是在工作的初始阶段。当然，这意味着我不得不牺牲论述的严谨性，而且要披露一些“行业机密”，也就是缩短推导过程的小技巧。

初学者犯的常见错误是，希望立刻就完全理解一切。在现实生活中，随着对新观念的逐渐习惯，对问题的理解才逐渐产生。科学研究的困难是，没有明确的理解就不可能取得进展，但这种理解只能来自工作本身；每项完成的研究工作都是对这种矛盾的克服。在阅读本书时，不可避免会出现类似的困难；我希望你们读到最后的时候，能够克服这些困难。

本书有 6 章，每章都以详细的介绍开始，用简单的方式解释了该章得到的结果的物理意义。前三章分别介绍了原子物理学中的量纲分析和基于模型的估计、各种类型的微扰理论以及准经典近似的应用。这些内容是 A. B. Migdal 和 V. P. Krainov《量子力学中的近似方法》(Nauka, 1966；英译本由纽约的 W. A. Benjamin 公司出版, 1969) 的修订版。第四章专门讨论如何用物理量的解析特性解决各种问题。第五章发展了图形方法及其在多体问题上的应用。最后, 第六章专门讨论与基本粒子在短距离上的相互作用有关的问题；在这个量子场论的问题上, 定性方法发挥了主要作用。

作者感谢 A. A. Migdal、A. M. Polyakov 和 B. A. Khodel 的许多讨论和建议, 并感谢 V. P. Krainov 帮助选择了前三章的材料。作者还感谢他的朋友和学生 G. Zasetskii、D. Voskresenskii、N. Kirichenko、O. Markin、L. Mishustin、G. Sorokin 和 A. Chemoutsan 在准备手稿时提供的帮助。

A. B. Migdal

目　录

第一章　量纲分析和“模型”近似 …… 1
1.1　数学表达式的数量级估计 …… 3
1.1.1　导数的估计 …… 4
1.1.2　积分的估计 …… 4
1.1.3　最速下降法 …… 8
1.1.4　振荡函数积分的特性, 傅里叶级数的高阶项的估计 …… 11
1.1.5　微分方程的近似求解方法 …… 16
1.2　原子物理学 …… 21
1.2.1　估计原子内部电子的速度和轨道大小 …… 21
1.2.2　定态 …… 22
1.2.3　原子里的电荷分布 …… 26
1.2.4　卢瑟福公式 …… 27
1.2.5　经典力学不适合碰撞参数大的情况 …… 28
1.2.6　散射截面的估计：比库仑势下降得更快的势 …… 30
1.2.7　散射中的共振效应 …… 31
1.2.8　原子间的相互作用 …… 32
1.2.9　原子的电离 …… 33
1.2.10　多重散射 …… 33
1.3　与辐射的相互作用 …… 35
1.3.1　电磁场的零点振动 …… 35
1.3.2　光电效应 …… 37
1.3.3　原子激发态的寿命 …… 41

1.3.4 轫致辐射 …… 42

1.3.5 正负电子对的生成 …… 45

1.3.6 带电粒子散射中产生软光子（“红外灾难”） …… 46

1.3.7 兰姆移位 …… 52

1.3.8 量子电动力学中的级数的渐近特性 …… 54

第二章 各种类型的微扰理论 …… 56

2.1 连续谱里的微扰理论 …… 57

2.1.1 荷电粒子被原子核散射 …… 61

2.2 边界条件的微扰 …… 63

2.2.1 变形原子核的能级 …… 64

2.3 突然的扰动 …… 66

2.3.1 原子在 β 衰变时的电离 …… 68

2.3.2 原子核反应时原子的电离 …… 70

2.3.3 分子里的原子核发射光子时转移的能量 (穆斯堡尔效应) …… 72

2.4 绝热扰动 …… 74

2.4.1 慢而重的粒子经过时引起的原子的电离 …… 76

2.4.2 用质子捕获原子电子 (电荷交换) …… 79

2.5 快和慢的子系统 …… 82

2.5.1 分子的振动能级 …… 84

2.5.2 快粒子对原子核偶极能级的激发 …… 86

2.5.3 氢原子对质子的散射 (电荷交换) …… 89

2.6 用于相邻能级的微扰理论 …… 91

2.6.1 周期势里的粒子 …… 93

2.6.2 相邻能级的斯塔克效应 …… 94

2.6.3 氢原子的 $2s_{1/2}$ 态在外加电场下的寿命变化 …… 95

第三章 准经典近似 …… 98

3.1 一维的情况 …… 99

3.1.1 渐近级数 …… 100

3.1.2 准经典函数的匹配 …… 101

3.1.3 量子化条件 …… 105
3.1.4 准经典近似的精确度 …… 106
3.1.5 准经典函数的归一化 …… 107
3.1.6 对应原理 …… 108
3.1.7 平均动能 …… 108
3.1.8 准经典的矩阵元和经典运动的傅里叶分量的联系 …… 109
3.1.9 微扰理论可用于计算不太小的量的适用性判据 …… 110
3.1.10 在快速振荡函数的情况下计算矩阵元 …… 112
3.1.11 穿透势垒 …… 117
3.1.12 势垒上的反射 …… 121
3.2 三维的情况 …… 124
3.2.1 球对称的场 …… 124
3.2.2 离心势的修正 …… 125
3.2.3 库仑势中的能级 …… 125
3.2.4 球面函数的准经典表示法 …… 127
3.2.5 原子里的托马斯–费米分布 …… 129
3.2.6 原子核矩阵元的估计 …… 133
3.2.7 非中心势 …… 135
3.2.8 准经典的散射问题 …… 136
3.2.9 质子被氢原子散射的截面 …… 139
第四章 物理量的解析性质 …… 141
4.0 几个简单的例子 …… 141
4.0.1 原子核的转动惯量对形变的依赖关系 …… 143
4.0.2 声音频率对波矢的依赖关系 …… 144
4.1 介电常量的解析性质 …… 145
4.1.1 一个简单模型里的介电常量的解析性质 …… 148
4.2 散射振幅的解析性质 …… 150
4.2.1 幺正性是叠加原理和概率守恒的结果 …… 150
4.2.2 色散关系 …… 151

4.2.3 低能量处的共振散射 ···· 152
4.2.4 低能量处的非共振散射 ···· 155
4.2.5 势阱的散射 ···· 157
4.2.6 波函数的解析性质 ···· 158
4.2.7 低能量的连续谱的单粒子波函数 ···· 159
4.3 解析性质在物理问题中的应用 ···· 161
4.3.1 带有慢粒子形成的原子核反应的理论 ···· 161
4.3.2 在势阱里的相互作用的粒子 ···· 163
4.3.3 直接反应的理论 ···· 166
4.3.4 散射振幅的阈值奇异性 ···· 168
第五章 多体问题中的方法 ···· 170
5.1 准粒子方法和格林函数 ···· 174
5.1.1 跃迁振幅 ···· 174
5.1.2 无相互作用粒子系统中的单粒子格林函数 (准粒子的格林函数) ···· 177
5.1.3 有相互作用粒子系统中的格林函数 ···· 178
5.1.4 单粒子格林函数的解析性质 ···· 180
5.1.5 观测量的计算 ···· 183
5.1.6 费米子的动量分布 ···· 185
5.2 图的方法 ···· 186
5.2.1 过程的图表示 ···· 186
5.2.2 准粒子之间的相互作用 ···· 196
5.2.3 局域的准粒子相互作用 ···· 200
5.3 用格林函数法解问题 ···· 201
5.3.1 戴森方程, 壳层模型的基础 ···· 201
5.3.2 在吸引的情况下, 费米分布的不稳定性. 能谱中出现能隙 ···· 205
5.3.3 玻色系统的能谱, 超流性 ···· 209
5.4 外场里的系统 ···· 216
5.4.1 粒子分布在外场里的变化 ···· 218

5.4.2　自旋极化率和准粒子的磁矩……219
5.4.3　费米系统里的声波 (“零声”)……219
5.4.4　等离子体振荡. 等离子体里一个电荷的屏蔽……221
5.4.5　守恒定律和不同场的准粒子电荷……223
第六章　量子场论中的定性方法……226
6.1　相对论方程的构建……231
6.1.1　洛伦兹不变性……231
6.1.2　麦克斯韦方程……235
6.1.3　克莱因–戈登–福克方程……236
6.1.4　狄拉克方程……238
6.1.5　无自旋粒子的格林函数……240
6.1.6　自旋 $\frac{1}{2}$ 的粒子的格林函数……243
6.1.7　光子的格林函数……244
6.2　发散和可重正化……246
6.2.1　粒子之间的局域相互作用……247
6.2.2　一种标量理论中的费曼图……249
6.2.3　发散的估计: 重正化的想法……251
6.2.4　可重正化的条件……254
6.2.5　对数近似和可重正化……257
6.3　小距离的量子电动力学……264
6.3.1　量子电动力学中的局域相互作用……264
6.3.2　真空极化……267
6.3.3　库仑定律的辐射修正……268
6.3.4　超近距离处的电磁相互作用……271
索引……278
译后记……281

第一章　量纲分析和“模型”近似

物理学的任何问题都不可能精确地解决. 我们总是不得不忽略许多因素的影响, 它们对我们关注的特定现象来说不重要. 因此很重要的就是, 要能够估计我们忽略的量的大小. 此外, 在对结果进行数值计算之前, 往往有必要对现象进行定性研究, 也就是说, 估计我们感兴趣的量的数量级, 尽可能多地了解它的解的一般行为.

为此, 我们先用最简化的形式考虑这个问题. 例如, 粒子在库仑场中的运动, 可以用粒子在方势阱中的运动来代替, 适当地选择这个势阱的深度和宽度 (依赖于粒子的能量), 等等. 我们还应该考虑所有简化解的极限情况. 例如, 如果需要求解任意能量的粒子的散射问题, 应该首先考虑小能量和大能量的极限, 并确定相应的表达式如何在中间能量区里匹配. 本章的目的是指导读者借助要研究的现象的简化模型, 从量纲分析中获得近似解的艺术.

在某些情况, 量纲分析实际上能够得到定量的而不仅仅是定性的结果. 例如, 只考虑量纲, 就可以证明勾股定理 (见图 1.1). 根据量纲分析, 三角形 ABC 的面积只依赖于斜边的平方 (c^2), 再乘以角 α 的某个函数 $f(\alpha)$. 同样的情况也适用于两个相似的三角形 ABD 和 BCD 的面积, 但对于这些三角形, 斜边分别是大三角形的两个直角边 AB 和 BC. 因此

$$c^2 f(\alpha) = a^2 f(\alpha) + b^2 f(\alpha)$$

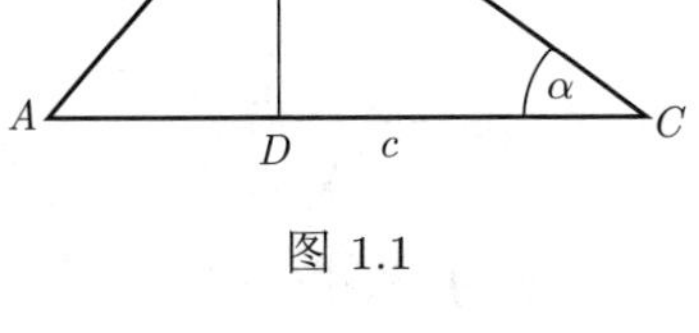

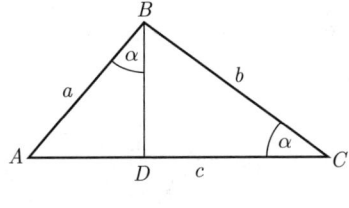

图 1.1

这样就证明了勾股定理.

第二个例子是一个物体以任意速度在黏性介质中运动, 确定它受到的阻力. 我们从小速度的极限情况开始; 那么阻力将由介质的黏度决定. 用黏度、介质密度和物体的尺寸构成一个具有速度量纲的量, 这样定义的参数可以确定速度是“小”还是“大”. 假设物体的所有尺寸都近似相等; 为了进行量纲估计, 它可以像球一样, 用单个长度 R 描述. 从黏度 η、密度 ρ、长度 R 和速度 v, 我们只能形成一个无量纲组合, 也就是雷诺数

$$Re = \frac{vR}{\nu}$$

其中 $\nu = \eta/\rho$. 由于动量流由 $\eta\nabla v$ 给出, 作用在单位表面积上的力是 $P \sim \eta v/R$ 的数量级 [速度的梯度 v/R 是这样估计的: 在物体表面, 液体的速度为 v, 而在远离物体的地方 (距离为 R 的数量级), 液体是静止的. 因此, $\nabla v \sim \triangle v/R \sim v/R$]. 如果我们估计物体的表面积为 $S \sim 4\pi R^2$, 那么总的阻力为

$$F \sim 4\pi\eta vR$$

注意, 在小速度的情况, 球体问题的精确解给出了

$$F = 6\pi\eta vR$$

在任意速度的情况, 这个表达式必须乘以无量纲参数 Re 的某个函数:

$$F = 6\pi\eta vR\Phi\left(\frac{vR}{\nu}\right)$$

现在考虑速度非常大的极限. 在这种情况, 阻力与黏度无关, 由单位时间内转移到物体前面的液柱上的动量决定; 这个液柱的底面积就是物体的横截面积, 所以

$$F \sim \pi R^2\rho v^2$$

因此, 对于大速度来说, 函数 $\Phi(x)$ 的估计值是 $\Phi(x) \sim \dfrac{1}{6}x$.

利用下面的插值公式,

$$F \sim 6\pi\eta vR\left(1 + \frac{1}{6}\frac{vR}{\nu}\right)$$

可以近似地得到适用于所有速度的解. 根据这个估计, 两个极限之间的过渡区应该发生在 $Re \sim 6$ 的时候. 在现实中, 向湍流区 (即阻力与黏度无关) 的过渡

发生在 $Re \sim 100$ 的时候. 这里的情况很不寻常——通常, 从一个极限情况过渡到另一个极限情况的特征是, 相关的无量纲参数是 1 的量级.

另一个例子是：能不能构建一个理论, 把引力和电动力学联系起来？这样的理论, 如果存在的话, 就必须确定一个无量纲参数, 它把引力常数 g 与表征电磁过程的量联系起来, 即电子电荷 e 和质量 m、光速 c 和普朗克常量 $\hbar$. 由这些量可以构建两个无量纲的比值：

$$\alpha = \frac{e^2}{\hbar c} = \frac{1}{137}, \quad \xi = \frac{gm^2}{\hbar c} = 2 \times 10^{-45}$$

如前所述, 无量纲参数作为方程的解出现, 通常是 1 的数量级. 因此, ξ 的出现方式必须让得到的数值是 1 的量级, 例如

$$\alpha \ln(1/\xi) \sim 1$$

事实上, 参数 α 和 ξ 就是以这种形式出现在那些估计里, 为建立引力和电动力学之间的联系带来了希望.

再举一个例子, 说明数量级的估计如何帮助我们在复杂问题中确定方向. 让我们回答这个问题：在自由空间中, 当电场 $\mathscr{E}$ 和磁场 $\mathscr{H}$ 超过什么强度的时候, 麦克斯韦方程就会变成非线性的呢？导致非线性的原因是外部场对真空的扰动. 从表征电子–正电子场的真空涨落的量中, 我们构造一个量具有电场的量纲. 由于 $e\mathscr{E}$ 的量纲是能量除以长度, 我们发现

$$e\mathscr{E}_{\mathrm{c}} \sim mc^2 \Big/ \frac{\hbar}{mc}, \quad \mathscr{E}_{\mathrm{c}} \sim \frac{m^2c^3}{e\hbar}$$

由此可以看出, 临界场 $\mathscr{E}_{\mathrm{c}}$ 由质量最小的粒子决定, 也就是由电子–正电子场决定. 我们看到, 场强 $\mathscr{E}_{\mathrm{c}}$ 使得跨越康普顿波长的电势差是产生电子–正电子对所需能量的数量级. 将 $e, m, \hbar$ 和 c 的数值代入, 可以得到 $\mathscr{E}_{\mathrm{c}} \sim 10^{16}$ V/cm.

1.1　数学表达式的数量级估计

在讲解如何估计物理量之前, 我们先复习一种比较简单的估计问题, 即数学表达式的估计. 基本的思想包括确定对结果有主要贡献的变量区, 将数学表达式中在这个区里快速变化的部分与缓慢变化的部分分开, 并使用表达式的渐近形式.

1.1.1 导数的估计

在最简单的情况下, 函数 $F(x)$ 的显著变化区由长度 l 表征, 导数 $F'(x)$ 的数量级就是 $F(l)/l$. 例如, 如果 $F(x) = \exp\left(-x^2/l^2\right)$, 那么导数 $F'(x) = -(2x/l^2)\exp(-x^2/l^2)$, 因此 $F'(l) \sim F(l)/l$. 然而, 当 x 远大于 l, 这个估计显然是无效的. 对于幂函数 $F(x) = x^n$, "显著变化区"是由变量 x 本身定义的. 事实上, 我们有

$$F'(x) = nx^{n-1} \sim nF(x)/x$$

在某些情况, 对于变量 x 的不同变化区, 相关长度 l 是不同的. 在 x 的每个区, 导数 $F'(x)$ 是 $F(x)/l(x)$ 的数量级, 其中 $l(x)$ 是 $F(x)$ 在这个区里显著变化的长度. 例如, 假设 $F(x)$ 的形式如图 1.2 中所示. 对于 $x \sim x_1$, 我们有 $F'(x) \sim F(x_1)/l_1$, 但是对于 $x \sim x_2$, 则有 $F'(x) \sim F(x_2)/l_2$. 在更复杂的情况, 如果 $F(x)$ 可以粗略地勾画出来, 最好的方法是根据图形来估计它的导数.

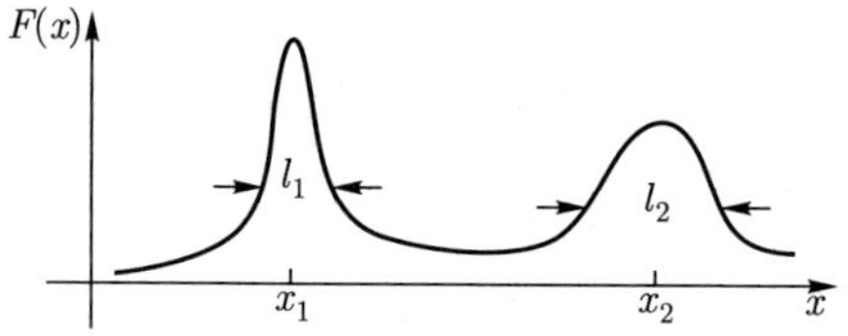

图 1.2

1.1.2 积分的估计

我们用例子演示一些估计积分的方法.

1. 在通常的情况, 可以把积分函数展开为幂级数, 从而得到积分的近似值. 例如,

$$\int_0^x \exp(-t^2)\ \mathrm{d}t = \int_0^x (1 - t^2 + t^4/2 - \cdots)\ \mathrm{d}t = x - \frac{x^3}{3} + \frac{x^5}{10} - \cdots$$

这个积分对所有 x 都收敛. 为了估计这个积分, 可以只考虑级数的前几项; 当然, 这样的估计只适用于 $x \lesssim 1$.

对于大 x, 怎么估计这个积分呢? 通过多次的分部积分, 我们得到

$$\int_0^x = \int_0^\infty - \int_x^\infty = \frac{\sqrt{\pi}}{2} - \left[\frac{\exp(-x^2)}{2x} - \int_x^\infty \frac{\exp(-t^2)\ \mathrm{d}t}{2t^2}\right]$$

$$= \frac{\sqrt{\pi}}{2} - \exp(-x^2)\left(\frac{1}{2x} - \frac{1}{4x^3} + \cdots\right)$$

其中第 n 项是 $(-1)^n(2n-1)!!/2^{n+1}x^{2n+1}$. 很容易看出这个级数是发散的：对于 $n \to \infty$, 阶乘 $(2n-1)!!$ 增大的速度比幂函数 x^{2n+1} 快.

这是“渐近级数”的一个例子 (详见 3.1.1 节). 由于它是发散的, 所以在估计积分的时候, 不要取太多的项, 否则, 准确性反而会降低. 怎么找到需要保留的最佳项数呢? 注意, 对于大 x, 级数的项的绝对值先是减少, 然后开始增加. 最佳的项数显然要求级数的余项最小. 很容易看出, 余项是级数中第 $n+1$ 项的量级. 因此, 正确的方法是求到级数中最小的那项为止. 在第 n 项达到最小值的条件可以近似设定为：第 n 项等于第 $n+1$ 项,

$$\frac{(2n-1)!!}{2^{n+1}x^{2n+1}} \sim \frac{(2n+1)!!}{2^{n+2}x^{2n+3}}$$

这样就得到 $n \sim x^2$.

问题：在 $x \gg 1$ 时, 估计积分 $\int_x^{\infty} t^{-1}\exp(-t)\,\mathrm{d}t$, 证明：渐近级数保留的最佳项数等于 x.

2. 把积分中最重要的部分分离出来, 可以估计许多积分. 考虑下面的例子：

情况 (1)

$$I(x) = \int_0^{\infty} \frac{\exp(t^2)}{\sqrt{x^2 - t^2}}\,\mathrm{d}t$$

如果 $x \ll 1$, 那么积分中的指数 $\exp(t^2) \approx 1$. 因此,

$$I(x) \approx \int_0^{x} \frac{\mathrm{d}t}{\sqrt{x^2 - t^2}} = \int_0^{1} \frac{\mathrm{d}z}{\sqrt{1 - z^2}}$$

由于这个积分不包含任何参数, 我们有 $I(x) \sim 1$ $\left(\text{精确的结果是} \int_0^1 \frac{\mathrm{d}z}{\sqrt{1-z^2}} = \frac{\pi}{2}\right)$.

如果 $x \gg 1$, 由于因子 $\exp(t^2)$ 的指数增长, 对积分的主要贡献来自 $t = x$ 附近的区域. 令 $\xi = x - t$, 我们有

$$I(x) = \int_0^{x} \exp(x^2 - 2\xi x + \xi^2)\frac{\mathrm{d}\xi}{\sqrt{2\xi x - \xi^2}}$$

被积函数比较大的 ξ 区域集中在下限附近, 其宽度为 $1/2x$ 的量级. 在这个区域, 我们有 $\xi^2 \sim 1/4x^2 \ll 1$, 因此 $\exp\left(\xi^2\right) \approx 1$, 因此

$$I(x) \approx \exp(x^2) \int_0^x \mathrm{e}^{-2\xi x} \frac{\mathrm{d}\xi}{\sqrt{2\xi x}} \approx \frac{\exp(x^2)}{2x} \int_0^\infty \mathrm{e}^{-z} \frac{\mathrm{d}z}{\sqrt{z}} = \frac{\sqrt{\pi}}{2x} \exp(x^2)$$

对于 $x \sim 1$, $I(x)$ 的两个表达式具有相同的数量级 (都是 1), 当然它们必须如此. 因此, 这些估计值在变量 x 的整个变化范围内很好地描述了 $I(x)$.

情况 (2)

$$I(\alpha,\beta) = \int_0^\infty \mathrm{e}^{-\alpha x^2} \sin^2(\beta x)\, \mathrm{d}x, \quad \alpha > 0$$

把这个积分改写为

$$I(\alpha,\beta) = \frac{1}{\sqrt{\alpha}} \int_0^\infty \mathrm{e}^{-z^2} \sin^2\left(\frac{\beta}{\sqrt{\alpha}} z\right)\, \mathrm{d}z$$

对于 $z > 1$, 被积函数迅速减小, 所以重要的积分区间是 $0 < z < 1$. 如果 $\beta \gg \sqrt{\alpha}$, 函数 $\sin(\beta z/\sqrt{\alpha})$ 在 z 的重要区间里多次振荡. 因此, 可以把 $\sin^2(\beta z/\sqrt{\alpha})$ 替换为 1/2, 积分 $I(\alpha,\beta)$ 近似地等于

$$I(\alpha,\beta) = \frac{1}{2\sqrt{\alpha}} \int_0^\infty \mathrm{e}^{-z^2}\, \mathrm{d}z = \frac{\sqrt{\pi}}{4\sqrt{\alpha}}$$

如果 $\beta \ll \sqrt{\alpha}$, 那么在 z 重要的区间, 我们有 $\sin \beta z/\sqrt{\alpha} \approx \beta z/\sqrt{\alpha}$. 因此,

$$I(\alpha,\beta) = \frac{\beta^2}{\alpha^{3/2}} \int_0^\infty \mathrm{e}^{-z^2} z^2\, \mathrm{d}z = \frac{\sqrt{\pi}\beta^2}{4\alpha^{3/2}}$$

对于 $\beta = \sqrt{\alpha}$, 这两个表达式相等, 都等于 $(1/4)(\pi/\alpha)^{1/2}$. 注意：这个积分的准确值是

$$I(\alpha,\beta) = \frac{1}{4}\sqrt{\frac{\pi}{\alpha}} \left[1 - \exp(1 - \beta^2/\alpha)\right]$$

很容易验证, 在 $\beta \gg \sqrt{\alpha}$ 和 $\beta \ll \sqrt{\alpha}$ 的极限, 这个表达式可以简化为上面给出的适当形式. 对于 $\beta = \sqrt{\alpha}$, 我们有 $I(\alpha,\beta) = (1/4)\sqrt{\pi/\alpha}\,(1 - 1/\mathrm{e})$, 虽然不等于我们的估计值, 但也是相同的数量级.

情况 (3)

$$I(\alpha, a) = \int_0^\infty \frac{\mathrm{e}^{-\alpha x}}{x + a}\, \mathrm{d}x, \quad a, \alpha > 0$$

改变这个积分的变量, 令 $x = az$. 那么 $I(\alpha, a)$ 的形式是

$$I = \int_0^\infty \frac{e^{-\beta z}}{z+1}\,dz$$

其中 $\beta = \alpha a$. 积分函数与零有明显差异的区间由 $z \lesssim 1/\beta$ 定义.

假设我们有 $\beta \gg 1$. 那么, 在重要区间里有 $z \ll 1$, 所以

$$I \underset{\beta\gg 1}{\approx} \int_0^\infty e^{-\beta z}\,dz = \frac{1}{\beta} \tag{1.1}$$

对于 $\beta \ll 1$, 在重要区间就有 $z \gg 1$. 因此,

$$I \underset{\beta\ll 1}{\approx} \int_1^{1/\beta} \frac{dz}{z} = \ln\frac{1}{\beta} \tag{1.2}$$

实际上, 这个积分可以用指数积分 $\mathrm{Ei}(x)$ 来表示[①]:

$$\int_0^\infty \frac{e^{-\alpha x}}{x+a}\,dx = -e^{\beta}\mathrm{Ei}(-\beta), \quad \beta = \alpha a$$

如果 $\beta \gg 1$, 那么 $\mathrm{Ei}(-\beta) \approx e^{-\beta}/(-\beta)$, 就得到公式 (1.1). 对于 $\beta \ll 1$, 我们有 $\mathrm{Ei}(-\beta) \approx -\ln\beta$, 与 (1.2) 一致.

情况 (4)

$$I(a) = \int_{-1}^{1} \frac{f(x)\,dx}{\sqrt{x^2+a^2}}$$

假定在 x 的数量级为 1 的尺度上, 函数 $f(x)$ 有显著的变化.

在 $a \ll 1$ 的情况下, 对积分的主要贡献来自原点附近的区间. 由于函数 $f(x)$ 在这个区间是光滑变化的, 可以用 $f(0)$ 代替它, 并把它从积分里提取出来. 这样就得到

$$I(a) \approx f(0)\int_{-1}^{1} \frac{dx}{\sqrt{x^2+a^2}} = 2f(0)\ln\frac{1+\sqrt{1+a^2}}{a} \approx 2f(0)\ln\frac{1}{a}$$

在 $a \gg 1$ 的情况, 得到

$$I(a) \approx \frac{1}{a}\int_{-1}^{1} f(x)\,dx$$

问题: 在 $a \gg b$ 和 $a \ll b$ 的极限下, 估计下述积分:

---

① Morse P, Feshbach F. Methods of Theoretical Physics [M]. New York: McGraw-Hill Book Company, 1953.

(1)

$$\int_0^\infty \mathrm{e}^{-bx^2} \sin(ax^2)\ \mathrm{d}x, \quad b > 0$$

(2)

$$\int_0^\infty \mathrm{e}^{-x/a} \frac{\mathrm{d}x}{\sqrt{x(x+b)}}, \quad a, b > 0$$

(3)

$$\int_0^\infty \frac{\sin(x/a)}{x(x^2+b^2)}\ \mathrm{d}x, \quad a, b > 0$$

解:

(1) $a \gg b:\quad \sqrt{\pi/(8a)};\quad a \ll b:\quad a\sqrt{\pi/(16b^3)}$

这个积分的精确值是

$$\frac{\sqrt{\pi}}{2\sqrt[4]{a^2+b^2}} \sin\left(\frac{1}{2}\arctan\frac{a}{b}\right)$$

(2) $a \gg b:\quad \ln a/b;\quad a \ll b:\quad \sqrt{\pi a/b}$

精确值是

$$\exp[b/(2a)] \cdot K_0[b/(2a)]$$

其中 K_0 是麦克唐纳 (MacDonald) 函数.

(3) $a \gg b:\quad \pi/(2ab);\quad a \ll b:\quad \pi/(2b^2)$

精确值是

$$\frac{\pi}{2b^2}[1-\exp(-b/a)]$$

1.1.3 最速下降法①

考虑积分 $I = \int_0^\infty g(t) \exp f(t)\ \mathrm{d}t$, 其中函数 $f(t)$ 在某个值 $t_0 > 0$ 处有尖锐的最大值. 假设在 t_0 附近, 函数 $g(t)$ 变化缓慢. 我们就可以用更简单的函数代替最大值附近的函数 f; 为此, 我们把 f 在其最大值 t_0 附近展开为泰勒级数:

$$f(t) = f(t_0) + \frac{1}{2}(t-t_0)^2 f''(t_0) + \cdots$$

假设 $|f''(t_0)| \gg t_0^{-2}$; 这正是 f 具有尖锐最大值这个假设的数学表达. 事实上, 在积分 I 中重要的 $(t-t_0)^2$ 的值是 $1/f''(t_0)$ 的数量级, 如下文所示 [公式 (1.3)];

① 这个方法在 3.1.10 节有更详细的讨论.

因此, $(t-t_0)^2/t_0^2 \ll 1$. 这个条件可以让我们合法地省略 $f(t)$ 的泰勒级数中的高阶项 (参见下文).

我们有

$$\begin{aligned} I &\approx g(t_0)\int_{-\infty}^{\infty}\exp\left[f(t_0)-\frac{1}{2}(t-t_0)^2|f''(t_0)|\right]\,\mathrm{d}t \\ &=\sqrt{\frac{2\pi}{|f''(t_0)|}}g(t_0)\mathrm{e}^{f(t_0)} \end{aligned} \tag{1.3}$$

这里用 $[-\infty,\infty]$ 代替积分的极限, 因为被积函数在下述区间里是指数式下降的,

$$\delta t>\frac{1}{\sqrt{|f''(t_0)|}}\ll t_0$$

现在估计泰勒级数中的后续项给出的修正. 如果只保留立方项并把它的指数函数展开, 那么展开的第一项没有贡献, 因为被积函数是奇函数. 因此, 我们考虑 f 的泰勒展开中的四阶项, 即 $f^{(\mathrm{IV})}(t_0)(t-t_0)^4/4!$. 进一步展开这个量的指数函数, 我们发现, 相比于表达式 (1.3), 修正是 $f^{(\mathrm{IV})}/(f'')^2$ 的量级. 如果函数 $f(t)$ 由单个参数描述, 估计 f 的导数的数量级, 我们发现

$$f^{(\mathrm{IV})}/(f'')^2\sim 1/f(t_0)$$

因此, 最速下降法的适用条件是 $f(t_0)\gg 1$; 这等价于上面的假设 $|f''(t_0)|\gg t_0^{-2}$.

如果在 (1.3) 中做 $t-t_0=\mathrm{i}\xi$ 的代换, 积分就成为增长的指数函数. 换句话说, t_0 是复数 t 平面上的鞍点, 积分的方向是从鞍点开始的下降得最快的方向 (见图 1.3). 因此称为鞍点法或者最速下降法. 我们实际考虑的是最快下降方向与实轴重合的特殊情况; 也可以考虑最快下降方向与实轴成任意角度的一般情况.

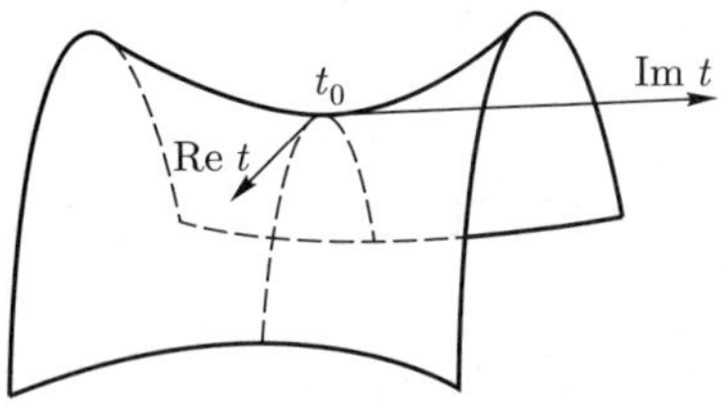

图 1.3

对于大 x, 我们用最速下降法得到伽马函数

$$\Gamma(x+1)=\int_0^\infty \exp(-t+x\ln t)\ \mathrm{d}t$$

的渐近表达式. 令 $-t+x\ln t=f(t)$. 那么 $f'(t)$ 为零的条件就给出了鞍点 t_0:

$$f'(t_0)=-1+\frac{x}{t_0}=0$$

因此, 我们有 $t_0=x$. 由于 $f(t_0)=x\ln x-x$, 最速下降法的适用条件 $f(x)\gg 1$ 就意味着 $x\gg 1$. 我们进而得到 $f''(t_0)=-x/t_0^2=-1/x$. 利用 (1.3), 可以得到

$$\Gamma(x+1)\underset{x\gg 1}{\approx}\sqrt{2\pi x}(x/\mathrm{e})^x \tag{1.4}$$

这个渐近公式称为斯特林公式. 为了估计它的准确性, 我们使用关系式 $\Gamma(x+1)=x\Gamma(x)$, 并写出 $\Gamma(x+1)$ 的 (未知的) 精确表达式, 其形式为

$$\Gamma(x+1)=\sqrt{2\pi x}\left(\frac{x}{\mathrm{e}}\right)^x[1+\varphi(x+1)]$$

其中 φ 是暂时未知的函数. 在上述递归关系的帮助下, 对于大 x, 我们得到 $\varphi(x+1)-\varphi(x)\approx-1/12x^2$. 对于 $x\gg 1$, 差值 $\varphi(x+1)-\varphi(x)$ 大约等于 $\varphi'(x)$, 这样就得到 $\varphi(x)=1/12x$. 因此, 对于 $x\gg 1$, 我们有

$$\Gamma(x+1)\approx\sqrt{2\pi x}\left(\frac{x}{\mathrm{e}}\right)^x\left[1+\frac{1}{12x}+O\left(\frac{1}{x^2}\right)\right]$$

有趣的是, 这个公式即使对小 x 也非常准确. 可以用以下事实检验其准确性: 对于 x 的整数值, 伽马函数 $\Gamma(x+1)$ 就是 $x!$. 例如, 即使 $x=1$, 也可以得到

$$\sqrt{2\pi}\frac{1}{\mathrm{e}}\left(1+\frac{1}{12}\right)=0.9990\approx 1!=1$$

当 $x=2$,

$$\sqrt{4\pi}\frac{1}{\mathrm{e}^2}\left(1+\frac{1}{24}\right)=1.9990\approx 2!=2$$

问题:

(1) 对于 $x\gg 1$, 用最速下降法计算 $\displaystyle\int_0^\infty \cos\left(\frac{1}{3}t^3+xt\right)\ \mathrm{d}t$ 的积分.

(2) 计算积分 $\displaystyle\int_0^\infty x\exp\left(-ax-\frac{b}{\sqrt{x}}\right)\ \mathrm{d}x$. 证明: 只要 $ab^2\gg 1$, 最速下降法就有效.

解:

(1)
$$\frac{\sqrt{\pi}}{2\sqrt[4]{x}}\exp\left(-\frac{2}{3}x^{3/2}\right)$$

(2)
$$\frac{b}{a}\sqrt{\frac{\pi}{3a}}\exp\left(-\frac{3}{2}\sqrt[3]{2ab^2}\right)$$

1.1.4　振荡函数积分的特性, 傅里叶级数的高阶项的估计

我们用一些例子说明振荡函数积分的特性.

例 1

$$I=\int_{-\infty}^{\infty}\frac{\mathrm{e}^{\mathrm{i}\omega t}\,\mathrm{d}t}{\sqrt{1+t^2}},\quad \omega\gg 1$$

被积函数的奇点出现在虚轴上: $t=\pm\mathrm{i}$. 把积分围道变形到上半平面 (见图 1.4), 可以计算这个积分. 在围道移至无限远时, 来自 C_1 和 C_2 的贡献消失, 因此积分只是来自绕过分支点 $t=\mathrm{i}$ 的部分围道 $C_3+C_4+C_5$ 的贡献. 在绕过分支点的时候, 被积函数的分母 $\sqrt{1+t^2}$ 改变符号; 因此来自 C_3 和 C_4 的贡献相等. 当圆的半径减小时, 来自 C_5 的贡献趋于零; 用 $t=\mathrm{i}+r\mathrm{e}^{\mathrm{i}\varphi}$ 做代换, 并让 r 趋于零, 就很容易看出这一点. 这样就得到

$$\int_{C_5}\sim\int_0^{2\pi}\frac{r\mathrm{e}^{\mathrm{i}\varphi}}{\sqrt{r\mathrm{e}^{\mathrm{i}\varphi}}}\sim\sqrt{r}\to 0$$

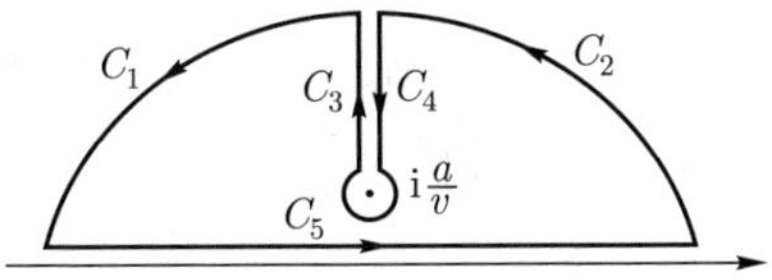

图 1.4

通过 $t=\mathrm{i}(1+y)$ 引入积分变量 y 并计算 C_3 上的积分, 就得到

$$I\simeq 2\mathrm{e}^{-\omega}\int_0^{\infty}\mathrm{e}^{-\omega y}\frac{\mathrm{d}y}{\sqrt{2y}}=\sqrt{\frac{2\pi}{\omega}}\mathrm{e}^{-\omega}$$

因此, 对于大 ω, 这个积分是指数式地变小.

例 2

$$I=\int_{-\infty}^{\infty}\frac{\mathrm{e}^{\mathrm{i}\omega t}\,\mathrm{d}t}{\sqrt{(a^2+t^2)(b^2+t^2)}},\quad \omega\to\infty$$

在这种情况下, 上半平面有两个分支点, $t=\mathrm{i}a$ 和 $t=\mathrm{i}b$; 假设 $a>b$. 首先, 可以减少 I 的独立参数的数量: 以 b 的适当的幂为单位测量 t,a,ω 和 I, 就得到

$$I=\int_{-\infty}^{\infty}\mathrm{e}^{\mathrm{i}\omega t}\frac{\mathrm{d}t}{\sqrt{(a^2+t^2)(1+t^2)}}$$

把积分的围道移到上半平面 (见图 1.5). 其次, 在图 1.5 中, 有一个从点 i 到点 ia 的割线. 类似于上一个例子, 很容易看到所需的积分只是沿割线的积分的两倍. 改变积分的变量 $[t=\mathrm{i}(1+y)]$, 我们得到

$$I\simeq 2\mathrm{e}^{-\omega}\int_0^{a-1}\frac{\mathrm{e}^{-\omega y}\ \mathrm{d}y}{\sqrt{2y(a^2-1-2y)}}$$

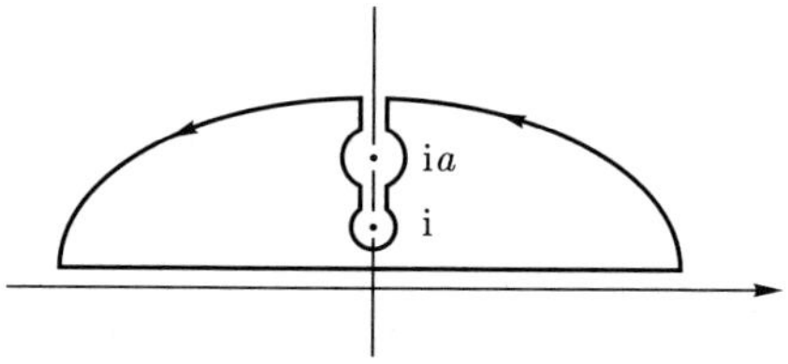

图 1.5

在计算这个积分时, 有两种可能性. 如果 $a-1\gg\omega^{-1}$, 重要的积分区间被指数因子 $\mathrm{e}^{-\omega y}$ 截断, 而且是 ω^{-1} 的量级. 因此, 我们有

$$I\simeq 2\mathrm{e}^{-\omega}\int_0^{\infty}\frac{\mathrm{e}^{-\omega y}\ \mathrm{d}y}{\sqrt{2y(a^2-1)}}=\sqrt{\frac{2\pi}{\omega(a^2-1)}}\mathrm{e}^{-\omega}$$

另一方面, 如果 $a-1\ll\omega^{-1}$, 那么在积分区间内, 我们有 $\mathrm{e}^{-\omega y}\approx 1$, 所以

$$I\simeq 2\mathrm{e}^{-\omega}\int_0^{a-1}\frac{\mathrm{d}y}{\sqrt{2y(a^2-1-2y)}}=2\mathrm{e}^{-\omega}\arcsin\sqrt{\frac{2}{a-1}}$$

在第一种情况, 积分的两个奇点相距甚远; 在第二种情况, 它们相距甚近. 我们看到, 在这两种情况, 指数式变小的系数由最接近实轴的奇点决定, 而指数前面的系数显然依赖于两个奇点的位置.

注意: 在极限 $a\to 1$, 我们从最后一个表达式中得到 $I\to\pi\mathrm{e}^{-\omega}$. 注意到对于 $a\to 1$, 两个平方根奇异点合并为一个简单的极点, 就很容易得到这个结果.

例 3

$$I=\int_{-1}^{1} f(x)\mathrm{e}^{\mathrm{i}\omega x}\ \mathrm{d}x$$

这种积分出现在散射振幅的计算中 (参见第 2.1 节). 在这里, 积分的区间是有限的. 通过分部积分可以得到

$$\begin{aligned} I &= f(x)\ \frac{\mathrm{e}^{\mathrm{i}\omega x}}{\mathrm{i}\omega}\bigg|_{-1}^{1}-\frac{1}{\mathrm{i}\omega}\int_{-1}^{1} f'(x)\mathrm{e}^{\mathrm{i}\omega x}\ \mathrm{d}x \\ &= \frac{f(1)\mathrm{e}^{\mathrm{i}\omega}-f(-1)\mathrm{e}^{-\mathrm{i}\omega}}{\mathrm{i}\omega}+O\left(\frac{1}{\omega^2}\right) \end{aligned}$$

因此, 当积分区间有限的时候, 高阶的傅里叶分量通常是按照幂律减少的, 而不是像无限大区间的情况那样指数式地减少 (一种例外的情况是, 在反复进行分部积分时, 我们发现 $f(x)$ 及其所有导数的贡献在积分区间的两端处消失).

例 4

$$I=\int g(\boldsymbol{r})\exp\left[\mathrm{i}(kr-\boldsymbol{kr})\right]\ \mathrm{d}\boldsymbol{r},\quad kR>1$$

其中 R 是函数 $g(\boldsymbol{r})$ 显著变化的特征距离.

我们分离出角变量的积分:

$$I=\int_0^{\infty} r^2\ \mathrm{d}r\int_0^{\pi} g(r,\theta,\varphi)\mathrm{e}^{\mathrm{i}kr(1-\cos\theta)}\sin\theta\ \mathrm{d}\theta\ \mathrm{d}\varphi$$

对 θ 做分部积分, 得到

$$I=\int_0^{\infty} r^2\ \mathrm{d}r\frac{1}{\mathrm{i}kr}\left[g(r,\theta,\varphi)\mathrm{e}^{\mathrm{i}kr(1-\cos\theta)}\Big|_0^{\pi}+O\left(\frac{1}{kR}\right)\right]\ \mathrm{d}\varphi$$

由于积分项的快速振荡, 来自上限的贡献可以忽略; 因此, 我们最后得到

$$I=\frac{2\pi\mathrm{i}}{k}\int_0^{\infty} g(r,\theta=0)r\ \mathrm{d}r\left[1+O\left(\frac{1}{kR}\right)\right]$$

这些结果可以推广：如果函数在实轴上没有奇点, 它的高阶的傅里叶分量就是指数式的小. 事实上, 如果 x_1 是实轴到 $f(x)$ 的最近奇点的距离, 就可以估计出

$$f_\omega = \int_{-\infty}^{\infty} f(x)\mathrm{e}^{\mathrm{i}\omega x}\,\mathrm{d}x \underset{\omega x_1 \gg 1}{\sim} \mathrm{e}^{-\omega x_1}$$

让我们估计傅里叶分量 f_ω 的指数前面的因子. 如果 $f(x)$ 在复数 ω 平面上有一个极点, 那么

$$f_\omega \sim f(x_1)x_1\mathrm{e}^{-\omega x_1}$$

因为根据量纲考虑, 容易看到, $f(x)$ 在极点的留数 c_1 的数量级由 $c_1 \sim x_1 f(x_1)$ 给出. 如果 $f(x)$ 有一个根型的分支点, 就如前两个例子所示 (1.1.4 节例 1 和例 2), 我们有

$$f_\omega \sim \frac{f(x_1)x_1}{\sqrt{\omega x_1}}\mathrm{e}^{-\omega x_1}$$

在积分区间有限的情况, 通过分部积分可以得到 (见例 3),

$$f_\omega = \int_{a_1}^{a_2} f(x)\mathrm{e}^{\mathrm{i}\omega x}\,\mathrm{d}x \underset{\omega\to\infty}{\sim} \frac{f(a_1)}{\omega}\left[1+O\left(\frac{1}{\omega}\right)\right]$$

同样的估计也适用于积分区间无限的情况, 其中积分函数 $f(x)$ 在实轴上有不连续点. 为此, 我们可以把积分分为两个区间, 即从 $-\infty$ 到不连续点 $(x=a)$ 和从不连续点到 ∞. 分别计算每个积分, 就像刚才的例子一样, 我们发现它们按照幂律下降. 在这种情况,

$$f_\omega \approx \mathrm{i}\frac{\Delta f}{\omega}$$

其中 Δf 是不连续性的大小.

很容易看出, 如果 $f(x)$ 的第 n 次导数有一个不连续点, 而所有的低阶导数都是连续的, 那么

$$f_\omega \approx \mathrm{i}\frac{\Delta f^{(n)}}{(-\mathrm{i}\omega)^{n+1}}$$

其中 $\Delta f^{(n)}$ 是 $f^{(n)}(x)$ 的不连续性的大小. 为此, 我们写出

$$f_\omega = \int_{-\infty}^{a} f(x)\mathrm{e}^{\mathrm{i}\omega x}\,\mathrm{d}x + \int_{a}^{\infty} f(x)\mathrm{e}^{\mathrm{i}\omega x}\,\mathrm{d}x$$

并做 $n+1$ 次的分部积分.

例 5 为了阐明这些结果, 我们用一个例子说明, 当函数的奇点接近实轴时, 高阶的傅里叶分量的指数式行为如何变成幂律行为. 考虑积分

$$I=\int_{-\infty}^{\infty}\frac{\mathrm{e}^{\mathrm{i}\omega x}}{1+\mathrm{e}^{\alpha x}}\,\mathrm{d}x,\quad \omega=\omega_0-\mathrm{i}\delta,\quad \alpha,\delta>0,\quad \delta\to 0$$

选择 δ 的符号使积分收敛; 在计算的最后, 我们让 δ 趋于零.

函数 $f(x)=(1+\mathrm{e}^{\alpha x})^{-1}$ 的形式如图 1.6 所示. 当 α 趋向于无穷大时, 这个函数趋向于阶梯函数. 函数 $f(x)$ 在 $x_k=(2k+1)\pi\mathrm{i}/\alpha$ 的点上有简单的极点, 其中 k 是整数. 当 α 趋向于无穷大时, 每一个极点都向实轴靠近.

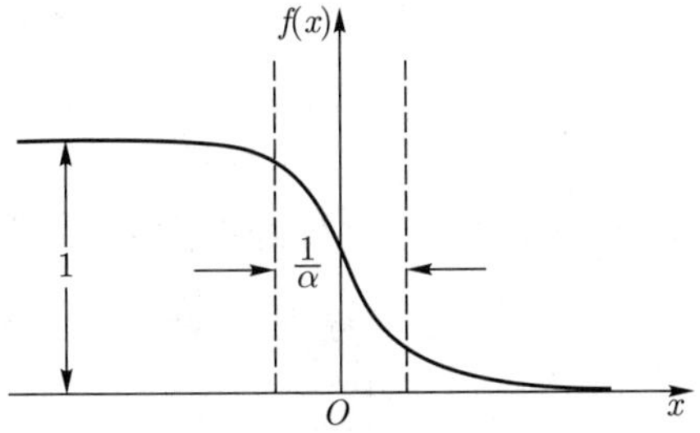

图 1.6

为了计算积分, 我们把积分的围道移到上半平面 (图 1.7). 当围道移到无限远时, 来自 C_1 和 C_2 的贡献消失了, 因此积分就变为上半平面中各极点的留数之和. 为了找到留数, 把 $\mathrm{e}^{\alpha x}$ 在极点 x_k 周围展开为级数:

$$\mathrm{e}^{\alpha x}=-1-\alpha(x-x_k)$$

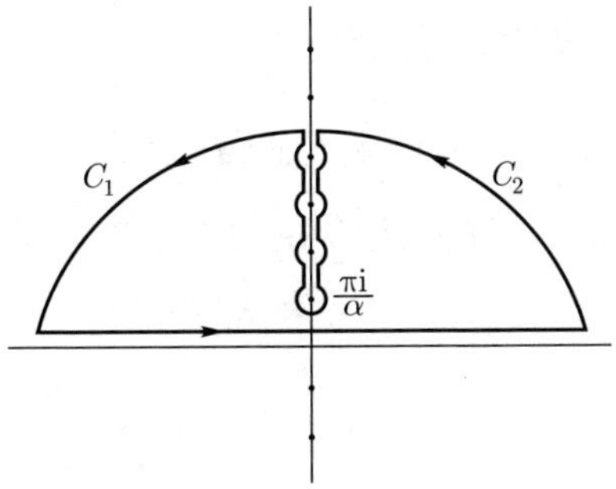

图 1.7

我们就有

$$I=\sum_{k=0}^{\infty}\oint \mathrm{e}^{\mathrm{i}\omega t}\frac{\mathrm{d}x}{-\alpha(x-x_k)}$$

$$= -\frac{2\pi i}{\alpha}\exp\left(-\frac{\pi\omega}{\alpha}\right)\left[1+e^{-2\pi\omega/\alpha}+e^{-4\pi\omega/\alpha}+\cdots\right]$$

方括号里是几何级数, 其和为 $\left(1-e^{-2\pi\omega/\alpha}\right)^{-1}$. 因此, 我们有

$$I = -\frac{\pi i}{\alpha\sinh\dfrac{\pi\omega}{\alpha}}$$

如果 $\omega/\alpha \gg 1$, 这个积分呈指数式地变小:

$$I \underset{\omega/\alpha\gg 1}{\approx} -\frac{2\pi i}{\alpha}e^{-\pi\omega/\alpha}$$

符合上面的论断: 如果函数在实轴上没有奇点, 高阶的傅里叶分量就呈指数式地变小. 另一方面, 当 $\alpha \to \infty$ 时, 可以得到

$$I \underset{\omega/\alpha\ll 1}{\approx} -\frac{i}{\omega}$$

因此, 当奇点趋向于实轴时, 傅里叶分量按照幂律变小.

问题: 估计函数 $f(x) = xe^{-|x|}$ 的高阶的傅里叶分量, 它出现在偶极子的光电效应的理论中 (1.3.2 节).

解:

$$f_\omega \underset{\omega\to\infty}{\approx} \frac{2i}{\omega^3}$$

1.1.5 微分方程的近似求解方法

本节给出几个微分方程的定性解的例子.

例 1 准经典近似法 (这种方法将在第 3.1 节详细考虑).

在理论物理学的许多问题中, 需要解如下形式的微分方程,

$$\varphi'' + k^2(x)\varphi = 0 \tag{1.5}$$

(1.5) 的解的性质, 关键取决于 k^2 的符号. 如果 k^2 是正的, 那么解具有振荡特性; 例如, 对于 $k =$ 常数, $\varphi = \exp(\pm ikx)$. 另一方面, 如果 $k^2 < 0$, 那么解是指数式增大或减小的; 对于 $k =$ 常数, $\varphi = \exp(\pm|k|x)$. 即使当 k 是 x 的函数时, (1.5) 的解的行为在定性上也是类似的 (图 1.8).

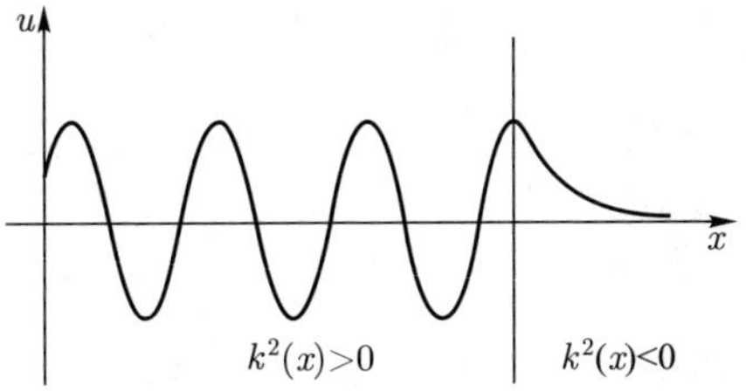

图 1.8

对于感兴趣的 x 值, 如果 $k^2(x)$ 是大而且正的, 方程 (1.5) 的近似解的形式就是

$$\varphi = f(x)\exp\left[\pm \mathrm{i}\int k(x)\ \mathrm{d}x\right] \tag{1.6}$$

其中 $f(x)$ 是缓慢变化的函数. 可以这样理解：在这种情况下, $\varphi' \approx \pm\mathrm{i}k(x)\varphi$ 而 $\varphi'' \approx -k^2(x)\varphi$. 如果 $k(x)$ 是 x 的足够光滑的函数, 解 (1.6) 就近似满足方程 (1.5). 实际上, 我们可以找到下一阶的修正 (详见第 3.1 节). 因为 $\varphi' = (f'/f)\varphi \pm \mathrm{i}k\varphi$ 和 $\varphi'' \approx k^2\varphi^2 \pm \mathrm{i}k'\varphi \pm 2\mathrm{i}k(f'/f)\varphi$, 把 φ 和 φ'' 代入 (1.5), 就得到

$$2kf' + fk' = 0$$

或

$$\frac{f'}{f} = -\frac{k'}{2k}$$

因此,

$$f \sim \frac{1}{\sqrt{k}}$$

微分方程 (1.5) 的近似解就是

$$\begin{aligned} \varphi &\approx \frac{1}{\sqrt{k}}\exp\left[\pm\mathrm{i}\int k(x)\ \mathrm{d}x\right], \quad k^2 > 0 \\ \varphi &\approx \frac{1}{\sqrt{k}}\exp\left[\pm\int |k(x)|\ \mathrm{d}x\right], \quad k^2 < 0 \end{aligned} \tag{1.7}$$

考虑一些例子：

(a) $\varphi'' + \alpha x\varphi = 0$

这就是“艾里函数”满足的方程. 首先, 假设 $x>0$, 其次 $k^2=\alpha x>0$, 因此根据 (1.7), 大 x 的解有如下形式

$$\varphi \underset{x\to\infty}{\approx} \frac{1}{\sqrt[4]{\alpha x}}\exp\left(\pm\frac{2}{3}\mathrm{i}\sqrt{\alpha x^3}\right) \tag{1.8}$$

对于 $x<0$ 的解, 可以通过 (1.8) 的解析延续得到 (关于这一点的更多细节, 见第 3.1 节).

$$\varphi \underset{|x|\to\infty}{\approx} \frac{\mathrm{e}^{-\pi\mathrm{i}/4}}{\sqrt[4]{\alpha|x|}}\exp\left(\pm\frac{2}{3}\sqrt{\alpha|x|^3}\right)$$

额外的相位因子 $\exp(-\pi\mathrm{i}/4)$ 是因为绕过了分支点 $x=0$.

(b) $\varphi''+(\alpha-\beta x^2)\varphi=0$

如果 $\beta x^2\gg\alpha$, 那么 $\displaystyle\int|k|\,\mathrm{d}x\approx\sqrt{\beta}\int x\,\mathrm{d}x=(1/2)\sqrt{\beta}x^2$. 因此, 大 x 的渐近解的形式为

$$\varphi \underset{x\to\infty}{\approx} \frac{1}{\sqrt[4]{\beta x^2}}\exp\left(\pm\frac{1}{2}\sqrt{\beta}x^2\right)$$

问题:

1. 为方程 $xu''+(\gamma-x)u'-\alpha u=0$ (合流超几何方程) 的解找到一个渐近有效的估计, 首先, 借助于变量 u 的适当变化, 把这个方程约化为自伴的形式.

2. 其次, 使用准经典类比近似法, 得到贝塞尔函数 $\mathrm{J}_n(x)$ 的渐近表达式 (对 $x\gg1$ 有效). 对 $x\gg n$ 的情况做简化.

解:

1. 当$x\to\infty$,有$u\sim x^{\alpha-\gamma}\mathrm{e}^x$ 当$x>-\infty$,有$u\sim|x|^{-\alpha}$.

2. $\mathrm{J}_n(x)\underset{x\to\infty}{\sim}\left(x^2-n^2\right)^{-1/4}\sin\left[\sqrt{x^2-n^2}+n\arcsin\left(\dfrac{n}{x}\right)+C_n\right]$

其中 C_n 是常数, 由贝塞尔函数的类型决定. 对于 $x\gg n$, 我们有

$$\mathrm{J}_n(x)\sim x^{-1/2}\sin\left(x+C_n\right)$$

例 2 省略微分方程中的小项并做系统性的迭代, 也可以得到微分方程的近似解. 考虑下面这个例子

$$y''+y+\alpha y^3=0 \tag{1.9}$$

假定参数 α 较小, 相对于 α 做迭代近似来寻找解. 未受干扰的方程是 $y^{(0)\prime\prime}+y^{(0)}=0$, 有解 $y^{(0)}=a\sin(x+\varphi)$; 适当地移动 x 的坐标原点, 可以让 $\varphi=0$. 把

这个解代入方程 (1.9) 中的 y^3 项, 若直接用迭代法求解, 我们会遇到困难：在下面的微分方程中

$$y^{(1)''}+y^{(1)}=-\alpha {y^{(0)}}^3=-\frac{\alpha a^3}{4}[3\sin x-\sin(3x)]$$

自由项 (非齐次项) 包含齐次方程的一个本征函数, 因而产生了虚假的共振效应. 为了消除它, 我们必须考虑到, 扰动 αy^3 改变了振动的频率; 事实上, 我们寻找 $y^{(0)}=a\sin(\omega x)$ 形式的零阶解, 其中频率 ω 应该让这种共振无法出现. 把方程 (1.9) 改写为以下形式是很方便的

$$y''+\omega^2 y=-\alpha y^3+(\omega^2-1)y \tag{1.10}$$

并把方程的右侧视为非齐次项. 用 $y^{(0)}$ 代替 (1.10) 右边的 y, 就得到

$$y^{(1)''}+\omega^2 y^{(1)}=-\frac{\alpha a^3}{4}[3\sin(\omega x)-\sin(3\omega x)]+(\omega^2-1)a\sin(\omega x) \tag{1.11}$$

我们要求, (1.11) 右边的 $\sin\omega x$ 的系数必须消失. 这就给出了

$$\omega\approx 1+3\alpha a^2/8$$

接下来寻找非齐次方程 (1.11) 的特解, 其形式为

$$y^{(1)}=\gamma\sin(3\omega x)$$

把这个解代入 (1.11), 就得到 $\gamma=\alpha a^2/32$. 因此,

$$y\approx a\sin(\omega x)+\frac{\alpha a^3}{32}\sin(3\omega x)$$

其中 $\omega=1+3\alpha a^2/8$. 这个解的适用条件是 $\alpha a^2\ll 1$. 继续这个迭代过程, 可以得到 ω 是参数 αa^2 的幂级数, 而 y 的级数项的形式是

$$a\left(\alpha a^2\right)^k\sin(2k+1)\omega x$$

例 3 假设在变量 x 的某些区间, 解是已知的. 在这种情况, 我们可以在整个 x 的范围内构建解的近似公式. 作为例子, 考虑托马斯–费米方程

$$\varphi''=\frac{1}{\sqrt{x}}\varphi^{3/2},\quad \varphi(0)=1,\quad \varphi(\infty)=0 \tag{1.12}$$

在半经典近似下寻找原子的自洽场, 就会出现这个方程 (参见第 3.2 节).

我们寻找 (1.12) 在 $x \to \infty$ 时的近似解, 把形式为 $\varphi = A/x^\alpha$ 的解代入 (1.12), 我们得到

$$A\alpha(\alpha+1)x^{-\alpha-2} = A^{3/2}x^{-(3\alpha+1)/2}$$

这样就得到 $\alpha = 3$ 和 $A^{1/2} = \alpha(\alpha+1)$ 或 $A = 144$. 因此, 当 $x \to \infty$ 时,

$$\varphi \underset{x\to\infty}{\to} \frac{144}{x^3}$$

接下来, 寻找这个解在 $x \to \infty$ 时的下一阶修正, 也就是说, 我们让

$$\varphi \underset{x\to\infty}{\approx} \frac{144}{x^3} + \psi \tag{1.13}$$

并求出 ψ. 把 (1.13) 代入 (1.12), 就得到线性依赖于 ψ 的近似解为

$$\psi'' = \frac{1}{\sqrt{x}}\frac{3}{2}\varphi^{1/2}\psi = \frac{3}{2}\cdot\frac{12}{x^2}\psi \tag{1.14}$$

从 (1.14) 可以看出, ψ 必须是 x 的某个幂函数, 也就是说,

$$\psi = \frac{B}{x^\beta}$$

从 (1.14) 可以得到 β 的二次方程

$$\beta(\beta+1) = 18$$

因此, $\beta = (1/2)(-1 \pm \sqrt{73})$. 因为当 $x \to \infty$ 时, 必须有 $\psi \to 0$, 所以必须取正根 $\beta \approx 3.77$. 因此,

$$\varphi \underset{x\to\infty}{\approx} \frac{144}{x^3} + \frac{B}{x^{3.77}} \tag{1.15}$$

保持与 (1.15) 相同的精度, 可以写为另一种方式

$$\varphi = \frac{144}{x^3\left(1 + \dfrac{C}{x^{0.77}}\right)^n}$$

其中 n 和 c 是尚未确定的常数. 选择 n, 使得 $\varphi(0)$ 是有限的; 这需要 $3 - 0.77n = 0$, 或者 $n = 3.90$. 接下来从条件 $\varphi(0) = 1$ 中找到 c; 可以得到 $144/c^{3.90} = 1$, 因

此 $c=\left(12^{2/3}\right)^{0.77}$. 最后,

$$\varphi=\frac{1}{[1+(x/12^{2/3})^{0.77}]^{3.90}} \tag{1.16}$$

这个近似解很好地符合用机器计算得到的精确解：见图 1.9.

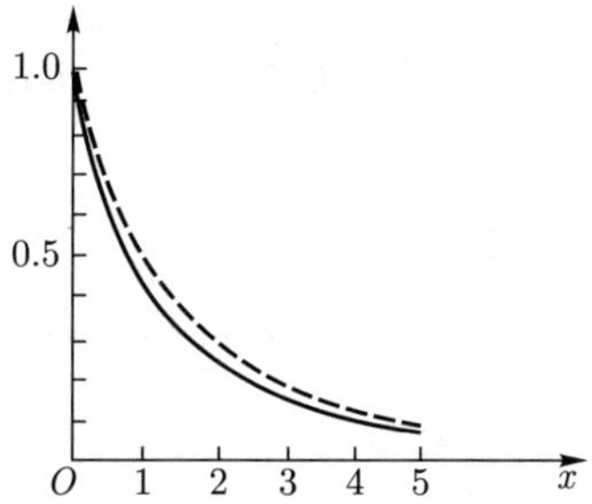

图 1.9 实线为近似解 (1.16), 虚线为精确解

1.2 原子物理学

本节使用“模型”近似和量纲分析来获得原子物理学中的一些基本结果. “模型”近似指的是, 从有关问题的极限情况或简化情况中得出的近似.

1.2.1 估计原子内部电子的速度和轨道大小

为了估计电子在原子内部轨道中的速度, 我们必须用描述原子结构的量, 即电子质量 m、普朗克常量 $\hbar$, 以及电子电荷和原子核电荷的乘积 Ze^2(因为在考虑原子内部电子的时候, 其他电子的影响可以忽略, 在运动方程中, 电子电荷总是乘以原子核电荷), 构造一个具有速度量纲的量. 这是非相对论性的问题, 所以公式里没有光速. 我们看到, 唯一可以用 m、$\hbar$ 和 Ze^2 组成的具有速度量纲的量是 $Ze^2/\hbar$, 因此就得到 $v\sim Ze^2/\hbar$ 的估计.

为了估计内部电子轨道半径的数量级, 我们利用电子的势能 Ze^2/a 与它的动能 $(1/2)mv^2$ 具有相同的数量级这个事实, 即 $Ze^2/a\sim mv^2$ 或者 $a\sim\hbar^2/(Zme^2)$.

为了估计外部轨道的半径, 必须让 $Z=1$, 因为在这种情况下, 原子核电荷几乎完全被内部电子屏蔽了.

从 a 和 v 的这些估计中可以看出, 对于原子问题来说, $e = \hbar = m = 1$(所谓的原子单位制) 是一种方便的单位制. 采用这些单位的时候, 光速 c 和质子质量 M 分别由 $c = 137.2$ 和 $M = 1836$ 给出.

1.2.2 定态

考虑一个粒子在势阱中的运动 (图 1.10). 这个问题的薛定谔方程是

$$\Psi'' + k^2\Psi = 0$$

其中 $k^2 = 2(E - V)$. 在经典可到达区, 势能 V 小于总能量 E. 因此, 波函数在这个区间里振荡 [见公式 (1.7)]. 在 $E < V$ 的区间, 波函数是指数式减小的. 粒子可以运动的区间的特征长度 l 必须是德布罗意波的半波长的整数 n 倍, 根据这个条件, 可以估计定态的能量.

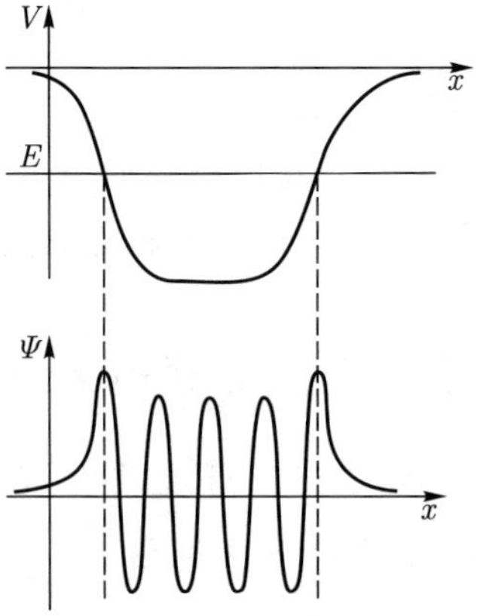

图 1.10

注意, 只用量纲分析, 并不能得到定态的能级, 因为数 n 没有量纲. 我们将做一个“模型”近似, 把真正的势用方势阱代替, 其宽度取决于粒子能量 (图 1.11). 德布罗意波长由下式给出

$$\lambda = 1/p = 1/\sqrt{2(E - V)}$$

其中 p 是粒子的动量. λ 取决于坐标 x; 然而, 为了估计的目的, 我们可以在任何地方都让 $\lambda \sim \sqrt{2E}$, E 是从势阱的底部开始测量的.

因此, 定态的能级 E_n 可以从下述关系中近似得到

$$L(E_n) \approx \frac{n}{2}\lambda \sim \frac{2\pi n}{2\sqrt{2E_n}} \tag{1.17}$$

其中 $L(E_n)$ 是粒子可以移动的区域的特征宽度. 对于方势阱来说, $L(E_n)$ 等于 L, 也就是势阱的宽度. 因此, $L = \pi n/\sqrt{2E_n}$ 或 $E_n = \pi^2 n^2/(2L^2)$. 这个表达式满足玻尔的对应原理, 它告诉我们, 对于大的量子数, 相邻能级的间距必须等于经典的运动频率 (参见 3.1.6 节). 事实上, 我们有

$$\frac{\mathrm{d}E_n}{\mathrm{d}n} = 2\frac{\pi^2 n}{2L^2} = \frac{2\pi}{2L/\frac{\pi n}{L}} = \frac{2\pi}{2L/v} = \frac{2\pi}{T_{经典}}$$

其中 $T_{经典}$ 是经典的运动周期 $2L/v$.

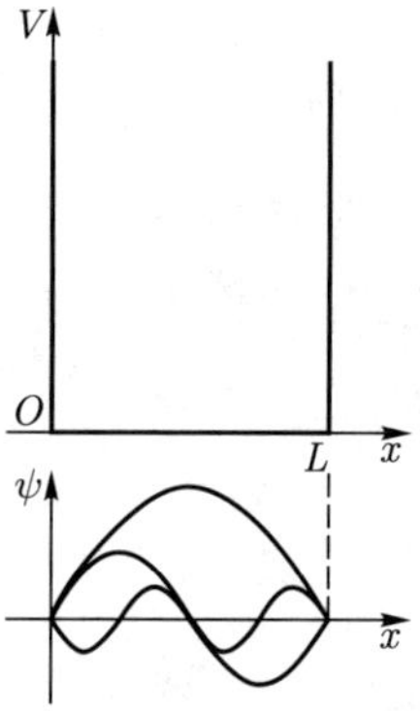

图 1.11

下一个例子是势能 $V = (1/2)\omega^2 x^2$ 的一维谐振子, 其中 ω 是经典的振荡频率. 我们注意到, 波函数的振荡频率在原点附近大于势阱的边缘 (见图 1.12). 因为在 $x = 0$ 时, 动能是最大值, 波长 λ 就是最小值. 对于给定的能量 E_n, 经典可到达区的宽度 L 由条件 $V(L) = E_n$ 给出. 因此, $(1/2)\omega^2 L_n^2 \sim E_n$ 或者 $L_n \sim \sqrt{E_n}/\omega$. 量子化条件 (1.17) 就变成 $\sqrt{E_n}/\omega \sim n/\sqrt{E_n}$, 因此, $E_n = C_1 n\omega$. 然后从对应原理得出 $C_1 = 1$.

我们知道, 这个问题的精确解给出了振子的能谱 $E_n = (n + 1/2)\omega$; 因此, 对于 $n = 0$, 振动能量不是零. 这与不确定性原理有关: 在尺寸为 d 的小区域内运动的粒子, 其动量不可能小于 $\sim 1/d$. 因此, 能量 E 是 $E \sim d^{-2} + \omega^2 d^2$ 的

量级. 我们取这个表达式的最小值; 这个最小化过程对应于量子力学变分原理 $E=\min\langle\psi|H|\psi\rangle$(目前可以认为, 波函数 ψ 只依赖于单个参数 d). 当 $d\sim 1/\sqrt{\omega}$ 时, E 的表达式是最小值, 因此有 $E_{\min}=C_2\omega$ (实际上 $C_2=1/2$), $d_{\min}^2\sim 1/\omega$ 给出了零点振动的平方振幅的数量级.

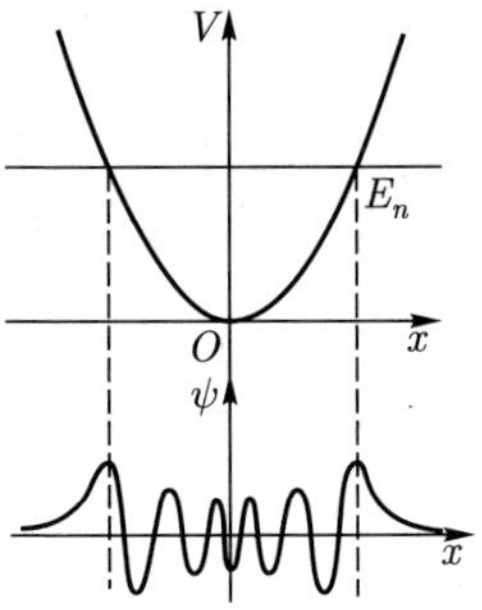

图 1.12

可以用类似的方法考虑库仑场中的运动 (见图 1.13). 这里只考虑 $l=0$ 的情况 ($l\neq 0$ 的情况将在后面用类比方法来研究, 3.2.3 节). 能量 E 是 $\left(n^2/L^2\right)-(Z/L)$ 的量级; 最小化这个表达式, 我们发现 $L=2n^2/Z$, 将其代入能量的表达式, 得到 $E_n=-Z^2/(4n^2)$. 令 $E_n=-C_1Z^2/n^2$, 可以利用对应原理得到 C_1:

$$\frac{\mathrm{d}E_n}{\mathrm{d}n}=C_1\frac{2Z^2}{n^3}=\omega_{经典}=\frac{2\pi}{T_{经典}}$$

这里的 $T_{经典}$ 是经典运动的周期,

$$T_{经典}=2\int_0^{r_1}\frac{\mathrm{d}r}{v}=2\int_0^{-\frac{Z}{E_n}}\frac{\mathrm{d}r}{\sqrt{2\left(E_n+\dfrac{Z}{r}\right)}}=\frac{2\pi Z}{(-2E_n)^{3/2}}$$

因此, $C_1\cdot 2Z^2/n^2=[2\pi/(2\pi Z)]\left(2C_1Z^2/n^2\right)^{3/2}$. 因此, $C_1=1/2$. 最后就得到 $E_n=-(1/2)Z^2/n^2$, 与精确解完全相同.

最后研究更复杂的情况, 即粒子在非简谐振子场中的运动. 势 V 是 $\frac{1}{2}\omega_0^2x^2+\frac{1}{4}\lambda x^4$, 其中 $\lambda>0$. 能量 $E(L)$ 可以估计为

$$E(L)=\frac{\left(n+\dfrac{1}{2}\right)^2}{2L^2}+\frac{\omega_0^2L^2}{2}+\frac{\lambda L^4}{4}$$

基态对应于 $n=0$. 我们选择了基态的动能, 以便得到谐振子能量的精确结果. 对上述表达式进行最小化, 可以得到

$$-\frac{\left(n+\frac{1}{2}\right)^2}{L^3}+\omega_0^2 L+\lambda L^3=0$$

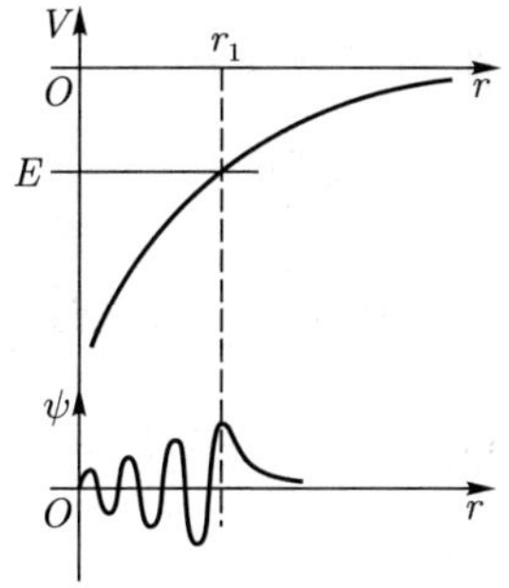

图 1.13

或者

$$\left(n+\frac{1}{2}\right)^2=L^4\left(\omega_0^2+\lambda L^2\right) \tag{1.17'}$$

首先考虑大 λ 的情况. 忽略 (1.17′) 中 ω_0^2 的项, 我们得到 $\lambda L^6=\left(n+\frac{1}{2}\right)^2$. 因此, $E_n=\frac{3}{4}\lambda^{1/3}\left(n+\frac{1}{2}\right)^{4/3}$. 用微扰理论处理 $\omega_0^2 L^2/2$ 项, 我们得到下面的修正

$$\Delta E_n=\frac{\omega_0^2}{2}\frac{\left(n+\frac{1}{2}\right)^{2/3}}{\lambda^{1/3}}$$

在小 λ 的情况下, 可以用类似的方法得到

$$E_n=\left(n+\frac{1}{2}\right)\omega_0+\frac{\lambda}{4}\frac{\left(n+\frac{1}{2}\right)^2}{\omega_0^2}$$

对于任意的 λ, 求解三次方程 (1.17′) 都是直截了当的, 可以得到 E_n 的一般公式; 然而, 由于它有些繁琐, 这里就不给出了.

1.2.3 原子里的电荷分布

重原子中的电荷分布可以用“托马斯–费米分布”来近似计算 (参见 3.2.5 节). 这是基于如下事实：在重原子中, 大多数电子都有很大的量子数, 因此, 与电势显著变化的区域相比, 它们的德布罗意波长都很小. 原子中任何一点的电子密度, 都可以用与平底势阱中自由电子密度相同的方式计算.

假设电子在某一点的最大动量是 p_0. 在 $(\boldsymbol{p}, \boldsymbol{p}+\mathrm{d}\boldsymbol{p})$ 区间内, 每单位体积的状态数就是 $\mathrm{d}\boldsymbol{p}/(2\pi)^3$. 由于在原子的基态中, 电子必须填满所有动量小于 p_0 的状态, 所以每单位体积里的电子数为

$$n = 2\int \frac{\mathrm{d}\boldsymbol{p}}{(2\pi)^3} = 2\frac{4}{3}\pi p_0^3 \frac{1}{(2\pi)^3}$$

(系数 2 是因为自旋有两种可能的状态). 我们用 $\varphi(r)$ 表示原子场的静电势. 利用泊松方程

$$\nabla^2\varphi = 4\pi n$$

也就是说,

$$\nabla^2\varphi \sim p_0^3$$

可以把 p_0 与 φ 联系起来. 一个电子的总能量由 $p^2/2 - \varphi(r)$ 给出. 令 ε_0 是原子中某一点的总能量的最大值, 也就是说,

$$\varepsilon_0 = \frac{p_0^2}{2} - \varphi(r)$$

能量 ε_0 在整个原子中必须是恒定的 (否则电子会从高能量的地方流向低能量的地方). 用最后两个公式可以得到

$$\nabla^2\varphi \sim (\varphi + \varepsilon_0)^{3/2}$$

或者

$$\nabla^2\varphi \sim \varphi^{3/2}$$

这里从 $-\varepsilon_0$ 开始测量 φ.

让我们确定包含原子大部分电子的区域的半径 l. 根据上一个公式, 我们可以估计它的数量级

$$\frac{\varphi}{l^2} \sim \varphi^{3/2}, \text{因此} \quad l \sim \varphi^{-1/4}$$

另一方面，我们可以把它与原子中的电子总数 Z 联系起来：

$$Z \sim nl^3$$

或者，考虑到关系式 $\nabla^2\varphi \sim n$,

$$Z \sim \nabla^2\varphi l^3 \sim \frac{\varphi}{l^2}l^3 \sim \varphi l$$

把这个表达式与上面得出的条件 $l \sim \varphi^{-1/4}$ 做比较，我们发现 $Z \sim l^{-4} \cdot l$，即

$$l \sim \frac{1}{Z^{1/3}}$$

原子中电子的平均能量 ε 是静电势 $\varphi(l)$ 的数量级. 由于 $l \sim \varphi^{-1/4}$, 我们有

$$\varepsilon \sim l^{-4} \sim Z^{4/3}$$

所有电子的总能量 E 的数量级为

$$E \sim \varepsilon Z \sim Z^{7/3}$$

电子波函数的平均节点数是 $l\sqrt{\varepsilon} \sim Z^{1/3}$ 的量级.

因此，原子 K 壳层的半径为 $r_K \sim 1/Z$, 包含原子大部分电子的区域的距离 l(托马斯–费米半径) 为 $\sim Z^{-1/3}$, 外壳层的半径为 ~ 1(最后这个估计是因为，外壳层的电子感受的有效电荷为 ~ 1).

第 3.2 节将详细讨论原子中的电荷分布.

1.2.4 卢瑟福公式

在经典的非相对论情况，考虑质量为 m、电荷为 e 的轻粒子被电荷为 Ze 的重粒子散射. 散射截面与重粒子的质量无关，仅由入射粒子的速度 v、质量 m 和电荷 e 以及重粒子电荷 Ze 决定. 库仑定律意味着散射截面 σ 只依赖于乘积 Ze^2. 只有一个具有长度量纲的量可以由 Ze^2、m 和 v 组成，即 Ze^2/mv^2; 因此，散射截面的形式必须是

$$\sigma(\theta) = \left(\frac{Ze^2}{mv^2}\right)^2 f(\theta)$$

在小散射角的极限, 可以得到散射截面的角度依赖关系如下. 偏转角 θ 大致由 $\theta \approx p_\perp/p$ 给出 (见图 1.14), 其中 p 是粒子的动量大小, $p_\perp$ 是垂直于初始飞行方向获得的动量分量. 可以这样计算 $p_\perp$:

$$
\begin{aligned}
p_\perp &= \int_{-\infty}^{\infty} F_\perp \,\mathrm{d}t = \int_{-\infty}^{\infty} \frac{Ze^2}{r^2} \cos\alpha \,\mathrm{d}t \\
&= \int_{-\infty}^{\infty} \frac{Ze^2\rho \,\mathrm{d}t}{(\rho^2+v^2t^2)^{3/2}} = \frac{2Ze^2}{\rho v}\int_0^{\infty} \frac{\mathrm{d}x}{(1+x^2)^{3/2}} = \frac{2Ze^2}{\rho v}
\end{aligned}
$$

(可以利用代换 $x = \tan y$ 来进行积分), 其中 ρ 是碰撞参数 (见图 1.14). 因此,

$$
\theta(\rho) = \frac{2Ze^2}{mv^2\rho} \tag{1.18}
$$

但是, 根据微分截面的定义, 我们有

$$
\mathrm{d}\sigma = \rho \mathrm{d}\rho \,\mathrm{d}\varphi = \rho\left|\frac{\mathrm{d}\rho}{\mathrm{d}\theta}\right| \mathrm{d}\theta \,\mathrm{d}\varphi = \rho\left|\frac{\mathrm{d}\rho}{\mathrm{d}\theta}\right| \frac{\sin\theta \,\mathrm{d}\theta \,\mathrm{d}\varphi}{\sin\theta}
$$

或者

$$
\frac{\mathrm{d}\sigma}{\mathrm{d}\Omega} = \rho\left|\frac{\mathrm{d}\rho}{\mathrm{d}\theta}\right| \frac{1}{\sin\theta} \tag{1.19}
$$

由 (1.18) 和 (1.19), 可以得到小散射角的卢瑟福公式:

$$
\frac{\mathrm{d}\sigma}{\mathrm{d}\Omega} = \left(\frac{2Ze^2}{mv^2}\right)^2 \frac{1}{\theta^4} \tag{1.20}
$$

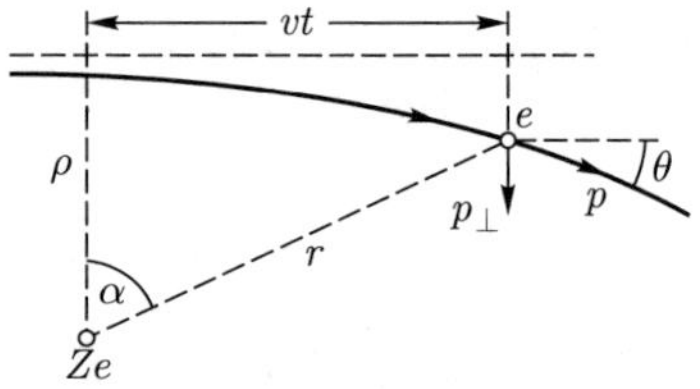

图 1.14

1.2.5 经典力学不适合碰撞参数大的情况

在经典力学中, 总散射截面为

$$
\sigma = \int_0^{\infty} 2\pi\rho \mathrm{d}\rho
$$

对于任何势来说, 除了那些具有有限截止点的势 (如硬球势), 总散射截面都趋于无穷大. 此外, 在量子力学中, 对于任何随距离下降的速度超过 $1/r^2$ 的势, 总截面都是有限的 (参见下文). 我们现在证明, 对于足够小的散射角, 即对于足够大的碰撞参数 ρ, 经典力学必然不适用. 我们将看到, 随着碰撞参数的增大, 量子力学的衍射角 θ_d 比经典散射角 $\theta_{经典}$ 下降得更慢. 因此, 在碰撞参数 ρ_1 的某个临界值以外, 角度 θ_d 大于 $\theta_{经典}$. 这意味着, 当碰撞参数大于 ρ_1 的时候, 必须用量子力学公式来计算截面. 因此, 在这种情况下, 尽管德布罗意波长 λ 远小于问题的特征尺寸 ρ_1, 仍然不具备经典散射的条件; 也就是说, 条件 $\lambda \ll \rho_1$ 是经典力学在散射问题中适用的必要条件, 但根本不是充分条件.

让我们寻找经典力学适用性的标准. 根据上面的估计 $\theta_{经典} \approx p_\perp/p$, 我们得出的结论是

$$\theta_{经典} \sim F_\perp \Delta t/p \sim \frac{\partial V}{\partial \rho}\frac{\Delta t}{p} \sim \frac{V(\rho)}{p}\frac{\Delta t}{\rho} \sim \frac{V(\rho)}{pv}$$

也就是说,

$$\theta_{经典} \sim \frac{V(\rho)}{E}$$

这里假定 $\partial V/\partial\rho \sim V/\rho$; E 是粒子的总能量, V 是相互作用势.

为了找到衍射角, 我们考虑以下实验. 放置一个屏 (带有一个直径为 a 的孔), 从而把碰撞参数的可能值限制在 $\rho \pm a$ 之内 (见图 1.15). 如果经典力学要适用, 狭缝的宽度 $2a$ 必须远远小于碰撞参数 ρ, 否则碰撞参数的概念就没有意义了. 另一方面, 减少狭缝的宽度会导致衍射, 为了能够观察到偏转, 衍射角必须比散射角小得多.

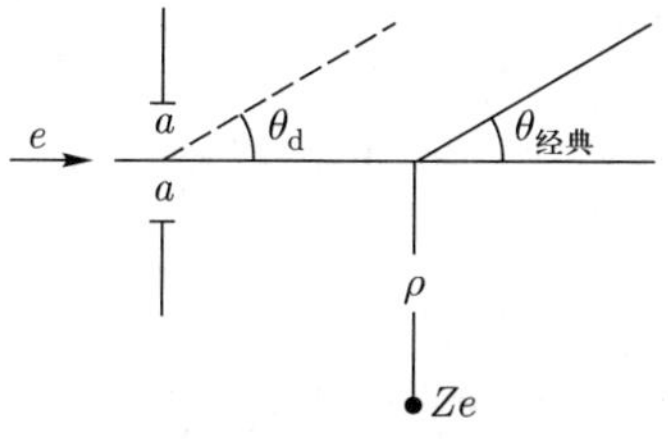

图 1.15

根据不确定性原理, 坐标的不确定性对应于动量的横向分量的不确定性,

$\Delta p \sim 1/a$. 因此, 衍射角由下式给出

$$\theta_{\rm d} \sim \frac{\Delta p}{p} \sim \frac{1}{pa}$$

其中 p 是入射粒子的动量. 为了让经典力学适用, 必须有 $\theta_{经典} \gg \theta_{\rm d}$, 换句话说, $\theta_{经典} \gg 1/(pa)$; 因此

$$\theta_{经典} = \frac{V(\rho)}{E} \gg \frac{1}{p\rho}$$

这是经典力学适用于散射问题的一般标准. 对于比库仑势下降得更快的势, 经典散射角随着碰撞参数的增加而减小, 下降的速度比 $1/\rho$ 快. 因此, 我们总能找到一个碰撞参数 ρ_1, 使得 $\theta_{经典} \sim \theta_{\rm d}$. 在卢瑟福散射的情况, $\theta = 2Ze^2/(p\rho v)$, 只要 $Ze^2/(\hbar v) \gg 1$, 在所有角度上的散射都是经典的.

1.2.6 散射截面的估计：比库仑势下降得更快的势

我们刚刚看到, 经典力学不适用于碰撞参数大于 ρ_1 的情况, 根据经典散射角等于衍射角的条件,

$$\frac{\hbar}{\rho_1 p} = \theta_{经典}(\rho_1) \tag{1.21}$$

就定义了 ρ_1 的值. 这意味着, 从下面这个关系式

$$\frac{\hbar}{\rho_1 p} = \frac{V(\rho_1)}{E} \tag{1.22}$$

可以得到 ρ_1 的值. 式 (1.22) 可以为任何具体形式的势 $V(\rho)$ 找到 ρ_1, 只要这种势随距离下降的速度比库仑势更快 (对于库仑势, (1.22) 的两边都与 $1/\rho$ 成正比, 所以 ρ_1 没有定义). 因此, 对于 $\rho < \rho_1$, 差分截面可以用经典公式计算.

总截面由下式给出

$$\sigma = \pi\rho_1^2 + \sigma_{\rm d}$$

其中 $\sigma_{\rm d}$ 为衍射截面. 如果势下降得足够快, 就可以估计 $\sigma_{\rm d}$ 大致等于半径为 ρ_1 的圆屏的散射截面, 也就是说, $\sigma_{\rm d}$ 是 $\pi\rho_1^2$ 的数量级, 因此,

$$\sigma = 2\pi\rho_1^2$$

估计服从幂律的势 ($V = \alpha/r^n$) 的总截面. 由式 (1.22) 可以得到, $1/(\rho_1 p) \sim \alpha/(\rho_1^n E)$, 因此 $\rho_1 \sim (\alpha/v)^{1/(n-1)}$. 因此,

$$\sigma = 2\pi\rho_1^2 \sim 2\pi\left(\frac{\alpha}{v}\right)^{\frac{2}{n-1}}$$

我们估计了散射的衍射部分, 把它当作圆屏衍射. 可以证明①, 为了让这种方法有效, 势的下降速度必须超过 $1/r^2$; 因此, 上述估计对 $n > 2$ 有效.

1.2.7 散射中的共振效应

首先考虑具有强排斥性核心的势的散射 (图 1.16). 让势垒的高度和宽度分别为 V_0 和 a. 假设 $V_0 \gg E$, 其中 E 是入射粒子的能量. 波函数必须在势垒边缘消失: $\Psi(a) = 0$. 为了简单起见, 考虑球对称的散射, 并假定对于 $r > a$, 粒子是自由运动的, 也就是说, 它的波函数就是入射的平面波 $\mathrm{e}^{\mathrm{i}kz}$ 与发散的球面波 $(f/r)\mathrm{e}^{\mathrm{i}kr}$ 之和, 其中 f 是散射振幅. 平面波本身有球对称的分量, 等于 $(\sin kr)/(kr)$. 因此, 我们有

$$\int \Psi \frac{\mathrm{d}\Omega}{4\pi}\bigg|_{r>a} = \frac{\sin kr}{kr} + \frac{f}{r}\mathrm{e}^{\mathrm{i}kr}$$

利用边界条件 $\Psi(a) = 0$, 得到 $(\sin ka)/k + f\mathrm{e}^{\mathrm{i}ka} = 0$, 或者

$$f = -\frac{\sin(ka)}{k}\mathrm{e}^{\mathrm{i}ka}$$

如果粒子的能量使得 $ka = n\pi$, 其中 n 是整数, 那么 $f = 0$, 也就是说, s 波的散射截面等于零. 这种共振效应在总截面中被削弱了, 因为当 $ka \gtrsim 1$ 的时候, $l \neq 0$ 的波在散射中也很重要, 所以总散射截面不会趋于零.

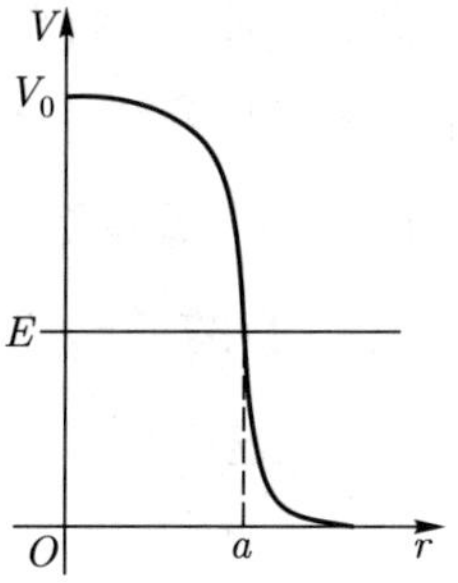

图 1.16

从散射振幅的上述表达式可以看出, 当 $ka = (2n+1)\pi/2$ 时, 截面达到最大值, $\sigma = 4\pi\lambda^2$. 对于小的 $k(ka \ll 1)$, 我们有 $\sigma = 4\pi a^2$.

① Landau L D, Lifshitz E M. Quantum Mechanics[M]. 2nd revised ed. Oxford: Pergamon, 1965: 473. 中文版: 朗道 Л Д, 栗弗席兹 E M. 量子力学 (非相对论理论)[M]. 严肃, 译, 喀兴林, 校. 北京: 高等教育出版社, 2008: 464.

散射中的共振效应可以用于“增透膜”；在透镜的表面涂一层物质，其厚度使得光在垂直入射的时候，涂层和透镜表面之间的相位差是 π 的整数倍. 因此，透镜表面没有光反射，任何损失都是由于吸收造成的.

当粒子被势阱 ($V<0$) 散射时，出现类似的效应. 正如在 $V>0$ 的情况，散射截面根据势阱边波函数的相位而呈现不同的值. 对于特定的相位值，截面等于零. 这种效应首先由冉绍尔 (Ramsauer) 在电子被原子的散射中观察到；经典的散射理论不能解释这种现象. 经典力学与实验完全相悖的另一个例子是，原子核捕获慢中子；这个过程的截面 $\left(\sim 4\pi\lambda^2\right)$ 比经典截面 ($\sigma_{\text{经典}}=\pi R^2$，其中 R 为核半径) 大几万倍.

1.2.8 原子间的相互作用

让我们估计一个中性原子与一个离子 (以及一个中性原子与另一个中性原子) 在大距离上的相互作用的大小. 离子产生的电场是 $E=Z_1/r^2$，其中 Z_1 是离子电荷. 置于电场 E 中的中性原子具有偶极矩 $d=\alpha E$，其中 α 为原子极化率. 因此，离子与中性原子的相互作用 $V=-Ed=-Z_1^2\alpha/r^4$. 在原子单位中，$\alpha\sim 1$，因为对原子极化的主要贡献来自最外的壳层，那里所有的量在原子单位中都是 1 的量级. 因此，$V\sim -Z_1^2/r^4$.

现在考虑两个原子都是中性的情况. 它们将在对方身上诱导出 d_1 和 d_2 的偶极矩，我们知道，原子之间的偶极–偶极作用是 $V\sim -d_1d_2/r^3$. 在基态，d_1 和 d_2 的平均值为零，因为原子没有永久的偶极矩. 然而，它们的方均值 $\overline{d_1^2}$ 和 $\overline{d_2^2}$ 并不为零，因为偶极矩算子在所有可能的原子频率下都会发生振荡：

$$d=\sum_\omega d_\omega \mathrm{e}^{\mathrm{i}\omega t}$$

偶极矩 $d_{1\omega}$ 将产生电场 $E_\omega\sim d_{1\omega}/r^3$. 这个场引起的偶极矩 $d_{2\omega}=\alpha_2E_\omega$. 把这个表达式代入相互作用能，并对时间做平均，最终可以得到

$$V\sim -\sum_\omega d_{2\omega}\mathscr{E}_\omega=-\frac{1}{r^6}\sum_\omega d_{1\omega}^2\alpha_2(\omega)\sim -\frac{1}{r^6}$$

这种相互作用称为范德瓦耳斯相互作用.

1.2.9　原子的电离

对于能量远大于原子壳内电子能量的入射电子, 我们估算它在运动中损失的能量. 入射电子与原子壳里的电子碰撞时, 可以把它们撞出原子. 当入射电子的能量很大的时候, 它的偏转角 θ 很小, 因此, 它被一个壳内电子散射的截面由公式 $\mathrm{d}\sigma/\,\mathrm{d}\Omega \sim 1/(p^4\theta^4)$ 给出, 其中 p 是入射电子的动量.

用 q 表示入射电子的动量变化; q 与偏转角的关系是 $q^2/2$. 每单位路径长度的电子能量损失是

$$\frac{\mathrm{d}E}{\mathrm{d}x} = -nZ\int \Delta E\ \mathrm{d}\sigma$$

其中 nZ 是每单位体积的电子总数, $\mathrm{d}\sigma$ 是微分截面. 因此,

$$-\frac{\mathrm{d}E}{\mathrm{d}x} \sim Zn\int q^2\frac{1}{p^4\theta^4}\theta\ \mathrm{d}\theta = Zn\frac{1}{p^2}\int\frac{\mathrm{d}q}{q} = \frac{Zn}{p^2}\ln\frac{q_{\max}}{q_{\min}}$$

由于最大的能量转移是入射粒子能量的数量级, 我们有 $q_{\max} \sim p\,(\theta_{\max} \sim 1)$. 最小的动量转移对应的情况是, 渡越时间 τ 是原子频率倒数的数量级, 即 $\omega_0\tau \sim 1$; 对于长的渡越时间, 入射电子的场不包含与原子频率有关的可观的傅里叶成分, 电离的概率急剧下降. 对应于这个条件的碰撞参数 ρ 由关系式 $\rho = v\tau = v/\omega$ 定义, 其中 v 是入射电子的速度. 由于 $e^2/(\hbar v) \ll 1$, 最小角度 $\theta_{\min}$ 由衍射条件定义, 而不是由经典条件确定 (参见 1.2.5 节), 即 $\theta_{\min} \sim 1/(p\rho)$ 或 $q_{\min} = \omega_0/v$. 因此, 我们有

$$-\frac{\mathrm{d}E}{\mathrm{d}x} \sim \frac{Zn}{p^2}\ln\frac{pv}{\omega_0}$$

前面已经证明 (1.2.3 节), 大部分电子都在半径为 $a_0/Z^{1/3}$ 的区域内, 每个电子的能量为 $Z^{4/3}$. 物理量 ω_0 是 $v/a \sim Z^{2/3}/Z^{-1/3} = Z$ 的量级. 重新引入有量纲的量, 并引入氢的电离势 I_0, 我们得到

$$-\frac{\mathrm{d}E}{\mathrm{d}x} = C\frac{Zne^2}{mv^2}\ln\frac{E}{I_0 Z}$$

精确的计算给出, $C = 4\pi$.

1.2.10　多重散射

窄束的电子穿过介质, 由于多次散射的结果, 会逐渐变粗变模糊; 因为, 即使电子向左或向右偏转的概率相等, 方均偏转角也不是零. 在日常生活中, 也

会遇到类似的现象, 例如我们知道①, 电话线随着时间的推移而逐渐扭曲. 在每次电话交谈之后, 电话线都以相同的概率朝左或者右扭曲, 但是经过很多次交谈之后, 电话线最终被扭曲的角度正比于交谈次数的平方根.

由于电子束的角扩散是大量独立随机过程的总和, 角分布具有高斯形式: $\Phi(\theta)=A\exp\left(-\theta^2/\overline{\theta^2}\right)$. 方均偏转角 $\overline{\theta^2}$ 正比于碰撞次数 N, 后者等于样品厚度 L 除以平均自由路径 l. 如果 $\overline{\theta_1^2}$ 是每次碰撞的方均偏转角, 那么

$$\overline{\theta^2}=N\overline{\theta_1^2}=\overline{\theta_1^2}L/l=n\sigma L\overline{\theta_1^2}=\overline{\varphi^2}L$$

其中 σ 是散射截面, n 是单位体积里原子核的数目, $\overline{\varphi^2}$ 是每单位路径长度的偏转角的方均值, 即, $\overline{\varphi^2}=n\sigma\overline{\theta_1^2}$. 因为根据定义,

$$\sigma L\overline{\theta_1^2}=(1/\sigma)\int\sigma(\theta)\theta^2\,\mathrm{d}\Omega$$

对于卢瑟福散射, 我们得到

$$\overline{\varphi^2}\sim 2\pi n\frac{Z^2}{E^2}\ln\frac{\theta_{\max}}{\theta_{\min}}$$

在相对论和非相对论的情况, 这个公式都成立.

考虑两种极限情况: $Z/v\gg 1$ 和 $Z/v\ll 1$. 在前一种情况, 所有角度的散射都可以视为经典的情况 (见 1.2.5 节末). 最大的散射角是由碰撞参数等于原子核半径 R 的条件决定的, 也就是说: 如果 $Z/(RE)<1$, 那么 $\theta_{\max}\sim V(R)/E=Z/(RE)$; 如果 $Z/(RE)>1$, 则 $\theta_{\max}\sim 1$. 在电子散射的情况, 第一个条件违反了 $Z/v\gg 1$ 的关系; 条件 $E>Z/R$ 对应于相对论能量, 对于速度 $v\simeq c$, 有 $Z/v\sim Z/c<1$. 因此, 我们有 $\theta_{\max}\sim 1$. 最小散射角由原子的大小 a 决定: $\theta_{\min}\sim Z/(aE)$. 用托马斯–费米模型估计 a, 得到

$$\theta_{\min}\sim\frac{Z}{Z^{-1/3}E}\sim\frac{Z^{4/3}}{E}$$

因此, 对于 $E\ll Z^2(Z/v\gg 1)$ 的电子,

$$\overline{\varphi^2}\sim 2\pi n\frac{Z^2}{E^2}\ln\frac{E}{Z^{4/3}}$$

① 中译者注: 这个例子指的是有线电话, 带有固定的电话机, 但是现在很少有人用了. 参见“译后记”里莱格特教授的回忆, 以及那里的中译者注.

在 $Z/v \ll 1$ 的情况, 经典偏转角小于量子力学衍射角 θ_{d}. 因此, $\theta_{\max}$ 和 $\theta_{\min}$ 应当按以下方式确定. $\theta_{\min}$ 是孔径为原子大小时的衍射角:

$$\theta_{\min} \sim \frac{\lambda}{a} \sim \frac{Z^{1/3}}{p}$$

而 $\theta_{\max}$ 是被原子核散射时的衍射角:

$$\theta_{\max} \sim \frac{\lambda}{pR} \quad 对于 \quad \frac{\lambda}{R} < 1$$

$$\theta_{\max} \sim 1 \quad 对于 \quad \frac{\lambda}{R} > 1$$

因此, 在 $Z/v \ll 1$ 的情况, 我们得到

$$\overline{\varphi^2} = 2\pi n \frac{Z^2}{E^2} \begin{cases} \ln a/R, & \lambda/R < 1 \\ \ln a/\hbar, & \lambda/R > 1 \end{cases}$$

1.3 与辐射的相互作用

1.3.1 电磁场的零点振动

我们知道, 电磁场的能量等于 $\int \left(\mathscr{E}^2/8\pi + \mathscr{H}^2/8\pi\right) \, \mathrm{d}r$, 其中 $\mathscr{E}$ 和 $\mathscr{H}$ 分别是电场和磁场强度. 如果空间的任何地方都没有自由电荷, 就可以让静电势 φ 等于零. 那么, $\mathscr{E} = (-1/c)\partial \mathscr{A}/\partial t$, $\mathscr{H} = \mathrm{curl}\, \mathscr{A}$, 其中 $\mathscr{A}$ 是向量势.

把矢势分解为平面波,

$$A = \sum_k A_k \mathrm{e}^{\mathrm{i}kr} + \text{复共轭 (c.c.)}$$

得到电磁场能量 E 的以下表达式:

$$E = \sum_k \left\{ \frac{1}{8\pi c^2} \left|\dot{A}_k\right|^2 + \frac{k^2}{8\pi} |A_k|^2 \right\}$$

为了归一化, 包含了场的体积已被设定为 1.

从上述表达式不难看出, 电磁场的能量就是一组独立简谐振子的能量之和. 物理量 $\boldsymbol{A}_k$ 起着坐标的作用, $\dot{\boldsymbol{A}}_k$ 起着速度的作用, 而 $1/(4\pi c^2)$ 则类似于谐振子的质量. 振子的频率由 $\omega_k = \sqrt{\alpha/m}$ 给出, 其中 α 为刚度常数, m 为质量; 因为

在这种情况, $\alpha=k^2/4\pi$ 而 $m=1/(4\pi c^2)$, 所以有 $\omega=ck$. 在 E 的表达中, 第一项是电磁场的“动能”, 第二项是“势能”. 因此, 在不含自由电荷的空间中, 电磁场可以被视为一组独立的谐振子, 对应于波矢 $\boldsymbol{k}$ 的所有可能值.

把量子力学定律应用于这组振子. 电磁场的能量由下式给出

$$E=\sum_k\left(n_k+\frac{1}{2}\right)\omega_k$$

其中 n_k 是波矢为 $\boldsymbol{k}$ 的振子激发态的量子数 (波矢为 $\boldsymbol{k}$ 的光子数). 为了简单起见, 我们省略了描述光子偏振的下标 λ; 它决定了向量 $\boldsymbol{A}$ 的方向, 必须位于与 $\boldsymbol{k}$ 垂直的平面内. 在基态, 我们有 $n_k=0$(没有光子存在), 因此 $E=(1/2)\sum\limits_k\omega_k$; 振动的动能和势能都没有明确的值. 由此可见, 电场和磁场强度也没有确定的值; 在每种情况下, 场的平均值为零, 但方均值不为零. 这意味着, 真空中的电磁场是振荡的量; 这种振荡称为电磁场的零点振动.

现在可以回答这个问题: 为什么原子不能无限期地停留在激发态呢? 毕竟, (我们可以认为) 激发态是薛定谔方程的精确的定态. 原因在于这个事实: 空间的任何地方都存在电磁场, 原子与它相互作用; 结果, 原子态不再是定态.

接下来, 考虑粒子与电磁场的相互作用. 为了找到施加场时哈密顿的变化, 我们必须把粒子的动量 $\boldsymbol{p}$ 替换为 $\boldsymbol{p}-e\boldsymbol{A}/c$, 其中 $\boldsymbol{A}$ 是场的矢势. 动能 $p^2/(2m)$ 相应地成为

$$\frac{p^2}{2m}-\frac{e}{mc}\boldsymbol{pA}+\frac{e^2}{2mc^2}\boldsymbol{A}^2$$

这个表达式中的最后一项很小; 当一阶微扰理论给出的贡献为零时, 需要把它考虑进去, 例如在电子散射光子的问题里.

算子 $\boldsymbol{A}_k$ 对相应的场振子起着坐标的作用, 因此有对应于光子数量变化 1 的矩阵元. 让我们计算从真空态跃迁到有一个光子存在的态时的矩阵元 $(A_k)_{01}$. 为此, 我们要找到 $\left(A_k^2\right)_{00}=\sum\langle 0|A_k|n\rangle\langle nA_k|0\rangle$. 由于算子 A_k 产生了一个光子 (频率为 ω_k), 所以, 上面的和里唯一的非零项就是 $n=1$. 因此我们有 $|(A_k)_{01}|=\sqrt{\left(|A_k^2|^2\right)_{00}}$. 现在我们知道, 对于谐振子来说, 动能和势能的平均值相等, 都是总能量的一半. 因此, 对于基态, $\overline{T_k}=\overline{U_k}=(1/2)E_k=(1/4)ck$. 由于 $\overline{U_k}=[k^2/(8\pi)]\left(|A_k|^2\right)_{00}$, 我们有 $(1/4)ck=(k^2/8\pi)\left(|A_k|^2\right)_{00}$, 因此 $\left(|A_k|^2\right)_{00}=$

$2\pi c/k$. 因此,

$$|(A_k)_{01}| = \sqrt{\frac{2\pi c}{k}} = \sqrt{\frac{2\pi c^2}{\omega_k}}$$

用完全类似的方式, 可以得到 A_k 的矩阵元, 用于从有 n 个光子的态跃迁到有 $n+1$ 个光子的态. 很容易得到

$$(A_k)_{n,n-1} = \sqrt{n}\sqrt{\frac{2\pi c^2}{\omega_k}}$$

$$(A_k)_{n,n+1} = \sqrt{n+1}\sqrt{\frac{2\pi c^2}{\omega_k}}$$

因此, 一个粒子从 φ_{λ_1} 状态跃迁到 φ_{λ_2} 状态并发射一个光子, 对应的矩阵元由下式给出

$$V_{\lambda_1\lambda_2} = \left(-\frac{e\boldsymbol{p}}{mc}\boldsymbol{A}_k\right)_{\lambda_1\lambda_2} = -\frac{e}{mc}\langle\varphi_{\lambda_1}|\boldsymbol{p}\cdot\boldsymbol{\eta}_{k\lambda}\mathrm{e}^{\mathrm{i}\boldsymbol{kr}}|\varphi_{\lambda_2}\rangle\sqrt{\frac{2\pi c^2}{\omega_k}} \tag{1.23}$$

为了让这个表达式适用于相对论的情况, 得到数量级的估计, 只要用 $\boldsymbol{p}/m$ 代替 $\boldsymbol{v}$ 就可以了. 这里 $\boldsymbol{p}\cdot\boldsymbol{\eta}_{k\lambda}$ 是沿 $\boldsymbol{A}_k$ 方向的动量分量 ($\boldsymbol{\eta}_{k\lambda}$ 是代表光子偏振的单位向量).

1.3.2 光电效应

考虑光电效应: 一个原子吸收一个光子, 导致一个电子离开了原子. 每单位时间的跃迁次数由下式给出

$$\frac{2\pi}{\hbar}|V_{0,\boldsymbol{p}}|^2\,\delta(E_i - E_f)$$

其中 E_i 是初态的能量, 等于光子能量 ω_k 和初态的电子能量 ε_0 之和; E_f 等于 ε_p, 即出射电子的能量. 电子在单位时间内, 在 $[\boldsymbol{p},\boldsymbol{p}+\mathrm{d}\boldsymbol{p}]$ 的区间内, 进入动量为 $\boldsymbol{p}$ 的态的跃迁次数为

$$\begin{aligned}
\mathrm{d}W &= 2\pi\int|V_{0,\boldsymbol{p}}|^2\,\delta(\varepsilon_0+\omega_{\boldsymbol{k}}-\varepsilon_{\boldsymbol{p}})\frac{\mathrm{d}\boldsymbol{p}}{(2\pi)^3} \\
&= 2\pi\int|V_{0,\boldsymbol{p}}|^2\,\frac{p^2\dfrac{\mathrm{d}p}{\mathrm{d}\varepsilon_p}\,\mathrm{d}\varepsilon_p}{(2\pi)^3}\delta(\varepsilon_0+\omega_{\boldsymbol{k}}-\varepsilon_{\boldsymbol{p}})\,\mathrm{d}\Omega
\end{aligned}$$

$$= 2\pi \int |V_{0,\boldsymbol{p}}|^2 \frac{p^2}{v} \, \mathrm{d}\Omega$$

光电效应的截面等于每单位时间的跃迁次数除以光子束强度 (它正好是光速 c, 因为我们已经把问题归一化为每单位体积一个光子). 这样就得到了数量级的结果

$$\sigma \sim \frac{4\pi p}{(2\pi)^2 c} |V_{0,\boldsymbol{p}}|^2$$

我们现在证明, 在 (1.23) 中出现的指数 $\mathrm{e}^{\mathrm{i}\boldsymbol{kr}}$ 可以用 1 代替. 波数 $k = \omega/c$ 是 I/c 的量级, 其中 I 是原子的电离势; 对于内部的电子壳层, $I \sim Z^2$. 这些内壳层的半径为 $1/Z$, 因此 $kr \sim (Z^2/c)(1/Z) \sim Z/c \ll 1$, 而 $\mathrm{e}^{\mathrm{i}\boldsymbol{kr}} \approx 1$. 对于外壳层来说, 这种替换就更有道理了, 因为那里有 $kr \sim 1/c \approx 1/137$.

因为 $(\varphi_0 \boldsymbol{p} \varphi_{\boldsymbol{p}}) = (\varphi_0 \dot{\boldsymbol{r}} \varphi_{\boldsymbol{p}}) = \mathrm{i}(\varepsilon_0 - \varepsilon_{\boldsymbol{p}})(\varphi_0 \boldsymbol{r} \varphi_{\boldsymbol{p}}) = \mathrm{i}\omega(\varphi_0 \boldsymbol{r} \varphi_{\boldsymbol{p}})$, 光电效应截面的数量级为

$$\sigma \sim \frac{p}{c}\omega^2 |(\varphi_0 \boldsymbol{r} \varphi_{\boldsymbol{p}})|^2 \frac{1}{\omega} \sim \frac{p\omega}{c} |(\varphi_0 \boldsymbol{r} \varphi_{\boldsymbol{p}})|^2$$

我们考虑 K 壳层的光电效应在两种极限情况下导致的原子电离: 出射电子的能量远小于或者远大于电离势. 在第一种情况, 光子能量几乎等于电离势 $I \sim Z^2$, 也就是

$$\sigma \sim \frac{pZ^2}{c} |(\varphi_0 \boldsymbol{r} \varphi_{\boldsymbol{p}})|^2$$

这个截面包含系数 $p \sim \sqrt{E}$; 如果矩阵元 $r_{0\boldsymbol{p}}$ 不依赖于能量 (现在的情况并非如此), 我们应该有 $\sigma \sim \sqrt{E}$. 这是在阈值附近的反应截面的一般结果 (参见 4.2.6 节). $\sqrt{E}$ 的依赖关系来自终态的态密度:

$$\int \delta(E - \omega) \frac{\mathrm{d}p^2}{(2\pi)^3} \sim \delta(E - \omega) p^2 \, \mathrm{d}p \sim \delta(E - \omega) p \, \mathrm{d}E \sim p$$

这里的情况并非如此; 对于出射电子能量小的情况, 光电效应截面与能量无关. 这是因为, 由于势在大距离上光滑地下降, 偶极矩阵元在反应阈值附近表现为 $1/\sqrt{p}$. 为了说明这一点, 让我们估计阈值附近的 $r_{0\boldsymbol{p}}$. K 电子的波函数是 $\varphi_0 \sim \mathrm{e}^{-Zr}$, 因此在偶极矩阵元中, 小距离 $(r \sim 1/Z)$ 是重要的. 为了估计 $r_{0\boldsymbol{p}}$, 必须找到 $r \sim 1/Z$ 时的 $\varphi_{\boldsymbol{p}}(r)$. 由于算子 $\boldsymbol{r}$ 把角动量改变了 1, 所以出射电子的波函

数对应于具有单位角动量的态, 在极限 $r \to \infty$ 时的形式为

$$\varphi_p \to \frac{1}{pr} \cos(pr + \delta_1) \cos\theta \tag{1.24}$$

另一方面, 这个函数的径向部分 $(\varphi_{\boldsymbol{p}}/\cos\theta)$ 可以写成 $u_{\boldsymbol{p}}/r$, 其中 $u_{\boldsymbol{p}}$ 服从薛定谔方程

$$u_{\boldsymbol{p}}'' + P_1^2 u_{\boldsymbol{p}} = 0$$

其中 $P_1^2 = 2\left(E + Z/r - 2/r^2\right)$, 而 $E = p^2/2$. 第 1.1 节得到了这个方程的近似解 (准经典的解), 可以用下式给出

$$u_p = \frac{A}{\sqrt{P_1(r)}} \cos \int_{r_1}^{r} P_1(r)\, \mathrm{d}r - \frac{\pi}{2} \tag{1.25}$$

将 (1.24) 与 (1.25) 做比较, 就得到 $A = 1/\sqrt{p}$.

准经典近似的适用条件是 $\mathrm{d}\lambda/\,\mathrm{d}r \ll 1$(参见第 1.1 节和第 3.1 节). 利用 $\mathrm{d}\lambda/\,\mathrm{d}r \sim 1/\sqrt{Zr}$ 这个事实, 可以发现准经典运动的条件是 $r > 1/Z$. 因此, 直到 K 壳层的半径, 准经典近似都适用, 至少在数量级上.

为了找到 $r \sim 1/Z$ 的 $\varphi_{\boldsymbol{p}}$, 我们写下 $\varphi_{\boldsymbol{p}} \sim p^{-1/2}(Z/r)^{-1/4}r^{-1} \sim (Z/p)^{1/2}$. 因此, 偶极矩阵元的数量级为

$$(\varphi_0 \boldsymbol{r} \varphi_{\boldsymbol{p}}) \sim Z^{3/2} \int_0^\infty \mathrm{e}^{-Zr} r \frac{\sqrt{Z}}{\sqrt{p}} r^2\, \mathrm{d}r \sim \frac{1}{Z^2\sqrt{p}}$$

因此, 依赖于 p 的 $|r_{0\boldsymbol{p}}|^2$ 抵消了态密度的影响, 所以在低能量下, 光电效应截面与能量无关. 注意, 这个结果仅仅是因为库仑势的光滑行为; 如果电子运动的势具有势阱的形式, 那么在势阱的边缘会有一个区域不满足准经典近似, 上述估计就失效了. 事实上, 利用第三章的公式 (见 3.1.10 节), 在这种情况下很容易验证, $r_{0\boldsymbol{p}}$ 不依赖于 p, 光电效应截面在阈值附近的行为由态密度决定.

因此, 对于 $E - I \ll I$, 可以得到总的光电效应截面

$$\sigma \sim \frac{pZ^2}{c} \left(\frac{1}{Z^2}\right)^2 \frac{1}{p}$$

或者

$$\sigma = \frac{C_1}{cZ^2}, \quad C_1 \sim 1 \tag{1.26}$$

现在考虑相反的极限, 当出射电子的能量远大于电离势的时候. 我们估计偶极矩阵元和光电效应截面, 在连续谱中, 波函数的形式为 $\varphi_p \underset{r\to\infty}{=} F\mathrm{e}^{\mathrm{i}\boldsymbol{p}\cdot\boldsymbol{r}}$, 函数 F 在 $\boldsymbol{p}\cdot\boldsymbol{r} \gg 1$ 的时候趋于 1. 在矩阵元 $(\varphi_0 \boldsymbol{p} \varphi_{\boldsymbol{p}})$ 中, 重要的区域是距离 r 为 $1/p$ 的数量级. F 与 1 的偏差由量 $V(r)/E$ 决定. 对于 $r \sim 1/p$, 我们有 $V/E \sim \sqrt{I/E}$, 因此, 可以让 $F \approx 1$. 考虑光子的偏振, 只会引入一个数量级为 1 的因子. 因此, 我们有

$$\sigma \sim \frac{1}{pc}\left|(\varphi_0 \boldsymbol{p} \varphi_{\boldsymbol{p}})\right|^2 \sim \frac{p}{c}\left|\left(\varphi_0 \mathrm{e}^{\mathrm{i}\boldsymbol{p}\boldsymbol{r}}\right)\right|^2$$

对角度做积分, 得到

$$\left(\varphi_0 \mathrm{e}^{\mathrm{i}\boldsymbol{p}\boldsymbol{r}}\right) \sim Z^{3/2}\int_0^\infty \mathrm{e}^{-Zr}\frac{\sin(pr)}{pr} r^2\,\mathrm{d}r = \frac{Z^{3/2}}{2p}\int_{-\infty}^\infty r\mathrm{e}^{-Z|r|}\sin(pr)\,\mathrm{d}r$$

为了估计这个表达式, 我们注意到, 函数 $f(r) = r\mathrm{e}^{-Z|r|}$ 的二阶导数在 $r = 0$ 处有不连续点; 因此, 根据第 1.1 节中的论证, $f(r)$ 的高阶的傅里叶分量的数量级为 Z/p^3.

如果势 V 可以视为 r^2 的函数, 在实轴上没有奇点, 作为标量的波函数就必须是 r^2 的解析函数, 并且波函数的高阶傅里叶分量将随着能量的下降而呈指数下降 (参见第 1.1 节). 在目前的情况, 矩阵元对能量的幂律依赖关系来自库仑波函数的平方根奇异性 (参见 4.2.6 节).

因此, 当 $p \to \infty$ 时, 矩阵元 $\left(\varphi_0, \mathrm{e}^{\mathrm{i}\boldsymbol{p}\cdot\boldsymbol{r}}\right)$ 是 $Z^{5/2}/p^4$ 的量级, 而光电效应截面的量级为

$$\sigma \sim \frac{Z^5 p}{cp^8}, \quad 即 \quad \sigma = \frac{C_2 Z^5}{cE^{7/2}}, \quad 或者 \quad \sigma \sim \frac{2^{7/2} C_2}{cZ^2}\left(\frac{I}{E}\right)^{7/2} \tag{1.27}$$

这里的 I 是 K 电子的电离势, 即 $Z^2/2$. 实际的数值计算表明, $C_2 \sim 10$.

如果让 (1.27) 中的能量 E 等于电离势 I, 就应该得到公式 (1.26), 至少在数量级上. 但实际上, 数值计算表明, $E = I$ 的公式 (1.27) 给出的截面比 (1.26) 大了一个数量级. 这表明, 从 $E - I \ll I$ 的区间到 $E \gg I$ 的区间的过渡, 发生在很大的区间里.

问题：在方势阱的情况, 估计接近阈值的能量和高能量的光电效应截面.

1.3.3 原子激发态的寿命

情况 (1) 首先, 估计氢原子 2p 态的寿命. 一个电子可以通过发射一个光子, 从 2p 态向 1s 态发生“偶极”跃迁. 每单位时间的跃迁次数 (寿命的倒数) 由下式给出

$$W_{01} = 2\pi \int |V_{01}|^2 \frac{\mathrm{d}^3 k}{(2\pi)^3} \delta(E_0 - E_1 - \omega)$$

其中 $V = -(1/c)\boldsymbol{p} \cdot \boldsymbol{A}$ 是电子与电磁场的相互作用. 这里的下标 0 和 1 分别对应于 1s 态和 2p 态, ω 是发射光子的能量. 因为

$$\mathrm{d}^3 k = k^2\ \mathrm{d}k\ \mathrm{d}\Omega = k^2 \frac{\mathrm{d}k}{\mathrm{d}\omega}\ \mathrm{d}\Omega\ \mathrm{d}\omega$$

所以有,

$$W_{01} = 2\pi \int |V_{01}|^2 \frac{k^2 \dfrac{\mathrm{d}k}{\mathrm{d}\omega}\ \mathrm{d}\Omega}{(2\pi)^3}$$

我们估计跃迁的矩阵元 V_{01}. 考虑到电磁场的向量势 $\boldsymbol{A}$ 的归一化 (参见第 37 页), 我们发现

$$V_{01} = -\frac{1}{c}(\boldsymbol{pA})_{01} \sim \sqrt{\frac{2\pi}{\omega}} p_{01}$$

(我们对光子的偏振不感兴趣, 它只引入了一个数量级为 1 的数值因子). 可以估计出动量 p 的矩阵元:

$$p_{01} = \mathrm{i}\omega r_{01} \sim \frac{\omega}{Z}$$

因此得到

$$W_{01} \sim \frac{\omega^2}{Z^2} \frac{1}{\omega} k^2 \frac{\mathrm{d}k}{\mathrm{d}\omega} \sim \frac{\omega^3}{Z^2 c^3}$$

由于跃迁频率 ω 是 Z^2 的量级, 我们最后发现

$$W_{01} \sim \frac{Z^4}{c^3}$$

估算因为偶极跃迁导致的态的寿命. 原子单位的时间的数量级为

$$\tau_{\mathrm{at}} \sim \frac{\hbar}{E_{\mathrm{at}}} \sim \frac{10^{-27}\ \mathrm{erg \cdot s}}{27\ \mathrm{eV} \times 1.6 \times 10^{-12}\ \mathrm{erg/eV}} \approx 2 \times 10^{-17}\ \mathrm{s}$$

因此, $\tau_{\mathrm{dipole}} \sim (c^3/Z^4)\tau_{\mathrm{at}}$; 对于氢原子, 我们有 $\tau_{\mathrm{dip}} \sim 10^7 \times 10^{-17}\ \mathrm{s} = 10^{-10}\ \mathrm{s}$. 精确计算得到的 τ_{dipole} 数值更大.

情况 (2) 接下来, 估计四极跃迁 (例如, 3d $\to$ 1s) 的寿命. 上面用 1 替换了 $\mathrm{e}^{\mathrm{i}\boldsymbol{k}\cdot\boldsymbol{r}}$ 这个因子, 它出现在电磁场算子 $\boldsymbol{A}$ 中 ($\boldsymbol{k}$ 是光子的波矢, 所以 $kr = (\omega/c)r \sim Z/c \ll 1$). 为了考虑四极跃迁, 我们必须展开 $\mathrm{e}^{\mathrm{i}\boldsymbol{k}\cdot\boldsymbol{r}}$ 的幂级数; 主要贡献来自 $\mathrm{i}\boldsymbol{k}\cdot\boldsymbol{r}$ 项. 我们得到

$$V_{01} = \mathrm{i}\sqrt{\frac{2\pi}{\omega}}[(\boldsymbol{\eta p})(\boldsymbol{kr})]_{01}$$

其中 $\boldsymbol{\eta}$ 是光子的偏振. 让 z 轴沿矢量 $\boldsymbol{\eta}$, 而 x 轴沿 $\boldsymbol{k}$(光子偏振矢量 $\boldsymbol{\eta}$ 垂直于波矢 $\boldsymbol{k}$). 那么我们有

$$\begin{aligned}
V_{01} &= \mathrm{i}k\sqrt{\frac{2\pi}{\omega}}(p_z x)_{01} \\
&= \mathrm{i}k\sqrt{\frac{2\pi}{\omega}}\left[\frac{1}{2}(p_z x - p_x z) + \frac{1}{2}(p_z x + p_x z)\right]_{01} \\
&= \mathrm{i}k\sqrt{\frac{2\pi}{\omega}}\left[-\frac{1}{2}(\boldsymbol{r}\times\boldsymbol{p})_y + \frac{1}{2}\frac{\mathrm{d}}{\mathrm{d}t}(zx)\right]_{01}
\end{aligned}$$

其中第一项就是轨道角动量的 y 分量的矩阵元, 所以它对应于磁偶极跃迁. 乘积 zx 是四极矩的一个分量, 因此第二项决定了电四极跃迁的概率. 这两个项的数量级是相同的.

对四极跃迁的态的寿命做数值估计. 与偶极跃迁的情况不同, 矩阵元中多了 $\boldsymbol{k}\cdot\boldsymbol{r}$ 的因子. 因此, 我们发现

$$\tau_{\text{quad}} \sim \tau_{\text{dipole}}(kr)^{-2} \sim \tau_{\text{dip}}\frac{c^2}{Z^2}$$

对于氢原子, $\tau_{\text{quad}} \sim 10^{-10} \times 10^4\ \mathrm{s} \sim 10^{-6}\ \mathrm{s}$.

问题: 对于两个光子的发射, 估计氢原子的寿命.

解: $\tau \sim c^6/Z^6$.

1.3.4 轫致辐射

我们估算电子被原子核散射时发射伽马射线的有效截面, 假设伽马射线的频率远小于电子的能量. 那么, 发射光子对电子运动的影响不大, 有效截面大约等于电子散射的截面与发射光子的概率的乘积.

对于给定的电子运动, 我们估计发射光子的概率. 在能量表示里, 光子的薛定谔方程有如下形式

$$\mathrm{i}\dot{C}_n = \sum_{n'} V_{nn'} C_{n'} \mathrm{e}^{\mathrm{i}(\omega_n - \omega_{n'})t} \tag{1.28}$$

其中 V 描述了电子与电磁场的相互作用, C_n 是包含 n 个光子 (具有给定的波矢和偏振) 的态的振幅. 在基态中, $C_0 = 1$, 其他所有 C_n 均为零, 在一阶微扰理论里, 存在一个从基态到含有一个光子的态的非零跃迁振幅, 用 C_1 描述. 从 (1.28) 得到

$$\mathrm{i}\dot{C}_1 = V_{10}\mathrm{e}^{\mathrm{i}\omega t}$$

因此,

$$C_1 = -\mathrm{i}\int_{-\infty}^{\infty} V_{10}\mathrm{e}^{\mathrm{i}\omega t}\,\mathrm{d}t = +\mathrm{i}\int_{-\infty}^{\infty}\left(\frac{1}{c}\boldsymbol{v}\boldsymbol{A}\right)_{10}\mathrm{e}^{\mathrm{i}\omega t}\mathrm{d}t$$

这里采用了适合无自旋粒子与辐射场相互作用的形式; 对于有自旋的粒子, 公式更加复杂, 但相互作用的数量级仍然可以用上述表达式估计出来. 由于辐射场不影响电子的散射, 我们可以把电子的速度 $\boldsymbol{v}$ 看作时间的给定函数. 由于

$$\boldsymbol{A} \sim \sqrt{\frac{2\pi c^2}{\omega}}\boldsymbol{\eta}\mathrm{e}^{-\mathrm{i}kr} \approx \sqrt{\frac{2\pi c^2}{\omega}}\boldsymbol{\eta}\mathrm{e}^{-\mathrm{i}\omega\frac{vn}{c}t}$$

我们得到,

$$C_1 \sim \sqrt{\frac{2\pi}{\omega}}\int_{-\infty}^{\infty}(\boldsymbol{v\eta})\mathrm{e}^{\mathrm{i}\omega t - \mathrm{i}\omega\frac{vn}{c}t}\mathrm{d}t \tag{1.29}$$

其中 $\boldsymbol{\eta}$ 是单位光子的偏振向量, $\boldsymbol{n}$ 是单位向量 $\boldsymbol{k}/k$.

由于电子与原子核碰撞的时间远小于这个积分里重要的时间间隔

$$t \sim \frac{1}{\omega\left(1 - \frac{vn}{c}\right)}$$

我们可以假设在时间 $t = 0$, 粒子速度 $\boldsymbol{v}$ 从 $\boldsymbol{v}_1$ 不连续地变化到 $\boldsymbol{v}_2$. 然后从 (1.29) 得到

$$C_1 = \mathrm{i}\sqrt{\frac{2n}{\omega}}(\boldsymbol{v}\boldsymbol{\eta})\left\{\left.\frac{\mathrm{e}^{\mathrm{i}\omega\left(t-\frac{vn}{c}t\right)}}{\mathrm{i}\omega\left(1-\dfrac{vn}{c}\right)}\right|_{-\infty}^{0}+(\boldsymbol{v}\boldsymbol{\eta})\left.\frac{\mathrm{e}^{\mathrm{i}\omega\left(t-\frac{vn}{c}t\right)}}{\mathrm{i}\omega\left(1-\dfrac{vn}{c}\right)}\right|_{0}^{\infty}\right\}$$
$$= \sqrt{\frac{2n}{\omega^3}}\boldsymbol{\eta}\left(\frac{v_1}{1-\dfrac{v_1 n}{c}}-\frac{v_2}{1-\dfrac{v_2 n}{c}}\right) \tag{1.30}$$

如果电子的偏转角 (θ_{e}) 和光子的偏转角 (θ_{ph}) 很小, 我们从 (1.30) 得到

$$C_1^2 \sim \frac{1}{\omega^3}\frac{(\Delta v)^2}{(1-v/c)^2} \tag{1.31}$$

其中 Δv 是电子速度的变化值. 对于小的 θ_{ph} 和 θ_{e}, (1.30) 中的分母有如下形式

$$1-\frac{v}{c}+\frac{\theta_{\mathrm{ph}}^2}{2},\quad 1-\frac{v}{c}+\frac{(\theta_{\mathrm{ph}}+\theta_{\mathrm{e}})^2}{2}$$

所以, 重要的 θ_{ph} 和 θ_{e} 角应该满足以下条件

$$\theta_{\mathrm{ph}},\theta_{\mathrm{e}} \lesssim \sqrt{1-\frac{v}{c}} \tag{1.32}$$

现在我们估算, 对于变化值给定的电子速度 $\Delta\boldsymbol{v}$, 在 $[\omega,\omega+\mathrm{d}\omega]$ 频率区间内发射光子的概率. 为此, 我们必须用 (1.31) 乘以光子的最终态密度 $\mathrm{d}\boldsymbol{k}/(2\pi)^3$

$$\mathrm{d}W \sim \frac{1}{\omega^3}\frac{(\Delta v)^2}{(1-v/c)^2}k^2\,\mathrm{d}k\,\mathrm{d}\Omega_{\mathrm{ph}} \sim \frac{(\Delta v)^2}{c^3(1-v/c)^2}\cdot\frac{\mathrm{d}\omega}{\omega}\theta_{\mathrm{ph}}\,\mathrm{d}\theta_{\mathrm{ph}} \tag{1.33}$$

韧致辐射的最终截面由发射光子的概率 $\mathrm{d}W$ 与相对论电子的库仑散射截面的乘积给出：

$$\mathrm{d}\sigma_{\mathrm{Br}} \sim \frac{(\Delta v)^2\theta_{\mathrm{ph}}^2}{c^3(1-v/c)^2}\cdot\frac{\mathrm{d}\omega}{\omega}\cdot\frac{Z^2}{E^2}\frac{\mathrm{d}\Omega_{\mathrm{e}}}{\sin^4(\theta_{\mathrm{e}}/2)}$$

对于小的散射角 ($\sin\theta_{\mathrm{e}} \approx \theta_{\mathrm{e}} \approx q/p$), 就是

$$\mathrm{d}\sigma_{\mathrm{Br}} \sim \frac{q^2\left(1-\dfrac{v}{c}\right)}{c^3\left(1-\dfrac{v}{c}\right)}\cdot\frac{\mathrm{d}\omega}{\omega}\frac{Z^2}{p^2c^2}\frac{\theta_{\mathrm{e}}\,\mathrm{d}\theta_{\mathrm{e}}}{\theta_{\mathrm{e}}^4} \sim \frac{Z^2}{c^5}\frac{\mathrm{d}\omega}{\omega}\frac{\mathrm{d}q}{q} \tag{1.34}$$

当电子动量任意改变的时候, 让我们估计发射光子的概率. 为此, 必须把 (1.34) 对 q 做积分. 假设电子是超级相对论的 $[(1-v/c) \ll 1]$. 由于 $Ze^2/(\hbar c) \ll$

1, 最小偏转角将由电子被原子的衍射决定 (原子的大小为 $a \sim Z^{-1/3}$), 而最大角度由条件 (1.32) 决定 (参见第 34 页). 把 (1.34) 对 q 做积分, 得到

$$\int \frac{\mathrm{d}\sigma_{\mathrm{Br}}}{\mathrm{d}q}\mathrm{d}q \sim \frac{Z^2}{c^5}\cdot\frac{\mathrm{d}\omega}{\omega}\ln\left(\frac{q_{\max}}{q_{\min}}\right) \sim \frac{Z^2}{c^5}\frac{\mathrm{d}\omega}{\omega}\ln\left(\frac{c}{Z^{1/3}}\right) \tag{1.35}$$

我们可以估计任何频率的韧致辐射的总截面. 把 (1.35) 对 ω 积分, 可以得到

$$\sigma_{\mathrm{Br}} \sim \frac{Z^2}{c^5}\ln\frac{c}{Z^{1/3}}\ln\frac{\omega_{\max}}{\omega_{\min}} \tag{1.36}$$

最大的光子频率是电子能量的数量级

$$\omega_{\max} \sim \frac{mc^2}{\sqrt{1-v^2/c^2}}$$

如果让 $\omega_{\min} \to 0$, 表达式 (1.36) 将发散 (参见第 46 页). 然而, 韧致辐射导致的能量损失率是有限的: $-\,\mathrm{d}E/\,\mathrm{d}x = \displaystyle\int n\omega\,\mathrm{d}\sigma_{\mathrm{Br}}$, 其中 n 是每单位体积的核子数量. 因此, 最后就得到

$$-\frac{\mathrm{d}E}{\mathrm{d}x} \sim \frac{Z^2 n}{c^5}E\ln\frac{c}{Z^{1/3}}$$

1.3.5 正负电子对的生成

读者请注意, 对于给定的动量 p, 电子的相对论性不变的运动方程 (狄拉克方程) 有本征函数, 对应于能量的负值和正值: $E = \pm\sqrt{m^2c^4+p^2c^2}$. 为了解释为什么电子不会通过发射光子而落入负能量的态, 狄拉克假设, 真空中所有的负能量态都已经被电子填满, 所以泡利原理禁止了进入这些负能量态的跃迁. 一个未填充的负能量态相当于真空中存在一个正电子.

从这个角度来看, 正负电子对产生的机制类似于光电效应的机制: 光子将电子从负能量态激发到正能量态. 在自由空间中, 这个过程是不可能的, 这一点可以根据能量和动量守恒定律立即看出. 然而, 在原子核的场中, 这个过程变得可能, 因为电子可以将其多余的动量转移到原子核上. 在原子核场中形成正负电子对的截面, 可以用跟韧致辐射相同的方法来估计: 首先在向核转移给定动量的情况, 找到产生成粒子对的概率, 然后将这个概率乘以电子–原子核散射的散射横截面, 最后对动量转移的所有数值做积分.

实际上, 可以把它看作韧致辐射的逆过程, 从而得到生成粒子对的截面. 严格地说, 韧致辐射真正的逆过程是电子从一个正能量态跃迁到另一个正能量态时吸收光子. 然而, 在超级相对论的情况 (为了简单起见, 我们只考虑这种情况), 对应负能量 (即正电子) 的特征函数与对应正能量的特征函数只有微小的差别 (原子核的库仑场带来的修正很小). 这意味着, 把粒子对的形成视为韧致辐射的逆过程, 是一个很好的近似.

直接过程和逆过程的截面之比就是相应的最终态密度之比. 在韧致辐射的情况, 终态包含一个电子和一个光子, 而在生成粒子对的情况, 终态包含一个正电子和一个电子. 然而, 在高能量的情况, 光子的最终态密度与相同能量的电子的最终态密度是相同的, 因此, 粒子对的生成截面与韧致辐射截面的数量级相同, 并在电子能量的数量级上对光子的能量做积分. 这样就得到

$$\sigma_{\text{粒子对}} = \frac{Z^2}{c^5} \ln \frac{c}{Z^{1/3}}$$

因此, 由于粒子对的形成, 每单位路径长度的光子的能量损失是

$$-\frac{\mathrm{d}E}{\mathrm{d}x} \sim \frac{Z^2 n}{c^5} E \ln \frac{c}{Z^{1/3}}$$

也就是说, 跟韧致辐射导致的超相对论电子的能量损失率具有相同的数量级.

1.3.6 带电粒子散射中产生软光子 (“红外灾难”)

考虑粒子被原子核散射时产生软光子的问题. 假设该粒子是非相对论的. 这个系统的哈密顿量有如下形式

$$H = T + V - \frac{1}{c}\boldsymbol{p}\boldsymbol{A} + H_\gamma \tag{1.37}$$

其中 T 是粒子的动能, V 是散射势, $-(1/c)\boldsymbol{p}\cdot\boldsymbol{A}$ 是粒子与光子场的相互作用, H_γ 是光子场的哈密顿量 (参见上文).

假设光子的能量远小于粒子的能量. 粒子的运动就可以看作是给定的, 只需要考虑哈密顿量里作用于光子波函数的那部分算子. 光子的哈密顿量在碰撞时间内 (假定这个时间很短) 从碰撞前的 $H_0 = H_\gamma - (1/c)\boldsymbol{p}_0\cdot\boldsymbol{A}$ 变为碰撞后的 $H_1 = H_\gamma - (1/c)\boldsymbol{p}_1\cdot\boldsymbol{A}$. 转到粒子在散射前处于静止状态的坐标系中, 我们有

$$H_0 = H_\gamma, \quad H_1 = H_\gamma - \frac{1}{c}\boldsymbol{q}\boldsymbol{A} \tag{1.38}$$

其中 $\boldsymbol{q} = \boldsymbol{p}_1 - \boldsymbol{p}_0$ 是由于散射引起的粒子动量的变化值.

对于小频率, 扰动 $-(1/c)\boldsymbol{q} \cdot \boldsymbol{A}$ 是很大的, 因为 $A_{\boldsymbol{k}\omega} \sim 1/\sqrt{\omega}$. 因此, 我们不使用微扰理论, 而是利用光子哈密顿量变化的突然性. 我们引入哈密顿系统 H_0 的特征函数 χ_n 和哈密顿量 H_1 的特征函数 χ'_n, 并假设光子系统在碰撞之前处于 χ_0 态. 由于碰撞的突然性, 系统的波函数 χ_0 几乎没有变化, 因此进入状态 χ'_n 的跃迁振幅由 $(\chi'_n \mid \chi_0)$ 给出 (参见第 66 页).

把电磁场的哈密顿量表示为各种场振子的哈密顿量之和的形式

$$H_\gamma = \int \left[\frac{1}{8\pi c^2} \dot{\boldsymbol{A}}^2 + \frac{1}{8\pi} (\mathrm{rot}\, \boldsymbol{A})^2 \right] \mathrm{d}r \tag{1.39}$$

为此, 我们把矢量势 $\boldsymbol{A}$ 写成以下形式

$$\boldsymbol{A} = \sum_{\boldsymbol{k}\lambda} \sqrt{2\pi c^2} \eta_{\boldsymbol{k}\lambda} \left[q_{\boldsymbol{k}\lambda} \exp(\mathrm{i}\boldsymbol{k}\boldsymbol{r} - \mathrm{i}\omega_{\boldsymbol{k}\lambda} t) + q^*_{\boldsymbol{k}\lambda} \exp(-\mathrm{i}\boldsymbol{k}\boldsymbol{r} + \mathrm{i}\omega_{\boldsymbol{k}\lambda} t) \right] \tag{1.40}$$

其中 $\boldsymbol{k}$、λ 和 $\omega_{\boldsymbol{k}\lambda}$ 分别是光子的波矢、偏振和能量, 而 $\boldsymbol{\eta}_{\boldsymbol{k}\lambda}$ 是单位偏振矢量. 下文省略了指标 $\boldsymbol{k}, \lambda$, 写为

$$q = Q + \frac{\mathrm{i}}{\omega} P, \quad q^* = Q - \frac{\mathrm{i}}{\omega} P$$

并代入 (1.39), 得到

$$H_\gamma = \sum \frac{1}{2} (P^2 + \omega^2 Q^2) \tag{1.41}$$

对于软光子来说, 指数函数 $\mathrm{e}^{\mathrm{i}\boldsymbol{k}\boldsymbol{r}}$ 可以用 1 代替. 我们把时间因子 $\exp(\pm \mathrm{i}\omega t)$ 放在 q, q^* 中. 这样就有

$$\boldsymbol{A} = \sum \sqrt{2\pi c^2} \boldsymbol{\eta} \cdot 2Q$$

因此, 光子的哈密顿量 H_1 有如下形式

$$H_1 = \sum \left[\frac{1}{2} (P^2 + \omega^2 Q^2) - 2\sqrt{2\pi} (\boldsymbol{\eta} q) Q \right] \tag{1.42}$$

可以表示为带有移位坐标 (shifted coordinate) 的振子哈密顿量之和:

$$H_1 = \sum \left[\frac{1}{2} P^2 + \frac{1}{2} \omega^2 (Q - \delta)^2 - \frac{1}{2} \omega^2 \delta^2 \right] \tag{1.43}$$

其中 $\delta = (2\sqrt{2\pi}/\omega^2)\boldsymbol{\eta}\cdot\boldsymbol{q}$. 因此, 碰撞后的波函数 $\chi_n'(Q)$ 具有谐振子波函数的形式, 但坐标发生了偏移:

$$\chi_n'(Q) = \chi_n(Q-\delta)$$

因此, 进入 χ_n' 状态的跃迁振幅有如下形式

$$C_n = \int \chi_n(Q-\delta)\chi_0 \, \mathrm{d}Q \tag{1.44}$$

先考虑两种极限情况: δ 远大于或者远小于零点振动的振幅. 如果 δ 很小, 从 (1.44) 就可以看出

$$C_n \approx -\delta \int \frac{\partial \chi_n}{\partial Q}\chi_0 \, \mathrm{d}Q = \mathrm{i}\delta(P)_{0n} \tag{1.45}$$

其中 P 是动量算子. 只有在改变光子数量为 1 的跃迁中, 它才有非零矩阵元. 由于零点能是 $\omega/2$, 从 (1.41) 可以看出, $|(P)_{01}|^2 = \omega/2$. 因此, 单个光子的发射概率为 $W_1 = \dfrac{1}{2}\omega\delta^2 = \left(4\pi/\omega^3\right)(\boldsymbol{\eta}\cdot\boldsymbol{q})^2$. 这个公式与普通微扰理论得到的结果一致.

现在估计矩阵元 $C_n = \displaystyle\int \chi_n(Q-\delta)\chi_0(Q)\,\mathrm{d}Q$, 当位移 δ 远大于振子的振幅时. 为此, 我们使用函数 χ_n 的准经典表达式 (参见第 1.1 节和第 3.1 节):

$$\chi_n(Q) = \frac{a_n}{\sqrt[4]{E_n - \frac{1}{2}Q^2}} \cos\left(\int \sqrt{E_n - \frac{1}{2}Q^2}\,\mathrm{d}Q - \frac{\pi}{4}\right)$$

为简单起见, 我们把振子频率 ω 取为 1; 结果很容易转化到 $\omega \neq 1$ 的情况. 归一化因子 a_n 为 1 的数量级, 因为

$$1 = \int \chi_n^2 \,\mathrm{d}Q \sim \frac{a_n^2}{\sqrt{E_n}} l_n \sim \frac{a_n^2}{\sqrt{E_n}}\frac{\sqrt{E_n}}{\omega}$$

因此, 我们有

$$C_n \sim \int \frac{\exp\left(-Q^2/2\right)}{\sqrt[4]{E_n - \frac{1}{2}(Q-\delta)^2}} \cos\left(\int \sqrt{E_n - \frac{1}{2}(Q-\delta)^2}\,\mathrm{d}Q - \frac{\pi}{4}\right) \mathrm{d}Q \tag{1.46}$$

根据假设, δ 远大于零点振动的振幅, 因此可以忽略 (1.46) 中平方根符号下的 $Q^2/2$. 令 $E_n - \delta^2/2 \equiv \Delta E$, 并将积分变量 Q 改为 $\Delta E/\delta + Q \equiv x$. 那么, 从

(1.46) 可以得到

$$C_n \sim \int_0^{\infty} \frac{\cos\left(\delta^{1/2} x^{3/2}\right)}{\sqrt[4]{\delta x}} \exp\left(-\frac{x^2}{2} + 2x\frac{\Delta E}{\delta}\right)\, \mathrm{d}x \exp\left[-\frac{1}{2}\left(\frac{\Delta E}{\delta}\right)^2\right] \tag{1.47}$$

在这个积分中, 重要的 x 值对应的余弦参量是 1 的数量级, 即具有 $x \sim \delta^{-1/3}$ 的数量级. 因此,

$$C_n \sim \frac{1}{\sqrt[4]{\delta}} \sqrt[12]{\delta} \delta^{-1/3} \exp\left[-\frac{1}{2}\left(\frac{\Delta E}{\delta}\right)^2\right]$$

$$|C_n|^2 \sim \frac{1}{\delta} \exp\left[-\left(\frac{\Delta E}{\delta}\right)^2\right]$$

因此, 光子发射的概率分布是高斯曲线, 其宽度为 $\Delta E \sim \delta$, 最大值为 $w_{\max} \sim 1/\delta$, 靠近 $E = \delta^2/2$. 很容易看出, 这个值正是经典振子的能量, 它的坐标原点突然移动了 δ.

现在计算任意 δ 的 C_n. 首先计算没有产生软光子的概率,

$$w_0 = \left| \int \chi_0(Q-\delta)\chi_0(Q)\, \mathrm{d}Q \right|^2$$

由于基态谐振子波函数的形式是

$$\chi_0 = \sqrt[4]{\frac{\omega}{\pi}} \exp\left(-\frac{1}{2}\omega Q^2\right)$$

可见,

$$\begin{aligned} w_0 &= \left| \sqrt{\frac{\omega}{\pi}} \int_{-\infty}^{\infty} \exp\left(-\omega Q^2 - \frac{1}{2}\omega\delta^2 + \omega Q\delta\right)\, \mathrm{d}Q \right|^2 \\ &= \exp\left(-\frac{1}{4}\omega\delta^2\right) = \exp\left[-\frac{4\pi}{\omega^3}(\boldsymbol{q}\boldsymbol{\eta})^2\right] \end{aligned} \tag{1.48}$$

把下标 $\boldsymbol{k}, \lambda$ 放回去; 我们发现

$$w_0^{\boldsymbol{k}\lambda} = \exp\left[-\frac{4\pi}{\omega_{\boldsymbol{k}\lambda}^3} (\boldsymbol{q}\boldsymbol{\eta}_{\boldsymbol{k}\lambda})^2\right]$$

是没有发射光子 $(\boldsymbol{k}, \lambda)$ 的概率.

任何态的光子都不会发射的概率为

$$W_0 = \prod_{\boldsymbol{k}\lambda} w_0^{\boldsymbol{k}\lambda} = \exp\left[-\sum_{\boldsymbol{k}\lambda} \frac{4\pi}{\omega_{\boldsymbol{k}\lambda}^3} (\boldsymbol{q}\boldsymbol{\eta}_{\boldsymbol{k}\lambda})^2\right]$$

为了计算 W_0, 我们必须得到下面的和

$$\sum_{\boldsymbol{k}\lambda} \frac{4\pi}{\omega_{\boldsymbol{k}\lambda}^3} (\boldsymbol{q}\boldsymbol{\eta}_{\boldsymbol{k}\lambda})^2 = \sum_{\lambda} 4\pi (\boldsymbol{q}\boldsymbol{\eta}_{\boldsymbol{k}\lambda})^2 \int \frac{\omega^2 \, \mathrm{d}\omega \, \mathrm{d}\Omega}{(2\pi)^3 c^3 \omega^3} \tag{1.49}$$

可以看到, 这个表达式在低频端是对数发散的. 因此, $W_0 = 0$, 也就是说, 无论减速度多么小, 都会伴随着软光子的发射.

现在计算任意 n 的矩阵元 $C_n = \displaystyle\int \chi_n(Q-\delta)\chi_0(Q)\,\mathrm{d}Q$. 谐振子波函数 $\chi_n(Q)$ 具有下述形式

$$\chi_n(Q) = \sqrt[4]{\frac{\omega}{\pi}} \frac{1}{\sqrt{2^n n!}} \exp\left(-\frac{1}{2}\omega Q^2\right) H_n(\sqrt{\omega} Q)$$

其中 H_n 是厄米多项式. 因此,

$$C_n = \frac{\sqrt{\omega}}{\sqrt{\pi 2^n n!}} \int \exp\left[-\frac{1}{2}\omega Q^2 - \frac{1}{2}\omega (Q-\delta)^2\right] H_n(\sqrt{\omega} Q) \, \mathrm{d}Q$$

利用厄米多项式的生成函数:

$$\exp\left(-t^2 + 2t\xi\right) = \sum_{n=0}^{\infty} \frac{t^n}{n!} H_n(\xi)$$

可以轻松地计算这个积分, 结果是

$$C_n = \frac{\alpha^n}{\sqrt{n!}} \exp\left(-\frac{1}{2}\alpha^2\right) \tag{1.50}$$

其中

$$\alpha^2 = \frac{1}{2}\omega\delta^2 = \frac{4\pi}{\omega^3} (\boldsymbol{q}\boldsymbol{\eta})^2$$

对于每个 $(\boldsymbol{k}, \lambda)$, 同时发射 $n_{\boldsymbol{k}\lambda}$ 光子的概率等于 (1.50) 类型的表达式的平方的乘积, 也就是说,

$$W = \exp\left[-\sum_{\boldsymbol{k}\lambda} \alpha_{\boldsymbol{k}\lambda}^2\right] \prod_{\boldsymbol{k}\lambda} \frac{(\alpha_{\boldsymbol{k}\lambda})^{2n_{\boldsymbol{k}\lambda}}}{(n_{\boldsymbol{k}\lambda})!}$$

让我们找出减速时辐射的平均光子数

$$\overline{n}_{\boldsymbol{k}\lambda}=\sum_{n_{\boldsymbol{k}\lambda}}n_{\boldsymbol{k}\lambda}w_n^{\boldsymbol{k}\lambda}=\exp\left(-\alpha_{\boldsymbol{k}\lambda}^2\right)\sum_{n_{\boldsymbol{k}\lambda}}\frac{\left(\alpha_{\boldsymbol{k}\lambda}\right)^{2n_{\boldsymbol{k}\lambda}}}{\left(n_{\boldsymbol{k}\lambda}\right)!}n_{\boldsymbol{k}\lambda}=\alpha_{\boldsymbol{k}\lambda}^2=\frac{4\pi}{\omega_{\boldsymbol{k}\lambda}^3}\left(\boldsymbol{q}\boldsymbol{\eta}_{\boldsymbol{k}\lambda}\right)^2$$

这样就得到下式, 即 (k,λ) 类型的 n 个光子的发射概率:

$$w_n^{k\lambda}=\frac{\left(\overline{n}_{k\lambda}\right)^{n_{k\lambda}}}{\left(n_{k\lambda}\right)!}\exp\left(-\overline{n}_{k\lambda}\right)\tag{1.51}$$

这正是泊松分布.

发出单个软光子的概率显然来自 (1.51)

$$w_1^{k\lambda}=\overline{n}_{k\lambda}\exp\left(-\overline{n}_{k\lambda}\right)$$

对于 $\overline{n}_{\boldsymbol{k}\lambda}\ll 1$, 我们得到 $w_1^{\boldsymbol{k}\lambda}\approx\overline{n}_{\boldsymbol{k}\lambda}$, 与普通微扰理论得到的结果一致.

我们从 (1.49) 中看到, 纯弹性散射的截面严格等于零. 在实验中, 弹性散射是指散射过程中辐射光子的能量小于某个量 E_1(由测量精度决定). 观察到的弹性截面由下式给出

$$\sigma_{\exp}=\sigma_0W_0'$$

其中 σ_0 是忽略辐射而计算的弹性散射截面, W_0' 是没有发射能量大于 E_1 的光子的概率. 正如上文所述,

$$\begin{aligned}W_0'&=\exp\left[-\int_{E_1}^{E}\frac{4\pi}{\omega^3}\left(q\eta_{k\lambda}\right)^2\frac{\omega^2\,\mathrm{d}\omega}{c^3(2\pi)^3}\right]\\&=\exp\left[-4\pi\frac{2}{3}\frac{1}{(2\pi)^3}\frac{q^2}{c^3}\ln\frac{E}{E_1}\right]\end{aligned}\tag{1.52}$$

这里把粒子的能量 E 作为上限, 尽管在小于这个能量时, “软光子”的假设实际上不成立了. 但是, 如果 $\ln(E/E_1)$ 足够大, 这只会引入很小的误差.

任何类型的任意数量的光子的辐射截面为

$$\sigma=\sigma_0\sum_n W_n=\sigma_0$$

使用微扰理论, 就会发现结果是

$$w_1^{\boldsymbol{k}\lambda}=\frac{4\pi}{\omega_{\boldsymbol{k}\lambda}^3}\left(\boldsymbol{q}\boldsymbol{\eta}_{\boldsymbol{k}\lambda}\right)^2$$

$$W_1 = \sum_{\boldsymbol{k}\lambda} w_1^{\boldsymbol{k}\lambda} = \frac{4\pi \cdot 2q^2}{(2\pi)^3 c^3} \int_0^E \frac{\mathrm{d}\omega}{\omega}$$

这个表达式在下限处发散. 这种发散是因为不合法地使用微扰理论造成的, 称为红外发散或 “红外灾难”.

1.3.7 兰姆移位

原子里的电子与电磁场的零点振动的相互作用, 使它在平衡轨道附近起伏. 因此, 电子电荷在空间中弥散开来, 与原子核的库仑吸引场的相互作用也就减少了. 因此, 通过与零点振动的相互作用, 能级升高了; 这种现象称为兰姆移位. 让我们估计它的数量级.

设 δ 为电子因为跟零点振动的相互作用而偏离其平衡位置的情况. 那么原子核势的变化由下式给出

$$H' = V(\boldsymbol{r}+\boldsymbol{\delta}) - V(\boldsymbol{r}) = \frac{\partial V}{\partial \boldsymbol{r}}\delta + \frac{1}{2}\frac{\partial^2 V}{\partial x_i \partial x_j}\delta_i\delta_j \quad (i, j = x, y, z)$$

其中 $\boldsymbol{r}$ 是电子相对于原子核测量的坐标. 必须对电子的起伏做平均, 得到

$$\overline{\boldsymbol{\delta}} = 0, \quad \overline{\delta_x^2} = \overline{\delta_y^2} = \overline{\delta_z^2} = \frac{1}{3}\overline{\delta^2}$$

因此,

$$H' = \frac{1}{6}\overline{\delta^2}\nabla^2 V$$

要得到兰姆移位的大小, 就必须找到电子波动的方均振幅 δ^2.

为了便于估计, 我们把电子在零点振动场 $\mathscr{E}$ 中的运动方程写为

$$\ddot{\boldsymbol{\delta}} + \omega_0^2\delta = -\mathscr{E}$$

其中 ω_0 是电子的轨道频率. 把电子的波动 δ 和零点振动场 $\mathscr{E}$ 用傅里叶级数展开:

$$\delta = \sum_{k\lambda} \delta_{k\lambda} \mathrm{e}^{-\mathrm{i}\omega_{k}\lambda^t}, \quad \mathscr{E} = \sum_{k\lambda} \mathscr{E}_{k\lambda} \mathrm{e}^{-\mathrm{i}\omega_{k\lambda} t}$$

这里假设 $k\delta \ll 1$; 下面将验证它. 电子的傅里叶变换的运动方程为

$$\left(-\omega_0^2 + \omega_{k\lambda}^2\right)\delta_{k\lambda} = \mathscr{E}_{k\lambda}$$

即

$$\delta_{k\lambda}=\mathscr{E}_{k\lambda}\left(\frac{1}{\omega_{k\lambda}-\omega_0}+\frac{1}{\omega_{k\lambda}+\omega_0}\right)\frac{1}{2\omega_{k\lambda}}$$

右边的第一项对应于光子的吸收, 第二项对应于发射. 在量子力学的计算中, 这个公式必须修改为 (参见第 37 页)

$$\delta_{k\lambda}=\varepsilon_{k\lambda}\left(\frac{\sqrt{n_{k\lambda}}}{\omega_{k\lambda}-\omega_0}+\frac{\sqrt{n_{k\lambda}+1}}{\omega_{k\lambda}+\omega_0}\right)\frac{1}{2\omega_{k\lambda}}$$

其中 $n_{k\lambda}$ 是存在的光子数. 在目前的情况, $n_{k\lambda}$ 是零, 所以

$$\delta_{k\lambda}=\frac{1}{2\omega_{k\lambda\lambda}\left(\omega_{k\lambda}+\omega_0\right)}\mathscr{E}_{k\lambda}$$

方均波动振幅 $\overline{\delta^2}$ 由下式给出

$$\overline{\delta^2}=\sum_{k\lambda}\overline{\delta_{k\lambda}^2}=\sum_{k\lambda}\frac{\mathscr{E}_{k\lambda}^2}{4\omega_{k\lambda}^2\left(\omega_{k\lambda}+\omega_0\right)^2}$$

让我们给出 $\mathscr{E}_{k\lambda}^2$ 的大小. $(\boldsymbol{k},\lambda)$ 类型的零点振动的能量是

$$E_{k\lambda}=\int\frac{\mathscr{E}_{k\lambda}^2}{4\pi}\,\mathrm{d}V=\frac{\mathscr{E}_{k\lambda}^2}{4\pi}=\frac{1}{2}\omega_{k\lambda}$$

(把归一化体积取为 1). 因此, $\mathscr{E}_{k\lambda}^2=2\pi\omega_{k\lambda}$, 因此

$$\overline{\delta^2}=\frac{\pi}{2}\sum_{k\lambda}\frac{1}{\omega_{k\lambda}\left(\omega_{k\lambda}+\omega_0\right)^2}$$

用积分替换对 $\boldsymbol{k}$ 的求和:

$$\sum_{k\lambda}=2\int\frac{4\pi k^2\,\mathrm{d}k}{(2\pi)^3}=\frac{1}{\pi^2}\int\frac{\omega^2\,\mathrm{d}\omega}{c^3}$$

(因子 2 来自两种可能的光子偏振之和). 这样就得到

$$\overline{\delta^2}=\frac{1}{2\pi c^3}\int\frac{\omega\,\mathrm{d}\omega}{\left(\omega+\omega_0\right)^2}\sim\frac{1}{c^3}\ln\frac{\omega_{\max}}{\omega_0}$$

其中, 确定 $\omega_{\max}$ 的条件是: 电子在零点振动场中的运动应该是非相对论性的 (如果电子在起伏过程中获得了相对论的动量, 那么运动方程应该包含“相对论性的” (有效) 质量, $\delta_{k\lambda}$ 也会相应减少). 因此, 积分的上限被条件 $k\ll c,\omega\ll c^2$

截断. 这意味着, $k\delta$(我们在上面忽略了) 是 $k\delta \sim c^{-1/2} \ll 1$ 的量级. 由于 $\sqrt{\delta^2}$ 只取决于 $\omega_{\min}$ 和 $\omega_{\max}$ 的对数, 所以这些量不需要太精确的定义.

在一阶微扰理论中, 电子能级的移动由电子态的微扰的对角线矩阵元 H' 给出, 即

$$\delta E = \frac{1}{6}\overline{\delta^2}\int \Psi_n \nabla^2 V \Psi_n \, \mathrm{d}r = \frac{1}{6}\overline{\delta^2}\int \Psi_n 4\pi\rho\Psi_n \, \mathrm{d}r$$

其中 ρ 是核电荷密度. 由于核电荷集中的局域远小于电子轨道半径, 我们可以用它在原点的值代替电子波函数. 积分 $\displaystyle\int \rho \, \mathrm{d}r$ 就是核电荷 Z, 这样就得到

$$\delta E = \frac{\pi Z}{6}\overline{\delta^2}\left|\Psi_n(0)\right|^2 \sim \frac{Z}{c^3}\left|\Psi_n(0)\right|^2 \ln\frac{c^2}{\omega_0}$$

也就是说, 兰姆移位由原点的电子波函数值决定. 因此, 只有 s 电子导致的移位是可观的, 因为只有它们没有离心势, 所以电子可以到达原点. 具有非零轨道角动量的能级带来的移位就小得多了.

因此, 兰姆移位导致氢原子中的 $2\mathrm{s}_{1/2}$ 和 $2\mathrm{p}_{1/2}$ 能级的分裂. 根据上述讨论, $2\mathrm{p}_{1/2}$ 能级的移位比 $2\mathrm{s}_{1/2}$ 能级小得多. 因为 $\left|\Psi_{2\mathrm{s}}(0)\right|^2 = z^3/(8\pi)$, 我们有

$$\delta E = C_1\frac{Z^4}{c^3}\ln\frac{c^2}{Z^2}$$

[精确计算的结果是 $C_1 = 1/(6\pi)$].

1.3.8 量子电动力学中的级数的渐近特性

在量子电动力学中, 人们对带电粒子与场的相互作用使用微扰理论：微扰级数包含小的无量纲参数 $e^2/(\hbar c)\approx 1/137$. 我们将证明, 这些级数是“渐近的”, 也就是说, 随着项数的增加, 它们会发散. 事实上, 对于任何特定过程的最优描述, 有一个最佳的项数; 下面我们估计这个数.

首先验证, 感兴趣的物理量 (被视为 e^2 的函数) 在 $e^2 = 0$ 处有一个奇点, 因此不能展开为 e^2 的幂级数. 作为例子, 我们考虑真空的能量 (Dyson, 1952). 如果在 $e^2 = 0$ 处没有奇点, 真空的能量将不依赖 e^2 趋于零的方式. 假设通过微扰理论找到的这个能量值趋于 E_0. 当 e^2 从下面趋于零时, 真空的能量趋于什么极限呢? 在 $e^2 < 0$ 的假设下, 考虑在真空中产生 N 个电子–正电子对. 对于

$e^2 < 0$, 电子相互吸引 (当然, 正电子也是如此). 让我们找出在 N 的哪个值, 成对的过程在能量上变得有利. 假设成团的电子 (电子簇) 和成团的正电子 (正电子簇) 已经分离得足够远, 可以忽略它们之间的排斥力; 那么, 可以用托马斯–费米方法估计每个簇的能量. 我们发现, 能量的增加是 $E \sim N^{7/3}$ 的量级 (参见第 26 页). 对于每个电子–正电子对的形成, 能量损失为 $2mc^2$, 所以, 对于全体就是 $2mc^2\, N$. 因此, 如果 $N^{7/3} > c^2\, N$, 也就是说, $N > c^{3/2}$, 电子–正电子对的产生在能量上就是有利的.

实际上, 对于 $N \sim c^{3/2}$, 托马斯–费米方程中出现的势 φ 是 c^2 的量级, 因此有必要问一问, 相对论的情况会得到什么结果. 为了简单起见, 考虑超级相对论的极限. 在这种情况下, $p_0 \sim \varphi/c$, 所以 $\varphi/l^2 \sim (\varphi/c)^3$(参见第 27 页), 因此 $\varphi l \sim c^{3/2}$. 由于 $N \sim \left(\varphi/l^2\right) l^3$, 我们得到 $N \sim \varphi l \sim c^{3/2}$, 与非相对论情况的估计相同. 系统的能量是 $E \sim Nc^2 - N\varphi \sim c^{7/2} - c^3/l$, 可以通过减小 l 而无限地减少. 因此我们发现, 对于负的 e^2, 电磁真空是不稳定的. 由于它对正的 e^2 是稳定的, 这就表明, 在 $e^2 = 0$ 处肯定有一个奇点.

N 个电子–正电子对的产生对应于微扰理论的第 N 阶. 上面发现的 N 的数值 ($N \sim c^{3/2}$) 表明, 在这个数量级上, $e^2 = 0$ 处的奇点开始显现. 考虑比这个阶数更高的项, 并不会改善结果, 而是适得其反.

由于微扰级数的渐近特性只有在很高阶的项里才显现, 所以, 这个问题只有理论上的兴趣.

第二章 各种类型的微扰理论

量纲分析和模型近似只是解决物理问题的第一阶段; 为了把问题彻底解决, 我们必须找到数值解. 然而, 只有在很少的情况, 才有可能找到理论物理问题的精确解. 例如, 量子力学中最简单的问题——寻找一维薛定谔方程的波函数问题——只有少数形式的势有精确解. 因此, 我们不得不满足于近似的解析方法或数值解; 为了检查数值方法并理解其意义, 我们无论如何都要找到各种极限情况下的近似的解析解.

在某些情况下, 解的性质决定于所研究的量的解析性质或对称性质; 这种类型的例子将在第四至六章讨论. 本章讨论各种微扰理论, 它们能够以某个小参数的幂级数形式找到解.

微扰理论最简单的情况是弱外场或粒子间弱相互作用的情况. “小参数”就是 (外场) 能量或相互作用势与自由运动能量的典型值的比值. 这种类型的微扰理论利用了哈密顿量中某个额外项非常小这个性质, 作为一个例子, 下面考虑散射的问题.

第二种微扰理论涉及边界条件的扰动. 例如, 假设我们知道在球面上施加边界条件的问题的解, 并希望知道在相同的边界条件下的解, 但是施加在接近球但不完全是球的表面上. 通过适当的坐标变换, 我们可以把边界条件约化为球面上的条件, 但坐标变换会导致对哈密顿量的修正, 也就是说, 问题会约化到哈密顿量略有变化的微扰理论.

在扰动 V 不小, 但是只持续了一小段时间 τ 的情况下, 那么问题包含小参数 $\xi \sim V\tau$. 这种类型的微扰理论将用 β 衰变中的电离、核碰撞中的电离和穆斯堡尔效应的问题来说明. 另一个“突然扰动”方法的好例子是, 上一章讨论的电子散射中软光子的产生问题 (“红外灾难”).

相反的极限情况是, 扰动的变化时间远远大于有关系统的运动特征周期 (所谓的绝热近似). 当这种情况发生时, 我们必须解决固定扰动下的系统运动的辅助问题. 在这种情况下, "小参数" 是 $\xi \sim 1/(\omega\tau)$, 其中 ω 是系统的典型频率, τ 是扰动发生显著变化的时间. 绝热扰动的经典例子是分子理论: 这里我们先解决固定原子核位置的电子运动的辅助问题, 然后在假设分子和电子频率之比很小的情况下, 找到包括原子核运动的解. 我们考虑的绝热近似的第二个例子是质子对氢原子的散射问题.

当系统的能级包括一些相邻的能级时, 可以开发另一种有效的近似方法. 在这种情况下, 当扰动远小于这些能级到其他能级的能量距离, 我们可以做计算, 精确地处理相邻的能级. 这种方法将通过粒子在周期势中的运动问题、斯塔克效应和氢原子在电场中的 $2\mathrm{s}_{1/2}$ 态的寿命变化问题来说明. 对于后两种情况, "相邻能级" 是 $2\mathrm{p}_{1/2}$ 能级.

在理论物理学的发展中, 微扰理论发挥了重要作用, 可以用它得到解的一般特征, 即使是在展开参数不小但为一阶的情况. 然而例外的情况包括那些在展开参数的小数值下消失的现象. 例如, 如果把相互作用势视为小量, 在任何阶微扰理论中都不可能得到描述粒子束缚态的函数; 特别明显的是, 有时候, 束缚态只出现在有限深的势阱里.

2.1　连续谱里的微扰理论

在散射势中加入小的扰动势, 考虑这种情况的散射问题; 目的是在微扰理论中找到散射振幅的变化. 作为例子, 我们研究原子核对带电粒子的散射, 并计算由于原子核的有限尺寸而对库仑散射振幅的修正.

假设这个系统的哈密顿方程是

$$H = H_0 + H'$$

其中 H' 是微扰, 并且已知哈密顿量 H_0 问题的解:

$$H_0\varphi_{\boldsymbol{p}} = E_{\boldsymbol{p}}\varphi_{\boldsymbol{p}}$$

在散射问题 (连续谱) 的情况, 施加在 $\varphi_{\boldsymbol{p}}$ 上的边界条件可能是两种类型中的一种:

$$\varphi_{\boldsymbol{p}}^{\pm} \to \mathrm{e}^{\mathrm{i}\boldsymbol{pr}} + \frac{f_0^{+}}{r}\mathrm{e}^{\pm\mathrm{i}pr}$$

两个函数 $\varphi^{\pm}$ 中只有一个有物理意义, 即 $\varphi_{\boldsymbol{p}}^{+}$, 它对应于出射的球面波; 然而, 保留 $\varphi_{\boldsymbol{p}}^{-}$ 也是有用的, 因为可以帮助计算. 无论是 $\varphi_{\boldsymbol{p}}^{+}$ 还是 $\varphi_{\boldsymbol{p}}^{-}$ 的函数系统, 都构成完整的正交集, 即

$$\int \varphi_{\boldsymbol{p}}^{+*}\varphi_{\boldsymbol{p}'}^{+}\,\mathrm{d}\boldsymbol{r}=\int \varphi_{\boldsymbol{p}}^{-*}\varphi_{\boldsymbol{p}'}^{-}\,\mathrm{d}\boldsymbol{r}=(2\pi)^3\delta\left(\boldsymbol{p}-\boldsymbol{p}'\right)$$

带有适合散射问题的边界条件的薛定谔微分方程等同于下面的积分方程

$$\varPsi_{\boldsymbol{p}}=\varphi_{\boldsymbol{p}}^{+}+\int\frac{\mathrm{d}p'}{(2\pi)^3}\frac{\left(\varphi_{\boldsymbol{p}'}^{-}|H'|\varPsi_{\boldsymbol{p}}\right)}{E_{\boldsymbol{p}}-E_{\boldsymbol{p}'}}\varphi_{\boldsymbol{p}'}^{-} \tag{2.1}$$

用算子 $H_0-E_{\boldsymbol{p}}$ 作用在 (2.1) 上, 很容易验证这一点. 可以用函数 $\varphi_{\boldsymbol{p}}^{+}$ 展开 $\varPsi_{\boldsymbol{p}}$, 但在下面我们将看到, $\varphi_{\boldsymbol{p}}^{-}$ 更方便.

对于 $|\boldsymbol{p}|=|\boldsymbol{p}'|$, 式 (2.1) 里的被积函数有一个奇点. 我们看到, 绕过奇点的方式决定了 $\varPsi_{\boldsymbol{p}}$ 的渐近形式, 也就是设定了边界条件. 我们现在证明, 图 2.1 所示的方式 (而不是直接经过奇点的积分, 也不是主值积分) 给出了正确的边界条件.

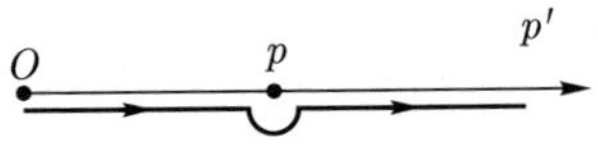

图 2.1

接下来计算表达式 (2.1) 中 $\varPsi_{\boldsymbol{p}}$ 在极限 $r\to\infty$ 时的积分. 对这个极限, 函数 $\varphi_{\boldsymbol{p}'}$ 的形式为:

$$\varphi_{\boldsymbol{p}'}^{-}\underset{r\to\infty}{\longrightarrow}\mathrm{e}^{\mathrm{i}p'rx}+\frac{f_0^{-}}{r}\mathrm{e}^{-\mathrm{i}p'r}$$

其中,

$$x=\cos\angle\left(\boldsymbol{p}'\boldsymbol{r}\right)$$

这个表达式中的第一项导致了 (2.1) 中的积分, 其形式为

$$\int_{-1}^{1}F(x)\mathrm{e}^{\mathrm{i}p'rx}\,\mathrm{d}x$$

通过分部积分, 得到

$$\int_{-1}^{1}F(x)\mathrm{e}^{\mathrm{i}p'rx}\,\mathrm{d}x\underset{r\to\infty}{\approx}\frac{F(1)\mathrm{e}^{\mathrm{i}p'r}-F(-1)\mathrm{e}^{-\mathrm{i}p'r}}{\mathrm{i}p'r}$$

现在证明, 对 $\mathrm{d}p'$ 积分, 这个表达式中包含 $\mathrm{e}^{-\mathrm{i}p'r}$ 的部分在 $r\to\infty$ 的极限中消失. 我们必须估计下面这个积分

$$\frac{1}{r}\int_{\Omega}\frac{\mathrm{d}p'}{E_p-E_{p'}}\mathrm{e}^{-\mathrm{i}p'r}\varPhi\left(p'\right) \tag{2.2}$$

其中的积分围道如图 2.1 所示. 把积分围道变形为 C_1+C_2(见图 2.2), 取 δ 足够小, 使得新旧围道之间没有奇点; 这确保积分 (2.2) 的值不变. 在 C_2 的积分中, 我们有 $p'=\xi-\mathrm{i}\delta,\quad \delta>0$, 因此 $\mathrm{e}^{-\mathrm{i}p'r}=\mathrm{e}^{-\mathrm{i}\xi r}\mathrm{e}^{-\delta r}$. 指数 $\mathrm{e}^{-\delta r}$ 可以从 (2.2) 中的积分符号里取出来, 所以在 C_2 上的整个积分在极限 $r\to\infty$ 中呈指数式地小. 对于围道 C_1, 有 $p'=-\mathrm{i}t$, 所以它贡献的积分是

$$\frac{1}{r}\int_0^{\delta}\frac{\mathrm{e}^{-rt}}{E_p-E_{\mathrm{i}t}}\varPhi(t)\ \mathrm{d}t \tag{2.3}$$

在极限 $r\to\infty$ 下, 在 (2.3) 的积分中重要的 t 区域是 $[0,1/r]$ 的数量级, 因此 $E_{\mathrm{i}t}$ 在这个区域是小的, $E_{\mathrm{i}t}\ll E_p$. 因此积分 (2.3) 的数量级是

$$\frac{1}{r}\int_0^{\delta}\mathrm{e}^{-rt}\ \mathrm{d}t\sim\frac{1}{r^2}$$

也就是说, 它是以 r 的幂的倒数形式减小的.

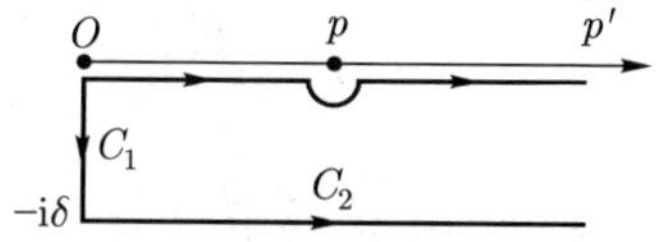

图 2.2

同样的推理表明, (2.1) 中包含 $\varphi_{\boldsymbol{p}'}$ 的渐近表达式中的 $(f_0^-/r)\exp(-\mathrm{i}p'r)$ 项的积分部分, 也会随着 r 的幂的倒数形式减小. 正是这个事实使得 $\varphi_{\boldsymbol{p}}^-$ 成为比 $\varphi_{\boldsymbol{p}}^+$ 更方便的基函数.

因此, (2.1) 中唯一剩下的项是包含 $\mathrm{e}^{\mathrm{i}p'r}$ 的积分. 为了计算它, 我们选择图 2.3 中所示的围道. 正如含有 $\mathrm{e}^{-\mathrm{i}p'r}$ 的积分一样, 来自 C_2+C_5 的贡献是指数式的小, 当 $\boldsymbol{r}\to\infty$, 来自 C_1 的贡献是 r 的幂函数式的减小. C_3 和 C_4 的贡献相互抵消. 因此, 整个积分就约化为 $p'=p$ 点的留数:

$$\varPsi_{\boldsymbol{p}}=\varphi_{\boldsymbol{p}}^{+}+2\pi\mathrm{i}\frac{2\pi p'^2}{(2\pi)^3}\frac{\left(\varphi_{\boldsymbol{p}'}^{-}\left|H'\right|\varPsi_{\boldsymbol{p}}\right)}{\mathrm{d}E_p/\ \mathrm{d}p}\frac{\mathrm{e}^{\mathrm{i}p'r}}{\mathrm{i}p'r}$$

其中 $\boldsymbol{p}'=p\boldsymbol{r}/r$. 因此, Ψ_p 有正确的渐近形式:

$$\Psi_p=\mathrm{e}^{\mathrm{i}\boldsymbol{pr}}+\frac{(f_0+f)}{r}\mathrm{e}^{\mathrm{i}pr}$$

其中,

$$t=-\frac{p}{2\pi v}\left(\varphi_{\boldsymbol{p}'}^{-},|H'|\,\Psi_{\boldsymbol{p}}^{+}\right)\Big|_{\boldsymbol{p}'=\boldsymbol{p}\frac{\boldsymbol{r}}{r}} \tag{2.4}$$

在非相对论粒子的情况, 可以用 m 代替 p/v.

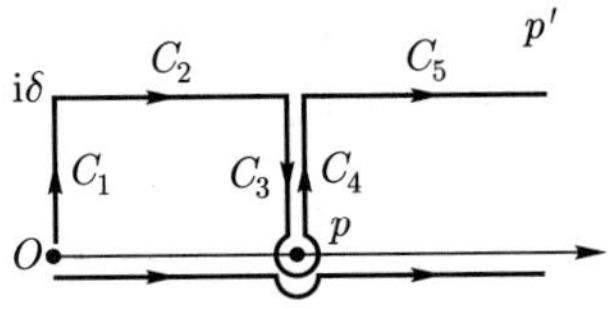

图 2.3

在自由运动的情况, $\varphi_{\boldsymbol{p}^+}$ 和 $\varphi_{\boldsymbol{p}^-}$ 是平面波, $f_0=0$, 我们得到所谓的玻恩近似的散射振幅:

$$f_B=-\frac{p}{2\pi v}\int H'(\boldsymbol{r}')\,\mathrm{e}^{\mathrm{i}\boldsymbol{qr}'}\,\mathrm{d}\boldsymbol{r}'$$

其中,

$$\boldsymbol{q}=\boldsymbol{p}-p\frac{\boldsymbol{r}}{r}$$

是散射中的动量转移: $|q|=2p\sin\theta/2$, 其中 θ 是散射角.

为了连续地迭代, 可以把波函数的积分方程 (2.1) 重新表述为散射振幅 f 的相应积分方程. 利用 (2.1) 和 (2.4), 我们得到

$$f(\boldsymbol{p}',\boldsymbol{p})=f_1(\boldsymbol{p}',\boldsymbol{p})-\frac{2\pi v}{p}\int\frac{g(\boldsymbol{p}',\boldsymbol{p}'')\,f(\boldsymbol{p}'',\boldsymbol{p})}{E_p-E_{p''}}\frac{\mathrm{d}\boldsymbol{p}''}{(2\pi)^3} \tag{2.5}$$

其中

$$f_1(\boldsymbol{p}',\boldsymbol{p})=\frac{-p}{2\pi v}\int\varphi_{\boldsymbol{p}'}^{-*}H'\varphi_{\boldsymbol{p}}^{+}\,\mathrm{d}\boldsymbol{r},$$

$$g(\boldsymbol{p}',\boldsymbol{p})=\frac{-p}{2\pi v}\int\varphi_{\boldsymbol{p}'}^{-*}H'\varphi_{\boldsymbol{p}}^{-}\,\mathrm{d}\boldsymbol{r}.$$

在这个表达式里, $\boldsymbol{p}$ 和 $\boldsymbol{p}'$ 是自由参数. 截面决定于 $|f(\boldsymbol{p},\boldsymbol{p}')|^2$, 其中 $|\boldsymbol{p}'|=|\boldsymbol{p}|$.

让我们寻找连续谱的微扰理论的适用性标准. 寻找任何近似方法的有效性标准所涉及的基本原则是, 在近似中计算的物理量应该远大于下一阶近似对它的修正.

在微扰理论的第一级, 我们有

$$f = f_1 = -\frac{p}{2\pi v}\int \varphi_{\boldsymbol{p}^*}^{-*} H' \varphi_{\boldsymbol{p}}^{+}\ \mathrm{d}\boldsymbol{r}'$$

在微扰理论的第二级, 我们从 (2.1) 得到

$$f_2 = -\frac{p}{2\pi v}\int \varphi_{\boldsymbol{p}'}^{-*} H' \Psi_{\boldsymbol{p}}^{(1)}\ \mathrm{d}\boldsymbol{r}' \sim m\int \varphi_{\boldsymbol{p}'}^{-} H' \frac{f_1}{r'}\mathrm{e}^{\mathrm{i}\boldsymbol{p}r'}\ \mathrm{d}\boldsymbol{r}'$$

条件 $f_2/f_1 \ll 1$ 就是微扰理论的适用性标准.

假设 a 是扰动势 $H'(r)$ 明显不同于零的空间区域的数量级. 先考虑 $pa \lesssim 1$ 的情况. 那么函数 $\varphi_{\boldsymbol{p}}^{\pm}(a)$ 的数量级为 1. 因此, 振幅 f_1 是 $H'(a)a^3$ 的数量级, 而且只是微弱地依赖于散射角. 因此 $f_2/f_1 \sim H'a^2$, 微扰理论的适用性标准是

$$H'a^2 \ll 1$$

接下来考虑 $pa \gg 1$ 的情况 (第 3.1 节将详细考虑这种情况). 在这个高能量的极限, 散射是强烈的各向异性的, 集中在前进方向上. 这一点可以从以下事实中看到: 在表达式 (2.4) 中, 当 $pa \gg 1$ 时,

$$\varphi_{\boldsymbol{p}'}^{-*}\varphi_{\boldsymbol{p}}^{+} \sim \mathrm{e}^{\mathrm{i}\boldsymbol{q}\boldsymbol{r}} \sim \mathrm{e}^{\mathrm{i}pa\sin\frac{\theta}{2}}$$

对于所有散射角 θ 都是快速振荡的, 除了 $\theta \lesssim 1/(pa) \ll 1$. 对于散射角 $\theta \lesssim 1/(pa)$ 的情况, $\varphi_{\boldsymbol{p}'}^{-*}(a)\varphi_{\boldsymbol{p}}^{+}(a)$ 的数量级为 1, 散射振幅可以估计为

$$f_1(\theta) \underset{\theta\lesssim 1/pa}{\sim} H'(a)a^3$$

我们看到, 微扰理论对这些散射角的适用性标准与小动量时的判据相同.

在角度 $\theta \gg 1/(pa)$ 的情况, 波函数 $\varphi_{\boldsymbol{p}}^{+}$ 的振荡行为使得振幅 $f(\theta)$ 大大降低.

2.1.1　荷电粒子被原子核散射

作为例子, 我们考虑原子核对带电粒子的散射. 假设这些粒子 (比如电子) 只与原子核的电场相互作用. 假设核电荷均匀地分布在原子核的体积上. 粒子

的势能就是

$$V=\begin{cases}-\dfrac{Z}{R}\left(\dfrac{3}{2}-\dfrac{1}{2}\dfrac{r^2}{R^2}\right), & 0<r<R\\ -\dfrac{Z}{r}, & r>R\end{cases}$$

其中 Z 是核的电荷, R 是半径. 扰动的形式就是

$$H'=\begin{cases}-\dfrac{Z}{R}\left(\dfrac{3}{2}-\dfrac{1}{2}\dfrac{r^2}{R^2}\right)+\dfrac{Z}{r}, & 0<r<R\\ 0, & r>R\end{cases}$$

H' 对散射振幅的一阶修正为

$$f_1=-\frac{1}{2\pi}\int\varphi_{\boldsymbol{p}'}^{-*}H'\varphi_{\boldsymbol{p}}^{+}\,\mathrm{d}\boldsymbol{r}\approx-\frac{1}{2\pi}\varphi_{\boldsymbol{p}'}^{-*}(0)\varphi_{\boldsymbol{p}}^{+}(0)\int H'\,\mathrm{d}\boldsymbol{r}$$

上述估计是合法的, 因为 H' 在 R 的距离上变化, 而 $\varphi_{\boldsymbol{p}}$ 在 $1/p$ 的距离上变化. 对于不太大的电子速度, 我们有 $pR\ll 1$ ($R\lesssim 10^{-4}$, 采用原子单位). 因此在 f 的表达中, 函数 $\varphi_{\boldsymbol{p}'}^{-}$ 和 $\varphi_{\boldsymbol{p}}^{+}$ 可以从积分符号下取出, 并在 $r=0$ 处计算.

计算得出

$$\int H'\,\mathrm{d}\boldsymbol{r}=\frac{2\pi ZR^2}{5}$$

因此, 我们发现

$$f_1=-\frac{ZR^2}{5}\varphi_{\boldsymbol{p}'}^{-*}(0)\varphi_{\boldsymbol{p}}^{+}(0)$$

对于排斥势, 非相对论的库仑波函数 $\varphi_{\boldsymbol{p}}^{\pm}(0)$ 由下式给出①,

$$\varphi_{\boldsymbol{p}}^{\pm}(0)=\frac{1}{\sqrt{(2\pi)^3}}\mathrm{e}^{-\pi/(2p)}\Gamma(1\pm\mathrm{i}/p)$$

对于吸引势, 有

$$\varphi_{\boldsymbol{p}}^{\pm}(0)=\frac{1}{\sqrt{(2\pi)^3}}\mathrm{e}^{\pi/(2p)}\Gamma(1\mp\mathrm{i}/p)$$

其中 $\Gamma(1\pm\mathrm{i}/p)$ 是伽马函数. 通常对动量远大于原子电子 (原子里的电子) 的散射感兴趣; 在这种情况, $\Gamma(1\pm\mathrm{i}/p)\approx 1$.

---

① Landau L D, Lifshitz E M. Quantum Mechanics[M]. London: Pergamon, 1959: 121-122. 中文版: 朗道 Л Д, 栗弗席兹 E M. 量子力学 (非相对论理论)[M]. 严肃, 译, 喀兴林, 校. 北京: 高等教育出版社, 2008: 112-114.

我们最终得到

$$f_1 = -\frac{1}{80\pi^3}\frac{ZR^2}{a_0}\mathrm{e}^{\pm 2\pi/p} \tag{2.6}$$

其中指数函数里的负号指的是排斥势, 正号是吸引势, a_0 是玻尔半径.

差分截面 $\mathrm{d}\sigma/\,\mathrm{d}\Omega$ 由下式给出

$$\mathrm{d}\sigma/\,\mathrm{d}\Omega = |f_0 + f_1|^2$$

其中 f_0 为卢瑟福散射振幅. 因为 f_1 与散射角无关, 而 f_0 随着角度的增大而减小, 所以在考虑大角散射时, 必须考虑到原子核的有限尺寸.

在这里考虑的情况 $(pR \ll 1)$, 微扰理论的适用性判据是 $H'R^2 \ll 1$ 或 $ZR \ll 1$, 所有真实的原子核都是满足这个条件.

2.2 边界条件的微扰

本节考虑对边界条件施加扰动的情况. 通过坐标变换, 可以将边界条件变回未扰动的形式; 然而, 这改变了系统的哈密顿量表达式. 哈密顿量的这种变化就是一种扰动势, 其影响可以用普通的微扰理论来讨论. 通过计算一个变形核的单粒子能级, 可以说明这个理论.

假设我们知道由哈密顿量 $H(x)$ 描述的定态 (或非定态) 问题的解和某个表面 S_0 上的边界条件:

$$\alpha\Psi + \beta\Psi'|_{S_0} = 0$$

(其中 Ψ' 是 Ψ 的导数垂直于 S_0 的分量). 我们希望找到与 $H(x)$ 相同的哈密顿问题的解, 但边界条件为

$$\alpha\Psi + \beta\Psi'|_{S} = 0$$

表面 S 接近 S_0(这种接近性就是问题中的“小参数”). 为了解决这个问题, 必须找到一个坐标变换 $x_i = f_i\left(x'_j\right)$, 使得 $S(x) = S_0\left(x'\right)$, 也就是说, 新曲面在旧变量中的方程与旧曲面在新变量中的方程相同. 换句话说, 如果曲面 S_0 的方程是 $\Phi_0\left(x_j\right) = 0$, 而 S 的方程是 $\Phi\left(x_j\right) = 0$, 就必须有

$$\Phi\left[f_i\left(x'_j\right)\right] = \Phi_0\left(x'_j\right)$$

哈密顿量 $H\left(x_i\right)=H\left[f_i\left(x_j'\right)\right]$ 在用新变量表示时, 会发生变化. 可以把它写为

$$H\left(x_j'\right)+H'\left(x_j'\right)$$

其中, $H'\left(x_j'\right)=H\left[f_i\left(x_j'\right)\right]-H\left(x_j'\right)$ 就是微扰. 从现在开始, 就可以直接应用普通的微扰理论.

2.2.1 变形原子核的能级

假设我们知道球形势阱中的定态能级, 并希望知道椭球形势阱中的定态能级 (阱壁被认为是无限高的). 表面 S_0 的方程是

$$\varPhi_0\left(x_j\right)=0:\quad \sum_{j=1}^{3} x_j^2-R^2=0$$

而表面 S 的方程是

$$\varPhi\left(x_j\right)=0:\quad \sum_{j=1}^{3} \frac{x_j^2}{a_j^2}-1=0$$

引入新的变量

$$x_j=\frac{a_j x_j'}{R}$$

那么, $\varPhi\left[f_i\left(x_j'\right)\right]=\varPhi_0\left(x_j'\right)$. 这个转换把动能算子改变为:

$$T\left(x_i\right)=-\frac{1}{2M}\sum_{i=1}^{3}\frac{\partial^2}{\partial x_i^2}=-\frac{R^2}{2M}\sum_{i=1}^{3}\frac{1}{a_i^2}\frac{\partial^2}{\partial x_i'^2}$$

因此, 扰动的形式是

$$H'\left(x_i'\right)=-\frac{1}{2M}\sum_{i=1}^{3}\left(\frac{R^2}{a_i^2}-1\right)\frac{\partial^2}{\partial x_i'^2}$$

只要所有的 a_i 都接近 R, 这就是小的.

考虑核的椭球变形, 假设椭球是双轴的 (有半轴 a 和 b). 通常所说的变形参数是

$$\beta=2\frac{a-b}{a+b}$$

假设原子核的体积因变形而保持不变, 即 $ab^2 = R^3$. 如果我们写成

$$a = R(1+\delta), \quad b = R(1-\delta_1)$$

其中 $\delta, \delta_1 \ll 1$, 在一阶近似下, 关系式 $ab^2 = R^3$ 给出 $\delta - 2\delta_1 = 0$, 即

$$\beta = 2\frac{R(1+2\delta_1) - R(1-\delta_1)}{2R} \approx 3\delta_1$$

或者

$$a \approx R\left(1+\frac{2}{3}\beta\right), \quad b \approx R\left(1-\frac{1}{3}\beta\right)$$

扰动 H' 就具有如下形式:

$$H' \approx -\frac{\beta}{3M}\left(\nabla^2 - 3\frac{\partial^2}{\partial z^2}\right)$$

假设原子核变形前的粒子能量为 ε_{nlj}^0(它不依赖于球形对称势中的磁量子数 m). 在一阶微扰理论中考虑变形, 可以得到

$$\varepsilon_{nljm} = \varepsilon_{nlj}^0 + \left(\varphi_{nljm}^{(0)}\left|H'\right|\varphi_{nljm}^{(0)}\right)$$

然后, 通过明确的计算得到

$$\varepsilon_{nljm} = \varepsilon_{nlj}^0\left[1+\beta\left(\frac{m^2}{j(j+1)} - \frac{1}{3}\right)\right] \tag{2.7}$$

ε_{nljm} 对 β 的依赖关系如图 2.4 所示. 注意,

$$\frac{1}{2j+1}\sum_m \varepsilon_{nljm} = \varepsilon_{nlj}^0$$

也就是说, 多重态的 “重心” 并没有因为核变形而发生偏移.

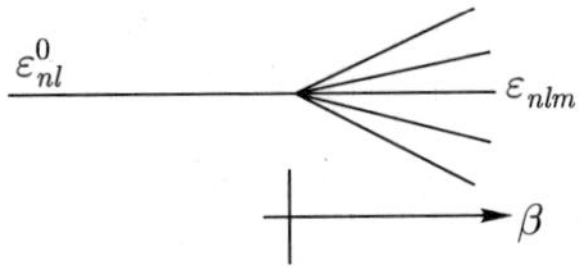

图 2.4

在上述计算中, 我们假设变形足够小, 不至于破坏自旋轨道耦合; 那么, 能级就由总角动量 j 决定 (参见问题 2).

问题：

1. 在没有自旋轨道耦合的情况 ($\Psi_{nlm} = R_{nl}Y_{lm}$), 计算 ε_{nlm}.

解：

$$\varepsilon_{nlm} = \varepsilon_{nl}^{0}\left\{1+\beta\left[\frac{m^2-\dfrac{1}{4}}{\left(l-\dfrac{1}{2}\right)\left(l+\dfrac{3}{2}\right)}-\frac{1}{3}\right]\right\}$$

2. 对任意相对大小的自旋轨道相互作用和变形能, 计算 ε_n：

$$H = H_0 + A\boldsymbol{Sl} + H'$$

解：

$$\varepsilon_{nljm}^{+,-} = \varepsilon_{nl}^{+,-} + \beta\varepsilon_{nl}^{0}\left(\frac{m_j^2}{L}-\frac{1}{3}\right) \pm$$
$$\left[\sqrt{\frac{A^2}{4}\left(l+\frac{1}{2}\right)^2+\beta\varepsilon_{nl}^{0}\frac{m_j}{L}\left(\beta\varepsilon_{nl}^{0}\frac{m_j}{L}-Am_j\right)}-\frac{A}{2}\left(l+\frac{1}{2}\right)\right]$$

其中

$$\varepsilon_{nl}^{+,-} = \varepsilon_{nl}^{0} + \frac{A}{2}\left[-\frac{1}{2}\mp\left(l+\frac{1}{2}\right)\right]$$

符号 ± 对应于 $j = l \pm \dfrac{1}{2}$ $\Big($为了简洁起见, 我们在解中引入以下符号：$L = \left(l-\dfrac{1}{2}\right)\left(l+\dfrac{2}{3}\right)\Big)$.

2.3 突然的扰动

在前面考虑的例子中, 问题的“小参数”一直是系统哈密顿的相对变化. 现在考虑的情况是, 小参数是扰动的作用时间, 而扰动本身没必要是弱的.

这种扰动作用的一个例子是由于 β 衰变引起的电离. 在这种情况, β 衰变发射的电子的速度远远大于原子电子的速度. 因此, 从原子电子的角度来看, 核电荷的变化突然发生. 另一个例子是由于快粒子与原子核的碰撞而产生的电离. 在这种情况, 从原子电子的角度来看, 原子核的突然反冲也是“突然事件”.

我们考虑一个系统, 其波函数服从薛定谔方程 $\mathrm{i}(\partial\Psi/\partial t) = H\Psi$, 哈密顿量 H 由下式给出:

$$H = \begin{cases} H_1(\boldsymbol{r}), & t < 0 \\ H_2(\boldsymbol{r}), & t > \tau \end{cases}$$

假设系统的哈密顿量在短时间 τ 内发生剧烈的变化. 我们引入哈密顿系统 H_2 的完备的本征函数集:

$$H_2\varphi_n^{(2)} = \varepsilon_n^{(2)}\varphi_n^{(2)}$$

并用函数 $\varphi_n^{(2)}$ 展开问题的解 $\Psi(t)$:

$$\Psi(t) = \sum_n a_n(t)\varphi_n^{(2)}\mathrm{e}^{-\mathrm{i}\varepsilon_n^{(2)}t} \tag{2.8}$$

把哈密顿量 H 写成 $H = H_2 + (H - H_2) = H_2 + V$. 那么, 我们有

$$\mathrm{i}\frac{\mathrm{d}a_n}{\mathrm{d}t} = \sum_m V_{nm}(t)\mathrm{e}^{-\mathrm{i}\left[\varepsilon_m^{(2)} - \varepsilon_n^{(2)}\right]t}a_m(t) \tag{2.9}$$

为了说明这一点, 请注意, 如果我们暂时使用 $b_n(t) = a_n(t)\exp\left[-\mathrm{i}\varepsilon_n^{(2)}t\right]$ 的符号, 那么 $\Psi(t) = \sum\limits_n b_n(t)\varphi_n^{(2)}$ 的展开就是代表从坐标表示到能量表示的转变, 相对于哈密顿量 H_2. 薛定谔方程在新表示中的形式为

$$\mathrm{i}\frac{\partial b_n}{\partial t} = \sum_m \left[\varepsilon_n^{(2)}\delta_{nm} + V_{nm}(t)\right]b_m$$

这样就立即得出了公式 (2.9).

对表达式 (2.9) 做积分, 我们得到

$$a_n(t) - a_n(0) = -\mathrm{i}\sum_m \int_0^t V_{nm}a_m(t)\mathrm{e}^{-\mathrm{i}\left[\varepsilon_m^{(2)} - \varepsilon_n^{(2)}\right]t}\ \mathrm{d}t \tag{2.10}$$

矩阵元 V_{nm} 在 $t \gg \tau$ 时趋于零. 假设 $\left[\varepsilon_n^{(2)} - \varepsilon_m^{(2)}\right]\tau \ll 1$, 被积函数中的指数函数就近似为 1. 因此, 如果逐次近似的技术是有用的, 我们需要 $V\tau \ll 1$ 的条件 (即扰动不一定很小, 但它的作用时间必须很短).

在 $V\tau$ 的零级近似里, 由 (2.10) 得到 $a_n^{(0)}(t) = a_n(0)$. 把 (2.10) 右边的 $a_m(t)$ 替换为 $a_m(0)$, 得到一阶近似, 并考虑到 (2.8), 我们得到

$$a_n^{(1)}(t) = -\mathrm{i}\sum_m \int_0^t \left[\varphi_n^{(2)}|V|\varphi_n^{(2)}\right]a_m(0)\ \mathrm{d}t = -\mathrm{i}\int_0^t \left[\varphi_n^{(2)}|V|\Psi(0)\right]\ \mathrm{d}t \tag{2.11}$$

假设初始状态 $\Psi(0)$ 是 H_1 的一个本征函数, 也就是

$$\Psi(0)=\varphi_{n_0}^{(1)}=\sum a_n(0)\varphi_n^{(2)}$$

使得 $a_n(0)=\left[\varphi_{n_0}^{(1)}\mid\varphi_n^{(2)}\right]$. 因此, 在零级近似中, 进入 $\varphi_n^{(2)}$ 态的跃迁概率为

$$W_{nn_0}=\left|\left[\varphi_{n_0}^{(1)}\mid\varphi_n^{(2)}\right]\right|^2 \tag{2.12}$$

在由本征函数 (基向量)φ_n 张成的 $\Psi(t)$ 的希尔伯特空间中, 突然的扰动对应于基的巨大变化 $\left[\varphi_n^{(1)}\to\varphi_n^{(2)}\right]$, 而波函数的变化很小 $[\Psi(t)\approx\Psi(0)]$.

2.3.1 原子在 β 衰变时的电离

β 衰变发射的电子的速度远大于原子电子的速度, 利用这个事实, 可以大大简化原子在 β 衰变时电离概率的计算. 我们将表明, 电离是由于核电荷的变化; 发射的电子与原子的直接相互作用可以忽略不计.

首先估计由这种直接作用引起的电子跃迁的概率. 根据微扰理论, 它由以下公式给出

$$W=\frac{1}{\hbar^2}\left|\int_0^{\infty}V_{nn_0}\mathrm{e}^{\mathrm{i}\omega_{nn_0}t}\,\mathrm{d}t\right|^2 \tag{2.13}$$

这里 V_{nn_0} 是相互作用矩阵元, ω_{nn_0} 是跃迁的频率. 为了估计这个表达式, 我们注意到 ω_{nn_0} 是原子频率的数量级, 而 β 衰变电子的渡越时间远远小于原子周期; 因此 $\omega_{nn_0}\tau\ll 1$, 因此可以用 1 代替 (2.13) 中的指数函数. β 衰变电子与原子电子的相互作用 V 是 e^2/a 的量级, 其中 a 是原子大小的量级. 在 β 衰变中, 电子以光速 c 从原子中发射出来, 所以渡越时间 τ 是 a/c 的量级. 因此, 概率 W 的数量级是

$$W\sim\frac{1}{\hbar^2}V^2\tau^2\sim\left(\frac{e^2}{\hbar c}\right)^2\ll 1 \tag{2.14}$$

接下来计算由于核电荷的变化而引起的电离的概率. 刚才我们看到, 原子电子的波函数在 β 衰变电子通过的时间内不会有太大变化. 因此, 处于 Ψ_0^Z 状态的电子在电荷量为 Z 的原子核势中的电离概率根据 (2.12) 给出, 即

$$W_{0,E}=\left|\left(\Psi_0^Z\mid\Psi_E^{Z+1}\right)\right|^2 \tag{2.15}$$

其中 Ψ_E^{Z+1} 是能量为 $E>0$ 的出射的原子电子在电荷量为 $Z+1$ 的原子核中的波函数. 由于核电荷的变化导致的电离总概率是

$$W_0 = \int_0^\infty W_{0,E}\,\mathrm{d}E \tag{2.16}$$

让我们估计 (2.16). 为此, 把函数 $f(Z_1,Z_2)=\left(\Psi_0^{Z_1}\mid\Psi_E^{Z_2}\right)$ 展开为差值 Z_1-Z_2 的级数:

$$f(Z_1,Z_2)\approx(Z_1-Z_2)\left.\frac{\partial f}{\partial Z_1}\right|_{Z_t=Z_2}$$

导数是

$$\left.\frac{\partial f}{\partial Z_1}\right|_{Z_1=Z_2}=\left(\Psi_E^{Z_1}\left|\frac{\partial\Psi_0^{Z_1}}{\partial Z_1}\right.\right)\sim\frac{1}{Z_1}$$

因此有

$$\left(\Psi_0^{Z_1}\left|\Psi_E^{Z_2}\right.\right)\sim\frac{Z_1-Z_2}{Z_1}=\frac{1}{Z_1}$$

或者

$$W_0\sim\frac{1}{Z^2} \tag{2.17}$$

因此, β 衰变和原子电子之间的直接相互作用的影响的相对数量级是

$$\left(\frac{Ze^2}{\hbar c}\right)^2\ll 1$$

从 (2.15) 还可以得出这个过程的选择定则. 在内壳层电离的情况, 可以认为电子运动的自洽场是球对称的, 使得 $\Psi=R_{nl}(r)\mathrm{Y}_{lm}(\theta,\varphi)$. 把这个形式的 Ψ 代入 (2.15), 就得到选择定则

$$l_1=l_2,\quad m_1=m_2$$

对于外壳层, 原子电子感受到的有效电荷 Z 是 1 的量级. 因此, 根据 (2.17), 电离概率 W_k 是 1 的量级. 这一点被 $\beta^\pm$ 衰变中正离子的累积实验所证实.

在 K 壳层和 L 壳层的情况, 可以完整地计算电离的概率. 此时, 重要的空间区域是靠近原子的地方, 那里的函数 Ψ_0^Z 和 Ψ_E^{Z+1} 可以认为是氢原子的类型 (由此引入的误差是 $1/Z$ 的量级).

当出射电子的能量远大于电离势时, 电离概率迅速减小, 因为此时函数Ψ_E^{Z+1}在 K 壳的半径上多次振荡, 所以积分 (2.15) 很小. 因此出射电子的能量范围是从零到电离势的能量.

让我们找出当出射的原子电子的能量远大于电离势时, K 电子的电离概率. 对于大能量来说, 径向波函数 R_E^{Z+1} 必须与自由粒子的径向波函数相同:

$$R_E^{Z+1} \underset{E\to\infty}{\sim} \frac{1}{r}\sqrt{\frac{2}{\pi k}}\sin(kr)$$

其中 $k=\sqrt{2E}$. 我们把函数 R_E 归一化为能量的德尔塔函数:

$$\int_0^\infty R_E R_{E'} r^2\ \mathrm{d}r = \delta\left(E-E'\right)$$

因此, 概率 W_{1E} 由下式给出

$$W_{1E} = \left|\int_0^\infty R_1^Z R_E^{Z+1} r^2\ \mathrm{d}r\right|^2 \underset{E\to\infty}{\approx} \frac{2}{\pi k}\left|\int_0^\infty R_1^Z \sin(kr) r\ \mathrm{d}r\right|^2$$

对于 K 电子, 我们有

$$R_1^Z = 2Z^{3/2}\mathrm{e}^{-Zr}$$

因此, 在 $k\to\infty$ 的极限, 必须计算积分 $I=\displaystyle\int_0^\infty r\mathrm{e}^{-Zr}\sin(kr)\ \mathrm{d}r$. 利用分部积分, 得到 $I\approx 2Z/k^3$. 这个积分在第 1.1 节和第 40 页计算过.

因此, 对于 $E\gg Z^2$ 来说, K 电子的电离概率近似地由下式给出

$$W_{1E} \approx \frac{8Z^3}{\pi k}\left(\frac{2Z}{k^3}\right)^2 = \frac{2\sqrt{2}}{\pi}\frac{Z^5}{E^{7/2}}$$

2.3.2 原子核反应时原子的电离

在涉及大能量转移的核碰撞中, 必然发生反冲原子的电离. 如果原子核获得的速度不太大, 它就可以把它的电子带出去, 电离只发生在外部的、弱束缚的壳中. 另一方面, 如果速度很大, 原子核会直接从它的电子壳中反冲出去, 而不是带着它们.

我们计算中子与原子核碰撞时的电离概率 (Migdal, 1939). 中子–原子核碰撞的持续时间为 $\tau\sim R/v$, 其中 R 是核半径, v 是中子的速度. 这个时间远小于

电子周期 τ_{el}, 因此电子的波函数在碰撞期间几乎没有变化. 如果用 v_{n} 表示原子核获得的速度, 原子核在碰撞时间内所经历的位移 l 的数量级就是

$$l \sim v_{\mathrm{n}}\tau \sim (v_{\mathrm{n}}/v)R \sim (M/M_{\mathrm{n}})R < R$$

(其中 M 是中子质量, M_{n} 是原子核的质量), 所以 l 远小于电子壳层的尺寸. 因此, 在碰撞的过程中, 原子核实际上是没有位移的.

我们转到碰撞后原子核处于静止状态的坐标系中. 初态波函数的形式为

$$\varPsi_0 \to \exp\left(\mathrm{i}\boldsymbol{v}_{\mathrm{n}}\cdot\sum_i \boldsymbol{r}_i\right)\varPsi_0\left(\boldsymbol{r}_1,\boldsymbol{r}_2,\cdots\right)$$

(在平面波中展开波函数 $\varPsi_0$, 并将每个波的动量改变 $\boldsymbol{v}_{\mathrm{n}}$, 就可以得到这个表达式). 让 $\varPsi_1\left(\boldsymbol{r}_1,\boldsymbol{r}_2,\cdots\right)$ 表示原子的最终态. 那么, 根据 (2.12), 激发的概率为

$$W = \left|\left[\varPsi_1\left|\exp\left(\mathrm{i}\boldsymbol{v}_{\mathrm{n}}\cdot\sum_i \boldsymbol{r}_i\right)\right|\varPsi_0\right]\right|^2 \tag{2.18}$$

可以使用这个公式的判据是 $\tau \ll \tau_{\mathrm{el}}$; 同样可以把它写成 $(R/v) \ll (a/v_{\mathrm{el}})$ 或 $v_{\mathrm{n}} \gg (R/a)v_{\mathrm{el}}$ 的形式, 其中 a 是有关壳层的大小的量级.

从表达式 (2.18) 中, 可以得到单个确定电子的跃迁概率公式. 由于电子之间的相互作用比 $Z \gg 1$ 的原子核的势弱很多, 我们有

$$W = W_1\, W_2$$

其中 W_1 是有关电子的跃迁概率, W_2 是所有其他电子的激发概率.

对所有的最终态求和, 我们得到 $\sum\limits_1 W_1 = 1$, $\sum\limits_2 W_2 = 1$. 因此, 有关电子从 ψ_0 状态跃迁到 ψ_n 状态的概率为

$$W = W_1\sum_2\ W_2 = \left|\int \psi_n^* \exp\left(\mathrm{i}\boldsymbol{v}_{\mathrm{n}}\cdot\boldsymbol{r}\right)\psi_0\,\mathrm{d}\boldsymbol{r}\right|^2 \tag{2.19}$$

如果原子核速度远小于电子速度 (但仍有 $v_{\mathrm{n}} \gg v_{\mathrm{el}}R/a$), 我们可以将 (2.19) 中的指数函数展开为幂级数. 由于函数 ψ_0 和 ψ_n 的正交性, 展开式中的零级项消失了. 假设我们把速度 $\boldsymbol{v}_{\mathrm{n}}$ 选择为沿 z 轴, 那么有

$$W \cong {v_{\mathrm{n}}}^2\left|(\psi_n|z|\psi_0)\right|^2 \tag{2.20}$$

在相反的情况, 当 $v_\mathrm{n} \gg v_\mathrm{el}$ 时, (2.18)[或 (2.19)] 中的指数函数 $\exp(\mathrm{i}\boldsymbol{v}_\mathrm{n} \cdot \sum_i \boldsymbol{r}_i)$ 是快速振荡的. 由此得出, 只有当 $\Psi_1 \sim (-\mathrm{i}\boldsymbol{v}_\mathrm{n} \cdot \sum_i \boldsymbol{r}_i)$ 时, 跃迁概率 W 才是可观的. 也就是说, 当电子在新系统中以速度 $\boldsymbol{v}_\mathrm{n}$ 运动的时候. 在实验室坐标系中, 这意味着电子壳层在碰撞后不会被原子核带走.

如果原子核速度 v_n 大于外层电子的速度, 但小于内层电子的速度, 即 $1 < v_\mathrm{n} < Z$, 那么内壳层就会随核带走, 而外壳层则不会. 由此产生的离子的电荷量与外壳中的电子数是相同的数量级. 这种论证思路可以让我们估计原子核裂变中产生的碎片的电荷: 电荷是由速度小于碎片速度的电子数量决定的 (参见第 74 页).

对于氢原子和其他原子的内壳, 可以做完全的计算; 这些情况的电离和激发概率在本节末的问题中给出.

让我们估计 $v_\mathrm{n} \ll 1$ 的激发或电离的总概率 W. 由 (2.20) 发现

$$W = C_1 v_\mathrm{n}^2$$

其中 C_1 是量级为 1 的数. 从问题 4 的解答 (见第 74 页) 可以看出, 氢原子留在基态的概率是

$$W_{00} = \frac{1}{\left(1 + \frac{1}{4}v_\mathrm{n}^2\right)^4}$$

由此得出结论, 对于氢原子来说, $C_1 = 1$.

2.3.3 分子里的原子核发射光子时转移的能量 (穆斯堡尔效应)

假设位于分子中的一个原子核发射出一个能量为 $\hbar\omega$ 的光子. 如果 $\hbar\omega$ 小, 反冲就很弱, 分子就会整体吸收反冲力. 如果 $\hbar\omega$ 很大, 原子核就会从分子中弹出, 系统被激发. 同样的考虑适用于金属; 对于小的 $\hbar\omega$, 反冲动量被整个晶格吸收.

让我们估计光子从原子核里出射这个过程的持续时间 τ : 它是一个大小为 $\sim \lambda = c/\omega$ 的波包穿过原子核的时间. (这个估计在 $\lambda < R$ 的情况下不成立, 其中 R 是原子核半径, 即 $\omega > c/R \sim 137 \times 10^4 \times 27\ \mathrm{eV} \sim 40\ \mathrm{MeV}$) . 与分子的

振动和旋转的特征周期相比, 时间 τ 可以忽略不计. 因此, 分子的波函数不能在光子的飞行时间内发生变化. 因此, 这个问题让人想起了核反应中的电离问题. 在光子发射后的那一刻, 分子的波函数具有如下形式

$$\Psi' = \Psi(\boldsymbol{r}_1, \boldsymbol{r}_2, \cdots) \mathrm{e}^{\mathrm{i}M\boldsymbol{v}\boldsymbol{r}_1}$$

其中 $\boldsymbol{v}$ 是反冲速度, $\boldsymbol{r}_1$ 是发射光子的原子核的位置矢量, M 是这个原子核的质量, Ψ 是描述分子基态的波函数. 分子保持不被激发的概率是

$$W_0 = \left|\left(\Psi_0 \left|\mathrm{e}^{\mathrm{i}M\boldsymbol{v}\boldsymbol{r}_1}\right| \Psi_0\right)\right|^2 \tag{2.21}$$

如果 $Mvr_1 \ll 1$, 则 $W_0 \sim 1$, 也就是说, 反冲力被分子整体吸收了, 系统没有被激发.

让我们估计光子的频率 ω, 在这个频率, 分子的振动自由度开始被激发. 我们将看到振动振幅的数量级为 $M^{-1/4}$; 因此在 (2.21) 中, 有 $r_1 \sim M^{-1/4}$. 因此, 为了使振动不被激发, 必须有 $Mv \cdot M^{-1/4} \ll 1$. 由于核的反冲动量 $p_{\mathrm{n}} = Mv$ 必须等于光子动量 $\hbar\omega/c$, 这个条件意味着 $\hbar\omega/c \ll M^{1/4}$, 或者 $\omega \ll 137M^{1/4}$ (采用原子单位); 以 eV 为单位, 就是

$$\omega \ll 137 \times (100 \times 1840)^{1/4} \times 27 \text{ eV} \sim 70 \text{ keV}$$

(我们考虑 $A \sim 100$ 的原子核). (2.21) 的适用性判据是

$$\omega \gg \omega_{\mathrm{vib}} \sim M^{-1/2} \sim 27 \times (100 \times 1840)^{-1/2} \text{ eV} \sim 0.06 \text{ eV}$$

其中 ω_{vib} 是分子的振动频率.

接下来估计分子的旋转自由度开始激发的光子频率. 为此, 考虑一个平面转子. 波函数是 $\psi_m = \exp(\mathrm{i}m\varphi)$. 根据 (2.21), 从 ψ_0 态到 ψ_m 态的跃迁概率为

$$w_{m0} = \left|\int \psi_m \mathrm{e}^{\mathrm{i}M\boldsymbol{v}\boldsymbol{r}} \psi_0 \, \mathrm{d}\boldsymbol{r}\right|^2 \sim \left|\int_0^{2\pi} \mathrm{e}^{\mathrm{i}m\varphi + \mathrm{i}Mva\cos\varphi} \, \mathrm{d}\varphi\right|^2 \tag{2.22}$$

其中 a 是分子大小的数量级.

因此, 为了让特定的旋转能级不被激发, 光子传给分子的轨道角动量 (是 Mva 的量级), 必须远小于转子的角动量 m. 在这种情况, 我们从 (2.22) 得到 $W_{m0} \underset{m\neq 0}{\ll} 1$. 对于最低激发态 $(m = 1)$, 可以得到

$$Mva \ll 1 \quad 或者 \quad \frac{\omega}{c}a \ll 1$$

因此, $\omega \ll c = 137.27\ \mathrm{eV} \sim 4\ \mathrm{keV}$.

问题:

1. 验证原子核的反冲不是 β 衰变中原子电离的重要因素.

2. 利用托马斯–费米方法, 估计核裂变中产生的碎片的电荷, 假设它等于速度小于碎片速度的电子数.

解:

$$Z_{\mathrm{frag}} \sim 8$$

3. 估计由于入射中子与原子电子的磁相互作用而导致原子电离的概率.

解:

$$\frac{W_{\mathrm{magn}}}{W} \leqslant \left|\frac{V_{\mathrm{magn}}\tau}{v}\right|^2 \sim \left|\frac{\mu\mu_{\mathrm{e}}}{a^3}\frac{R}{v^2}\right|^2 \ll \left|\frac{1}{Mc^2}\frac{1}{R}\right|^2 \sim 10^{-7}$$

4. 确定在中子与氢原子核的碰撞中, 原子电子保持在基态的概率.

解:

$$W_{11} = \frac{1}{\left(1+\frac{1}{4}v_n^2\right)^4}$$

2.4 绝热扰动

本节考虑的情况是: 作用于量子力学系统的扰动是随时间缓慢变化的函数. 在这种情况下, 系统能够根据参数的缓慢变化做自我调整. 这样的扰动称为绝热扰动.

在绝热扰动的情况下, 寻找薛定谔方程的解是很方便的, 它是对任意但固定的参数值计算的定态本征函数的叠加. 假定哈密顿量 $H(x,\xi)$ 取决于缓慢变化的参数 ξ. 引入本征函数 $\varphi_m(x,\xi)$, 其中 ξ 的值是固定的:

$$H(x,\xi)\varphi_m(x,\xi) = \varepsilon_m(\xi)\varphi_m(x,\xi) \tag{2.23}$$

我们寻找薛定谔方程

$$\mathrm{i}\frac{\partial \Psi}{\partial t} = H\Psi \tag{2.24}$$

的解, 其形式为

$$\Psi = \sum_m a_m(t)\varphi_m(x,\xi)\exp\left[-\mathrm{i}\int_{-\infty}^{t}\varepsilon_m(\xi)\ \mathrm{d}t\right] \tag{2.25}$$

将 (2.25) 代入 (2.24), 我们发现

$$\frac{\mathrm{d}a_n}{\mathrm{d}t} + \sum_m \left(\varphi_n \left| \frac{\partial \varphi_m}{\partial \xi'} \right.\right) \xi a_m \exp\left[-\mathrm{i}\int_{-\infty}^{t}(\varepsilon_m - \varepsilon_n)\ \mathrm{d}t\right] = 0 \tag{2.26}$$

如果想用逐次近似找到小 $\dot{\xi}(\equiv \mathrm{d}\xi/\ \mathrm{d}t)$ 的解, 方程 (2.26) 就很方便. 事实上, 我们有

$$\begin{aligned} &a_n^{(0)}(t) = a_n(-\infty),\\ &a_n^{(1)}(t) = -\int_{-\infty}^{t}\ \mathrm{d}t' \sum_m \left(\varphi_n \left| \frac{\partial \varphi_m}{\partial \xi} \right.\right) \dot{\xi} a_m(-\infty)\exp\left[-\mathrm{i}\int_{-\infty}^{t'}(\varepsilon_m - \varepsilon_n)\ \mathrm{d}t'\right] \end{aligned} \tag{2.27}$$

等等.

我们用哈密顿量 H 的矩阵元来表示 $(\varphi_n \mid \partial\varphi_m/\partial\xi)$. 将关系式 (2.23) 对参数 ξ 做微分, 我们发现

$$\frac{\partial H}{\partial \xi}\varphi_m + H\frac{\partial \varphi_m}{\partial \xi} = \frac{\partial \varepsilon_m}{\partial \xi}\varphi_m + \varepsilon_m\frac{\mathrm{d}\varphi_m}{\mathrm{d}\xi}$$

把这个方程从左侧乘以 φ_n 并对 x 做积分, 就得到

$$\left(\varphi_n \left| \frac{\partial \varphi_m}{\partial \xi} \right.\right)_{n\neq m} = \frac{\left(\varphi_n \left| \frac{\partial H}{\partial \xi} \right| \varphi_m\right)}{\varepsilon_m - \varepsilon_n}, \quad \left(\varphi_n \left| \frac{\partial H}{\partial \xi} \right| \varphi_n\right) = \frac{\mathrm{d}\varepsilon_n}{\mathrm{d}\xi} \tag{2.28}$$

假设本征态 φ_n 不是简并的. 那么波函数 φ_n 就可以选择为实数, 因此对于对角矩阵元, 我们有

$$\left(\varphi_n \left| \frac{\partial \varphi_n}{\partial \xi} \right.\right) = \frac{1}{2}\frac{\partial}{\partial \xi}\int \varphi_n^2\ \mathrm{d}\boldsymbol{r} = 0$$

将 (2.28) 代入 (2.27), 最终得到

$$a_n^{(1)}(t) = -\int_{-\infty}^{t}\ \mathrm{d}t' {\sum_m}' \frac{\left(\varphi_n \left| \frac{\partial H}{\partial \xi} \right| \varphi_m\right)\dot{\xi}}{\varepsilon_m - \varepsilon_n} a_m(-\infty)\exp\left[-\mathrm{i}\int_{-\infty}^{t'}(\varepsilon_m - \varepsilon_n)\ \mathrm{d}t'\right] \tag{2.29}$$

其中求和号上的撇号表示求和时不考虑对角项.

绝热扰动理论的适用性判据是：在系统的特征频率的倒数的时间以内，哈密顿量的变化应该远小于这些频率对应的能量. 如果我们估计校正的 $a_n^{(2)}(t)$ 与振幅 $a_n^{(1)}(t)$ 的比率，很容易得到这个适用性判据：使用 (2.29)，我们发现

$$\frac{a_n^{(2)}}{a_n^{(1)}} \sim \frac{\partial H}{\partial t} \frac{1}{\left(\varepsilon_m - \varepsilon_n\right)^2} \tag{2.30}$$

从 (2.30) 中可以看出，对于参数 ξ 的某些值，能级交叉的情况需要特别处理. 在这种情况，应该寻找对应于这些交叉能级的波函数的叠加形式.

我们将表明，如果系统特征频率的倒数 ω_{mn}^{-1} 远小于系统哈密顿量明显变化的时间 τ，那么作为法则，系统的激发是指数式的小. 这是因为跃迁振幅 $a_n^{(1)}(t)$ 的表达式 (2.29) 可以约化为下述函数的傅里叶分量

$$\frac{\left(\varphi_n \left| \dfrac{\partial H}{\partial \xi} \right| \varphi_m\right) \dot{\xi}}{\varepsilon_n - \varepsilon_m}$$

我们在第 1.1 节看到，对于 $\omega_{mn}\tau \gg 1$，这些傅里叶分量是指数式的小 $[\sim \exp\left(-\omega_{mn}\tau\right)]$，只要函数本身和它们的导数在实轴上没有任何奇点. 将微扰理论应用于指数式小的表达式，需要特别小心，因为指数的微小变化给出的影响可以与 $\dot{\xi}$ 的下一个幂一样大. 公式 (2.29) 给出了校正的大小，相差一个因子 (它是 1 的数量级)(Dykhne, 1961). 我们将在下面证明 (第 158 页)，库仑波函数在 $r^2 = 0$ 处确实有一个奇点. 因此，当一个慢粒子经过时，电离的概率是按照幂律减小而不是指数式减小 (参见下一节).

问题：用关系式 (2.28) 计算中心对称运动的 $\overline{r^{-2}}$.

解：

$$\overline{r^{-2}} = \frac{1}{l + \dfrac{1}{2}} \left(\frac{\partial E}{\partial l}\right)_{n_r}$$

2.4.1 慢而重的粒子经过时引起的原子的电离

让我们估计，当一个慢而重的带电粒子经过原子时，原子电离的概率如何依赖于这个粒子的速度. 为了简单起见，考虑氢原子的情况. 假设粒子的通过速度 v 远小于原子电子的速度，也就是说，$v \ll 1$.

经过的粒子与原子电子的相互作用能量有 $-|\boldsymbol{r}-\boldsymbol{r}_1|^{-1}$ 的形式. 电子从 φ_0 态跃迁到 $\varphi_{\boldsymbol{k}}$ 态, 同时重粒子从 $\Psi_{\boldsymbol{p}}$ 跃迁到 $\Psi_{\boldsymbol{p}'}$, 在一阶微扰理论中给出的相应矩阵元是

$$M_{\boldsymbol{pp}'}^{0k} = -\left(\Psi_{\boldsymbol{p}'}\varphi_{\boldsymbol{k}}\frac{1}{|\boldsymbol{r}-\boldsymbol{r}_1|}\varphi_0\Psi_{\boldsymbol{p}}\right)$$

下面估计这个矩阵元的时候, 将给出扰动理论的适用判据.

我们现在表明, 在 $M_{\boldsymbol{pp}'}^{0\boldsymbol{k}}$ 的表达式中, 可以用平面波代替 $\Psi_{\boldsymbol{p}}$ 和 $\Psi_{\boldsymbol{p}'}$. 为了说明这一点, 可以把 $\Psi_{\boldsymbol{p}}$ 写成 $\Psi_{\boldsymbol{p}}\sim \mathrm{e}^{\mathrm{i}\boldsymbol{p}\cdot\boldsymbol{r}}\chi$ 的形式, 其中 (参见第 3.2 节)

$$\chi = \exp\left(\mathrm{i}M\int\frac{V}{p^2}\boldsymbol{p}\cdot\mathrm{d}\boldsymbol{r}\right)$$

V 是经过的粒子和原子核的库仑作用. 相位 $M\displaystyle\int\frac{V}{p^2}\boldsymbol{p}\cdot\,\mathrm{d}\boldsymbol{r}$ 是 $MVa/p\sim 1/v$ 的量级, 其中 a 是碰撞参数. 由于 $v\ll 1$, 函数 χ 的相位不是小的. 然而, 我们将看到, 乘积 $\chi\chi'$ 的相位确实是小的. 事实上, 我们有:

$$\chi\chi' = \exp\left(\mathrm{i}M\int\frac{V}{p}\frac{\boldsymbol{q}\,\mathrm{d}\boldsymbol{r}}{p}\right) = \exp\left(\mathrm{i}M\int\frac{Vq_{\parallel}}{p^2}\,\mathrm{d}r\right)$$

其中 $q_{\parallel}$ 是沿粒子运动方向转移的动量. 让我们估计这个量. 转移的能量由下式给出

$$E_{\boldsymbol{p}'}-E_{\boldsymbol{p}} = \Delta\left(\frac{1}{2}Mv^2\right) = \boldsymbol{v}\Delta\boldsymbol{p} = vq_{\parallel}$$

另一方面, $E_{\boldsymbol{p}'}-E_{\boldsymbol{p}} = \varepsilon_{\boldsymbol{k}}-\varepsilon_0\sim 1$. 因此, 我们有 $q_{\parallel}\sim v^{-1}$, 因此

$$\chi\chi' \simeq \exp\left(\mathrm{i}M\frac{Vq_{\parallel}a}{p^2}\right) \simeq \exp\left(\mathrm{i}\frac{Mq_{\parallel}}{p^2}\right) \simeq \exp\left(\frac{\mathrm{i}}{Mv^3}\right)$$

在 $Mv^3\gg 1$ 的条件下, 我们就有 $\chi\chi'\approx 1$, 而且用平面波取代 $\Psi_{\boldsymbol{p}}\Psi_{\boldsymbol{p}'}$ 是合理的.

现在估计 $M_{\boldsymbol{pp}'}^{0\boldsymbol{k}}$. 由于

$$\int \mathrm{e}^{-\mathrm{i}\boldsymbol{qr}}\frac{1}{|\boldsymbol{r}-\boldsymbol{r}_1|}\,\mathrm{d}\boldsymbol{r} = \mathrm{e}^{-\mathrm{i}qr_1}\frac{4\pi}{q^2}$$

可见,

$$M_{\boldsymbol{pp}'}^{0\boldsymbol{k}} \sim \frac{1}{q^2}\left(\varphi_0\mathrm{e}^{-\mathrm{i}\boldsymbol{qr}}\varphi_k\right)$$

电离的微分截面是通过将 $\left|M_{\boldsymbol{p}\boldsymbol{p}'}^{0\boldsymbol{k}}\right|^2$ 除以入射粒子的流 (与 v 成正比), 乘以对应于能量守恒定律的德尔塔函数, 并对电子的可能正能量状态和 $\boldsymbol{p}'$ 的可能值进行求和:

$$\sigma \sim \frac{1}{v} \int \sum_{\boldsymbol{k}} \frac{1}{q^4} \left|\left(\varphi_0 \mathrm{e}^{-\mathrm{i}\boldsymbol{q}\boldsymbol{r}} \varphi_{\boldsymbol{k}}\right)\right|^2 \delta\left(E_{\boldsymbol{p}} - E_{\boldsymbol{p}'} - \varepsilon_{\boldsymbol{k}} + \varepsilon_0\right) \mathrm{d}\boldsymbol{p}'$$

我们可以写出 $\mathrm{d}\boldsymbol{p}' = \mathrm{d}\boldsymbol{q} = 2\pi q_\perp \mathrm{d}q_\parallel \mathrm{d}q_\perp$. 对动量传递的纵向分量 $\mathrm{d}q_\parallel$ 的积分被德尔塔函数抵消了:

$$\int \delta\left(E_{\boldsymbol{p}} - E_{\boldsymbol{p}'} - \varepsilon_{\boldsymbol{k}} + \varepsilon_0\right) \mathrm{d}q_\parallel = \int \delta\left(q_\parallel v - \varepsilon_{\boldsymbol{k}} + \varepsilon_0\right) \mathrm{d}q_\parallel = 1/v$$

其中 $q_\parallel = \left(\varepsilon_{\boldsymbol{k}} - \varepsilon_0\right)/v$. 因此,

$$\sigma \sim \frac{1}{v^2} \int \sum_{\boldsymbol{k}} \frac{\left|\left(\varphi_0 \mathrm{e}^{-\mathrm{i}\boldsymbol{q}\boldsymbol{r}} \varphi_{\boldsymbol{k}}\right)\right|^2}{\left[q_\perp^2 + \left(\dfrac{\varepsilon_{\boldsymbol{k}} - \varepsilon_0}{v}\right)^2\right]^2} q_\perp \mathrm{d}q_\perp$$

从这个表达式可以看出, $q_\perp$ 的重要值是 $1/v$ 的量级.

现在估计矩阵元 $\left(\varphi_0 \mathrm{e}^{-\mathrm{i}\boldsymbol{q}\boldsymbol{r}} \varphi_{\boldsymbol{k}}\right)$. 它等于 $\int \mathrm{e}^{-\alpha r - \mathrm{i}\boldsymbol{q}\cdot\boldsymbol{r}} \mathrm{d}\boldsymbol{r}$, 其中 α 是 1 的量级. 这种高阶的傅里叶分量是在讨论偶极光电效应时估计的, 那里得到的结果如下 (参见第 40 页):

$$\left(\varphi_0 \mathrm{e}^{-\mathrm{i}\boldsymbol{q}\boldsymbol{r}} \varphi_{\boldsymbol{k}}\right) \sim \frac{1}{q^4}$$

把刚才得到的矩阵元的值代入 σ 的公式, 就得到

$$\sigma \sim \frac{1}{v^2} \int \frac{q_\perp \mathrm{d}q_\perp}{q^4 q^8}$$

由于 $q_\parallel \sim q_\perp \sim 1/v$, 我们发现 $\sigma \sim v^{10}/v^2 \sim v^8$. 因此, 一个慢的重粒子通过时, 原子电离的截面正比于粒子速度的 8 次方.

有人可能会问, 为什么它不是指数式的小, 就像通常发生在绝热过程中那样呢? 这与库仑波函数 $\mathrm{e}^{-\alpha r} = \mathrm{e}^{-\alpha\sqrt{x^2+y^2+z^2}}$ 的如下事实有关: 如果其他变量固定不变, 每个变量有一个奇点. 这个奇点可以触及实轴, 导致有关的积分服从幂律形式, 而不是指数式地减小. (参见第 158 页).

让我们验证一下, 微扰理论的适用判据有没有得到满足. 由于 $\varepsilon_{\boldsymbol{k}}-\varepsilon_0\sim 1$, 而且

$$M_{\boldsymbol{pp}'}^{0\boldsymbol{k}}\sim\frac{1}{q^2}\left(\varphi_0\mathrm{e}^{-\mathrm{i}\boldsymbol{qr}}\varphi_{\boldsymbol{k}}\right)\sim\frac{1}{q^2}\frac{1}{q^4}\sim v^6\ll 1$$

由此可见,

$$M_{\boldsymbol{pp}'}^{0\boldsymbol{k}}\left(\varepsilon_{\boldsymbol{k}}-\varepsilon_0\right)\ll 1$$

符合微扰理论适用性的要求.

最后, 总结一下上述结果有效的条件. 它们是

$$1\gg v^3\gg\frac{1}{M}$$

特别是, 由此可以看出, 通过的粒子的能量必须远远大于典型的原子能量.

2.4.2 用质子捕获原子电子 (电荷交换)

现在把绝热扰动理论应用于慢质子通过氢原子所引起的电荷交换问题. 假设质子的速度远小于原子电子的速度, 因此绝热近似是适用的 (Firsov, 1955). 此外, 假设入射质子的能量比典型的原子能量大得多, 因此质子的运动可以认为是给定的.

这个系统的哈密顿量有如下形式

$$H=T_{\mathrm{e}}-\frac{1}{\left|r-\dfrac{1}{2}R\right|}-\frac{1}{\left|r+\dfrac{1}{2}R\right|}+\frac{1}{R}$$

其中 R 是质子之间的距离, 我们把它当作某个给定的时间函数; r 是电子坐标, T_{e} 是电子的动能. 哈密顿量 H 对于入射质子和目标质子的互换是对称的, 这相当于 $r\to -r$ 的代换, 因此可以引入 H 的本征函数, 这些特征函数对于这个替换来说是对称的或反对称的: $\varphi_n^{\mathrm{s}}(r,R)$ 和 $\varphi_n^{\mathrm{a}}(r,R)$. 让我们假设, 最初电子是附着在质子上, 坐标 $R/2$; 那么电子的初态是

$$\varphi=\varphi_{n_0}^0\left(r-\frac{1}{2}R\right)$$

其中 $\varphi_{n_0}^0$ 是态 n_0 的库仑波函数.

散射之后, 氢原子很可能被留在 $\varphi_{n_0}^0$ 态 (激发需要频率等于激发能量的扰动的傅里叶分量, $\omega_{n_0}=\varepsilon_n-\varepsilon_{n_0}$; 对于慢速通过, 当渡越时间远大于频率的倒数 $\omega_{nn_0}^{-1}$ 时, 频率为 ω_{nn_0} 的傅里叶分量非常小, 不能激发). 然而, 电子可能被转移到另一个质子上; 这种现象称为电荷交换. 在这种情况下, 绝热条件 (2.30) 没有得到满足. 事实上, 当质子相距很远时, 如果电子附着在一个质子上, 其波函数为 $\varphi_{n_0}^0\left(r-\dfrac{1}{2}R\right)$; 如果电子附着在另一个质子上, 则为 $\varphi_{n_0}^0\left(r+\dfrac{1}{2}R\right)$. 用这两个波函数, 可以构造一个对称的组合和一个反对称的组合, 即 $\varphi_{n_0}^{\mathrm{s}}$ 和 $\varphi_{n_0}^{\mathrm{a}}$, 这两个波函数对应的能量完全相同; 因此, 这里处理的是能级交叉的情况.

因此, 我们应该寻找薛定谔方程

$$\mathrm{i}\frac{\partial \Psi}{\partial t}=H\Psi \tag{2.31}$$

的解, 它是这两种态 $\varphi_{n_0}^{\mathrm{s}}$ 和 $\varphi_{n_0}^{\mathrm{a}}$ 的叠加, 然后再应用绝热扰动理论. 因此, 我们写出

$$\Psi=C^{\mathrm{s}}(t)\varphi_{n_0}^{\mathrm{s}}(r,R)\exp\left(-\mathrm{i}\int_{-\infty}^{t}\varepsilon^{\mathrm{s}}\,\mathrm{d}t\right)+C^{\mathrm{a}}(t)\varphi_{n_0}^{\mathrm{a}}(r,R)\exp\left(-\mathrm{i}\int_{-\infty}^{t}\varepsilon^{\mathrm{a}}\,\mathrm{d}t\right) \tag{2.32}$$

把 (2.32) 代入 (2.31), 乘以 $\varphi_{n_0}^{\mathrm{s}}$, 并在坐标 r 上积分; 这样就得到

$$\begin{aligned}&\left[\frac{\mathrm{d}C^{\mathrm{s}}}{\mathrm{d}t}+C^{\mathrm{s}}\frac{\mathrm{d}R}{\mathrm{d}t}\left(\varphi_{n_0}^{\mathrm{s}}\left|\frac{\partial\varphi_{n_0}^{\mathrm{s}}}{\partial R}\right.\right)\right]\exp\left(-\mathrm{i}\int_{-\infty}^{t}\varepsilon^{\mathrm{s}}\,\mathrm{d}t\right)\\&=-C^{\mathrm{a}}\frac{\mathrm{d}R}{\mathrm{d}t}\left(\varphi_{n_0}^{\mathrm{s}}\left|\frac{\partial\varphi_{n_0}^{\mathrm{a}}}{\partial R}\right.\right)\exp\left(-\mathrm{i}\int_{-\infty}^{t}\varepsilon^{\mathrm{a}}\,\mathrm{d}t\right)\end{aligned} \tag{2.33}$$

当核子相距较远时, 我们有

$$\varphi_n^{\mathrm{s,a}}(r,R)\underset{R\to\infty}{\to}\frac{1}{\sqrt{2}}\left[\varphi_n^0\left(r-\frac{1}{2}R\right)\pm\varphi_n^0\left(r+\frac{1}{2}R\right)\right] \tag{2.34}$$

从 (2.33) 和 (2.34) 可以看出, 在零级近似中

$$C^{\mathrm{s}}=C^{\mathrm{s}}(t=-\infty)=\frac{1}{\sqrt{2}},\quad C^{\mathrm{a}}=C^{\mathrm{a}}(t=-\infty)=\frac{1}{\sqrt{2}}$$

(这相当于电子最初附着在坐标为 $R/2$ 的质子上). 有了 C^{s} 和 C^{a} 的值, 就可以从 (2.32) 得到

$$\Psi|_{t\to\infty}=\frac{1}{2}\left[\exp\left(-\mathrm{i}\int_{-\infty}^{\infty}\varepsilon^{\mathrm{s}}\,\mathrm{d}t\right)+\exp\left(-\mathrm{i}\int_{-\infty}^{\infty}\varepsilon^{\mathrm{a}}\,\mathrm{d}t\right)\right]\varphi_{n_0}^0\left(r-\frac{1}{2}R\right)+$$

$$\frac{1}{2}\left[\exp\left(-\mathrm{i}\int_{-\infty}^{\infty}\varepsilon^{\mathrm{s}}\ \mathrm{d}t\right)-\exp\left(-\mathrm{i}\int_{-\infty}^{\infty}\varepsilon^{\mathrm{a}}\ \mathrm{d}t\right)\right]\varphi_{n_0}^{0}\left(r+\frac{1}{2}R\right) \tag{2.35}$$

这个表达式中的第一项对应于普通散射，第二项对应于电荷交换. $\varphi_{n_0}^{0}\left(r+\frac{1}{2}R\right)$ 的系数的模平方给出电荷交换的概率：

$$W(\rho)=\sin^2\left[\frac{1}{2}\int_{-\infty}^{\infty}\left(\varepsilon^{\mathrm{a}}-\varepsilon^{\mathrm{s}}\right)\ \mathrm{d}t\right]=\sin^2\left[\int_{\rho}^{\infty}\left(\varepsilon^{\mathrm{a}}-\varepsilon^{\mathrm{s}}\right)\ \mathrm{d}t\right] \tag{2.36}$$

其中 ρ 是碰撞参数.

我们假设，根据两个固定核场中的电子的问题的解，可以得到 $\varepsilon^{\mathrm{a}}(R)$ 和 $\varepsilon^{\mathrm{s}}(R)$ 这两个量. 假设入射粒子的轨迹是一条直线，用 R 的积分代替 t 的积分；由于 $R^2=\rho^2+v^2t^2$，我们有

$$\mathrm{d}t=\frac{1}{v}\frac{R\ \mathrm{d}R}{\sqrt{R^2-\rho^2}}$$

引入 $\varepsilon^{\mathrm{a}}(R)-\varepsilon^{\mathrm{s}}(R)\equiv\varPhi(R)$ 的符号，我们从 (2.36) 得到

$$W(\rho)=\sin^2\left[\frac{1}{v}\int_{\rho}^{\infty}\varPhi(R)\frac{R\mathrm{d}R}{\sqrt{R^2-\rho^2}}\right] \tag{2.37}$$

考虑碰撞参数 $\rho\sim 1$. 那么，在相互作用中很重要的粒子之间的距离也是 1 的量级，因此 (2.37) 中的积分是 1 的量级. 由于我们假定 $v\ll 1$(见上文)，$W(\rho)$ 的表达式对 ρ 的微小变化非常敏感. 如果我们让 $W(\rho)$ 在 ρ 的区间上取平均值 (区间的长度远小于 ρ)，就可以得到

$$\overline{W}=\frac{1}{2}$$

也就是说，有 50% 的概率发生电荷交换.

现在考虑当 $\rho\gg 1$ 时电荷交换的概率. 可以证明①，当质子之间的距离大的时候，对称态和反对称态的能量差为

$$\varepsilon^{\mathrm{a}}(R)-\varepsilon^{\mathrm{s}}(R)\underset{R\to\infty}{\approx}\frac{4}{e}R\mathrm{e}^{-R}$$

① Landau L D, Lifshitz E M. Quantum Mechanics[M]. London: Pergamon, 1959: 292. 中文版：朗道 Л Д, 栗弗席兹 E M. 量子力学 (非相对论理论)[M]. 严肃, 译, 喀兴林, 校. 北京：高等教育出版社, 2008: 290-291 习题公式 (4).

因此, 对于 $\rho \gg 1$, 我们有

$$\begin{aligned}
F(\rho) &\equiv \frac{1}{v}\int_{\rho}^{\infty}\varPhi(R)\frac{R\mathrm{d}R}{\sqrt{R^2-\rho^2}} \\
&= \frac{4}{ev}\int_{\rho}^{\infty}\frac{R^2\mathrm{e}^{-R}}{\sqrt{R^2-\rho^2}}\mathrm{d}R = \frac{4\rho^2\mathrm{e}^{-\rho}}{ev}\int_{0}^{\infty}\frac{(z+1)^2\ \mathrm{d}z}{\sqrt{z(z+2)}}\mathrm{e}^{-\rho z} \\
&\approx \frac{4\rho^2}{ev}\mathrm{e}^{-\rho}\frac{1}{\sqrt{2}}\int_0^{\infty} z^{-1/2}\mathrm{e}^{-\rho z}\ \mathrm{d}z = \frac{\pi\sqrt{2}}{ev}\rho^{3/2}\mathrm{e}^{-\rho}
\end{aligned}$$

可以看到, 对于 $\rho \gg \rho_1 \sim \ln(1/v)$, 有 $F(\rho) \ll 1$. 因此, 我们得到

$$W = \sin^2 F(\rho) \approx F^2(\rho) = \frac{2\pi^2}{e^2v^2}\rho^3\mathrm{e}^{-2\rho}$$

因此, 对于 $\rho \ll \rho_1$, 有 $F(\rho) \gg 1$, 而对于 $\rho \gg \rho_1$, 有 $F(\rho) \ll 1$.

现在可以估计总的电荷交换截面

$$\sigma = \int_0^{\infty}\sin^2 F(\rho)\cdot 2\pi\rho\ \mathrm{d}\rho$$

在数量级上, 我们发现

$$\sigma = \int_0^{\rho_1}\frac{1}{2}2\pi\rho\ \mathrm{d}\rho = \frac{1}{2}\pi\rho_1^2 \sim \frac{1}{2}\pi\ln^2\frac{1}{v} \tag{2.38}$$

因此, 对于小速度 v, 电荷交换的截面远大于几何截面.

2.5 快和慢的子系统

考虑由两个子系统组成的系统, 其中一个的特征频率大, 另一个的特征频率小. 子系统之间的相互作用可以不是小的. 让 ξ 表示慢的子系统的坐标集. 整个系统的哈密顿量是

$$H = H_1(x,\xi) + H_2(\xi)$$

其中 H_1 包括快的子系统的哈密顿量以及它与慢的子系统的相互作用.

上一节假定慢的子系统的运动是经典的——我们固定了轨迹 $\xi = \xi(t)$, 并将速度 $\dot{\xi}$ 作为 c 数 (c number, 复数) 引入. 下面不做这种假设.

引入哈密顿量 H_1 的本征函数系统

$$H_1(x,\xi)\varphi_n(x,\xi) = \varepsilon_n(\xi)\varphi_n(x,\xi)$$

跟前面做的一样. 我们寻找整个问题

$$H\Psi_\lambda = E_\lambda \Psi_\lambda \tag{2.39}$$

的解, 其形式为

$$\Psi_\lambda = \sum_{n'} u_{n'\lambda}(\xi)\varphi_{n'}(x,\xi) \tag{2.40}$$

把 (2.40) 代入 (2.39), 得到

$$(H_1 + H_2)\sum_{n'} u_{n'\lambda}(\xi)\varphi_{n'}(x,\xi) = E_\lambda \sum_{n'} u_{n'\lambda}(\xi)\varphi_{n'}(x,\xi)$$

让 $\varphi_n^*(x,\xi)$ 从左边乘以这个方程, 然后在 x 上积分; 这样就得到

$$(\varepsilon_n - E_\lambda)\, u_{n\lambda} + \int \varphi_n^* H_2 \sum_{n'} u_{n'\lambda}\varphi_{n'}\ \mathrm{d}x = 0$$

为了简单起见, 这里假设 H_1 与 ξ 对易. 此外, 由于

$$H_2 u_{n'\lambda}\varphi_{n'} = \varphi_{n'} H_2 u_{n'\lambda} + [H_2, \varphi_{n'}]\, u_{n'\lambda}$$

我们有

$$(\varepsilon_n - E_\lambda)\, u_{n\lambda} + H_2 u_{n\lambda} = -\sum_{n'} \int \varphi_n^* \,[H_2, \varphi_{n'}]\ \mathrm{d}x \cdot u_{n'\lambda} \tag{2.41}$$

这个关系式类似于上一节的相应表达式; 唯一的区别是用对易表达式 $[H_2, \varphi_n]$ 替代了 $\mathrm{i}\dot{\xi}\,(\partial\varphi_n/\partial\xi) = \mathrm{i}\,(\,\mathrm{d}\varphi_n/\,\mathrm{d}t)$.

在关系式 (2.41) 中, 我们可以把 $n' = n$ 的项移到左边:

$$\left\{H_2 - \left(E_\lambda - \varepsilon_n - \int \varphi_n^* \,[H_2, \varphi_n]\ \mathrm{d}x\right)\right\} u_{n\lambda} = -\sum_{n' \neq n} \int \varphi_n^* \,[H_2, \varphi_{n'}]\ \mathrm{d}x \cdot u_{n'\lambda} \tag{2.42}$$

这个方程的形式适合用迭代法求解. 在二阶近似中, 我们得到

$$\{H_2(\xi) - [E_\lambda - \varepsilon_n(\xi)]\}\, u_{n\lambda}^{(0)}(\xi) = 0$$

可以看到, 在慢的子系统的有效哈密顿量中, 快的子系统的能量起着势能的作用.

2.5.1 分子的振动能级

让我们估计分子的振动能. 为了简单起见, 我们明确给出氢分子离子的表达式, 尽管其结果很容易推广到更复杂的分子. 氢分子离子的哈密顿量为 (以原子单位):

$$H=-\frac{1}{2}\nabla_r^2-\frac{1}{\left|\boldsymbol{r}-\frac{1}{2}\boldsymbol{R}\right|}-\frac{1}{\left|\boldsymbol{r}+\frac{1}{2}\boldsymbol{R}\right|}+\frac{1}{R}-\frac{1}{M}\nabla_R^2$$

这里的 M 是质子质量, $\boldsymbol{r}$ 是电子的坐标, $\pm(1/2)\boldsymbol{R}$ 是两个质子的坐标 (图 2.5). 慢的子系统由原子核构成, 快的子系统由电子构成. 在上面的表述中, 哈密顿量 $H_1(x,\xi)$ 是

$$H_1(\boldsymbol{r},\boldsymbol{R})=-\frac{1}{2}\nabla_r^2-\frac{1}{\left|\boldsymbol{r}-\frac{1}{2}\boldsymbol{R}\right|}-\frac{1}{\left|\boldsymbol{r}+\frac{1}{2}\boldsymbol{R}\right|}+\frac{1}{R}$$

而哈密顿量 $H_2(\xi)$ 是

$$H_2(\boldsymbol{R})=-\frac{1}{M}\nabla_R^2$$

(当然, 如果愿意的话, 我们可以把 $1/R$ 这个项算在 H_2 里). 引入函数 $\varphi_n(\boldsymbol{r},\boldsymbol{R})$, 它们满足方程

$$H_1\varphi_n(\boldsymbol{r},\boldsymbol{R})=\varepsilon_n(\boldsymbol{R})\varphi_n(\boldsymbol{r},\boldsymbol{R})$$

对应于核子间距离固定的电子本征函数. 薛定谔方程与哈密顿 H 的解有如下形式

$$\varPsi_\lambda=\sum_{n\nu}C_\lambda^{n\nu}\chi_{n\nu}(\boldsymbol{R})\varphi_n(\boldsymbol{r},\boldsymbol{R}) \tag{2.43}$$

其中, 函数 $\chi_{n\nu}$ 满足下述方程

$$\left[-\frac{1}{M}\nabla_{\boldsymbol{R}}^2+\varepsilon_n(\boldsymbol{R})\right]\chi_{n\nu}(\boldsymbol{R})=\omega_{n\nu}\chi_{n\nu}(\boldsymbol{R}) \tag{2.44}$$

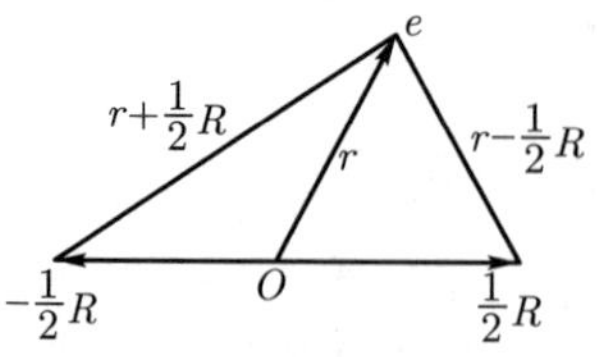

图 2.5

分子的原子核将围绕某个平均位置以很小的幅度振动 (见下文). 因此, 可以写出 $\varepsilon_n(\boldsymbol{R})$ 的近似表达式如下：

$$\varepsilon_n(\boldsymbol{R}) \approx \varepsilon_n(\boldsymbol{R}_0) + \frac{1}{2}\left(\frac{\mathrm{d}^2\varepsilon_n}{\mathrm{d}\boldsymbol{R}^2}\right)_{R=R_0}(\boldsymbol{R}-\boldsymbol{R}_0)^2$$

把 $\varepsilon_n(\boldsymbol{R})$ 的这种形式代入公式 (2.44), 就得到了三维谐振子的薛定谔方程. 因此, 分子的振动能级由下式给出

$$\omega_{n\nu} = \varepsilon_n(\boldsymbol{R}_0) + \left(\nu + \frac{1}{2}\right)\omega_0$$

其中 ω_0 是经典振子频率, ν 是整数.

让我们找出 ω_0 与分子质量的关系. 根据关系

$$\frac{1}{2}M\omega_0^2(\boldsymbol{R}-\boldsymbol{R}_0)^2 = \frac{1}{2}\left(\frac{\mathrm{d}^2\varepsilon_n}{\mathrm{d}\boldsymbol{R}^2}\right)_{R=R_0}(\boldsymbol{R}-\boldsymbol{R}_0)^2$$

我们发现

$$\omega_0 = \sqrt{\frac{1}{M}\left(\frac{\mathrm{d}^2\varepsilon_n}{\mathrm{d}\boldsymbol{R}^2}\right)_{R=R_0}}$$

由于在原子单位中, 电子能量 ε_n 是 1 的量级, 分子的大小 R_0 也是 1 的量级, 我们有 $\mathrm{d}^2\varepsilon_n/\mathrm{d}R^2 \sim 1$, 所以

$$\omega_0 \sim \frac{1}{\sqrt{M}}$$

由于电子跃迁的频率为 $\omega_{\mathrm{el}} \gtrsim 1$ 的量级, 我们看到, $\omega_0 \ll \omega_{\mathrm{el}}$.

接下来估计原子核振动的振幅. 在振子的基态中, 动能和势能的平均值相等, 都等于总能量的一半：$\overline{T} = \overline{U} = E_0/2$; 也就是

$$\frac{1}{2}\left(\frac{\mathrm{d}^2\varepsilon_n}{\mathrm{d}\boldsymbol{R}^2}\right)_{R=R_0}\cdot\overline{(\boldsymbol{R}-\boldsymbol{R}_0)^2} = \frac{1}{4}\omega_0$$

由于 $\omega_0 \sim 1/\sqrt{M}$, 原子核偏离其平衡位置的方均根振幅的量级是

$$\sqrt{\overline{(\boldsymbol{R}-\boldsymbol{R}_0)^2}} \sim \frac{1}{\sqrt[4]{M}} \ll 1$$

我们将表明, 通过迭代计算由 (2.42) 定义的 Ψ_λ 表达式 (2.43) 中的系数 $C_\lambda^{n\nu}$ 是合法的. 为了证明这一点, 我们必须估计 (2.42) 的右边. 明确地写出对易表达

式, 可以得到下面的项:

$$\left(\frac{1}{M}\chi_{n\nu}\varphi_n\left|\frac{\mathrm{d}\varphi_{n'}}{\mathrm{d}\boldsymbol{R}}\frac{\mathrm{d}\chi_{n'\nu'}}{\mathrm{d}\boldsymbol{R}}\right.\right),\quad\left(\frac{1}{M}\chi_{n\nu}\varphi_n\left|\frac{\mathrm{d}^2\varphi_{n'}}{\mathrm{d}\boldsymbol{R}^2}\chi_{n'\nu'}\right.\right)$$

(没有形式为 $\left[(1/M)\chi_{n\nu}\varphi_n\left|\varphi_{n'}\left(\mathrm{d}^2\chi_{n'\nu'}/\mathrm{d}\boldsymbol{R}^2\right)\right.\right]$ 的项.) 可以估计函数 $\chi_{n\nu}$ 的导数:

$$\frac{\mathrm{d}\chi_{n\nu}}{\mathrm{d}\boldsymbol{R}}\sim\frac{\chi_{n\nu}}{\sqrt{\overline{(\boldsymbol{R}-\boldsymbol{R}_0)^2}}}\sim\sqrt[4]{M}\chi_{n\nu}$$

因此, 上述两类项中比较大的是第一类, 它是 $M^{-3/4}$ 的量级. 因此, 我们已经证明用迭代法求解这个问题的合理性: 展开的参数为 $M^{-3/4}\omega_0^{-1}\sim M^{-1/4}$.

除了振动能级, 分子还可能有转动能级. 这些级别的频率反比于分子的转动惯量, 也就是说,

$$\omega_{\mathrm{rot}}\sim 1/M$$

因此, 电子、振动和转动的频率有以下比例:

$$\omega_{\mathrm{rot}}:\omega_{\mathrm{vib}}:\omega_{\mathrm{el}}=1:M^{1/2}:M$$

2.5.2 快粒子对原子核偶极能级的激发

考虑快速的带电粒子在原子核附近通过时激发原子核的问题. 在这种情况, 快的子系统 (入射粒子) 有连续谱, 而慢的子系统 (原子核) 有离散谱. 假设粒子通过的时间远小于系统的重要交换频率, 我们在这种情况下求解.

首先我们得到一般的公式, 能够将绝热近似法应用于散射问题. 引入快的子系统的哈密顿量 $H_1=T_r+V(\boldsymbol{r},\xi_i)$ 的特征函数 $\varphi_p(\boldsymbol{r},\xi_i)$, 其中 T_r 是入射粒子的动能, $V(\boldsymbol{r},\xi_i)$ 是其与慢的子系统的相互作用. ξ_i 是慢的子系统的坐标 (或坐标集), $\boldsymbol{r}$ 是快的子系统的坐标. 因此, 函数 φ_p 满足方程

$$H_1\varphi_p(\boldsymbol{r},\xi_i)=\varepsilon_p\varphi_p(\boldsymbol{r},\xi_i)\tag{2.45}$$

粒子的能量就是 $\varepsilon_p=p^2/(2M)$(其中 M 为其质量), 因此不依赖 ξ_i, 跟离散谱的情况不一样.

我们寻找 (2.45) 的一个解, 它具有渐近的形式

$$\varphi_p\underset{r\to\infty}{\longrightarrow}\mathrm{e}^{\mathrm{i}pr}+\frac{f(\vartheta,\xi_i)}{r}\mathrm{e}^{\mathrm{i}pr}\tag{2.46}$$

由于 ε_p 与 ξ_i 无关, 慢的子系统 (原子核) 的波函数方程与没有 ε_p 时相同 (唯一的影响是本征值改变了一个常量 ε_p):

$$H_2\chi_n(\xi_i) = \omega_n\chi_n(\xi_i)$$

我们寻找问题的解, 其形式为

$$\Psi_{pn} = \sum_n \int \frac{\mathrm{d}p'}{(2\pi)^3} C_{pn}^{p'n'} \varphi_{p'}\chi_{n'}$$

其中系数 $C_{pn}^{p'n'}$ 满足下述方程 [参见 (2.42)]

$$(\omega_n - E_{p_0n_0}) C_{pn}^{p_0n_0} = -\sum_{n'} \int \frac{\mathrm{d}p'}{(2\pi)^3} (\varphi_p\chi_n [H_2, \varphi_{p'}] \chi_{n'}) C_{pn}^{p'n'}$$

这个方程可以用迭代法求解. 假设最初 $(t = -\infty)$ 系统处于 $(p_0, n_0 \equiv 0)$ 的态. 那么在零级近似中

$$\Psi_{p_00}^{(0)} = C_0\varphi_{p_0}\chi_0$$

根据 (2.46), 我们有

$$\begin{aligned}\Psi_{p_00}^{(0)} \underset{r\to\infty}{\to} & C_0\left[\mathrm{e}^{\mathrm{i}p_0r}\chi_0(\xi_i) + \frac{\mathrm{e}^{\mathrm{i}p_0r}}{r} f(\vartheta, \xi_i)\chi_0(\xi_i)\right] \\ &= C_0\left[\mathrm{e}^{\mathrm{i}p_0r}\chi_0(\xi_i) + \frac{\mathrm{e}^{\mathrm{i}p_0r}}{r}\sum_n (\chi_n f\chi_0)\chi_n\right]\end{aligned} \tag{2.47}$$

精确解必须具有下面的渐近形式,

$$\Psi \underset{r\to\infty}{\to} \mathrm{e}^{\mathrm{i}p_0r}\chi_0(\xi_i) + \frac{1}{r}\sum_n f_n(\theta)\mathrm{e}^{\mathrm{i}p_nr}\chi_n(\xi_i)$$

其中动量 p_n 由能量守恒定律决定:

$$\varepsilon_{p_n} + \omega_n = \varepsilon_{p_0} + \omega_0$$

忽略粒子能量的变化, 我们可以得到

$$\Psi \underset{r\to\infty}{\to} \mathrm{e}^{\mathrm{i}p_0r}\chi_0(\xi_i) + \frac{\mathrm{e}^{\mathrm{i}p_0r}}{r}\sum_n f_n(\vartheta)\chi_n(\xi_i) \tag{2.48}$$

把这个表达式与近似解的渐近形式 $\Psi_{p_0 0}^{(0)}$ 做比较. 比较 (2.47) 和 (2.48), 可以得到 C_0 以及弹性散射和非弹性散射的振幅:

$$\begin{aligned} C_0 &= 1 \\ f_0(\vartheta) &= \left[\chi_0\left(\xi_i\right)\left|f\left(\vartheta, \xi_i\right)\right| \chi_0\left(\xi_i\right)\right] \\ f_n(\vartheta) &= \left[\chi_n\left(\xi_i\right)\left|f\left(\vartheta, \xi_i\right)\right| \chi_0\left(\xi_i\right)\right] \end{aligned} \tag{2.49}$$

我们用这些结果计算快的带电粒子激发原子核偶极能级的截面. 入射粒子与原子核的库仑作用有如下形式 (其中 Z_1 是粒子的电荷, Z_2 是原子核的电荷)

$$V = Z_1 \sum_i \frac{1}{|\boldsymbol{r} - \boldsymbol{r}_i|} = \frac{Z_1 Z_2}{r} + Z_1 \frac{\boldsymbol{d r}}{r^3} + \cdots$$

其中 $\boldsymbol{d}$ 是原子核的电偶极矩. 这个电势可以用库仑电势的形式来表示, 其原点有所偏移:

$$V \approx \frac{Z_1 Z_2}{\left|\boldsymbol{r} - \dfrac{1}{Z_2}\boldsymbol{d}\right|}$$

为了让它有效, 必须让 $a = |\boldsymbol{d}/z_2|$ 远小于感兴趣的 r 的值, 也就是说, 比碰撞参数 ρ 小得多: $a \ll \rho$. 波函数就是带有位移参数的库仑波函数:

$$\varphi_p\left(\boldsymbol{r}, \xi_i\right) = \varphi_{\boldsymbol{p}}^Q\left(\boldsymbol{r} - \frac{1}{Z_2}\boldsymbol{d}\right)\gamma\left(\xi_i\right)$$

我们选择 $\gamma\left(\xi_{\boldsymbol{i}}\right)$, 这样 $\varphi_{\boldsymbol{p}}$ 应该有渐近形式 (2.46):

$$\varphi_p\left(\boldsymbol{r}, \xi_i\right) \underset{r\to\infty}{\rightarrow} \left\{\exp\left[\mathrm{i}p\left(\boldsymbol{r} - \frac{1}{Z_2}\boldsymbol{d}\right)\right] + \frac{f^Q(\vartheta)}{r}\exp\left(\mathrm{i}p\left|\boldsymbol{r} - \frac{1}{Z_2}\boldsymbol{d}\right|\right)\right\}\gamma\left(\xi_i\right)$$

其中 f^Q 是库仑散射振幅. 为了与 (2.46) 一致, 必须取 $\gamma\left(\xi_i\right) = \exp\left(\mathrm{i}\boldsymbol{p} \cdot \boldsymbol{d}/Z_2\right)$. 那么

$$\varphi_p\left(\boldsymbol{r}, \xi_i\right) \underset{r\to\infty}{\rightarrow} \mathrm{e}^{\mathrm{i}\boldsymbol{p}\boldsymbol{r}} + \frac{\mathrm{e}^{\mathrm{i}pr}}{r} f^Q(\vartheta)\exp\left(\mathrm{i}p\left|\boldsymbol{r} - \frac{1}{Z_2}\boldsymbol{d}\right| + \mathrm{i}\boldsymbol{p}\boldsymbol{d}\frac{1}{Z_2} - \mathrm{i}pr\right)$$

由于

$$\left|\boldsymbol{r} - \frac{1}{Z_2}\boldsymbol{d}\right| \approx r - \frac{1}{Z_2}\frac{\boldsymbol{d r}}{r}$$

我们得到

$$\varphi_{\boldsymbol{p}}(\boldsymbol{r},\xi_i) \underset{r\to\infty}{\rightarrow} \mathrm{e}^{\mathrm{i}\boldsymbol{pr}} + \frac{\mathrm{e}^{\mathrm{i}pr}}{r} f^Q(\vartheta)\exp\left(\mathrm{i}\boldsymbol{qd}\frac{1}{Z_2}\right)$$

其中 $\boldsymbol{q} = \boldsymbol{p} - (p/r)\boldsymbol{r}$ 是矢量, 表征入射粒子由于碰撞而产生的动量变化.

这样, 根据 (2.49), 我们有

$$f_n(\vartheta) = f^Q(\vartheta)\left[x_n\left|\exp\left(\mathrm{i}\boldsymbol{qd}\frac{1}{Z_2}\right)\right|x_0\right] \tag{2.50}$$

其中 $f^Q(\theta)$ 是库仑散射振幅. 注意, 所有可能的激发的截面之和为

$$\begin{aligned}\sum_n |f_n(\vartheta)|^2 &= \sum_n \left[\chi_0\left|\exp\left(-\mathrm{i}\boldsymbol{qd}\frac{1}{Z_2}\right)\right|\chi_n\right]\left[\chi_n\left|\exp\left(\mathrm{i}\boldsymbol{qd}\frac{1}{Z_2}\right)\right|\chi_0\right]\left|f^Q(\vartheta)\right|^2 \\ &= \left|f^Q(\vartheta)\right|^2\end{aligned}$$

这正是库仑散射的微分截面.

如果偏转角 θ 很小 (即动量转移很小), 可以从 (2.50) 得到扰动公式

$$f_n(\vartheta) \approx f^Q(\vartheta)\left(\chi_n\left|\frac{\mathrm{i}}{Z_2}\boldsymbol{qd}\right|\chi_0\right) \tag{2.51}$$

激发的振幅正比于偶极矩阵元.

2.5.3　氢原子对质子的散射 (电荷交换)

考虑氢原子对质子的散射, 假设质子的速度远小于原子电子的速度. 与刚才讨论的情况不同, 这里是快的子系统有离散谱, 而慢的子系统有连续谱. 该系统的哈密顿量是

$$H = T_r - \frac{1}{\left|\boldsymbol{r} - \frac{1}{2}\boldsymbol{R}\right|} - \frac{1}{\left|\boldsymbol{r} + \frac{1}{2}\boldsymbol{R}\right|} + \frac{1}{\boldsymbol{R}} - \frac{1}{M}\nabla_R^2$$

在第 2.4 节, 我们认为 $\boldsymbol{R}$ 是时间的某个给定函数; 在本节中, 我们把入射质子和氢原子视为两个相互作用的量子力学系统.

哈密顿 H 对于入射粒子和目标粒子的相互交换 ($\boldsymbol{r} \to -\boldsymbol{r}$) 是对称的. 因此, 可以引入对称的和反对称的函数 $\varphi_n^{\mathrm{s}}(\boldsymbol{r},\boldsymbol{R})$ 和 $\varphi_n^{\mathrm{a}}(\boldsymbol{r},\boldsymbol{R})$. 当原子核相距较远时, 电子将被定位在这个或那个质子附近, 因此

$$\varphi_n^{\mathrm{s,a}}(\boldsymbol{r},\boldsymbol{R}) \underset{R\to\infty}{\rightarrow} \frac{1}{\sqrt{2}}\left[\varphi_n^0\left(\boldsymbol{r} - \frac{1}{2}\boldsymbol{R}\right) \pm \varphi_n^0\left(\boldsymbol{r} + \frac{1}{2}\boldsymbol{R}\right)\right]$$

右边的函数是氢原子的波函数. 我们假设, 当核子相互接近时, 不会出现能级交叉; 在这种情况下, 可以用它们演变而来的态来标记它们.

我们假设, 最初电子附着在坐标为 $\boldsymbol{R}/2$ 的质子上, 也就是说, 波函数的形式为

$$\varphi=\varphi_{n_0}^0\left(\boldsymbol{r}-\frac{1}{2}\boldsymbol{R}\right)$$

慢的子系统的哈密顿量是

$$H_2(\boldsymbol{R})=-\frac{1}{M}\nabla_R^2$$

它的本征函数可以从下述方程中找到

$$\left[-\frac{1}{M}\nabla_R^2+\varepsilon_n^{\mathrm{s,a}}(\boldsymbol{R})\right]\chi_{\boldsymbol{pn}}^{\mathrm{s,a}}(\boldsymbol{R})=E_p\chi_{\boldsymbol{pn}}^{\mathrm{s,a}}(\boldsymbol{R})$$

并具有渐近形式

$$\chi_{pn}^{\mathrm{s,a}}(\boldsymbol{R})\underset{R\to\infty}{\longrightarrow}\mathrm{e}^{\mathrm{i}p\boldsymbol{R}}+\frac{f_n^{\mathrm{s,a}}}{\boldsymbol{R}}\mathrm{e}^{\mathrm{i}p\boldsymbol{R}}$$

在零级近似的情况, 这个问题的解是 (参见第 80 页):

$$\Psi_\lambda=C_{np}^{\lambda\mathrm{s}}\varphi_n^{\mathrm{s}}(\boldsymbol{r},\boldsymbol{R})\chi_{pn}^{\mathrm{s}}(\boldsymbol{R})+C_{np}^{\lambda\mathrm{a}}\varphi_n^{\mathrm{a}}(\boldsymbol{r},\boldsymbol{R})\chi_{pn}^{\mathrm{a}}(\boldsymbol{R}) \tag{2.52}$$

系数 $C_{n\boldsymbol{p}}^{\lambda\mathrm{s}}$ 和 $C_{n\boldsymbol{p}}^{\lambda\mathrm{a}}$ 可以从 Ψ_λ 的渐近形式中找到:

$$\Psi_\lambda\underset{R\to\infty}{\longrightarrow}\varphi_{n_0}^0\left(\boldsymbol{r}-\frac{1}{2}\boldsymbol{R}\right)\mathrm{e}^{\mathrm{i}p_0\boldsymbol{R}}+\left[f_1\varphi_{n_0}^0\left(\boldsymbol{r}-\frac{1}{2}\boldsymbol{R}\right)+f_2\varphi_{n_0}^0\left(\boldsymbol{r}+\frac{1}{2}\boldsymbol{R}\right)\right]\frac{\mathrm{e}^{\mathrm{i}p_0R}}{\boldsymbol{R}} \tag{2.53}$$

其中 f_1 是弹性散射振幅, f_2 是电荷交换振幅.

为了确定渐近形式 (2.53), 必须在 (2.52) 中取 $p=p_0$ 和 $n=n_0$. 波函数 (2.52) 就等于

$$\Psi_\lambda=C^{\mathrm{s}}\varphi_{n_0}^{\mathrm{s}}(\boldsymbol{r},\boldsymbol{R})\chi_{p_0n_0}^{\mathrm{s}}(\boldsymbol{R})+C^{\mathrm{a}}\varphi_{n_0}^{\mathrm{a}}(\boldsymbol{r},\boldsymbol{R})\chi_{p_0n_0}^{\mathrm{a}}(\boldsymbol{R})$$

并具有渐近形式

$$\Psi_\lambda\underset{R\to\infty}{\longrightarrow}\mathrm{e}^{\mathrm{i}p_0\boldsymbol{R}}\left(C^{\mathrm{s}}\varphi_{n_0}^{\mathrm{s}}+C^{\mathrm{a}}\varphi_{n_0}^{\mathrm{a}}\right)+\frac{1}{R}\mathrm{e}^{\mathrm{i}p_0\boldsymbol{R}}\left(f_{\mathrm{s}}C^{\mathrm{s}}\varphi_{n_0}^{\mathrm{s}}+f_{\mathrm{a}}C^{\mathrm{a}}\varphi_{n_0}^{\mathrm{a}}\right) \tag{2.54}$$

表达式 (2.53) 和 (2.54) 必须一致, 也就是说, 我们必须要求

$$C^{\mathrm{s}}=C^{\mathrm{a}}=\frac{1}{\sqrt{2}}$$

然后, 从 (2.54) 得到

$$\frac{f_{\mathrm{s}}\varphi_{n_0}^{\mathrm{s}}+f_{\mathrm{a}}\varphi_{n_0}^{\mathrm{a}}}{\sqrt{2}}=\frac{1}{2}\left\{f_{\mathrm{s}}\left[\varphi_{n_0}^{0}\left(\boldsymbol{r}-\frac{1}{2}\boldsymbol{R}\right)+\varphi_{n_0}^{0}\left(\boldsymbol{r}+\frac{1}{2}\boldsymbol{R}\right)\right]+\right.$$
$$\left.f_{\mathrm{a}}\left[\varphi_{n_0}^{0}\left(\boldsymbol{r}-\frac{1}{2}\boldsymbol{R}\right)-\varphi_{n_0}^{0}\left(\boldsymbol{r}+\frac{1}{2}\boldsymbol{R}\right)\right]\right\}$$
$$=f_1\varphi_{n_0}^{0}\left(\boldsymbol{r}-\frac{1}{2}\boldsymbol{R}\right)+f_2\varphi_{n_0}^{0}\left(\boldsymbol{r}+\frac{1}{2}\boldsymbol{R}\right)$$

也就是说,

$$f_1=\frac{f_{\mathrm{s}}+f_{\mathrm{a}}}{2},\quad f_2=\frac{f_{\mathrm{s}}-f_{\mathrm{a}}}{2}\tag{2.55}$$

因此, 为了找到电荷交换振幅 f_2 和弹性散射振幅 f_1, 必须先计算振幅 f^{s} 和 f^{a}. 为了找到后者, 必须解方程

$$\left[-\frac{1}{M}\nabla_R^2+\varepsilon_n^{\mathrm{s,a}}(R)\right]\chi_{pn}^{\mathrm{s,a}}=E_p\chi_{pn}^{\mathrm{s,a}}$$

而 $\varepsilon_n^{s,a}(R)$ 由电子在两个固定质子的场中的问题的解所定义, 质子的间隔为 R. 3.2.9 节有这个散射问题的准经典近似解.

2.6 用于相邻能级的微扰理论

考虑有两个相邻能级的系统, 对其施加扰动 (相邻能级很多的情况只是引入代数复杂性而已). 假设扰动足够弱, 我们可以忽略能量远离这一对能级的态, 而这两个相邻能级的态是强混合的.

我们应该寻找薛定谔方程 (其中 H' 是扰动)

$$(H_0+H')\varPsi=E\varPsi$$

的解, 其形式是两个相邻能级的态的叠加:

$$\varPsi=C_1\varPsi_1+C_2\varPsi_2\tag{2.56}$$

其中函数 $\varPsi_{1,2}$ 满足未扰动的方程

$$H_0\varPsi_{1,2}=\varepsilon_{1,2}\varPsi_{1,2}$$

一般来说, (2.56) 中的系数 C_1, C_2 是相同的数量级.

让我们寻找扰动系统的能级. 为此, 在 (C_1, C_2) 表示里写出薛定谔方程:

$$\begin{aligned}(E-\varepsilon_1)\,C_1 &= H'_{11}C_1 + H'_{12}C_2\\ (E-\varepsilon_2)\,C_2 &= H'_{21}C_1 + H'_{22}C_2\end{aligned} \tag{2.57}$$

如果方程组 (2.57) 的行列式为零, 系数 C_1, C_2 有非平凡的解, 即

$$\begin{vmatrix} E-\varepsilon_1-H'_{11} & -H'_{12} \\ -H'_{21} & E-\varepsilon_2-H'_{22} \end{vmatrix} = 0 \tag{2.58}$$

从 (2.58) 可以得到

$$E = \frac{\varepsilon_1+\varepsilon_2+H'_{11}+H'_{22}}{2} \pm \sqrt{\frac{(\varepsilon_1+\varepsilon_2+H'_{11}+H'_{22})^2}{4} - (\varepsilon_1+H'_{11})(\varepsilon_2+H'_{22}) + |H'_{12}|^2}$$

写出 $\varepsilon_1 + H'_{11} = \widetilde{\varepsilon}_1, \quad \varepsilon_2 + H'_{22} = \widetilde{\varepsilon}_2$, 我们最终得到

$$E = \frac{\widetilde{\varepsilon}_1+\widetilde{\varepsilon}_2}{2} \pm \frac{1}{2}\sqrt{(\,\widetilde{\varepsilon}_1-\widetilde{\varepsilon}_2)^2 + 4\,|H'_{12}|^2} \tag{2.59}$$

在通常微扰 $|H'_{12}| \ll |\varepsilon_1 - \varepsilon_2|$ 的情况, 我们从 (2.59) 得到

$$E^{(1)} \approx \varepsilon_1 + H'_{11} + \frac{|H'_{12}|^2}{\varepsilon_1-\varepsilon_2}$$

$$E^{(2)} \approx \varepsilon_2 + H'_{22} - \frac{|H'_{12}|^2}{\varepsilon_1-\varepsilon_2}$$

当然符合我们的预期. 对于 $H' \to 0$, 有 $E^{(1)}$ 趋向于 ε_1, $E^{(2)}$ 趋向于 ε_2. 在相反的极限, $\varepsilon_1 = \varepsilon_2 = \varepsilon$, 我们从 (2.59) 得到

$$E = \varepsilon + \frac{H'_{11}+H'_{22}}{2} \pm |H'_{12}| \tag{2.60}$$

注意, 对于任何扰动 (它是参数 ξ 的函数) 使得 $H'_{12} \neq 0$, 能级 $E^{(1)}$ 和 $E^{(2)}$(视为 ξ 的函数) 不交叉, 因为在 (2.59) 里

$$\sqrt{(\,\widetilde{\varepsilon}_1-\widetilde{\varepsilon}_2)^2 + 4\,|H'_{12}|^2} > 0$$

能级具有图 2.6 中表示的一般形式.

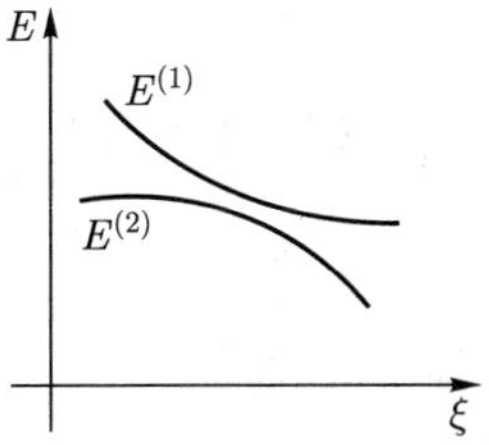

图 2.6

2.6.1 周期势里的粒子

让我们研究, 周期势

$$V = V_0\left(\mathrm{e}^{\mathrm{i}kx} + \mathrm{e}^{-\mathrm{i}kx}\right)$$

如何改变自由粒子的运动. 未扰动问题的波函数具有 $\varPsi_p = \mathrm{e}^{\mathrm{i}px}$ 的形式. 在任何未扰动的态, V 的平均值为零, 事实上唯一的非零矩阵元是 $V_{p,p-k} = V_{p,p+k} = V_0$(我们把粒子移动的阱的宽度取为 1). 在普通微扰理论中, 能级的变化由下式给出

$$E_p = \varepsilon_p + \frac{V_0^2}{\varepsilon_p - \varepsilon_{p-k}} + \frac{V_0^2}{\varepsilon_p - \varepsilon_{p+k}}$$

其中 $\varepsilon_p = p^2/2M$. 然而, 这个表达式只适用于 $V_0 \ll |\varepsilon_p - \varepsilon_{p-k}|$ 的情况, 也就是说, 当 p 不接近 $\pm k/2$ 的时候.

当 $p \to k/2$ 时, 态 $\varPsi_p$ 和 $\varPsi_{p-k}$ 的能量接近, 我们必须寻找如下形式的粒子波函数,

$$\varPsi = C_1\varPsi_p + C_2\varPsi_{p-k}$$

(对于 $p \to -k/2$, 应该有 $\varPsi = C_1\varPsi_p + C_2\varPsi_{p+k}$). 从 (2.59) 可以得到能量本征值的表达式如下:

$$E_p = \frac{\varepsilon_p + \varepsilon_{p-k}}{2} \pm \sqrt{\frac{\left(\varepsilon_p - \varepsilon_{p-k}\right)^2}{4} + V_0^2} \tag{2.61}$$

(2.61) 中符号的选择由以下条件决定: 对于 $|\varepsilon_p - \varepsilon_{p-k}| \gg V_0$, 能量 E_p 应该趋于 ε_p. 因为对于 $p < k/2$, 有

$$\sqrt{\left(\varepsilon_p - \varepsilon_{p-k}\right)^2} = |\varepsilon_p - \varepsilon_{p-k}| = \varepsilon_{p-k} - \varepsilon_p$$

而对于 $p > k/2$, 有

$$\sqrt{(\varepsilon_p - \varepsilon_{p-k})^2} = \varepsilon_p - \varepsilon_{p-k}$$

所以, 必须在 (2.61) 中对 $p < k/2$ 选择负号, 对 $p > k/2$ 选择正号. 这样就得到 E_p 的不连续曲线, 如图 2.7 所示. 不连续性的幅度是

$$E_{k/2+0} - E_{k/2-0} = 2\,V_0$$

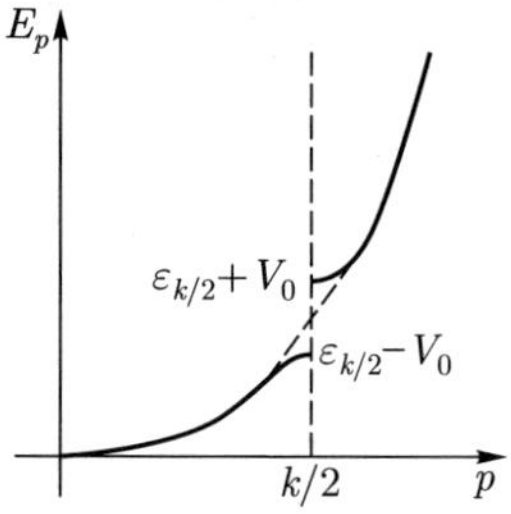

图 2.7

因此, 周期势导致自由粒子的能谱中出现了能隙. 正是这个事实导致了金属中存在电子的禁区 (当然, 那里必须真正考虑三维的情况).

从 (2.61) 中可以看出, $\mathrm{d}E/\,\mathrm{d}p|_{p=k/2} = 0$, 也就是说, 粒子在区的边缘 ($p = k/2$) 的群速度为零. 它对应于这样的事实: 在区的边缘, 粒子的波函数是驻波, 而不是行波.

2.6.2 相邻能级的斯塔克效应

考虑有两个相邻能级的系统, 对其施加均匀的电场 $V(x) = -\mathscr{E}x$; 让我们给出电场导致的系统能量的变化. 在任何具有确定宇称的态中, V 的平均值为零 (当我们改变积分变量 $\boldsymbol{r} \to -\boldsymbol{r}$ 时, 偶极矩 $d_x = \int \Psi_\lambda^*(\boldsymbol{r}) x \Psi_\lambda(\boldsymbol{r})\,\mathrm{d}\boldsymbol{r}$ 的符号会改变, 即 $d_x = 0$). 电场中的能级 $E_{1,2}$ 由下式给出

$$E_{1,2} = \frac{\varepsilon_1 + \varepsilon_2}{2} \pm \sqrt{\frac{(\varepsilon_1 - \varepsilon_2)^2}{4} + |V_{12}|^2} \tag{2.62}$$

例如, 考虑氢原子的 $2\mathrm{s}_{1/2}$ 和 $2\mathrm{p}_{1/2}$ 态, 它们具有相同的能量 (只要我们忽略兰姆位移). 当施加电场时, 这种双能级的分裂在电场中是线性的, 由 $E_2 - E_1 = 2|\,V_{12}|$ 给出.

现在计算 V_{12}. 对于 $2s_{1/2}$ 态, 波函数是 $(4\pi)^{-1/2}R_{20}(r)$, 对于 $2p_{1/2}$ 态, 波函数是 $(3/4\pi)^{1/2}R_{21}(r)\cos\theta$, 其中 $R_{nl}(r)$ 是库仑径向波函数. 因此, 我们有

$$V_{12} = -\mathscr{E}\,(R_{20}|r|R_{21})\,\frac{\sqrt{3}}{4\pi}\int\cos^2\theta\,\mathrm{d}\Omega = -\frac{\mathscr{E}}{\sqrt{3}}\,(R_{20}|r|R_{21})$$

库仑径向波函数的偶极矩阵元可以从表中获得; 特别是

$$(R_{20}|r|R_{21}) = 3\sqrt{3}$$

因此有 $|V_{12}| = 3\mathscr{E}$, 并且得出结论, 双能级 $(2s_{1/2}, 2p_{1/2})$ 在弱电场中的分裂等于 $6\mathscr{E}$(采用原子单位).

请注意, $2p_{3/2}$ 能级与 $2p_{1/2}$ 能级有相同的宇称, 所以

$$\int \Psi_{2p_{3/2}}\, x\Psi_{2p_{1/2}}\,\mathrm{d}r = 0$$

因此, 在目前的近似中, 也就是在电场的线性条件下, 这些能级不会分裂. 实际上, 为了计算它们的分裂, 我们应该考虑所有三种态 (即 $2s_{1/2}$、$2p_{1/2}$ 和 $2p_{3/2}$) 的混合.

除了氢原子以外, 所有原子的能级的分裂是场的二次方:

$$E = E_0 + \frac{1}{2}\alpha\mathscr{E}^2$$

其原因是, 对应于不同轨道量子数值 l, 复杂原子的能级不是简并的, 因此不存在可以通过弱电场混合的相邻能量的态.

2.6.3 氢原子的 $2s_{1/2}$ 态在外加电场下的寿命变化

氢原子的 $2s_{1/2}$ 态有很长的寿命: $2s_{1/2} \to 1s_{1/2}$ 的跃迁只有在发射两个光子时才能发生, 对于这个跃迁, $2s_{1/2}$ 态的寿命是 1/7s. 此外, 还有一种可能性, 即偶极跃迁 $2s_{1/2} \to 2p_{1/2}$(这两个态的能量因兰姆移位而不同). 让我们估计这种跃迁的概率. 第 1.3 节给出, 偶极跃迁的概率为 $w \sim \omega^3/c^3$ 的量级, 其中 ω 是跃迁频率. 在我们的例子中, 这是能量差 $\omega = E_{2s_{1/2}} - E_{2p_{1/2}}$, 如前文所述 (第 54 页), 它是 $1/c^3$ 的量级. 因此, $w \sim c^{-12}$. 按照原子单位, $c \approx 137$, 因此, $w \approx 10^{-24}$, 即 $2s_{1/2}$ 态由于跃迁 $2s_{1/2} \to 2p_{1/2}$ 的寿命为 $10^{24}\tau_{\text{at}}$ 的量级, 其中 τ_{at} 是时间

的原子单位, $\sim 10^{-17}$ s. 因此, 有关的寿命是 10^7 s, 因此, 跃迁 $2s_{1/2} \to 1s_{1/2}$ 比跃迁 $2s_{1/2} \to 2p_{1/2}$ 的可能性要大很多.

当施加外场时, 原子的态将是 $2s_{1/2}$ 和 $2p_{1/2}$ 的叠加. 然而, 一旦原子进入 $2p_{1/2}$ 态, 它就会立即 (在 10^{-10} s 的时间内) 发生偶极跃迁 $2p_{1/2} \to 1s_{1/2}$. 因此我们看到, 施加电场可以显著地改变 $2s_{1/2}$ 态的寿命.

因此, 我们让

$$\varPsi = C_1 \mathrm{e}^{-\mathrm{i}\varepsilon_1 t}\psi_1 + C_2 \mathrm{e}^{-\mathrm{i}\varepsilon_2 t}\psi_2$$

其中下标 1 指的是 $2s_{1/2}$ 态, 下标 2 是 $2p_{1/2}$ 态. 对于 C_1 和 C_2, 我们有以下方程

$$\begin{aligned} \mathrm{i}\dot{C}_1 &= V_{12} C_2 \exp\left[\mathrm{i}\left(\varepsilon_1 - \varepsilon_2\right) t\right] \\ \mathrm{i}\dot{C}_2 &= -\mathrm{i}\frac{1}{\tau} C_2 + V_{21} C_1 \exp\left[-\mathrm{i}\left(\varepsilon_1 - \varepsilon_2\right) t\right] \end{aligned} \tag{2.63}$$

其中 $V = -Ex$. 对角矩阵元 V_{11}, V_{22} 是零. 这里没有考虑 $2s_{1/2}$ 态的衰变, 它的时间是 $\sim 1/7$ s.

即使没有外场, C_2 也不是常数; 由于跟辐射场的相互作用, 我们有 $C_2^{(0)} \sim \exp(-t/\tau)$, 其中 τ 是偶极态寿命的数量级 ($\tau \sim 10^{-10}$ s). 我们把 $C_1^{(0)}$ 视为常数, 因为 $2s_{1/2}$ 态的衰减时间非常长.

令 $C \equiv C_2 \exp(\mathrm{i}\varepsilon_{12} t)$, 其中 $\varepsilon_{12} \equiv \varepsilon_1 - \varepsilon_2$ 是兰姆移位的分裂值 ($\varepsilon_{12} \sim 1/\tau$). 那么, 我们从 (2.63) 得到

$$\mathrm{i}\dot{C}_1 = V_{12} C, \quad \mathrm{i}\dot{C} = V_{21} C_1 - \left(\varepsilon_{12} + \mathrm{i}/\tau\right) C \tag{2.64}$$

消去 C_1, 我们有

$$\ddot{C} + \left(-\mathrm{i}\varepsilon_{12} + \frac{1}{\tau}\right)\dot{C} + \left|V_{12}\right|^2 C = 0$$

以 $C = A\mathrm{e}^{\mathrm{i}\omega t}$ 的形式寻找这个方程的解. 可以得到

$$\omega^2 - \omega\left(\frac{\mathrm{i}}{\tau} + \varepsilon_{12}\right) - \left|V_{12}\right|^2 = 0 \tag{2.65}$$

这给出了 ω 的两个复数根.

最初, 我们有 $C_1 = 1, C = 0$. 用 $C = a\left[\exp \mathrm{i}\omega^{(1)} t - \exp \mathrm{i}\omega^{(2)} t\right]$ 的形式寻找 C, 那么 C 的这个初始条件就自动得到满足. 从 (2.64) 可以得到

$$C_1 = \frac{\mathrm{i}\dot{C} + \left(\varepsilon_{12} + \mathrm{i}/\tau\right) C}{V_{21}}$$

$$= \frac{a}{V_{21}} \left[\left(\frac{\mathrm{i}}{\tau} + \varepsilon_{12} - \omega^{(1)} \right) \exp\left(\mathrm{i}\omega^{(1)} t\right) + \left(-\frac{\mathrm{i}}{\tau} - \varepsilon_{12} + \omega^{(2)} \right) \exp\left(\mathrm{i}\omega^{(2)t}\right) \right]$$

而 a 是由条件 $C_1(t=0)=1$ 决定的:

$$a = V_{21}\left[\omega^{(2)} - \omega^{(1)}\right]^{-1}$$

从式 (2.65) 得到频率 $\omega^{(1)}$ 和 $\omega^{(2)}$:

$$\omega = \frac{1}{2}\left(\varepsilon_{12} + \frac{\mathrm{i}}{\tau}\right) \pm \sqrt{\frac{1}{4}\left(\varepsilon_{12} + \frac{\mathrm{i}}{\tau}\right)^2 + |V_{12}|^2} \tag{2.66}$$

先考虑 $|V_{12}| \ll 1/\tau$ 的情况. 从 (2.66) 可以得到

$$\omega^{(1)} \approx \varepsilon_{12} + \frac{\mathrm{i}}{\tau}, \quad \omega^{(2)} \approx \frac{V_{12}^2}{\varepsilon_{12}^2 + \dfrac{1}{\tau^2}}\left(\frac{\mathrm{i}}{\tau} - \varepsilon_{12}\right)$$

因此, 在这种情况, $2\mathrm{s}_{1/2}$ 态的寿命很长, 是 $1/\left|V_{12}\right|^2\tau$ 的量级.

接下来考虑相反的极限, 当施加的电场很大、满足 $|V_{12}| \gg 1/\tau$ 的时候. 我们得到

$$\omega^{(1,2)} \approx \frac{1}{2}\left(\varepsilon_{12} + \frac{\mathrm{i}}{\tau}\right) \pm |V_{12}| \pm \frac{1}{8|V_{12}|}\left(\varepsilon_{12} + \frac{\mathrm{i}}{\tau}\right)^2$$

而 C_1 态的衰减时间与偶极态的寿命 (即 τ) 有相同的量级.

因此, 施加 $\mathscr{E} \sim 1/\tau \sim c^{-3} \sim \left(10^9/137^3\right)\,\mathrm{V} \sim 500\ \mathrm{V}$ 的电场, 就会急剧缩短氢原子 $2\mathrm{s}_{1/2}$ 态的寿命 (实际上, 下降了大约 9 个数量级).

第三章 准经典近似

本章讨论的情况是，当粒子的波长远小于势发生显著变化的距离时，用一种近似的方法求解薛定谔方程. 前面第 1.1 节考虑了这种近似方法的一些非常简单的例子.

由于短波长的极限对应于经典力学的极限，准经典近似能够让我们探索经典力学和量子力学的关系. 这种关系在量子力学的费曼时空表示中表现得特别明显①. 根据这种方法，点 (x, t) 的波函数由波函数 $\Psi\left(x_0, t_0\right)$ 乘以 $\exp\left(\mathrm{i}\sum\limits_k S_k\right)$ 得到，其中 $S_1, S_2, \cdots, S_k, \cdots$ 是连接 (x_0, t_0) 和 (x, t) 的所有可能轨迹的作用量函数，并对 x 做积分.

假设有一条连接 (x_0, t_0) 和 (x, t) 的经典轨迹. 由于作用量函数是沿经典轨迹的最小值，与经典轨迹相邻的轨迹们 (轨迹汇) 给出了最小的相位变化因子. 然而，远离经典轨迹的轨迹们会产生强烈的振荡并相互抵消. 因此，对函数积分的唯一有效贡献来自与经典轨迹相邻的轨迹管，因此我们有

$$\Psi(x, t)=\int A\left(x, x_0\right) \mathrm{e}^{\mathrm{i} S_0\left(x, t ; x_0, t_0\right)} \Psi\left(x_0, t_0\right) \mathrm{d} x_0$$

其中 S_0 是沿经典轨迹计算的作用. 因子 A 决定于贡献轨迹的管子的有效宽度.

对于定态的问题，我们有 $S_0\left(x, t ; x_0, t_0\right)=S_0\left(x, x_0\right)-E\left(t-t_0\right)$，由于 $S_0(x, x_0)=S_0\left(x, x_1\right)+S_0\left(x_1, x_0\right)$，其中 x_1 是轨迹上的一个任意点，我们得到

$$\Psi(x) \sim a\left(x, x_1\right) \mathrm{e}^{\mathrm{i} S_0\left(x, x_1\right)}$$

这正是量子力学的通常表述中得到的结果.

这个结果可以推广到轨迹的作用量 S 为复数的情况；在这里，“经典轨迹”的角色是由这样的轨迹扮演的：它与其相邻的轨迹一起对函数积分做出了最大

① Feynman R P, Hibbs A R. Quantum Mechanics and Path Integrals[M]. New York: McGraw-Hill, 1965. 中文版：费曼 R P, 希布斯 A R. 量子力学与路径积分 [M]. 张邦固, 译. 北京: 高等教育出版社, 2015.

贡献. 这种轨迹的作用量函数, 就像在实数 S 的情况一样, 遵守哈密顿–雅可比方程. 特别是, 对于在势垒以下的运动, S 的取值是虚数. 一旦做了这种推广, 准经典近似就会给出合理的结果, 即使在近似的适用条件似乎没有得到满足的情况. 我们在获得 Γ 函数的渐近表达式时, 遇到过类似的情况: 在 $x \gg 1$ 的极限下获得的表达式, 对于 $x = 1$ 也是高精度的. 以类似的方式, 基态和第一激发态的薛定谔方程的定态解被准经典近似描述得相当好, 尽管为了获得这种近似, 形式上我们必须要求波函数的节点数 n 远大于 1. 这里的原因将在下面变得很清楚: 展开的参数不是 $1/n$, 而是 $1/(\pi^2 n^2)$, 即使对于 $n = 1$ 也足够小.

在一些问题中 (例如, 势垒上方的反射, 系统被经过的粒子扰动), 会出现快速振荡函数的积分. 这些积分可以用最速下降法计算, 通常决定于势的最接近实轴的奇点. 我们将阐明这些积分不是指数式的小的条件; 这些计算将被用来更详细地研究最速下降法. 我们将特别研究一个粒子从势垒中逃逸的问题; 这个问题简化为描述粒子波包的扩散问题, 这个粒子在初始时刻位于势垒以内. 这将表明, 在时间 t 之后发现初始系统未衰变的概率随时间呈指数式下降. 计算中出现的附加项不是指数式地依赖于时间, 而是决定于系统准备过程中形成的慢粒子波包的传播, 与衰变过程无关.

为了更好地理解三维情况下的准经典近似, 读者应该学会计算原子中的电荷分布和准经典散射问题.

3.1 一维的情况

把薛定谔方程写成以下形式

$$\varphi'' + k^2(x)\varphi = 0 \tag{3.1}$$

其中 $k^2(x) = 2[E - V(x)]$.

假设势在空间中的变化足够缓慢, 满足下述条件

$$kl \gg 1 \tag{3.2}$$

其中 l 是特征距离, 在此距离上, $V(x)$ 发生明显的变化. 在 $E > V$ 的情况, 问

题的近似解有如下形式 (参见第 17 页)

$$\varphi(x)=\frac{a}{\sqrt{k(x)}}\exp\left(\pm\mathrm{i}\int_{x_1}^{x}k\ \mathrm{d}x\right) \tag{3.3}$$

其中 k 为实数. 在 $E<V$ 的情况, 解是增长或减小的指数函数, 也就是说,

$$\varphi(x)=A\exp\left(\pm\int_{x_1}^{x}|k|\ \mathrm{d}x\right) \tag{3.4}$$

其中 $A=ak^{-1/2}$. 上述结果是以 $1/(kl)^2$ 的幂级数展开的一阶近似. 我们还可以得到更高的近似值. 事实证明, 这样得到的参数 $1/(kl)^2$ 是渐近级数, 而不是普通的级数; 现在就讨论这个问题.

问题: 证明, 对于准经典函数的导数的近似估计, 只需对指数做微分就足够了.

3.1.1 渐近级数

回顾一下我们说的渐近级数是什么意思. 令

$$s_n=\sum_{v=0}^{n}\frac{a_v}{z^v}$$

是级数的部分和. 假设对于固定的 z 和 $s_n\to\infty$, 部分和 $s_n\to\infty$, 但对于固定的 n 和 $z\to\infty$, 部分和 s_n 对某个函数 $f(z)$ 给出的近似值越来越好; 也就是说,

$$\lim_{z\to\infty}z^n\left[s_n(z)-f(z)\right]=0 \tag{3.5}$$

(其中 $z\to\infty$ 在 z 的幅角的某个给定区间以内). 那么我们说 s_n 是 $f(z)$ 的渐近表示. 这不是通常意义上的级数, 因为 s_n 会发散; 但是, 我们可以从它那里得到关于函数 $f(z)$ 的信息, 因为当 $z\to\infty$ 时, 它很好地描述了这个函数. 换句话说, 当 $n\to\infty$ 而给定 z 时, 普通的收敛级数趋向于 $f(z)$, 但是当 $z\to\infty$ 而给定 n 时, 渐近级数趋向于 $f(z)$.

让我们为给定的 $f(z)$ 构造 $s_n(z)$. s_0 就是 a_0, 所以 $a_0=f(\infty)$. s_1 等于 a_0+a_1/z, 所以

$$\lim_{z\to\infty}z\left[a_0+\frac{a_1}{z}-f(z)\right]=0$$

也就是说,

$$a_1 = \lim_{z\to\infty} z\,[f(z) - a_0] = \lim_{z\to\infty} z[f(z) - f(\infty)]$$

利用类似的方法, 所有需要的系数 a_n 都可以找到.

然而, 不能反转这个过程, 不能从渐近表示中重建函数 $f(z)$. 例如, 假设 $f(z) = \mathrm{e}^{-z}$. 那么

$$a_0 = 0, \quad a_1 = \lim_{z\to\infty} z\mathrm{e}^{-z} = 0, \quad a_2 = a_3 = \cdots = a_n = 0$$

因此, 对于函数 e^{-z}, 整个渐近级数等于零. 由此可见, 函数 $f(z)$ 和 $f(z) + \mathrm{e}^{-z}$ 的渐近表示是相同的.

令 $z = kl$. 事实证明, 准经典的解

$$\varphi_{准经典}(x) \approx \sum_{\nu=0}^{n} a_\nu(x) z^{-\nu} \tag{3.6}$$

是渐近级数, 也就是说, 它随着 $n\to\infty$ 而发散. 然而, 在 $z\to\infty$ 的极限, 数量 $a_0(x)$ 以任意的精度表示函数 $\varphi(x)$(精确解).

再假设 z 是固定的. 因为对于 $n\to\infty$ 来说, 准经典的级数是发散的, 所以对于任何 z 来说, 有一个最佳的项数 $n(z)$, 最好地表示了函数 $\varphi(x)$. 可以证明, 准经典近似中的最佳项数为 $n\sim kl$. 事实上, 我们只使用这个级数的第 2 项.

3.1.2　准经典函数的匹配

这一节讲述如何把经典运动可到达区的准经典波函数 ψ 与禁止区的波函数匹配起来. 为了明确起见, 我们假设粒子势能的形式如图 3.1 所示. (坐标的原点在 $V(x) = E$ 处)

根据 (3.5), 区域 Ⅱ(经典可到达区) 的准经典解有如下形式

$$\varphi = \frac{a_1}{\sqrt{k}} \exp\left(\mathrm{i}\int_0^x k\ \mathrm{d}x\right) + \frac{a_2}{\sqrt{k}} \exp\left(-\mathrm{i}\int_0^x k\ \mathrm{d}x\right) \tag{3.7}$$

而在区域 I(经典不可到达区), 它是

$$\varphi = \frac{b_1}{\sqrt{|k|}} \exp\left(\int_x^0 |k|\ \mathrm{d}x\right) + \frac{b_2}{\sqrt{|k|}} \exp\left(-\int_x^0 |k|\ \mathrm{d}x\right) \tag{3.8}$$

如果准经典解在 $x=0$ 附近是 x 的解析函数, 那么为了找到 a_1, a_2 和 b_1, b_2 之间的关系, 只需要将解从 Ⅱ 区解析延拓到 Ⅰ 区 [(3.7) 中的指数函数将简单地转到 (3.8) 中的指数函数]. 实际上, 不能沿着实轴从 Ⅱ 区到 Ⅰ 区, 因为在 $x=0$ 附近, 准经典近似不适用 (我们有 $k(0)=0$, 所以不满足 $kl \gg 1$ 的条件). 在复平面内沿着半径足够大的圆弧 (在那里, 准经典近似应该是适用的) 绕过 $x=0$, 可以克服这个困难.

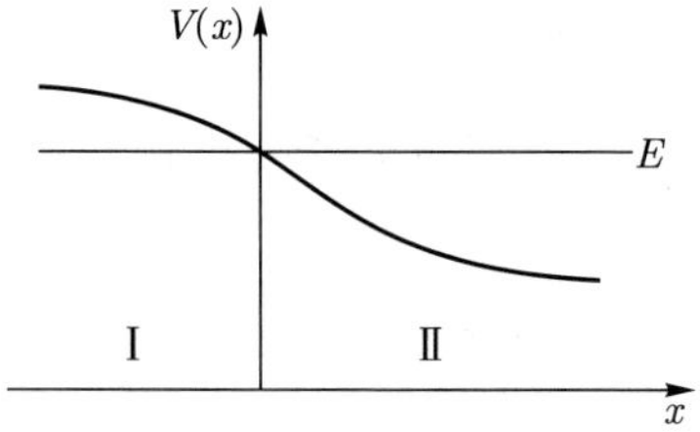

图 3.1

然而, 我们将看到, 这种解析延拓的程序给出了错误的结果. 事实证明, 在复平面的这种绕行过程中, 不可避免地要穿过某些线 (斯托克斯线), 在那里解析延拓过程会失败. 这种行为是渐近级数的特征. 下面将介绍如何在这样的情况下找到解析延拓.

另一种可能性是在 $x=0$ 附近寻找问题的精确解, 把这个区域内的势看作 x 的线性函数. 适当的解是所谓的艾里函数; 然后我们必须把精确解与 $x>0$ 和 $x<0$ 的准经典解连接起来. 当然, 只有当我们知道, 在离折返点的距离小于势明显偏离线性的距离时, 准经典近似是有效的, 这样的程序才是合法的. 我们现在表明, 对于大的“准经典性”参数 ($kl \gg 1$), 确实满足这个条件. 为此, 我们在 $x=0$ 附近将势 $V(x)$ 展开为级数:

$$V(x) \approx E + V'(0)x$$

那么, 动量 $k(x)$ 由 $k(x)=\sqrt{-2\,V'(0)x} \equiv \alpha\sqrt{x}$ 给出. α 的数量级由 $\alpha \sim \sqrt{|V'(0)|} \sim \sqrt{V(0)/l} \sim k_0/\sqrt{l}$ 给出, 其中 $k_0=\sqrt{2E}$, 而 l 是势 $V(x)$ 发生显著变化的距离. 因此, 在点 $x=0$ 的附近, 我们有 $k(x) \sim k_0\sqrt{x/l}$. 为了让准经典近似法适用, 在离 $x=0$ 这个点足够远的地方, 必须有 $\mathrm{d}(1/k)/\,\mathrm{d}x \ll 1$ 或者 $l^{1/2}/k_0x^{3/2} \ll 1$. 这意味着 $x \gg l/\left(k_0l\right)^{2/3}$. 由于 $k_0l \gg 1$, 我们总是可以选择一

个值 x_1, 使得

$$\frac{l}{(k_0 l)^{2/3}} \ll x_1 \ll l$$

在数量级为 x_1 的距离上, 准经典近似是有效的, 同时仍然可以把势看作线性的.

对于图 3.1 所示的势, 由艾里函数的性质可知, 右边的匹配是①

$$\frac{1}{\sqrt{k}}\exp\left(\mathrm{i}\int_0^x k\,\mathrm{d}x-\frac{\pi}{4}\right)\to\frac{1}{\mathrm{i}\sqrt{|k|}}\exp\left(\int_x^0|k|\,\mathrm{d}x\right)+\frac{1}{2\sqrt{|k|}}\exp\left(-\int_x^0|k|\,\mathrm{d}x\right)$$

$$\frac{1}{\sqrt{k}}\exp\left(-\mathrm{i}\int_0^x k\,\mathrm{d}x+\frac{\pi}{4}\right)\to\frac{-1}{\mathrm{i}\sqrt{|k|}}\exp\left(\int_x^0|k|\,\mathrm{d}x\right)+\frac{1}{2\sqrt{|k|}}\exp\left(-\int_x^0|k|\,\mathrm{d}x\right) \tag{3.9}$$

我们现在不使用艾里函数, 重新推导这些关系. 选择围绕点 $x=0$ 的圆弧的半径 ρ 为 x_1(见图 3.2). 这样就可以使用准经典近似, 同时把势看作 x 的线性函数. 因为有 $k(x)=\alpha x^{1/2}$, 可以得到

$$\int_0^x k\,\mathrm{d}x=\frac{2}{3}\alpha x^{3/2}$$

在复平面里, 我们有

$$x=\rho\mathrm{e}^{\mathrm{i}\varphi}$$

和

$$\int_0^x k\,\mathrm{d}x=\frac{2}{3}\alpha\rho^{3/2}\exp\left(\frac{3}{2}\mathrm{i}\varphi\right)$$

因此就得到

$$\frac{1}{\sqrt{k}}\exp\left(\mathrm{i}\int_0^x k\,\mathrm{d}x\right)=\frac{1}{\sqrt{\alpha\rho^{1/2}}}\mathrm{e}^{-\mathrm{i}\frac{\varphi}{4}}\exp\left[\frac{2}{3}\alpha\rho^{3/2}\left(\mathrm{i}\cos\frac{3}{2}\varphi-\sin\frac{3}{2}\varphi\right)\right] \tag{3.10}$$

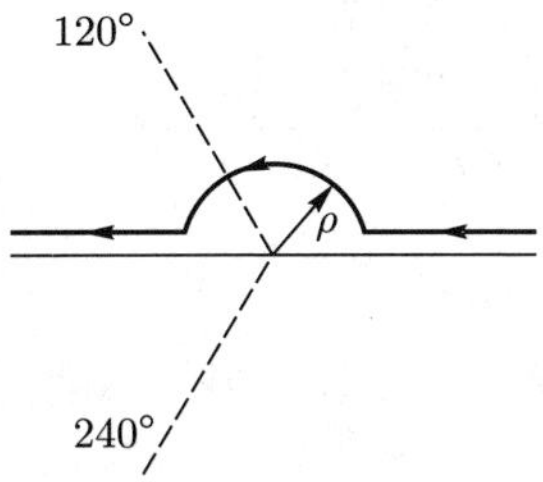

图 3.2

① Schiff L I. Quantum Mechanics[M]. New York: McGraw-Hill Book Company, 1955.

沿着围道行进的时候，只要 $\varphi < 2\pi/3$，那么 $\sin 3/(2\varphi)$ 就是正数，表达式 (3.10) 包含递减的指数函数．然而，当 $\varphi > 2\pi/3$ 时，(3.10) 中的指数是递增的指数函数．一旦出现递增的指数函数，就可以忽略所有包含递减指数函数的项，因为准经典近似是渐近的表示，只精确到“准经典性”参数 $(\sim 1/k^2l^2)$ 的幂函数，而不是指数式的小项．因此，解析延拓过程只给出了递增的指数函数的系数．事实上，我们得到

$$\frac{1}{\sqrt{k}}\exp \mathrm{i}\left(\int_0^x k\ \mathrm{d}x - \frac{\pi}{4}\right) \to \frac{1}{\mathrm{i}\sqrt{|k|}}\exp\left(\int_x^0 |k|\ \mathrm{d}x\right) \tag{3.11}$$

丢失了一个与 (3.11) 的右边相比是指数式的小项．

如果我们在下半平面绕过 $x = 0$，函数 (3.11) 首先成为递增的指数函数，然后在越过 $\varphi = -2\pi/3$ 线后，成为递减的指数函数．由于准经典近似的不精确性，在 $-2\pi/3 < \varphi < 0$ 区域失去的指数式的小修正，在我们越过 $-\pi < \varphi < -2\pi/3$ 区域后，变成了一个指数式的大项，我们设法去除它．所以，这个方法也不能获得递减的指数函数的系数的正确值．

那么，怎么得到它呢？假设在经典不可到达区 $(V > E)$，只有一个递减的指数函数：

$$\frac{1}{\sqrt{|k|}}\exp\left(-\int_x^0 |k|\ \mathrm{d}x\right) \tag{3.12}$$

对于 $V < E$ 的一般解是

$$\frac{C_1}{\sqrt{k}}\exp\left(\mathrm{i}\int_0^x k\ \mathrm{d}x - \mathrm{i}\varphi_1\right) + \frac{C_2}{\sqrt{k}}\exp\left(-\mathrm{i}\int_0^x k\ \mathrm{d}x + \mathrm{i}\varphi_2\right) \tag{3.13}$$

让我们在这个表达式中找到 C_1, C_2 和 φ_1, φ_2．为此，我们把 (3.12) 解析延拓到 $x > 0$ 的区域．在上半平面的解析延拓为

$$\frac{1}{\sqrt{|k|}}\exp\left(-\int_x^0 |k|\ \mathrm{d}x\right) \to \frac{\exp(\mathrm{i}\pi/4)}{\sqrt{\alpha\rho^{1/2}\exp(\mathrm{i}\varphi/2)}}\exp\left[\frac{2}{3}\alpha\rho^{3/2}\left(\sin\frac{3}{2}\varphi - \mathrm{i}\cos\frac{3}{2}\varphi\right)\right]$$

对于 $\varphi = 0$，我们得到 (3.13) 的第二项，其中 $\varphi_2 = \pi/4, C_2 = 1$．如果在下半平面进行解析延拓，我们应该得到 (3.13) 的第一项，其数值为

$$\varphi_1 = \varphi_2 = \frac{\pi}{4}$$

$$C_1 = C_2 = 1$$

在每种情况, 由于在函数为指数式大的区域有一个指数式小的误差, 所以两个项就丢失了一个. 因此, 我们最终得到

$$\frac{1}{\sqrt{|k|}}\exp\left(-\int_x^0 |k|\ \mathrm{d}x\right)\to\frac{2}{\sqrt{k}}\cos\left(\int_0^x k\ \mathrm{d}x-\frac{\pi}{4}\right)$$

与 (3.9) 一致.

3.1.3　量子化条件

在经典可到达区 ($x_1 < x < x_{经典}$, 见图 3.3), 薛定谔方程的准经典解可以用两种方式给出：一种是在 x_1 处将振荡解与递减的指数解做匹配而得到, 另一种是在 x_2 处做同样的事. 让这样得到的两个函数相同, 就给出了量子化条件.

第一个解的形式是

$$\varphi_1=\frac{a_1}{\sqrt{k}}\cos\left(\int_{x_1}^x k\ \mathrm{d}x-C_1\pi\right)$$

其中 $C_1\pi$ 是与 $x < x_1$ 的递减指数匹配的结果; 当势在 $x = x_1$ 附近具有线性行为的时候, 结果是 $C_1 = 1/4$, 正如刚刚看到的那样. 第二个解的形式是

$$\varphi_2=\frac{a_2}{\sqrt{k}}\cos\left(\int_x^{x_2} k\ \mathrm{d}x-C_2\pi\right)$$

这两个解应该是相同的, (利用 $a_1 = a_2(-1)^n$) 就可以得到

$$\int_{x_1}^{x_2} k\ \mathrm{d}x=(n+C_1+C_2)\,\pi \tag{3.14}$$

很容易看出, 在 x 从 x_1 变化到 x_2 的过程中, $\cos\left(\int_{x_1}^x k\ \mathrm{d}x-C_1\pi\right)$ 会经过零 n 次, 因此 n 就是波函数在这个区间里的节点数.

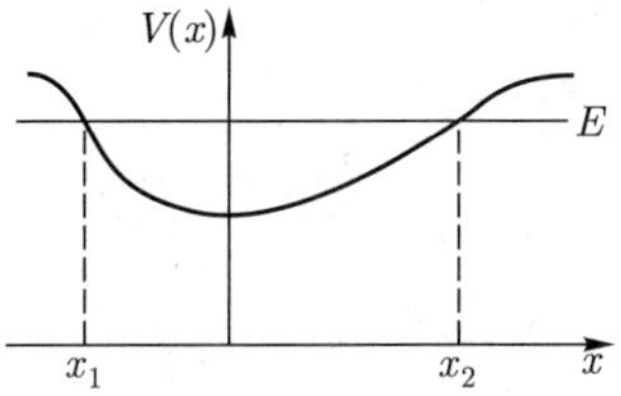

图 3.3

考虑具有无限高壁的一维方势阱的例子, 可以检验量子化条件 (3.14)(所谓的玻尔量子化条件). 在这种情况, 由于波函数在势阱的两端必须等于零, 我们有 $C_1 = C_2 = 1/2$. 因此就得到

$$\int_{x_1}^{x_2} k_n \, \mathrm{d}x = k_n L = (n+1)\pi, \quad E_n = \frac{1}{2}k_n^2 = \frac{\pi^2}{2L^2}(n+1)^2 \tag{3.15}$$

其中 L 是势阱的宽度. 最低态对应于 $n = 0$, 即波函数没有节点.

在更一般的情况, 势在 x_1 附近和 x_2 附近都有线性行为, 我们得到量子化规则

$$\int_{x_1}^{x_2} k \, \mathrm{d}x = \left(n + \frac{1}{2}\right)\pi \tag{3.16}$$

下面将看到 (第 126 页), 对库仑径向波函数应用准经典近似, 对于 $l = 0$, 有 $C_1 = 3/4, C_2 = 1/4$, 对于 $l \neq 0$, 有 $C_1 = C_2 = 1/4$.

问题：对于图 3.4 所示的势, 说明量子化条件为

$$\int_{x_1}^{x_n} k \, \mathrm{d}x = \left(n + \frac{3}{4}\right)\pi$$

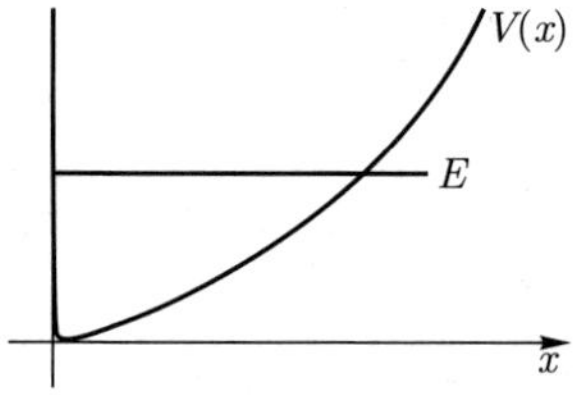

图 3.4

3.1.4 准经典近似的精确度

在推导上述公式时, 我们做的唯一近似是忽略了下面这个项

$$\frac{A''}{k^2 A} \sim \frac{A/l^2}{k^2 A} \sim \frac{1}{(kl)^2}$$

为了估计 kl, 我们注意到

$$\int k \, \mathrm{d}r \sim kl \sim n\pi$$

其中 n 是节点的数目. 因此, 准经典近似的精确度为 $1/(\pi^2n^2)$(而不是 $1/n$). 这使得保留附加项 1/2 是合理的, 它被添加到玻尔量子化规则中的节点数 n 上, 因为这个修正的相对数量级是 $1/n$.

这个相对精确度的估计是针对所有非指数函数的表达式. 对于包含因子 $\exp\left(\int S'\ \mathrm{d}x\right)$ 的波函数本身来说, 相对修正的量级是

$$\mathrm{i}\int \delta S'\ \mathrm{d}x \sim \mathrm{i}\frac{A''l}{Ak} \sim \frac{\mathrm{i}}{kl}$$

在计算函数 φ_0 和 φ_1 的矩阵元 $(\varphi_n^*, V\varphi_m)$ 时, 它们各自的节点数 n 和 m 只有微小的差别. 对 φ_0 和 φ_1 的修正有了部分抵消, 矩阵元的计算误差是 $(kl)^{-1}(n-m)/n$ 的量级.

3.1.5　准经典函数的归一化

对归一化积分的显著贡献只来自 $x_1 < x < x_2$ 的区间 (图 3.3), 因为在这个区间之外, 波函数呈指数式下降. 在 $x_1 < x < x_2$ 的区间, 波函数为

$$\varphi_n = \frac{a}{\sqrt{k}}\cos\left(\int_{x_1}^{x} k\ \mathrm{d}x - \frac{\pi}{4}\right)$$

因此,

$$\int |\varphi_n|^2\ \mathrm{d}x = 1 \approx \int_{x_1}^{x_2} \frac{a^2}{k}\cos^2\varPhi\ \mathrm{d}x$$

其中

$$\varPhi = \int_{x_1}^{x} k\ \mathrm{d}x - \frac{\pi}{4}$$

对于 $E = E_n$, 波函数 φ_n 在 $[x_1, x_2]$ 区间有 n 个节点. 因为表达式 $\left(\int_{x_1}^{x_2} k\ \mathrm{d}x\right)$ 从零变化到 $(n+1/2)\pi$, 所以 $\cos\varPhi$ 就有 n 次经过零. 如果 n 很大, 那么相位 $\varPhi$ 也很大. 此外, 我们有 $\cos^2\varPhi = \dfrac{1}{2}(1+\cos 2\varPhi)$; 第二项多次改变符号, 所以只有很小的贡献. 因此,

$$\frac{a^2}{2}\int_{x_1}^{x_2} \frac{\mathrm{d}x}{k} = \frac{a^2}{2}\frac{T}{2} \approx 1$$

其中 T 是运动的经典周期. 因此,

$$a^2 = \frac{4}{T} = \frac{2}{\pi}\omega$$

其中 ω 是相应经典问题中的振荡频率. 因此, 我们最后有

$$\varphi_n = \sqrt{\frac{2\omega}{\pi k}} \cos\left(\int_{x_1}^{x} k\ \mathrm{d}x - \frac{\pi}{4}\right) \tag{3.17}$$

问题：估计经典不可到达区间对归一化积分的贡献.

解：

$$\omega \left(\frac{\partial V}{\partial x}\right)_{V=E}^{-2/3}$$

3.1.6 对应原理

把量子化规则 (3.9) 对 n 求导, 可以得到

$$\pi = \frac{\mathrm{d}\varepsilon_n}{\mathrm{d}n} \int_{x_1}^{x_2} \frac{\mathrm{d}x}{k} = \frac{\mathrm{d}\varepsilon_n}{\mathrm{d}n} \frac{\pi}{\omega}$$

因此,

$$\frac{\mathrm{d}\varepsilon_n}{\mathrm{d}n} = \omega \tag{3.18}$$

这种关系称为对应原理：对于大的量子数, 相邻能级的能量差等于经典的运动频率.

3.1.7 平均动能

让我们用准经典运动粒子的总能量表示它的平均动能：

$$\overline{T} = \frac{1}{2} \int \varphi_n^* \hat{p}^2 \varphi_n\ \mathrm{d}x = -\frac{1}{2} \int \varphi_n^* \frac{\mathrm{d}^2}{\mathrm{d}x^2} \varphi_n\ \mathrm{d}x \approx \frac{1}{2} \int \varphi_n^* k^2 \varphi_n\ \mathrm{d}x$$

对表达式

$$\varphi_n = \frac{a}{\sqrt{k}} \cos\left(\int_{x_1}^{x} k\ \mathrm{d}x - \frac{\pi}{4}\right)$$

的因子 $1/\sqrt{k}$ 求导, 这对 $\overline{T}$ 的贡献很小. 利用对应原理, 我们得到

$$\begin{aligned}\overline{T} &= \frac{a^2}{2} \int_{x_1}^{x_2} k^2 \frac{1}{k} \cos^2 \varPhi\ \mathrm{d}x = \frac{a^2}{4} \int_{x_1}^{x_2} k\ \mathrm{d}x \\ &= \frac{a^2}{4} \left(n + \frac{1}{2}\right) \pi = \frac{1}{2} \left(n + \frac{1}{2}\right) \frac{\mathrm{d}\varepsilon_n}{\mathrm{d}n}\end{aligned} \tag{3.19}$$

在库仑势的情况, $l=0$ 的波的量子化条件不包含 1/2 这个项, 可以得到

$$\overline{T}=\frac{1}{2}n\frac{\mathrm{d}\varepsilon_n}{\mathrm{d}n}$$

应用位力定理

$$\overline{T}=\frac{1}{2}\overline{x\frac{\mathrm{d}V}{\mathrm{d}x}}$$

可以用 (3.19) 寻找准经典情况下的能量本征值. 例如, 对于谐振子, $V\sim x^2$, 所以, $\overline{x\frac{\mathrm{d}V}{\mathrm{d}x}}=2\overline{T}$ 就给出 $\overline{T}=\overline{V}$. 因此,

$$\left(n+\frac{1}{2}\right)\frac{\mathrm{d}\varepsilon_n}{\mathrm{d}n}=\varepsilon_n$$

这个方程的解给出 $\varepsilon_n=C(n+1/2)$. 对应原理意味着 $C=\omega$, 即经典运动的频率, 因此 $\varepsilon_n=(n+1/2)\omega$. 同样, 对于库仑势中的 $l=0$ 的波, 可以得到

$$\overline{T}=-\frac{1}{2}\overline{V}=\frac{1}{2}n\frac{\mathrm{d}\varepsilon_n}{\mathrm{d}n}$$

于是,

$$\varepsilon_n=\overline{T}-2\overline{T}=-\frac{1}{2}n\frac{\mathrm{d}\varepsilon_n}{\mathrm{d}n}$$

的解是 $\varepsilon_n=C/n^2$. 我们看到 (第 24 页), 对应原理意味着 $C=-1/2$.

3.1.8 准经典的矩阵元和经典运动的傅里叶分量的联系

对于一维问题, 让我们找到矩阵元 $\int\varphi_n^*U(x)\varphi_{n'}\,\mathrm{d}x$ 和经典量 $U[x(t)]$ 的傅里叶分量之间的联系 (例如, 我们可以把偶极矩阵元

$$\int\varphi_n^*x\varphi_{n'}\,\mathrm{d}x$$

与经典坐标 $\boldsymbol{x}(t)$ 的傅里叶分量联系起来).

假设 n 和 n' 差别不大, 也就是

$$\frac{|n'-n|}{n}\ll 1,\quad n\gg 1,\quad n'\gg 1$$

那么, 矩阵元 $U_{nn'}$ 就是

$$U_{nn'}=\int\varphi_n^*U\varphi_{n'}{}''\,\mathrm{d}x=a_{n_n}a_{n'}\int\frac{U}{\sqrt{kk'}}\cos\varPhi_n\cos\varPhi_{n'}\,\mathrm{d}x$$

$$\approx a_n^2 \int U \left[\cos\left(\varPhi_n - \varPhi_{n'}\right) + \cos\left(\varPhi_n + \varPhi_{n'}\right)\right] \frac{\mathrm{d}x}{2k}$$

由于 $\varPhi_n$ 和 $\varPhi_{n'}$ 很大, 积分中的第二项可以忽略, 因为 $\cos\left(\varPhi_n + \varPhi_{n'}\right)$ 具有强烈的振荡行为. 因此,

$$U_{nn'} = \frac{a_n^2}{2} \int_{x_{n_1}}^{x_{n_2}} U(x) \cos\left(\varPhi_n - \varPhi_{n'}\right) \frac{\mathrm{d}x}{v}$$

由于

$$\varPhi_n - \varPhi_{n'} \approx \int_{x_{n1}}^{x} \frac{\mathrm{d}x}{k_n} \left(\varepsilon_n - \varepsilon_{n'}\right) = \frac{\mathrm{d}\varepsilon_n}{\mathrm{d}n} \left(n - n'\right) \int_{x_{n1}}^{x} \frac{\mathrm{d}x}{v} = \frac{\mathrm{d}\varepsilon_n}{\mathrm{d}n} \left(n - n'\right) t$$

可以得到

$$U_{nn'} = \frac{2}{T} \int_0^{T/2} U[x(t)] \cos \frac{2\pi\left(n - n'\right) t}{T} \, \mathrm{d}t$$

因此, 准经典近似中 $U(x)$ 的矩阵元就等于经典问题中 $U[x(t)]$ 的傅里叶分量.

3.1.9 微扰理论可用于计算不太小的量的适用性判据

当离散谱的第 n 个态被扰动时, 微扰理论的适用性判据是

$$H' \ll E_{nm}$$

其中 H' 是微扰的矩阵元, $E_{nm} = E_n - E_m$. 这里, E_n 和 E_m 表示最接近的能级, 它们的矩阵元 H'_{nm} 是可观的. 因为我们有

$$E_{nm} \sim \frac{\mathrm{d}E_n}{\mathrm{d}n} \sim \frac{E_n}{n}$$

其中 n 是波函数的节点数, 这个条件约化为

$$\frac{H'}{E_n} n \ll 1 \tag{3.20}$$

在准经典的情况, 我们有 $n \gg 1$, 可能不满足这个条件. 我们将证明, 只要计算的量不是太小, 就可以用下面这个比较弱的条件代替 (3.20)

$$\frac{H'}{E_n} \ll 1 \tag{3.21}$$

为了证明这个论断, 考虑矩阵元 $U_{nm} = (\varphi_n|U|\varphi_m)$. 假设 $U(x)$ 是缓慢变化的函数; 那么 U_{nm} 只有在 n 和 m 数值接近时才不是零 (否则积分项会有很多节点). 事实上, 使用准经典波函数, 可以得到

$$U_{nm} \approx \frac{a_n a_m}{2} \int U(x) \frac{\mathrm{d}x}{\sqrt{k_n k_m}} \left[\cos\left(\Phi_n - \Phi_m\right) + \cos\left(\Phi_n + \Phi_m\right)\right] \tag{3.22}$$

积分中的第二项振荡了 $n+m$ 次, 所以它的贡献可以忽略不计.

现在, 假设我们在势 $V(x)$ 中加入小量 $H'(x)$. 由于 $k_n = \sqrt{2\left[E_n - V(x)\right]}$, 我们得到

$$\Delta k_n = \sqrt{2\left[E_n - V(x) - H'(x)\right]} - \sqrt{2\left[E_n - V(x)\right]} \sim \frac{H'}{k_n}$$

所以 $\Delta k_n/k_n \sim H'/k_n^2 \sim H'/E_n$, 只要 V 不是太接近 E_n(否则, 准经典表达式无效). 因此, 条件是 $\Delta k_n/k_n \ll 1$ 等同于 $H'/E_{\boldsymbol{n}} \ll 1$, 也就是说, 只要 (3.21) 得到满足, 就可以忽略 k 的变化. 当然, 在计算相位 $\Phi_{\boldsymbol{n}} = \displaystyle\int_{x_{n_1}}^{x} k_n \, \mathrm{d}x - \pi/4$ 的时候, 我们不能这样做, 因为

$$\delta\Phi_n \approx \int_{x_{n1}}^{x} \delta k_n \, \mathrm{d}x \approx \int \frac{H'}{E_n} k_n \, \mathrm{d}x \sim \frac{H'}{E_n} n$$

其中 n 为节点数; 因此, $\delta\Phi_n \ll 1$ 等价于 $H'n/E_n \ll 1$, 这正好给出了原来的微扰理论的适用性标准. 然而, 我们看到, 在计算包含相位差 $\Phi_n - \Phi_m$ 的量时 (其中 $|n-m| \sim 1$), 这个差的变化的量级是

$$\delta\left(\Phi_n - \Phi_m\right) \sim \frac{H'}{E_n}(n-m) \sim \frac{H'}{E_n}$$

因此, 如果势受到 $H'(x)$ 的扰动, 大的矩阵元 U_{nm} 的变化由条件 $H'/E_{\boldsymbol{n}} \ll 1$ 决定, 这就是我们要证明的. 如果 $|n-m|$ 不小, 系数 $\cos\left(\Phi_n - \Phi_m\right)$ 是快速振荡的, U_{nm} 总是很小的.

让我们看看, 当小的扰动 $H'(x)$ 添加到势 $V(x)$ 时, 准经典波函数 $\Psi = A\mathrm{e}^{\mathrm{i}S}$ 如何变化. 正如上面看到的, A 的变化是 H'/E 的量级, 因为 $\Delta k/k \sim H'/E$. 另一方面, S 是 $\displaystyle\int k\mathrm{d}l$ 的量级, 因此 $\delta S \sim n\left(H'/E\right)$, 所以 δS 甚至可能大于 1, 尽管有条件 $H'/E \ll 1$. 因此, 由于 H' 的加入, Ψ 的变化由下式给出

$$\Psi + \delta\Psi \approx \Psi \mathrm{e}^{\mathrm{i}\delta S} \approx \Psi \exp\left(\mathrm{i} \int \frac{H' \, \mathrm{d}x}{k}\right)$$

由原子核形状变化引起的“扰动”不满足 (3.20), 但满足 (3.21). 因此, 只要我们想计算的量不是太小, 微扰理论就是适用的 (见第 64 页).

3.1.10 在快速振荡函数的情况下计算矩阵元

假设我们要计算矩阵元

$$I=\int_{-\infty}^{\infty}\Psi_1^*(x)f(x)\Psi_2(x)\,\mathrm{d}x$$

其中 $f(x)$ 是某个缓慢变化的函数, 它在实轴附近没有奇点; 假设态 1 和态 2 的能量有很大差异, 因此被积函数是快速振荡的函数. 这种类型的矩阵元出现在一个系统被一个经过的粒子激发的问题里. 在前面考虑高阶傅里叶系数时, 我们看到, 这种矩阵元是指数式的小. 我们将证明, 在许多情况下, 矩阵元由 Ψ_1 和 Ψ_2 在复 x 平面上的势的奇点附近的行为决定. 在这个奇点附近, 准经典近似法不适用, 为了得到定量的结果, 我们必须将奇点附近的精确解与远离奇点的准经典解做匹配, 然后应用最速下降法. 但是, 这种精细处理只影响到指数函数前面的系数; 指数函数的参数和指数函数前面的因子的数量级, 只需借助准经典近似就可以得到. 在下面的势垒上方的反射问题中, 我们将遇到类似的情况.

因此, 我们采用准经典近似法给出的函数 Ψ_1 和 Ψ_2, 并尝试应用最速下降法 (Landau, 1932). 把函数 Ψ_1 和 Ψ_2 看作实数, 并把 $x\to\infty$ 时的振幅进行归一化:

$$\Psi_{1,2}\underset{x>a_{1,2}}{=}\sqrt[4]{\frac{E_{1,2}}{E_{1,2}-V_{1,2}}}\cos\left(\int_{a_{1,2}}^{x}k_{1,2}\,\mathrm{d}x-\frac{\pi}{4}\right)$$

点 $x=a_{1,2}$ 对应于条件 $E_{1,2}=V_{1,2}$. 把函数 Ψ_1 分解为两个复共轭的项 $\Psi_1^{+,-}$, 对应于渐近表达式 $\Psi_1^+\sim\mathrm{e}^{\mathrm{i}S_1}$ 和 $\Psi_1^-\sim\mathrm{e}^{-\mathrm{i}S_1}$; 矩阵元 I 是 I^+ 和 I^- 这两项之和. 如果 $E_1>E_2$, 在计算 I^+ 时, 就可以将围道变形到上半平面, 而在计算 I^- 时, 就变形到下半平面. (因为对于 $x\to\mathrm{i}\xi$, 函数 $\exp(\mathrm{i}S_1)$ 变成 $\exp\left(-\sqrt{2E_1}\xi\right)$, 而 Ψ_2 里增长项包含 $\exp\left(\sqrt{2E_2}\xi\right)$.

现在计算积分 I^+. 正如前面看到的 (第 103 页), 在上半平面有

$$\Psi_1^+=\frac{1}{2\mathrm{i}}\sqrt[4]{\frac{E_1}{V_1-E_1}}\exp\left[\int_z^{a_1}\sqrt{2(V_1-E_1)}\,\mathrm{d}z\right]$$

$$\Psi_2 = \frac{1}{2}\sqrt[4]{\frac{E_2}{V_2 - E_2}} \exp\left[-\int_z^{a_2} \sqrt{2\left(V_2 - E_2\right)}\,\mathrm{d}z\right]$$

对于实数 z, 我们取正根. I^+ 的表达式为

$$I^+ = \frac{\sqrt[4]{E_1 E_2}}{4} \int \frac{\mathrm{d}z}{\sqrt[4]{\left(V_1 - E_1\right)\left(V_2 - E_2\right)}} \exp \Phi(z)$$

其中

$$\Phi(z) = \int_z^{a_1} \sqrt{2\left(V_1 - E_1\right)}\,\mathrm{d}z - \int_z^{a_2} \sqrt{2\left(V_2 - E_2\right)}\,\mathrm{d}z$$

为了应用最速下降法, 我们必须找到最靠近实轴的稳定点 (即指数函数的参数有极值的那个点), 然后画一条经过它的曲线, 对应于参数的虚部保持不变. 沿着这条曲线, 根据柯西关系, 很容易看出, 指数的实部从稳定点向两个方向递减. 然后, 我们必须验证积分的围道是否可以变形, 不穿越任何奇点, 沿着恒定虚部的曲线移动 (否则, 就必须在奇点周围的环路上添加积分). 围道变形以后, 积分的值由稳定点附近的积分区域决定, 在最简单的情况, 可以简化为高斯积分.

稳定点由 $\mathrm{d}\Phi/\,\mathrm{d}z = 0$ 的关系定义, 即

$$\sqrt{V_1 - E_1} = \sqrt{V_2 - E_2}$$

假设这两个 Ψ 函数对应于在同一个势 $V_1 = V_2 = V$ 里的运动. 那么, 稳定点 z_0 也是 $V\left(z_0\right) = \infty$ 的点. 由于这个原因, 应用最速下降法的程序必须做一些修改.

假设 z_0 是 V 的简单极点, 即 $V \underset{z \to z_0}{=} A/\left(z - z_0\right)$. 在稳定点附近, 指数函数的参数有如下形式

$$\begin{aligned}\Phi(z) &= \Phi\left(z_0\right) - \sqrt{2}\int_{z_0}^{z}\left(\sqrt{V - E_1} - \sqrt{V - E_2}\right)\mathrm{d}z \\ &\simeq \Phi\left(z_0\right) + \frac{\sqrt{2}}{3}\frac{E_1 - E_2}{\sqrt{A}}\left(z - z_0\right)^{3/2}\end{aligned}$$

点 $z = z_0$ 是函数 $\Phi(z)$ 的分支点. 为了让 $\Phi(z)$ 成为单值, 从 $z = z_0$ 到 $z = \mathrm{i}\infty$ 做割线. 对于 $E_1 > E_2$, 函数 $\Phi(z)$ 有负的实部, 并且对于 $\operatorname{Im} z \to \infty$, $\exp\Phi$ 呈指

数式下降. 对于大的 z, $\varPhi(z) \to \mathrm{i}\left(\sqrt{2E_1}-\sqrt{2E_2}\right)z$, 曲线 $\operatorname{Im}\varPhi=$ 常数的起点和终点与虚轴平行. 在 $z=z_0$ 这个点, 虚部不变的曲线有一个弯曲 (kink).

为了说明这一点, 首先考虑留数 $\boldsymbol{A}$ 是正数的情况 (例如, 库仑势的情况, 此时有 $A=Z$). 如果 $E_1>E_2$, 那么 $\varPhi(z)$ 的虚部不变的曲线在 z_0 附近是这样决定的: $(z-z_0)^{3/2}=\rho^{3/2}\exp(3\mathrm{i}\psi/2)$ 是实数而且是负数 (因此 $\psi=\pm2\pi/3$). (注意, 对于正的 A, 我们测量角度必须从这样的线开始: $(z-z_0)$ 沿着它是正的实数. 因为根据定义, 对于正的实数 $V-E$, $\sqrt{V-E}$ 是正的).

图 3.5(a) 显示了曲线 $\operatorname{Im}[\varPhi(z)-\varPhi(z_0)]=0$ 的典型行为, 其中的粗线代表割线. 当 $\sqrt{A}$ 为复数时, 曲线在 z_0 附近转动 (swing). 例如, 对于 $V=V_0/\left(1+x^2\right)$ 的势来说, 留数是 $A=V_0/2\mathrm{i}$, 而且很容易看到, 在 z_0 附近, 曲线绕着 z_0 转动了 $-\pi/6$ 的角度.

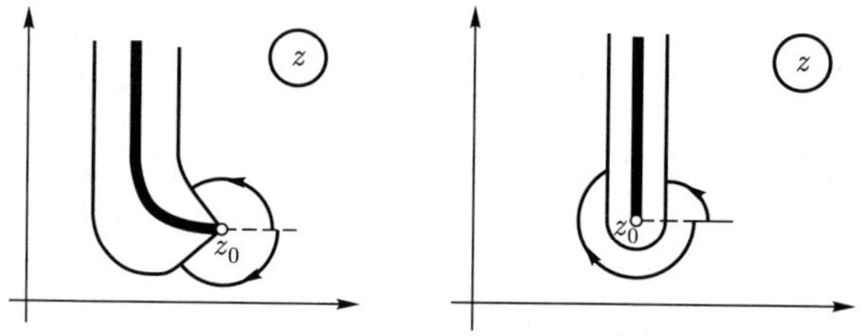

(a) (b)

图 3.5

为了阐明最速下降法在这种情况下的应用, 请注意如下几点. 沿着虚部不变的曲线的积分, 当然等于图 3.5(b) 所示围道上的积分, 因为一个围道可以变形为另一个围道, 并且不穿越任何奇点. 然而, 图 3.5(b) 的围道积分并不仅仅取决于点 z_0 的邻域, 通常无法计算. 可以这样看: 在割线的右侧边缘, 我们有 $\psi=\pi/2$, 以及

$$(z-z_0)^{3/2}=\rho^{3/2}\left(\cos\frac{3\pi}{4}+\mathrm{i}\sin\frac{3\pi}{4}\right)$$

由于参数的实部是负的, 积分由点 z_0 的邻域决定. 然而, 在左侧边缘, 我们有 $\psi=-\dfrac{3}{2}\pi$, 以及

$$(z-z_0)^{3/2}=\rho^{3/2}\left(\cos\frac{\pi}{4}-\mathrm{i}\sin\frac{\pi}{4}\right)$$

所以指数的实部是正的, 积分取决于函数 $\varPhi(z)$ 远离 z_0 时的行为.

我们感兴趣的积分由 z_0 的邻域决定, 可以写成

$$I^+ \cong \frac{\sqrt[4]{E_1E_2}}{4\sqrt{A}}\mathrm{e}^{\Phi(z_0)}f(z_0)\int \mathrm{d}z\,(z-z_0)^{1/2}\left[1+\frac{E_1+E_2}{4A}(z-z_0)\right]\times \left[1+\left(\frac{\mathrm{d}f}{\mathrm{d}z}\frac{1}{f}\right)_{z_0}(z-z_0)\right]\exp\left[\alpha(z-z_0)^{3/2}\right]$$

其中

$$\alpha=\frac{\sqrt{2}}{3\sqrt{A}}(E_1-E_2)$$

这里使用了被积函数在 z_0 附近展开的前两项. 在 z_0 附近的恒定虚部的曲线上做积分, 分别对应于在弯曲 (kink) 之前和之后做代换 $z-z_0=\rho\mathrm{e}^{\mathrm{i}\psi_1}$ 和 $z-z_0=\rho\mathrm{e}^{\mathrm{i}\psi_2}$, 其中 $\psi_1=-2\pi/3, \psi_2=2\pi/3$. 很容易看出, 被积函数的方括号里的第一项消失了 (弯曲前后的积分贡献完全抵消). 因此, 我们得到

$$I^+=\frac{\sqrt[4]{E_1E_2}}{4\sqrt{A}}\mathrm{e}^{\Phi(z_0)}f(z_0)\left[\frac{E_1+E_2}{4A}+\left(\frac{\mathrm{d}f}{\mathrm{d}z}\frac{1}{f}\right)_{z_0}\right]\int_0^\infty \mathrm{e}^{-\alpha\rho^{3/2}}\rho^{3/2}\,\mathrm{d}\rho$$

或者

$$I^+\sim \mathrm{i}\sqrt[4]{E_1E_2}\left[\frac{E_1+E_2}{4A}+\left(\frac{\mathrm{d}f}{\mathrm{d}z}\frac{1}{f}\right)_{z_0}\right]\frac{A^{1/3}}{(E_1-E_2)^{5/3}}f(z_0)\,\mathrm{e}^{\Phi(z_0)}$$

对于 I^- 可以进行类似的计算; 这里的积分围道应当位于下半平面. 如果 $f(x)$ 是实数, 那么 $I^-=\left(I^+\right)^*$, 所以 $I=2\,\mathrm{Re}\,I^+$. 这个表达式的适用性判据是, Φ 在 $z-z_0$ 处的展开的下一项必须小.

我们要寻找两种情况的 $\Phi(z)$: 库仑势 $V_Q=Z/|x|$ 和如下形式的势

$$V_R(x)=\frac{V_0}{1+\mathrm{e}^{\alpha(x^2-a^2)}}$$

对于 $\alpha a^2\to\infty$, 它就变成了高度为 V_0 而宽度为 $2a$ 的方势垒. 首先计算 $\Phi_1=\int_{z_0}^a\sqrt{2(V-E)}\,\mathrm{d}z$. 引入变量 $\xi=E/V$, 我们把 Φ_1 写成

$$\Phi_1=\sqrt{2E}\int_0^1\sqrt{1-\xi}\frac{1}{\xi^{1/2}}\frac{\mathrm{d}\xi}{\mathrm{d}\xi/\,\mathrm{d}z}$$

在库仑势的情况, 我们有 $z_0=0, \xi=(E/Z)z$, $\Phi_1=\pi Z/\sqrt{2E}$, 因此, $\Phi(0)=-\pi Z\left(v_2^{-1}-v_1^{-1}\right)$. 在势 V_R 的情况, 在上半平面离实轴最近的奇点是由下述条

件定义的极点

$$\mathrm{e}^{\alpha\left(z_0^2-a^z\right)}=\mathrm{e}^{\pm\mathrm{i}\pi}$$

假设 $\alpha a^2\gg 1$, 可以得到

$$z_0=\pm a+\frac{\mathrm{i}\pi}{2a\alpha}$$

我们看到, 最大的贡献来自 $z_0=a+\dfrac{\mathrm{i}\pi}{2a\alpha}$. 在这个极点附近, 变量 ξ 与 z 的关系由下述公式决定

$$\xi=\xi_0\left[1+\mathrm{e}^{\beta(z-a)}\right]$$

其中 $\xi_0=E/V,\beta=2a\alpha$.

对于 $\varPhi_1$, 我们得到

$$\varPhi_1=\frac{\sqrt{2E}}{\beta}\int_0^1\sqrt{\frac{1}{\xi}-1}\frac{\mathrm{d}\xi}{\xi-\xi_0}$$

为了计算这个积分, 令 $\sqrt{\xi^{-1}-1}=t$ 并假设 $\xi_0>1$. 我们有

$$I=\int_0^1\sqrt{\frac{1}{\xi}-1}\frac{\mathrm{d}\xi}{\xi-\xi_0}=2\int_0^\infty\frac{t^2\ \mathrm{d}t}{(1+t^2)\left[1-\xi_0\left(1+t^2\right)\right]}$$

把积分从 $-\infty$ 扩展到 ∞, 并将围道移到上半平面. 这个积分约化为 $t_1=\mathrm{i}$ 和 $t_2=\mathrm{i}\sqrt{1-\xi_0^{-1}}$ 的两个极点的留数之和. 因此, 我们有

$$I=\pi\left(\sqrt{1-\frac{1}{\xi_0}}-1\right)$$

因此, 如果 $\xi_0>1\,(E>V_0)$, 对于 $\varPhi_1$ 我们有

$$\varPhi_1=\frac{\pi\sqrt{2}}{\beta}\left(\sqrt{E-V_0}-\sqrt{E}\right)$$

必须在上半平面的 $E=V_0$ 点周围绕一圈, 也就是用 $|E-V_0|\,\mathrm{e}^{\mathrm{i}\pi}$ 代替 $E-V_0$, 从而转变为 $V_0>E$ 的情况. 因此, 对于 $E<V_0$, 我们发现

$$\varPhi_1=-\frac{\pi\sqrt{2}}{\beta}\sqrt{E}+\frac{\mathrm{i}\pi\sqrt{2}}{\beta}\sqrt{V_0-E}$$

当两个态 $\varPsi_1$ 和 $\varPsi_2$ 的能量都小于势垒高度时 $(E_1,E_2<V_0)$, $\varPhi\left(z_0\right)$ 由下式给出

$$\varPhi\left(z_0\right)=-\frac{\pi\sqrt{2}}{\beta}\left(\sqrt{E_1}-\sqrt{E_2}\right)+\frac{\mathrm{i}\pi\sqrt{2}}{\beta}\left(\sqrt{V_0-E_1}-\sqrt{V_0-E_2}\right)$$

重要的是, 与库仑势的情况相反, 矩阵元的指数式的小, 不是由整个势垒的穿透性决定的, 而是由宽度为 $\sim 1/\beta$ 的狭窄的转变层的穿透性决定. 在 $\beta \to \infty$ 的极限, 奇点接近实轴, 矩阵元只包含按照幂律形式 (而不是指数形式) 减小的项.

3.1.11　穿透势垒

可以用两种不同的方式表述粒子穿透势垒 (隧穿) 的问题. 一种对应于稳定的粒子流入射到势垒的情况, 需要寻找透射波和反射波的振幅. 这种情况的一个物理例子是, 在电场影响下从金属中发射电子; 我们在这里得到穿透势垒的稳态电子流 (参考下面提出的问题).

这个问题的第二种表述对应的情况是：在初始时刻, 已知一个粒子在势阱内, 需要找到它在时间 t 以后的态, 特别是观察到它在后面这个时刻仍处于初始态的概率. 一个物理例子是 α 衰变的问题; 作为核反应的结果, 产生了一个“母”核, 它随后衰变为一个“子”核和一个 α 粒子. [①]

首先, 我们考虑这个问题的稳态表述. 假设粒子从左边入射. 那么 $x \to \pm\infty$ 的解有如下形式

$$\Psi \underset{x\to-\infty}{=} \mathrm{e}^{\mathrm{i}kx} + a\mathrm{e}^{-\mathrm{i}kx}$$

$$\Psi \underset{x\to\infty}{=} b\mathrm{e}^{\mathrm{i}kx}$$

系数 a 和 b(透射波和反射波的振幅) 通过粒子数的守恒关系联系起来：

$$1 - |a|^2 = |b|^2$$

对于小的势垒穿透性 ($|b| \to 0$), 势垒左边的解接近于驻波. 我们在上面假设, 当 $x \to \pm\infty$ 的时候, 势下降得足够快. 如果势在 $x \to \infty$ 和 $x \to -\infty$ 时实际趋向于不同的值, 唯一的区别是透射波的动量与入射波的动量不一样. 粒子流守恒的条件, 给出 $1 - |a|^2 = \left|b^2\right| (k'/k)$, 其中 k' 是透射波的动量, k 是入射波的动量.

利用公式 (3.9), 通过匹配势垒内外的准经典解, 可以得到系数 a 和 b.

(对于方势阱的情况, 可以从寻找系数 a 和 b 开始. 虽然这个问题在许多量子力学的书中都解过, 但我们建议读者自己算一算).

---

① N. S. Krylov 和 V. A. Fok 首次分析了这个问题的表述: Krylov N S, Fok V A. Zh. Eksp. Teor. Fiz., 1947(17): 93-107.

考虑势垒穿透性小的情况 ($|b| \to 0$). 从公式 (3.9) 可以看到, 在势垒内部, 在右侧边缘匹配后的解 (参见图 3.6) 具有如下形式

$$\Psi_{\mathrm{II}} = b\mathrm{e}^{\mathrm{i}\frac{\pi}{4}}\sqrt{\frac{k_0}{|k|}}\frac{1}{\mathrm{i}}\left[\exp\int_x^{x_2}|k|\ \mathrm{d}x + \frac{\mathrm{i}}{2}\exp\left(-\int_x^{x_2}|k|\ \mathrm{d}x\right)\right]$$

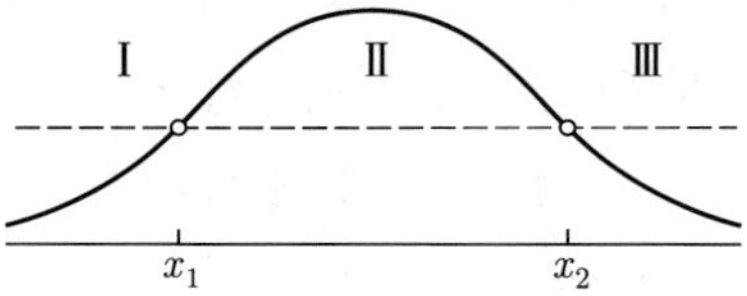

图 3.6

其中 k_0 是无限远处的动量. 在 $x = x_1$ 附近, 第二项与第一项相比是指数式的小, 因此, 对 I 区和 II 区边界的匹配条件只有很小的影响. 用下述形式表示势垒内的解

$$\frac{B}{\sqrt{|k|}}\exp\left(-\int_{x_1}^{x}|k|\ \mathrm{d}x\right)$$

其中 B 由下式给出

$$B = b\mathrm{e}^{-\frac{\mathrm{i}\pi}{4}}\sqrt{k_0}\exp\left(\int_{x_1}^{x_2}|k|\ \mathrm{d}x\right)$$

与 $x = x_1$ 的点做匹配后, 我们得到势垒左侧的解

$$\Psi_{\mathrm{I}} = \frac{2B}{\sqrt{k}}\cos\left(\int_{x_1}^{x}k\ \mathrm{d}x - \frac{\pi}{4}\right)$$

入射波的系数应该等于 1, 所以得到

$$|b|^2 = \mathrm{e}^{-2\gamma}, \quad |a|^2 = 1 - \mathrm{e}^{-2\gamma}$$

其中 $\gamma = \displaystyle\int_{x_1}^{x_2}|k|\ \mathrm{d}x$. 通常把 $\mathrm{e}^{-2\gamma}$ 称为势垒的穿透性.

上面提到的电子的场发射问题简化为计算如图 3.7 所示的势垒的穿透性. 金属中电子势阱的深度由 V_0 给出, 而 V_a 是阴极 (金属) 和阳极的电势差. 在 0 和 x_a 之间, 势由 $V(x) = -Ex = -(V_\mathrm{a}/x_\mathrm{a})\,x$ 给出. 问题是得到这个势垒的穿透性.

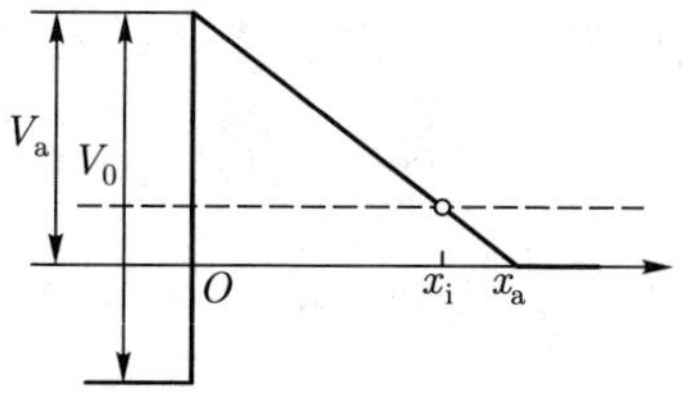

图 3.7

现在转向势垒隧穿问题的第二种可能的表述. 假设在初始时刻, 已知粒子态处于接近某个定态, 而对于完全不可穿透的势垒, 这个态是可以得到的 (例如, 一个远离阱的势垒, 其高度大于出射粒子的能量). 由于这个粒子实际上具有正能量 E_0, 它的态是由连续谱的本征函数的叠加态, 问题就简化为这个波包的扩散. 这个态由于势垒的有限穿透性而不是完全的定态, 因此, 对于穿透性小的势垒, 描述初始态的波包只会缓慢弥散. 对应于这个态的能级称为准稳态(参见第 155 页).

我们将描述势阱内的粒子的初始态, 用连续谱的本征函数展开为:

$$\Psi_0(x) = \int_0^\infty C(E)\Psi_E(x)\ \mathrm{d}E$$

其中

$$\int_{-\infty}^\infty \Psi_E(x)\Psi_{E'}(x)\ \mathrm{d}x = \delta(E - E')$$

在时间 t, 波函数将是

$$\Psi(x,t) = \int_0^\infty C(E)\mathrm{e}^{-\mathrm{i}Et}\Psi_E(x)\ \mathrm{d}E$$

我们把在时间 t 以后找到粒子处于初始态 Ψ_0 的概率振幅定义为 $\mathscr{L}(t)$:

$$\mathscr{L}(t) = (\Psi(x,t);\Psi_0(x)) = \int_0^\infty |C(E)|^2\mathrm{e}^{-\mathrm{i}Et}\ \mathrm{d}E$$

下面将看到 (第 159 页), 当能量 E 接近 E_0 时, 连续谱的波函数在势阱附近有如下形式

$$\Psi_E = \chi(E)\Psi_0(x)$$

也就是说, 它们可以分解为能量函数 $\chi(E)$ 与定态波函数 Ψ_0(描述势垒不可穿透的情况) 的乘积. 对于 $E = E_0 - \mathrm{i}\Gamma_0$, 函数 $\chi(E)$ 在复数 E 平面上有一个极

点, 其中 Γ_0 是准定态能级的宽度, 正比于势垒的穿透性. 很容易找到 $\chi(E)$ 与表征初始态能量分布的量 $C(E)$ 的关系. 事实上, 我们有

$$C(E)=\int \Psi_E^*(x)\Psi_0(x)\ \mathrm{d}x=\chi^*(E)$$

现在计算 $\mathscr{L}(t)$ 这个量, 它决定了发现粒子仍处于初始态的概率. 由于函数 $C(E)$ 在实轴附近有一个极点, 并且满足归一化条件, 对于 $|C(E)|^2=|\chi(E)|^2$, 我们有近似的表达式

$$|C(E)|^2\simeq\frac{\Gamma_0}{(E-E_0)^2+\Gamma_0^2}\frac{1}{\pi}$$

我们把 $\mathscr{L}(t)$ 表达式中的积分围道移到下半平面 (参见图 3.8). 在标有 2 的区域上的积分给出的贡献, 随着围道向下半平面的移动而呈指数级下降, 所以只剩下极点的留数和负实轴上的积分. 因此, 我们有

$$\mathscr{L}(t)=\mathrm{e}^{-\mathrm{i}E_0t}\mathrm{e}^{-\Gamma_0t}-\mathrm{i}\int_0^\infty|C(-\mathrm{i}\xi)|^2\mathrm{e}^{-\xi t}\ \mathrm{d}\xi$$

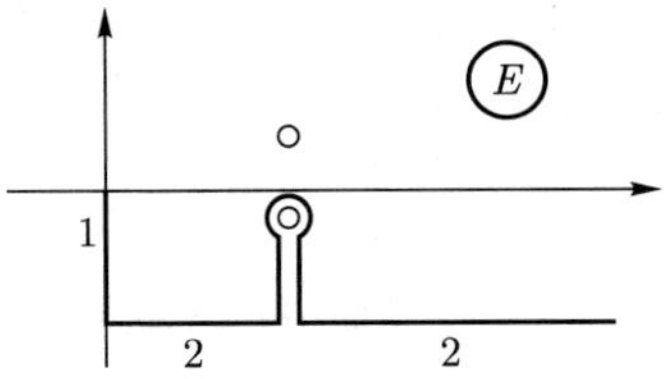

图 3.8

对于大的 t, 第二项由 $|C(E)|^2$ 在低能量下的行为决定. 为了估计这种情况下的 $|C(E)|^2$, 必须给出初始态的准备方法. 为了明确起见, 我们讨论 α 衰变的情况, 并考虑一些形成母核的具体反应, 这个母核随后将衰变为子核和能量为 E_0 的 α 粒子. 在这个反应过程中, 同时发生的还有子核和 α 粒子的直接形成. 在初始态的谱分解中, 存在着能量为 E 的 α 粒子, 使得 $(E-E_0)/\gamma\gg1$ 正好对应于那些在形成初始态时 (即反应过程中) 产生的子核和 α 粒子. 能量 E 远离 E_0 的粒子数量与势垒穿透性 $\mathrm{e}^{-2\gamma(E)}$ 成正比, 在三维的情况下, 还与最终态的密度成正比, 即 $\sim k^2\ \mathrm{d}k/\ \mathrm{d}E\sim\sqrt{E}$. 因此, 反应过程中出现的低能量 α 粒子的数量是

$$|C(E)|^2=A\sqrt{E}\mathrm{e}^{-2\gamma(E)}$$

对于 $E\sim E_0$, 这个表达式必须与上面的公式一致. 引入数量 $\varGamma(E)$, 可以把 $|C(E)|^2$ 写为下面的形式, 即使在低能量下也适用:

$$|C(E)|^2=\frac{\varGamma(E)}{(E-E_0)^2+\varGamma^2(E)}$$

$$\varGamma(E)\simeq\sqrt{EE_0}\mathrm{e}^{-2\gamma(E)}$$

现在很容易估计对 $\mathscr{L}$ 的修正. 在 α 衰变的情况, 对于 $E\to 0$, 势垒穿透性趋向于 $\mathrm{e}^{-2\gamma(E)}=\exp(-2\pi Z/v)$, 因此当 $t\to\infty$, 可以用最速下降法计算这个积分. 请读者验证, $\mathscr{L}$ 中第二项的数量级由下式给出

$$|\mathscr{L}_1|\sim\sqrt{E_0}\frac{Z^{2/3}}{t^{7/6}}\exp\left[-\frac{(2\pi)^{2/3}3\sqrt{3}}{4}Z^{2/3}t^{1/3}\right]$$

对于势垒穿透性在 $E\to 0$ 时趋于有限值的情况, 我们有

$$|\mathscr{L}_1|\sim\mathrm{e}^{-2\gamma(0)}\sqrt{E_0}/t^{3/2}$$

从上述表达式可以看到, 修正项描述了在初始反应过程中形成的 α 粒子波包的弥散, 与母核的衰变过程没有关系. 如果我们不是通过 α 粒子的数量, 而是通过 (例如) 观察到的原子能谱的形式来确定母核和子核的数量, 母核数量就简单地按照 $\mathrm{e}^{-2}\varGamma_0 t$ 的形式减少. 因为, 如果在某个时刻确定了原子谱与母核相对应, 那么后者的能量当然就确定在原子线宽之内; 因此, α 粒子的谱分解不包含低能量的项, 在大 t 时, 只剩下 $\mathscr{L}$ 的第一项. ①

3.1.12 势垒上的反射

当运动粒子的能量大于势垒高度的时候, 让我们求解粒子在势垒上的反射问题, 此时, 准经典近似的适用性判据在任何地方都满足. 很容易验证, 在 “准经典性” 参数 $1/(kl)^2$ 的任何阶上, 都不会发生波的反射. 事实上, 向右行进的波的准经典近似有如下形式

$$A\exp\left(\mathrm{i}\int_{x_1}^{x}\sqrt{k^2+A''/A}\,\mathrm{d}x\right)$$

① 关于更详细的分析以及更早的工作, 参见 Degasperis A, Fonda L, Ghirardi G, Nuovo Cimento 21A, 1974: 471.

把这个解展开为 A''/A 的幂级数, 还是只给出向右移动的波. 这是因为, 反射系数随着 $(kl)^2$ 的增加而呈指数级下降, 但准经典解是渐近的级数, 丢失了所有的指数式小的项.

寻找薛定谔方程

$$\Psi'' + k^2(x)\Psi = 0 \tag{3.23}$$

的解, 其形式为

$$\Psi = \sqrt{\frac{k_0}{k}} \exp\left(\mathrm{i}\int_{-\infty}^{x} k \ \mathrm{d}x\right) + \varphi$$

其中 φ 是小的修正项, 它包含反射波. 我们得到

$$\varphi'' + k^2\varphi = f(x)$$

其中

$$f(x) = -\left(\sqrt{\frac{k_0}{k}}\right)'' \exp\left(\mathrm{i}\int_{-\infty}^{x} k \ \mathrm{d}x\right)$$

可以用相应的齐次方程的两个解 Ψ_1 和 Ψ_2 表示这个非齐次方程的解 (Ψ_1 和 Ψ_2 分别是向右和向左运动的波):

$$\varphi = \frac{1}{\Delta}\left(\Psi_1 \int^{x} \Psi_2 f \ \mathrm{d}x - \Psi_2 \int^{x} \Psi_1 f \ \mathrm{d}x\right)$$

其中

$$\Delta = \Psi_1'\Psi_2 - \Psi_1\Psi_2' = \text{常数}$$

是朗斯基行列式 (Wronskian). 因此, 薛定谔方程 (3.23) 的解有如下形式

$$\Psi(x) = \sqrt{\frac{k_0}{k}} \exp\left(\mathrm{i}\int_{-\infty}^{x} k \ \mathrm{d}x\right) + \frac{1}{\Delta}\left(\Psi_1 \int_{-\infty}^{x} \Psi_2 f \ \mathrm{d}x - \Psi_2 \int_{\infty}^{x} \Psi_1 f \ \mathrm{d}x\right)$$

积分的极限是这样决定的: 在极限 $x \to \infty$ 时, 必须只有向右移动的波; 这由函数 Ψ_1 保证. 在 $x \to -\infty$, 函数 $\varphi(-\infty)$ 应该只包含反射波. 这样来选择积分下限, 就可以得到

$$\Psi(x) \underset{x\to-\infty}{=} \mathrm{e}^{\mathrm{i}k_0 x + \mathrm{i}\alpha} + \frac{1}{\Delta}\mathrm{e}^{-\mathrm{i}k_0 x} \int_{-\infty}^{\infty} \Psi_1 f \ \mathrm{d}x$$

由于 $\Delta =$ 常数, 它可以通过取 $x \to \infty$ 来计算. 然后 $\Psi_1 \to \exp(\mathrm{i}k_0 x)$, 由于反射系数很小, 函数 Ψ_2 大致趋向于 $\exp(-\mathrm{i}k_0 x + \mathrm{i}\alpha)$. 因此就得到 $|\Delta| = 2k_0$.

因此, 反射系数是

$$R = \left| \frac{1}{\Delta} \int_{-\infty}^{\infty} \Psi_1 f \, \mathrm{d}x \right|^2 = \left| \frac{1}{2k_0} \int_{-\infty}^{\infty} \Psi_1 f \, \mathrm{d}x \right|^2 \tag{3.24}$$

请注意, 在推导 (3.24) 时, 我们没有使用准经典近似.

在 $V \ll E$ 的情况, (3.24) 给出的正是通常的微扰公式. 原因如下：我们有

$$\left(\sqrt{\frac{k_0}{k}} \right)' = -\frac{\sqrt{k_0}}{2\sqrt{k^3}} k'$$

由于 $k = 2\sqrt{E - V}$, 可以得到 $k' = -V'/k$, 因此

$$f = -\left(\sqrt{\frac{k_0}{k}} \right)'' \mathrm{e}^{\mathrm{i}S} \approx \frac{V''}{2k_0^2} \mathrm{e}^{\mathrm{i}k_0 x + \mathrm{i}\alpha}$$

所以

$$R = \left| \frac{1}{4k_0^3} \int_{-\infty}^{\infty} V'' \mathrm{e}^{2\mathrm{i}k_0 x} \, \mathrm{d}x \right|^2$$

经过两次分部积分, 就得到反射系数的表达式, 与微扰理论得到的表达式相同：

$$R = \left| \frac{1}{k_0} \int_{-\infty}^{\infty} V \mathrm{e}^{2\mathrm{i}k_0 x} \, \mathrm{d}x \right|^2$$

通常, R 决定于 $\Psi_1 f$ 在最靠近实轴的奇点附近的行为. R 的指数函数的参数决定于这个奇点与实轴的距离; 为了找到指数函数前面的因子, 有必要使用 Ψ 在奇点附近的精确解,① 类似于上面用于匹配准经典波函数的程序 (参见第 76 页的评论).

---

① V. L. Pokrovskii 和 I. M. Khalatnikov, Zh. Eksp. Teor. Fiz., 1961(40): 1713. 英译本: Soviet Physics JETP, 1961(13): 207.

3.2 三维的情况

3.2.1 球对称的场

考虑球对称场中的准经典运动. 在这种情况下, 角度变量 θ 、φ 与变量 r 无关:

$$\Psi_{nlm} = R_{nl}(r)\mathrm{Y}_{lm}(\theta, \varphi)$$

先考虑波函数的径向部分. 我们引入函数

$$u_{nl}(r) = rR_{nl}(r)$$

$R_{nl}(r)$ 在 $r = 0$ 时应该是有限的, 从这个条件可以看出, $u_{nl}(0) = 0$. 用标准的方法, 我们可以得到 u_{nl} 的一维方程

$$u''_{nl} + k^2_{nl}u_{nl} = 0$$

其中

$$k^2_{nl} = 2\left[\varepsilon_{nl} - V(r) - \frac{l(l+1)}{2r^2}\right]$$

在一维问题中, 条件 $u_{nl}(0) = 0$ 对应于在原点无限高的势垒.

对于给定的 $V(r)$, 当 l 增加时, 图 3.9(b) 中的势阱变得越来越浅, 最后完全消失, 因此对于足够大的 l, 这个系统没有分立的能级. E_{nl} 的正值对应于连续谱.

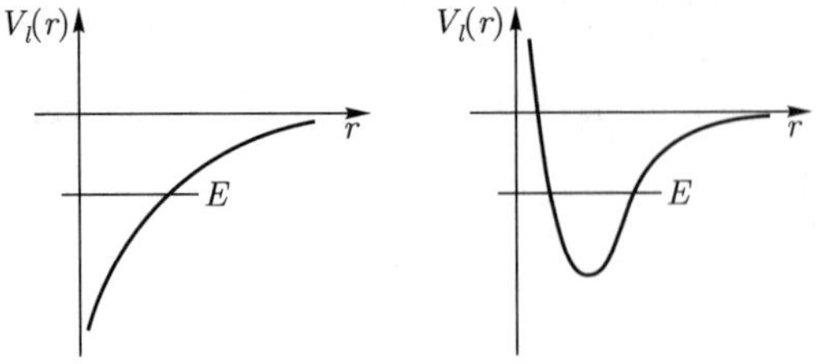

(a) l=0　　(b) $l\neq0$

图 3.9

3.2.2 离心势的修正

我们将表明，如果使用准经典近似，那么 $l(l+1)$ 这个量必然被 $\left(l+\frac{1}{2}\right)^2$ 取代. 这就是朗格 (Langer) 修正.

考虑原点附近的区域. 在这个区域，只有离心势是重要的，因此 $k \sim \sqrt{l(l+1)}/r$，因此 $\mathrm{d}\lambda/\mathrm{d}r \sim [l(l+1)]^{-\frac{1}{2}}$. 对于不太大的 l，我们有 $\mathrm{d}\lambda/\mathrm{d}r \sim 1$，所以在原点附近，准经典条件不成立. 让我们看看，在原点附近如何得到对任意 l 都成立的解. 为此，我们改变薛定谔方程中的自变量和因变量，令 $r = \mathrm{e}^{-x}$ 和 $u = w\mathrm{e}^{-x/2}$，这个方程就变为

$$\frac{\mathrm{d}^2 w}{\mathrm{d}x^2} + 2\left[(\varepsilon_{nl} - V)\,\mathrm{e}^{-2x} - \frac{\left(l+\frac{1}{2}\right)^2}{2}\right] w = 0$$

点 $r=0$ 对应于 $x=\infty$. 当 $x\to\infty$，准经典条件是

$$\frac{\mathrm{d}\lambda}{\mathrm{d}x} = \frac{\mathrm{d}}{\mathrm{d}x}\frac{1}{\sqrt{2\,(\varepsilon_{nl} - V)\,\mathrm{e}^{-2x} - \left(l+\frac{1}{2}\right)^2}} \sim \mathrm{e}^{-2x} \to 0$$

因此，条件 $\mathrm{d}\lambda/\,\mathrm{d}x \ll 1$ 成立，这不依赖于 l 的值. 如果我们现在用变量 x 表述玻尔的量子化规则，然后转变为变量 r，它就是通常的形式，只是现在的有效势 V_{eff} 由 $V + \left(l+\frac{1}{2}\right)^2/2r^2$ 给出.

经过这种代换之后，用准经典方法得到能级 (通过玻尔的量子化规则) 的适用性判据只包括 $n_r \gg 1$ 这个条件 (即，径向波函数必须有许多节点)；条件 $l \gg 1$ 不是必要条件. 显然，在 $l=0$ 的情况下，不应该有修正.

3.2.3 库仑势中的能级

让我们寻找库仑势中的能级. 量子化条件有如下形式 [对于 $l\neq 0$，对应于图 3.9(b)]：

$$\int_{r_{\min}}^{r_{\max}} \sqrt{2\left(E_n + \frac{Z}{r} - \frac{\left(l+\frac{1}{2}\right)^2}{2r^2}\right)}\,\mathrm{d}r = \left(n_r + \frac{1}{2}\right)\pi$$

这里的 n_r 是径向量子数, $r_{\min}$ 和 $r_{\max}$ 是准经典的折返点. 我们用 $(l+1/2)^2$ 代替离心势项中的因子 $l(l+1)$. 上述条件等号左边的积分等于

$$\frac{Z\pi}{\sqrt{-2E_n}}-\left(l+\frac{1}{2}\right)\pi$$

因此,

$$E_n=-\frac{Z^2}{2n^2}$$

其中 $n=n_r+l+1$ 是主量子数.

对于 $l=0$ [图 3.9(a)], 左边的折返点是 $r_{\min}=0$, 而且它是这个方程的一个奇点, 因此, 我们不能像前面那样用线性的势取代左边折返点附近的势——这是不合法的. 因此, 左边的匹配条件就改变了. 为了找到 $l=0$ 的能级, 我们必须找到 $r=0$ 的奇点附近的精确解, 并与远离原点的准经典解做匹配. 对于大的量子数 (能量接近零), 库仑场中的 $l=0$ 的波函数有如下形式 ①:

$$R_{n_0}=a_1Z^{3/2}\frac{\mathrm{J}_1(\sqrt{8Zr})}{\sqrt{Zr}}$$

其中 a_1 是归一化系数. 因此, 对于 $r\gg 1/Z$, 我们得到

$$R_{n_0}=a_0\frac{\cos\left(\sqrt{8Zr}-\dfrac{3}{4}\pi\right)}{r^{3/4}}$$

另一方面, R_{n_0} 的准经典解可以写成

$$R_{n_0}=a_2\frac{\cos\left(\displaystyle\int_0^r p_r\,\mathrm{d}r-C_1\pi\right)}{r\sqrt{p_r}}=a_2\frac{\cos\left(\sqrt{8Zr}-C_1\pi\right)}{r\sqrt{p_r}}$$

因此, 这里出现的相位是 $C_1\pi=\dfrac{3}{4}\pi$, 而不是通常情况的 $\dfrac{1}{4}\pi$.

函数 R_{n_0} 同样可以写成

$$R_{n_0}=a_3\frac{\cos\left(\displaystyle\int_r^{r_{\max}} p_r\,\mathrm{d}r-\pi/4\right)}{r\sqrt{p_r}}$$

---

① Landau L D, Lifshitz E M. Quantum Mechanics[M]. 2nd revised ed. Oxford: Pergamon, 1965: 122. 中文版: 朗道 Л Д, 栗弗席兹 E M. 量子力学 (非相对论理论)[M]. 严肃, 译, 喀兴林, 校. 北京: 高等教育出版社, 2008: 111, 公式 36.13.

其中 $r_{\max}$ 是右边的折返点. 如同第 3.1 节, R_{n_0} 应该是单值的, 我们从这个条件得到量子化规则

$$\int_0^{r_{\max}} p_r \, \mathrm{d}r = (n_r + 1)\,\pi = n\pi$$

其中 n 是主量子数. 计算这个积分, 可以得到

$$E_n = -\frac{Z^2}{2n^2}$$

我们看到, 在这种情况 (与谐振子的情况一样), 准经典近似的方法给出了能级的精确结果.

3.2.4 球面函数的准经典表示法

对于大的角动量 l, 为了计算物理量的矩阵元, 使用球面函数的准经典表示很方便

$$\mathrm{Y}_{lm}(\theta, \varphi) = \frac{1}{\sqrt{2\pi}} \mathrm{P}_{lm}(\cos\theta) \mathrm{e}^{\mathrm{i}m\varphi}$$

这里 $\mathrm{P}_{lm}(x)$ 是连带的勒让德多项式, 满足下面的微分方程

$$\frac{\mathrm{d}}{\mathrm{d}x}\left[\left(1 - x^2\right)\frac{\mathrm{dP}_{lm}}{\mathrm{d}x}\right] + \left[l(l+1) - \frac{m^2}{1 - x^2}\right]\mathrm{P}_{lm} = 0$$

我们引入函数 $\theta_{lm}(x)$ 如下

$$\mathrm{P}_{lm}(x) = \frac{1}{\sqrt{1 - x^2}} \vartheta_{lm}(x)$$

那么, $\theta_{lm}(x)$ 满足的微分方程是

$$\left(1 - x^2\right)\vartheta''_{lm}(x) + \left[l(l+1) - \frac{m^2 - 1}{1 - x^2}\right]\vartheta_{lm}(x) = 0$$

以 $1/l^2$ 量级的精度, 这个方程的解可以用准经典的形式得到

$$\vartheta_{lm}(x) = \frac{a}{\sqrt{k}} \cos\left(\int_{x_1}^{x} k \, \mathrm{d}x - \frac{\pi}{4}\right)$$

其中

$$k^2(x) = \frac{1}{1 - x^2}\left[\left(l + \frac{1}{2}\right)^2 - \frac{m^2}{1 - x^2}\right]$$

其中 $k(x)$ 在点 x_1 和 x_2 趋于 0, 即,

$$x_{1,2}=\mp\sqrt{1-\frac{m^2}{(l+1/2)^2}}$$

这里用 $(l+1/2)^2$ 代替 $l(l+1)$, 因为准经典近似在 $1/l^2$ 的量级内有效 (而不是 $1/l$, 参见 3.1.4 节).

系数 a 由连带勒让德多项式的归一化条件确定:

$$\int_{-1}^{1}P_{lm}^2(x)\ \mathrm{d}x=1$$

即,

$$\frac{a^2}{2}\int_{x_1}^{x_2}\frac{1}{1-x^2}\frac{\mathrm{d}x}{k}=1=\frac{a^2}{2}\frac{1}{l+\frac{1}{2}}\frac{\partial}{\partial l}\int_{x_1}^{x_2}k\ \mathrm{d}x$$

计算 $\int_{x_1}^{x_2}k\ \mathrm{d}x$, 我们得到

$$\int_{x_1}^{x_2}\sqrt{\frac{1}{(1-x^2)}\left[\left(l+\frac{1}{2}\right)^2-\frac{m^2}{1-x^2}\right]}\ \mathrm{d}x=\left(l-|m|+\frac{1}{2}\right)\pi \tag{3.25}$$

这个结果符合预期, 因为我们知道, $\mathrm{P}_{lm}(x)$ 的节点数是 $l-|m|$. 根据 (3.25), 我们得到

$$\frac{\partial}{\partial l}\int_{x_1}^{x_2}k\ \mathrm{d}x=\pi$$

于是,

$$a^2=\frac{2l+1}{\pi}$$

因此, 我们最终得到

$$\mathrm{P}_{lm}(x)\underset{x_1<x<x_2}{=}\sqrt{\frac{2l+1}{\pi}}\frac{1}{\sqrt{1-x^2}}\frac{1}{\sqrt{k}}\cos\left(\int_{x_1}^{x}k\ \mathrm{d}x-\frac{\pi}{4}\right)$$

其中

$$k=\frac{1}{\sqrt{1-x^2}}\sqrt{\left(l+\frac{1}{2}\right)^2-\frac{m^2}{1-x^2}}$$

利用球面函数的准经典表示，可以近似地计算下面这种形式的和

$$I_l(\theta) = \sum_{m=-l}^{l} |\mathrm{Y}_{lm}(\theta,\varphi)|^2 \varPhi(m)$$

使用量子化条件 (3.25)，用积分代替求和，可以得到

$$I_l(\theta) = \frac{l+\dfrac{1}{2}}{2\pi^2}\int_{-(l+\frac{1}{2})|\sin\theta|}^{(l+\frac{1}{2})|\sin\theta|} \frac{\varPhi(m)\mathrm{d}m}{\left(l+\dfrac{1}{2}\right)\sin\theta\sqrt{1-\dfrac{m^2}{\left(l+\dfrac{1}{2}\right)^2\sin^2\theta}}}$$

$$= \frac{l+\dfrac{1}{2}}{2\pi^2}\int_{-1}^{1}\frac{\mathrm{d}t}{\sqrt{1-t^2}}\varPhi\left[t\left(l+\frac{1}{2}\right)\sin\theta\right]$$

特别是，对于 $\varPhi(m)=1,\ m^2,\ m^4$，我们得到

$$\sum_{m=-l}^{l}|\mathrm{Y}_{lm}|^2 = \frac{l+\dfrac{1}{2}}{2\pi^2}\int_{-1}^{1}\frac{\mathrm{d}t}{\sqrt{1-t^2}} = \frac{2l+1}{4\pi}$$

$$\sum_{m=-l}^{l}|\mathrm{Y}_{lm}|^2 m^2 = \frac{l+\dfrac{1}{2}}{2\pi^2}\int_{-1}^{1}\frac{\mathrm{d}t}{\sqrt{1-t^2}}t^2\left(l+\frac{1}{2}\right)^2\sin^2\theta = \frac{\left(l+\dfrac{1}{2}\right)^3}{4\pi}\sin^2\theta$$

$$\sum_{m=-l}^{l}|\mathrm{Y}_{lm}|^2 m^4 = \frac{l+\dfrac{1}{2}}{2\pi^2}\int_{-1}^{1}\frac{\mathrm{d}t}{\sqrt{1-t^2}}t^4\left(l+\frac{1}{2}\right)^4\sin^4\theta = \frac{3\left(l+\dfrac{1}{2}\right)^5}{16\pi}\sin^4\theta$$

以及

$$\int_{-1}^{1}\mathrm{P}_{lm}^2 x^2\,\mathrm{d}x = \frac{1}{2}\left(1-\frac{m^2}{\left(l+\dfrac{1}{2}\right)^2}\right)$$

我们建议读者利用这些公式，算一算变形核的能级 (参见第 2.2 节).

3.2.5 原子里的托马斯–费米分布

电子的势能 V 可以用静电方程描述

$$\nabla^2 V = -4\pi\rho \tag{3.26}$$

其中 ρ 是相关位置的电子密度. 这个方程实际是一种近似, 因为这是多粒子问题, 涉及原子核和 Z 个电子, 而势

$$V\left(\boldsymbol{r}, \boldsymbol{r}_i\right)=-\frac{Z}{r}+\sum_{i=1}^{Z} \frac{1}{\left|\boldsymbol{r}-\boldsymbol{r}_i\right|}$$

是算子而不是 c 数, 即 V 依赖于电子坐标, 而 ρ 显然不是. 因此, (3.26) 中出现的势是对电子运动取平均的真实势. 由于粒子的数量很大, 平均来说, $V(\boldsymbol{r}, \boldsymbol{r}_i)$ 与 $V(r)$ 的偏差就很小 (尽管在形式上, $V(\boldsymbol{r}, \boldsymbol{r}_i)$ 可能采取任意值).

在这个平均势中, 运动的薛定谔方程为

$$\nabla^2 \Psi+2(E-V) \Psi=0 \tag{3.27}$$

这里把势 V 看作球对称的 (可以破坏球对称的唯一因素是没有完全填满的外壳层中的电子). 这样就可以写出

$$\Psi_{nlm}=\frac{u_{nl}(r)}{r} \mathrm{Y}_{lm}$$

电子的密度是

$$\rho=2 \sum_{nlm}\left|\Psi_{nlm}\right|^2=2 \sum_{nlm} \frac{u_{nl}^2}{r^2}\left|\mathrm{Y}_{lm}\right|^2 \tag{3.28}$$

考虑到以下关系

$$\sum_{m=-l}^{l}\left|\mathrm{Y}_{lm}\right|^2=\frac{2l+1}{4\pi}$$

对 m 求和, 可以得到

$$\rho(r)=2 \sum \frac{u_{nl}^2(r)}{r^2} \frac{2l+1}{4\pi} \tag{3.29}$$

在准经典近似中, 径向波函数的形式为

$$u_{nl}(r)=\frac{a_{nl}}{\sqrt{k_{nl}}} \cos \left(\int_{r_1}^{r} k_{nl}\, \mathrm{d} r-\frac{\pi}{4}\right) \tag{3.30}$$

其中

$$k_{nl}^2(r)=2\left[E_{nl}-V(r)-\frac{(l+\frac{1}{2})^2}{2r^2}\right], \quad a_{nl}^2 \approx \frac{2}{\pi} \frac{\partial E_{nl}}{\partial n}$$

能级由玻尔量子化规则得到

$$\int_{r_1}^{r_2} k_{nl}\ \mathrm{d}r = \left(n + \frac{1}{2}\right)\pi \tag{3.31}$$

在 $l = 0$ 的情况下, 公式 (3.31) 中的 $(n + 1/2)$ 应该用 n 取代 (参见第 126 页). 结合 (3.29) 和 (3.30), 我们得到

$$\rho(r) = \frac{1}{2\pi}\sum_{nl}\frac{a_{nl}^2}{k_{nl}r^2}(2l+1)\cos^2\left(\int_{r_1}^{r} k_{nl}\ \mathrm{d}r - \frac{\pi}{4}\right) \tag{3.32}$$

在准经典近似中, 可以用 1/2 代替余弦平方的平均值. 然后从 (3.32) 得到

$$\rho(r) = \frac{1}{2\pi^2}\sum_{nl}\frac{\partial E_{nl}}{\partial n}\frac{2l+1}{r^2}\frac{1}{k_{nl}} \tag{3.33}$$

这里把 (3.33) 中对 n 的求和改为积分, 保持 l 不变; 因为

$$\sum_n \frac{\partial E_{nl}}{\partial n}(\cdots) \to \int \frac{\partial E_{nl}}{\partial n}\ \mathrm{d}n(\cdots) \to \int\ \mathrm{d}E(\cdots)$$

我们得到

$$\sum_n \frac{\partial E_{nl}}{\partial n}\frac{1}{k_{nl}} = \int \frac{\mathrm{d}E}{k_{nl}} = \int \frac{\mathrm{d}E}{\sqrt{2\left(E - V_l\right)}} = \sqrt{2\left(E - V_l\right)}\Big|_{E_{\min}}^{0}$$

其中 $E_{\min} = V_l$(对于 $E > V_l$ 的情况, 波函数的形式是 $\cos\left(\int k\ \mathrm{d}r - \pi/4\right)$, 而对于 $E < V_l$ 的情况, 它是指数式地减小, 来自这个区域的 $\rho(r)$ 的贡献可以忽略不计). 因此, 可以把 (3.33) 写成以下形式

$$\rho(r) = \frac{1}{2\pi^2}\sum_{l}\frac{2l+1}{r^2}\sqrt{-2V_l} \tag{3.34}$$

因为 $V_l = \left(1/2r^2\right)\left(l+1/2\right)^2$, 我们得到 $2\ \mathrm{d}V_l/\ \mathrm{d}l = (2l+1)/r^2$, 所以 (3.34) 就变为

$$\begin{aligned}\rho(r) &= \frac{1}{\pi^2}\sum_{l}\frac{\mathrm{d}V_l}{\mathrm{d}l}\sqrt{-2V_l} \\ &= \frac{1}{\pi^2}\int \sqrt{-2V_l}\ \mathrm{d}V_l = -\frac{2}{3\cdot 2\pi^2}\left(-2V_l\right)^{\frac{3}{2}}\Big|_{V_{l_{\min}}}^{V_{l_{\max}}}\end{aligned} \tag{3.35}$$

$V_{l_{\min}}$ 对应于 $l=0$, $V_{l_{\min}}=V$, 而 $V_{l_{\max}}(r)$ 为零. 对于 l 大于如此定义的最大值的态, 点 r 位于经典不可到达的区域, 因此, 这种态对点 r 的密度的贡献是指数级地减小 (见图 3.10).

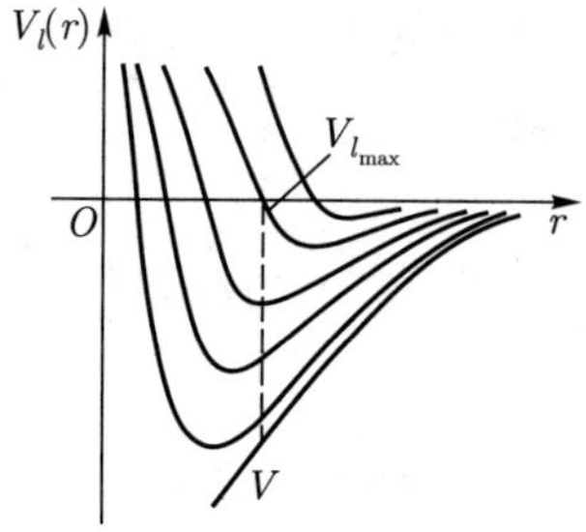

图 3.10

所以, 我们最后有

$$\rho(r)=\frac{1}{3\pi^2}(-2V)^{2/3} \tag{3.36}$$

设定 $-V\equiv\varphi$, 用 (3.36) 写出泊松方程 (3.26), 其形式为

$$\nabla^2\varphi=4\pi\rho=\frac{8\sqrt{2}}{3\pi}\varphi^{3/2}=C\varphi^{3/2} \tag{3.37}$$

其中 $C\equiv 8\sqrt{2}/(3\pi)$. 这就是托马斯–费米方程.

当 $r\to 0$ 时, 我们有 $\varphi\to Z/r$, 也就是原子核的势. 做代换 $\varphi(r)=Z\chi(r)/r$ 是很方便的, 边界条件为 $\chi(0)=1$. 在球坐标中, 我们有

$$\nabla^2\varphi=\frac{1}{r}\frac{\mathrm{d}^2}{\mathrm{d}r^2}(r\varphi)=\frac{1}{r}\frac{\mathrm{d}^2}{\mathrm{d}r^2}(Z\chi) \tag{3.38}$$

因此, 由 (3.37) 得到

$$\chi''(r)=C\frac{Z^{1/2}}{r^{1/2}}\chi^{3/2} \tag{3.39}$$

引入新的变量 $x=\alpha Z^{1/3}r$ (其中 α 将在下面选择), 希望得到函数 χ 的普适方程. 由 (3.39) 得到

$$\alpha^2 Z^{2/3}\chi''=CZ^{1/2}\frac{1}{x^{1/2}}\alpha^{1/2}Z^{1/6}\xi^{3/2}$$

如果选择 $C=\alpha^{3/2}$, 即 $\alpha=[8\sqrt{2}/(3\pi)]^{2/3}$, 最后就会有

$$\frac{\mathrm{d}^2\chi}{\mathrm{d}x^2}=\frac{1}{\sqrt{x}}\chi^{3/2},\quad \chi(\infty)=0,\quad \chi(0)=1 \tag{3.40}$$

方程 (3.40) 可以用数值求解 (第 1.1 节给出了近似解). 这个解决定了电子密度的分布. 在上面使用的无量纲单位中, 描述这个分布的特征长度是 $x \sim 1$, 因此在普通单位中, 这个 "托马斯–费米半径" a_{TF} 就是 $\sim a_0 z^{-1/3}$. 大部分的原子电子都位于这个半径以内. 这个结果符合第一章 1.2.3 节给出的近似估计.

当然, 公式 (3.40) 只对准经典近似适用的原子区域有效.

问题: 托马斯–费米分布适用的最小和最大的半径是多少?

解:

$$r_{\min} \sim 1/Z, \quad r_{\max} \sim 1$$

3.2.6 原子核矩阵元的估计

在核理论中, 经常需要计算各种矩阵元的和. 这里考虑哪些矩阵元对这些和的贡献最大.

让 $U(r)$ 是某个在核半径数量级的距离上变化显著的量. 我们估计准经典矩阵元 $U_{\lambda_1\lambda_2} = (\varphi_{\lambda_1} U \varphi_{\lambda_2})$, 其中 φ_λ 是核子在由核内所有其他核子产生的自洽场中的波函数, λ 是描述核子态的量子数的集合.

首先考虑球形的原子核. 那么, $\lambda \equiv n, l, j, m$, 其中 n 是径向的量子数, l 是方位角的量子数, m 是磁量子数, 而 $j = l \pm \dfrac{1}{2}$. 我们将证明, 在球形的原子核中, 相邻的能级不会 "组合", 即, 它们的矩阵元 $U_{\lambda_1\lambda_2}$ 很小. 我们先估计相邻能级的间距. 在变形的 (非球形的) 原子核中, 沿对称轴具有不同角动量分量的能级, 在能量上是分裂的, 因此, 如果 A 是原子核里的核子数, ε_{F} 是费米能 (即自洽势阱底部和最后一个核子占据的能级之间的能量差), 那么单粒子能级之间的平均间距是 $\varepsilon_{\mathrm{F}}/A$ 的量级. ε_{F} 不依赖于 A, 因为核物质的密度 n 是常数. 为了说明这一点, 请注意, 如果一个系统由其粒子之间的作用力维持, 作用力的范围和粒子的平均间距就必须是相同的量级. 因此, 所有表征原子核的量都可以通过使用量纲估计来表示彼此; 特别是, $\varepsilon_{\mathrm{F}} \sim n^{2/3}$(在 $M = \hbar = 1$ 的量纲形式下).

在球形核中, 存在着与角动量投影有关的简并现象, 简并度是角动量 $l \sim p_{\mathrm{F}} R$ 的量级, 其中 R 是原子核的半径, p_{F} 是核子在费米面的动量. 由于 $R = r_0 A^{1/3}$, 其中 r_0 是核子的平均间距的量级, 我们有 $p_{\mathrm{F}} R = p_{\mathrm{F}} r_o A^{1/3} \sim A^{1/3}$. 因此, 球形核的相邻能级的平均能量间隔是 $\varepsilon_{\mathrm{F}}/A^{2/3}$ 的量级.

现在, 我们估计只在径向量子数 n 上有差异 $(\delta n \sim 1)$ 的能级的间距. 为此, 把玻尔量子化条件 $\int p_r\,\mathrm{d}r \sim n$(其中 p_r 是径向动量) 对 n 求导, 得到

$$1 \sim \int \frac{\partial p_r}{\partial n}\,\mathrm{d}r = \int \frac{\partial p_r}{\partial \varepsilon_{nl}} \frac{\partial \varepsilon_{nl}}{\partial n}\,\mathrm{d}r \sim \frac{\partial \varepsilon_{nl}}{\partial n} \int \frac{\mathrm{d}r}{v} \sim \frac{\partial \varepsilon_{nl}}{\partial n} \frac{R}{v}$$

其中 ε_{nl} 是能级, 而 $v = \partial\varepsilon_{nl}/\partial p_r$ 是核子的速度. 因此我们得到

$$\frac{\partial \varepsilon_{nl}}{\partial n} \sim \frac{v}{R} = \frac{v}{r_0 \cdot A^{1/3}} \sim \frac{p_{\mathrm{F}} v}{A^{1/3}} \sim \frac{\varepsilon_{\mathrm{F}}}{A^{1/3}}$$

现在, 我们估计只在角量子数 l 上有差异 $(\delta l \sim 1)$ 的能级的能量差. 为此, 把 $\int p_r\,\mathrm{d}r \sim n$ 这个关系式对 l 求导, 因为

$$p_r = \sqrt{2\left[\varepsilon_{nl} - V(r) - \frac{\left(l + \dfrac{1}{2}\right)^2}{2r^2}\right]}$$

其中 $V(r)$ 是核子的势能. 这样就得到

$$\int \frac{\mathrm{d}r}{p_r}\left(\frac{\partial \varepsilon_{nl}}{\partial l} - \frac{l}{r^2}\right) = 0$$

即,

$$\frac{\partial \varepsilon_{nl}}{\partial l} \int_{r_{\min}}^{R} \frac{\mathrm{d}r}{p_r} \sim l \int_{r_{\min}}^{R} \frac{\mathrm{d}r}{r^2 p_r}$$

其中 $r_{\min}$ 由条件 $p_r = 0$ 也就是 $r_{\min} \sim l/p_{\mathrm{F}}$ 得到. 在积分 $\int_{r_{\min}}^{R} p_r^{-1}\,\mathrm{d}r$ 中, 整个积分范围都很重要, 因此可以估计, 它是 R/v 的量级. 另一方面, 在积分 $\int_{r_{\min}}^{R} r^{-2} p_r^{-1}\,\mathrm{d}r$ 中, 主要贡献来自 $r_{\min}$ 附近的区域, 因此它的数量级是 $1/r_{\min} p_{\mathrm{F}} \sim 1/l$. 因此我们有

$$\frac{\partial \varepsilon_{nl}}{\partial l} \frac{R}{v} \sim l \frac{1}{l} = 1$$

即,

$$\frac{\partial \varepsilon_{nl}}{\partial l} \sim \frac{\varepsilon_{\mathrm{F}}}{A^{1/3}}$$

这样就证明了

$$\frac{\partial \varepsilon_{nl}}{\partial n} \sim \frac{\partial \varepsilon_{nl}}{\partial l} \sim \varepsilon_{\mathrm{F}} A^{-1/3}$$

由此可见, 最接近某个球形核的能级 (即与之相差的能量为 $\varepsilon_{\mathrm{F}}/A^{2/3}$ 的量级), 通常是 δn 和 δl 在 n 和 l 中有大的变化, 使得

$$\delta\varepsilon_{nl}=\frac{\partial\varepsilon_{nl}}{\partial n}\delta n+\frac{\partial\varepsilon_{nl}}{\partial l}\delta l$$

是最小值. 为了确保这一点, 我们必须选择 $\delta n, \delta l\sim A^{1/3}$. 因此, 作为法则, 球形核的相邻能级在波函数的径向和角度部分的节点数量上有很大差异, 因此矩阵元 $U_{\lambda_1\lambda_2}$ 是小值. 能量差为 $|\varepsilon_{\lambda_1}-\varepsilon_{\lambda_2}|\gg\varepsilon_{\mathrm{F}}/A^{1/3}$ 的态也给出了 $U_{\lambda_1\lambda_2}$ 的一个小值, 因为函数 φ_{λ_1} 和 φ_{λ_2} 的节点数有很大的差别.

因此, 矩阵元 $U_{\lambda_1\lambda_2}$ 只有当 (a)$\lambda_1=\lambda_2$ 时 (如果没有选择定则使其在这种情况下严格为零) 或 (b) $|\varepsilon_{\lambda_1}-\varepsilon_{\lambda_2}|\sim\varepsilon_{\mathrm{F}}\ A^{-1/3}$ 时, 当函数 φ_{λ_1} 和 φ_{λ_2} 的节点数只是略有不同时, 矩阵元才显著的不为零.

只要算子 U 改变了量子数 n 和 l, 我们刚才关于能级的 “组合” 所说的一切就同样适用于有形变的原子核. 如果 U 只改变磁量子数 m(例如, 角动量算子就是这种情况), 那么属于相同的 nl 多重态、具有相邻 m 值的能级可以组合. 让我们估计它们的间距. 前面已经表明 (第 66 页), 在微扰理论的一级近似中, 能级的分裂由下式给出

$$\varepsilon_{nlm}=\varepsilon_{nl}+\varepsilon_{nl}\beta\left(\frac{m^2}{l^2}-\frac{1}{3}\right)$$

其中 β 是形变的大小. 因此, 我们有

$$\frac{\partial\varepsilon_{nlm}}{\partial m}\sim\varepsilon_{nl}\beta\frac{m}{l^2}\sim\varepsilon_{\mathrm{F}}\beta A^{-1/3}$$

也就是说, 在这种情况, 相邻的能级可以组合 (只要 β 是小的).

3.2.7　非中心势

考虑更一般的变量不可分离的情况, 构建准经典的解. 我们将寻找下述方程的解

$$\nabla^2\Psi+k^2\Psi=0$$

其形式为 $\Psi=A\mathrm{e}^{\mathrm{i}S}$. 我们有

$$\nabla^2 A+2\mathrm{i}\nabla A\cdot\nabla S-A(\nabla S)^2+\mathrm{i}A\nabla^2 S+k^2 A=0 \tag{3.41}$$

把 (3.41) 的实部和虚部分开, 可以得到两个方程

$$\nabla^2 A + k^2 A = A(\nabla S)^2 \tag{3.42}$$

$$2\nabla A \cdot \nabla S + A\nabla^2 S = 0 \tag{3.43}$$

方程 (3.43) 实际上是粒子数的守恒定律. 事实上, 我们有

$$\begin{aligned} j &= \frac{1}{2\mathrm{i}}\left(\Psi^* \nabla \Psi - \Psi \nabla \Psi^*\right) \\ &= \frac{1}{2\mathrm{i}}\left[A\mathrm{e}^{-\mathrm{i}S}\nabla\left(A\mathrm{e}^{\mathrm{i}S}\right) - A\mathrm{e}^{\mathrm{i}S}\nabla\left(A\mathrm{e}^{-\mathrm{i}S}\right)\right] = A^2\nabla S \end{aligned}$$

和

$$\operatorname{div} j = \nabla\left(A^2\nabla S\right) = A^2\nabla^2 S + 2A\nabla A \cdot \nabla S = 0$$

因此, 沿着流线 (粒子流的线) 我们有

$$j_1 \, \mathrm{d}\sigma_1 = j_2 \, \mathrm{d}\sigma_2 \tag{3.44}$$

其中 $\mathrm{d}\sigma_1$ 和 $\mathrm{d}\sigma_2$ 是垂直于流线的表面元 (见图 3.11).

如果 $\nabla^2 A/A \ll k^2$, 从 (3.42) 可以得到作用量 S 的哈密顿–雅可比方程:

$$2[E - V(r)] = (\nabla S)^2 \tag{3.45}$$

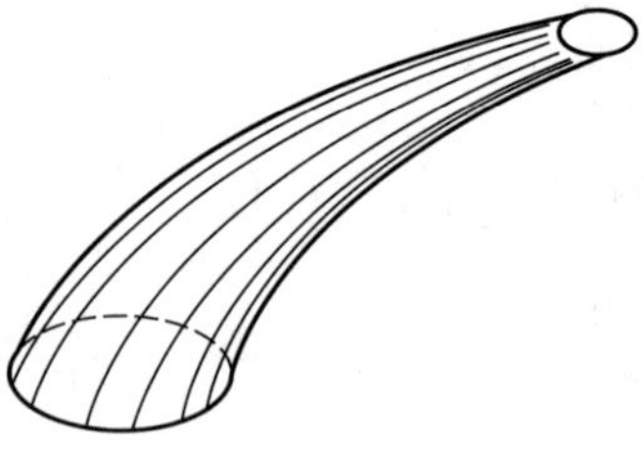

图 3.11

3.2.8 准经典的散射问题

让我们构建散射问题的准经典波函数. 首先要注意, (3.45) 的解不是唯一的; 粒子在散射后趋向于 $+\infty$ 的任何一点, 至少可以通过两条路径到达. 如

图 3.12 所示, 1 和 2 是入射平面波的波前上的两个点. 因此, 波函数不是写为 $\varPsi = A\mathrm{e}^{\mathrm{i}S}$, 而是用叠加原理给出

$$\varPsi = \sum_i A_i \mathrm{e}^{\mathrm{i}S_i}$$

这里对连接所考虑的各点的所有经典轨迹求和.

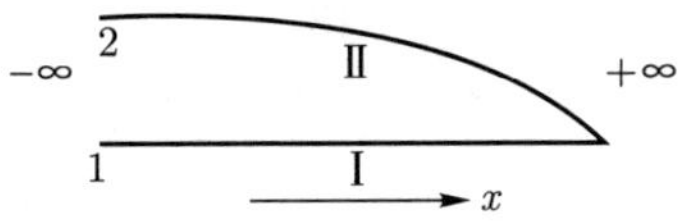

图 3.12

为简单起见, 我们假设只有两条轨迹将无限远处的入射波和散射波的波前联系起来. 沿着远离散射中心的轨迹 I, 流线平行于 x 轴; $\boldsymbol{A}$ 和 $\nabla \boldsymbol{S}$ 是常数, $|\nabla \boldsymbol{S}| = p_0$. 我们可以让 $\varPsi$ 在入射波波前的每一点等于 1; 那么 $A_1 = A_2 = 1$. 因此

$$\varPsi_1 = \exp\left(\mathrm{i}\int_{-L}^{x} p_0 \ \mathrm{d}x\right) = \exp\left(\mathrm{i}p_0 x + \mathrm{i}p_0 L\right)$$

其中 L 暂时是任意的量. 现在寻找第二个解 $\varPsi_2$. 沿着第二条流线, 我们有 $A^2 \nabla S \cdot \ \mathrm{d}Q =$ 常数. 在 $-\infty$, 我们有 $A_2 = 1, |\nabla S| = p_0$, $\mathrm{d}\sigma = \rho \mathrm{d}\rho \mathrm{d}\varphi$, 其中 ρ 是碰撞参数. 因此,

$$p_0 \rho \ \mathrm{d}\rho \ \mathrm{d}\varphi = A_2^2 p_0 r^2 \ \mathrm{d}\varOmega \tag{3.46}$$

这样就得到

$$\varPsi_2 \underset{r\to\infty}{\longrightarrow} A_2 \mathrm{e}^{\mathrm{i}S_2} = \sqrt{\frac{p \ \mathrm{d}\rho \ \mathrm{d}\varphi}{r^2 \ \mathrm{d}\varOmega}} \exp\left(\mathrm{i}\int_{-L}^{r} p \ \mathrm{d}l\right)$$

这个问题的完全解就是

$$\varPsi \underset{r\to\infty}{\longrightarrow} \exp\left(\mathrm{i}p_0 x + \mathrm{i}p_0 L\right) + \sqrt{\frac{p \ \mathrm{d}\rho \ \mathrm{d}\varphi}{r^2 \ \mathrm{d}\varOmega}} \exp\left(\mathrm{i}\int_{-L}^{r} p \ \mathrm{d}l\right) \tag{3.47}$$

把这个方程的右侧乘以常数因子 $\exp\left(-\mathrm{i}p_0 L\right)$:

$$\Psi \underset{r\to\infty}{\to} \mathrm{e}^{\mathrm{i}p_0 x} + \sqrt{\frac{\rho\,\mathrm{d}\rho\,\mathrm{d}\varphi}{r^2\,\mathrm{d}\Omega}} \exp\left[\mathrm{i}\left(p_0 r + \int_{-L}^{r} p\,\mathrm{d}l - \int_{-L}^{r} p_0\,\mathrm{d}l_0\right)\right]$$

也就是,

$$\Psi \underset{r\to\infty}{\to} \mathrm{e}^{\mathrm{i}p_0 x} + \frac{f}{r}\mathrm{e}^{\mathrm{i}p_0 r}$$

其中

$$f = \sqrt{\left(\frac{\mathrm{d}\sigma}{\mathrm{d}\Omega}\right)_{\text{经典}}}\mathrm{e}^{\mathrm{i}\Phi} \tag{3.48}$$

$$\Phi \equiv \int_{-\infty}^{\infty} p\,\mathrm{d}l - \int_{-\infty}^{\infty} p_0\,\mathrm{d}l_0 \tag{3.49}$$

轨迹 l 和 l_0 如图 3.13 所示.

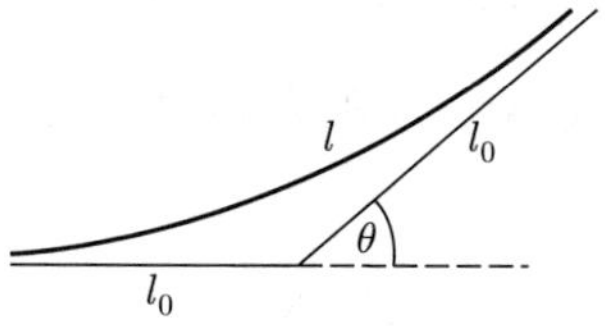

图 3.13

在表达式 (3.49) 中, 唯一重要的区域是靠近散射中心的区域. 如果经典轨迹经过准经典近似失效的点, 表达式 (3.49) 就需要修正. 所有这些点的集合形成了一个面, 称为焦散曲面 (caustic surface), 它把经典可到达区和经典不可到达区分开. 例如, 对于排斥性的库仑势, 焦散曲面是旋转抛物面, 而对于吸引性库仑势, 焦散曲面是从散射中心到 $+\infty$ 的直线.

让我们确定, 当轨迹接触到焦散曲面时, 波函数的相位在某一点附近如何变化. 把粒子的运动分解为沿着和垂直于焦散曲面切线的部分. 垂直于表面的运动类似于一维问题中折返点的准经典反射; 正如我们看到的, 入射波和反射波的相位差等于 $\pi/4 - (-\pi/4) = \pi/2$. 至于沿焦散曲面的切线的运动, 相位没有变化. 因此, 我们得到 Φ 的表达式不是 (3.49), 而是

$$\Phi = \int_{-\infty}^{\infty} p\,\mathrm{d}l - \int_{-\infty}^{\infty} p_0\,\mathrm{d}l_0 + \mathrm{i}\nu\frac{\pi}{2}$$

其中 ν 是轨迹与焦散曲面的接触点的数目. 对于库仑势, $\nu = 1$.

3.2.9 质子被氢原子散射的截面

在考虑电荷交换的问题时 (第 91 页), 我们得到散射振幅 $f_1 = (1/2)(f_s + f_a)$ 和电荷交换振幅 $f_2 = (1/2)(f_s - f_a)$, 其中 f_s 和 f_a 分别为对称散射和非对称散射的振幅. 势 V_s 与 V_a 的差别很小, 因此可以认为, V_s 和 V_a 的经典截面相同, 而相位 Φ_s 和 Φ_a 可以很不一样. (Φ_s 和 Φ_a 都很大, 因此, $\Phi_s - \Phi_a$ 的差有可能也很大). 因此, 根据 (3.48),

$$f_1 = \frac{1}{2}\sqrt{\left(\frac{d\sigma}{d\Omega}\right)_{经典}}\left(e^{i\Phi_s} + e^{i\Phi_a}\right)$$

$$f_2 = \frac{1}{2}\sqrt{\left(\frac{d\sigma}{d\Omega}\right)_{经典}}\left(e^{i\Phi_s} - e^{i\Phi_a}\right)$$

电荷交换截面由下式给出

$$\begin{aligned}\left(\frac{d\sigma}{d\Omega}\right)_{电荷交换} &= |f_2|^2 = \frac{1}{4}\left(\frac{d\sigma}{d\Omega}\right)_{经典}\left|\exp(i\Phi_s) - \exp(i\Phi_a)\right|^2 \\ &= \left(\frac{d\sigma}{d\Omega}\right)_{经典}\sin^2\frac{1}{2}(\Phi_s - \Phi_a)\end{aligned}$$

因为

$$\Phi \equiv \int_{-\infty}^{\infty} p\ dl - \int_{-\infty}^{\infty} p_0\ dl_0$$

我们得到

$$\begin{aligned}\Phi_1 - \Phi_a &= \int_{-\infty}^{\infty}(p_s - p_a)\ dl \\ &\approx \int_{-\infty}^{\infty}\frac{m_p(V_s - V_a)}{p}\ dl \approx \frac{1}{v_0}\int_{-\infty}^{\infty}(V_s - V_a)\ dl\end{aligned}$$

其中 m_p 是质子的质量, 而 v_0 是它的速度.

考虑小角散射, 令 $V_s - V_a \equiv V$. 对于电荷交换截面, 我们得到:

$$\left(\frac{d\sigma}{d\Omega}\right)_{电荷交换} = \left(\frac{d\sigma}{d\Omega}\right)_{cl}\sin^2\left[\frac{1}{2v_0}\int_{-\infty}^{\infty} v\left(\sqrt{\rho^2 + x^2}\right)\ dx\right] \tag{3.50}$$

其中 ρ 是碰撞参数. 这个表达式与第 2.4 节得到的截面一致. 对于散射截面 (无电荷交换), 我们得到

$$\begin{aligned}\left(\frac{\mathrm{d}\sigma}{\mathrm{d}\Omega}\right)_{\text{散射}} &= \left(\frac{\mathrm{d}\sigma}{\mathrm{d}\Omega}\right)_{\text{经典}} \cos^2\left[\frac{1}{2v_0}\int_{-\infty}^{\infty} V\left(\sqrt{\rho^2+x^2}\right)\,\mathrm{d}x\right] \\ &= \frac{1}{2}\left(\frac{\mathrm{d}\sigma}{\mathrm{d}\Omega}\right)_{\text{经典}} - \frac{1}{2}\left(\frac{\mathrm{d}\sigma}{\mathrm{d}\Omega}\right)_{\text{经典}} \cos\left[\frac{1}{v_0}\int_{-\infty}^{\infty} V\left(\sqrt{\rho^2+x^2}\right)\,\mathrm{d}x\right]\end{aligned}$$

因此, 我们不仅得到了通常的经典散射, 还得到了散射截面作为偏转角的函数的量子力学振荡.

第四章　物理量的解析性质

近年来, 强相互作用粒子 (强子) 物理学在理论和实验方面的发展要求创建新的理论方法, 这些方法不假定相互作用是弱的, 因此不使用微扰理论. 其中一种方法是基于物理量的解析特性, 例如散射振幅作为能量和散射角的函数的解析特性.

当有关的量在实轴附近的复平面上有一个奇点, 它在实轴上的行为就由这个奇点的特性决定. 这种情况的最早例子之一是形成慢粒子的反应理论 (参见下文). 在这种情况, 反应中产生的粒子的散射振幅的极点, 决定了这个过程的能量依赖关系. 我们将看到, 在系统中存在相互作用的低能级粒子, 使低能波函数的能量和坐标依赖性大大简化, 寻找能谱的问题被约化为简单的代数方程.

这些解析特性使我们能够在散射振幅的虚部 (由有关粒子的吸收决定) 和实部之间建立一种关系 (所谓的色散关系). 在物理学的不同领域, 这种关系产生了大量的实验可观察到的后果.

4.0　几个简单的例子

对于参数的实数值, 任何物理量都不可能趋于无穷大. 也就是说, 在实轴的物理上可达到的区域, 所有的物理函数都是有限的, 因为作为观察结果而实际得到的所有量都是参数的平滑函数. 只有在对有关系统进行审慎的理想化之后, 实轴上物理量才会出现奇异性. 用一个例子说明这一点. 我们知道, 在玻恩近似中, 粒子在有屏蔽的库仑势 $er^{-1}\mathrm{e}^{-ar}$ 中的散射截面与 $\left(q^2+a^2\right)^{-2}$ 成正比, 其中 q 是动量转移. 因此, 散射振幅在 q 的复平面上有一个奇点. 如果考虑一个更理想化的系统, 也就是没有屏蔽的系统, 那么 $a\to 0$, 奇点就会转到实的 q 轴上. 现在, 假设我们对一个没有屏蔽的电荷的散射感兴趣. 在理想化的表达中, 散射振幅在 $q=0$ 处有一个奇点. 在这种情况下, 横截面的无穷大被入射粒子束的有限宽度 d 消除; 入射束受到限制的事实导致了粒子横向动量的不确定

性 $\Delta p_{\perp} \sim d^{-1}$, 从而导致对应于 $q \to 0$ 的小散射角的不可解性. 然而, 通过改进实验 (即通过增大 d), 我们可以任意地接近 $q = 0$ 的奇点, 这表明理想化确实是合理的.

另一个例子是最终态的密度所产生的阈值奇异性 (参见 4.3.4 节). 例如, 从原子核中敲出一个核子的截面与 $\sqrt{E - E_0}$ 成正比, 其中 E 是入射粒子的能量, E_0 是阈值能量. 这种能量依赖关系来自最终态的密度:

$$\begin{aligned} f_0(E - E_0) &= \int \delta(E_p - E) \frac{\mathrm{d}^3 p}{(2\pi)^3} \\ &\sim \int_{E_0}^{\infty} \delta(E_p - E) \sqrt{E_p - E_0}\, \mathrm{d}E_p = \sqrt{E - E_0} \end{aligned}$$

然而, 在现实的实验条件下, 入射粒子的能量不是固定的, 而是围绕能量 E 有起伏, 例如高斯分布. 因此, 在生成截面中, 出现的不是 f_0, 而是

$$\begin{aligned} f(E - E_0) &= \sqrt{\pi\alpha} \int_{E_0}^{\infty} \mathrm{e}^{-\alpha(E-E_1)^2} \sqrt{E_1 - E_0}\, \mathrm{d}E_1 \\ &= \sqrt{\pi\alpha} \int_0^{\infty} \mathrm{e}^{-\alpha(E-E_0-x)^2} \sqrt{x}\, \mathrm{d}x \end{aligned}$$

生成截面正比于这个量. 在计算积分时, 我们发现

$$f(\varepsilon) = \frac{\pi}{2\sqrt{\alpha}} (2\alpha)^{-1/4} \mathrm{e}^{-\alpha\varepsilon^2/2} \mathscr{D}_{-3/2}(-\varepsilon\sqrt{2\alpha})$$

其中 $\mathscr{D}$ 是抛物线柱函数 (Weber 函数), $\varepsilon = E - E_0$. 函数 $f(\varepsilon)$ 在阈值点 $\varepsilon = 0$ 没有奇异性. 利用 $\mathscr{D}$ 函数的渐近形式, 我们发现对于 $\varepsilon \to -\infty$, 有 $f(\varepsilon) \sim \mathrm{e}^{-\alpha\varepsilon^2}$, 而对于 $\varepsilon \to +\infty$, 有 $f(\varepsilon) \sim \varepsilon^{1/2}$. $f(\varepsilon)$ 如图 4.1 所示.

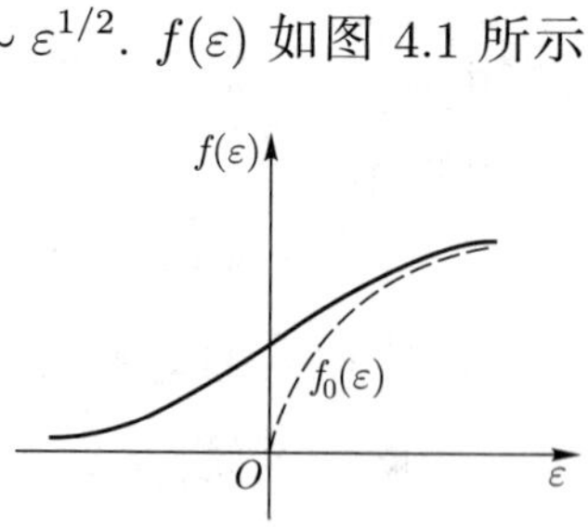

图 4.1

当入射粒子的能量被确定得越来越精确 ($\alpha \to \infty$), $f(\varepsilon)$ 的曲线趋向于图

4.1 中虚线所示的极限曲线, 它在 $\varepsilon=0$ 时有一个奇点. 因此, 在 $\varepsilon=0$ 处出现的平方根奇点是把实际散射问题理想化的结果.

在参数的复平面内, 物理函数可能有各种奇点; 在每一种情况, 它们的出现一定有物理原因. 根据解析性质, 我们可以得出关于不同物理量之间关系的重要结论. 下面先考虑一些简单的物理例子, 然后找到一系列问题的解, 如果不使用解析性质, 这些问题就无法研究.

4.0.1　原子核的转动惯量对形变的依赖关系

球形量子系统的转动惯量必须设置为零; 因为, 为了观察转动, 系统的表面上需要有一个标记. 这个标记将对应于某个激发态, 此时的系统不再是球形的. 随着变形的减少, 转动项的能量增加到无穷大, 这意味着转动惯量趋于零. 为了阐明这一点, 我们寻找转动惯量的量子力学表达式. 考虑角速度为 Ω 的转动坐标系. 哈密顿量有一个额外的项

$$H'=-M\Omega$$

其中 M 是该系统的角动量算子. 把 H' 当作小的扰动, 很容易得到角动量平均值的表达式:

$$\langle M\rangle=2\sum\frac{|M_{0S}|^2}{E_S-E_0}\Omega\equiv J\Omega$$

这里把转动惯量定义为 $\langle M\rangle/\Omega$ 的比率.

如果在相关的角速度下, 可以忽略系统内部自由度的激发, 那么转动能量由下式给出

$$E=\frac{M^2}{2J}=\frac{j(j+1)}{2J}$$

而转动惯量由上文可知:

$$J=2\sum\frac{|M_{0S}|^2}{E_S-E_0}$$

从这个表达式可以看出, 对于球形系统, M 只有对角矩阵元, $J=0$.

现在考虑由小的变形 δ 引起的转动惯量 J. J 的 δ 幂级数展开式中的第一项是什么? 很容易地验证, $J=A\delta$ 这个假设不正确. 对于正的 δ(“橄榄球” 式的变形), 假设 $J=A$. 由于 J 必须到处都是正的, 因此对于负的 δ(“煎饼” 式的

变形)$J = A|\delta| = A\sqrt{\delta^2}$. 因此, 转动惯量 (作为 δ^2 的函数) 将在原点有一个分支点. 但是很容易看到, 没有理由出现分支点. 通过适当的坐标变换, 让我们从弱变形的原子过渡到球形的原子. 结果是在哈密顿中加入一个与变形 δ 成正比的小修正 h'. 对于有限的系统, 微扰理论给出了转动惯量在 δ 中的收敛级数, 因此可以得出结论, 在 $\delta = 0$ 时不可能存在奇点. 因此, 我们可以用 δ 的幂来展开 J, 这个展开从二次项开始:

$$J = B\delta^2 + \cdots$$

4.0.2 声音频率对波矢的依赖关系

众所周知, 在一些系统中, 对于小的波数 k(也就是长的波长 $\lambda = 1/k$), 声波以频率 $\omega = ck$ 传播, 其中 c 是声速. 由于 ω 是标量, 而 $\boldsymbol{k}$ 是矢量, 这个关系必须解释为 $\omega = c\sqrt{k^2}$, 所以频率 ω 是 k^2 的函数, 在 $k^2 = 0$ 有一个分支点. 我们将解释这种情况出现分支点的原因.

只要不存在耗散, 描述系统状态的方程在变换 $t \to -t$ 下就是不变的. 因此, 确定频率的方程总是包含 ω 的偶数次方. 例如, 在经典动力学中, 粒子系统的牛顿方程是 (对于小振动)

$$m\ddot{u}_n = -\sum_m F_{mn}u_m$$

其中 m 是第 n 个粒子的质量, u_n 是它的位移, $F_{mn}u_m$ 是第 n 个粒子施加在第 m 个粒子上的力. 令 $u_n = u_{0n}\mathrm{e}^{\mathrm{i}\omega t}$, 我们得到频率的平方 ω^2 的色散关系, 其形式为

$$m\omega^2 u_{0n} = \sum_m F_{mn}u_{0m}$$

因此, 频率的平方 ω^2(而不是 ω 本身) 必须是问题的参数的解析函数. 因此

$$\omega^2 = a + c^2k^2 + bk^4 + \cdots$$

在 $k \to 0$ 的极限, 对应于声波的系统变形, 必须变为系统整体的位移, 而这种位移对应的能量是零. 因此, 对于声波, $a = 0$(“戈德斯通定理”), 对于小的 k, 频率由 $\omega = c|k|$ 给出.

4.1　介电常量的解析性质

在某些情况下, 我们将看到, 物理量的解析性质来自因果关系. 例如, 考虑介电常量的解析性. 电场 $\mathscr{E}$ 在系统中引起的电位移 $\mathscr{D}(t)$ 取决于电场在此前所有时刻 $t-\tau(\tau>0)$ 的振幅. 因此

$$\mathscr{D}(t)=\int_0^\infty \mathscr{H}(\tau)\mathscr{E}(t-\tau)\ \mathrm{d}\tau \tag{4.1}$$

其中 $\mathscr{H}(\tau)$ 是实数和单调减小的量, 因为它把两个物理量在时间上的位移量 τ 联系起来. 关系式 (4.1) 正是来自原因比结果早出现的这个要求. 让我们取 $\mathscr{E}$ 和 $\mathscr{D}$ 的傅里叶变换:

$$\mathscr{E}=\int \mathscr{E}_\omega \mathrm{e}^{-\mathrm{i}\omega t}\ \mathrm{d}\omega,\quad \mathscr{D}=\int \mathscr{D}_\omega \mathrm{e}^{-\mathrm{i}\omega t}\ \mathrm{d}\omega$$

那么, 由 (4.1) 得到

$$\mathscr{D}_\omega=\mathscr{E}_\omega\int_0^\infty \mathscr{H}(\tau)\mathrm{e}^{\mathrm{i}\omega\tau}\ \mathrm{d}\tau$$

因此, 介电常量由下式给出

$$\varepsilon_\omega=\frac{\mathscr{D}_\omega}{\mathscr{E}_\omega}=\int_0^\infty \mathscr{H}(\tau)\mathrm{e}^{\mathrm{i}\omega\tau}\ \mathrm{d}\tau \tag{4.2}$$

量 ε_ω 在复数变量 ω 的上半平面是解析的. 因为如果令 $\omega=\omega_0+\mathrm{i}\omega_1$, 其中 $\omega_1>0$, (4.2) 的积分包含单调下降的指数函数 $\mathrm{e}^{-\omega_1\tau}$, 因此, 积分 (4.2) 收敛并定义了一个解析函数.

容易看出, $1/\varepsilon$ 的解析性质与 ε 本身的解析性质相同. 考虑这种材料制成的两个圆柱体, 一长一短, 并对它们各自施加外场 $\mathscr{E}_0$(图 4.2). 在长圆柱体的情况, 圆柱体内部的场 $\mathscr{E}$ 等于外场 $\mathscr{E}_0$, 因此位移 $\mathscr{D}$ 由 $\mathscr{D}=\varepsilon\mathscr{E}_0$ 给出. 在短圆柱体的情况下, 电位移等于外场 $\mathscr{E}_0$, 所以圆柱体内部的场由 $\mathscr{E}=\mathscr{E}_0/\varepsilon$ 给出. 这个结果来自 $\boldsymbol{\mathscr{D}}$ 和 $\boldsymbol{\mathscr{E}}_0$ 的法向和切向分量的著名边界条件, 因此在第一种情况下,

我们有

$$\mathscr{D}=\int_0^\infty \mathscr{H}_1(\tau)\mathscr{E}_0(t-\tau)\ \mathrm{d}\tau,\quad \varepsilon=\int_0^\infty \mathscr{H}_1(\tau)\mathrm{e}^{\mathrm{i}\omega\tau}\ \mathrm{d}\tau$$

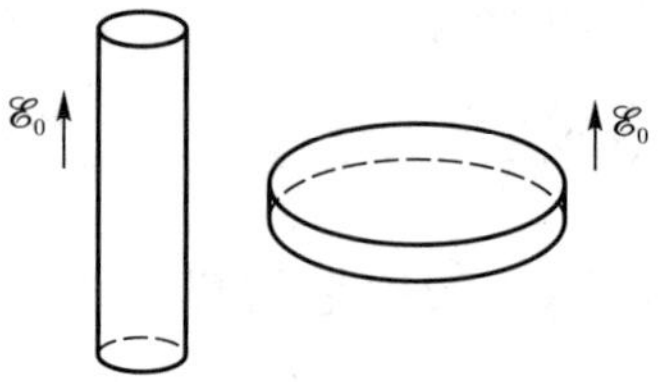

图 4.2

在第二种情况下, 内部场 $\mathscr{E}$ 由 $\mathscr{E}_0$ 在以前的所有时间的值决定, 它与 $\mathscr{D}$ 的值相同, 所以

$$\mathscr{E}=\int_0^{\infty} \mathscr{H}_2(\tau) \mathscr{D}(t-\tau) \mathrm{~d} \tau$$

因此

$$\frac{1}{\varepsilon}=\int_0^{\infty} \mathscr{H}_2(\tau) \mathrm{e}^{\mathrm{i} \omega \tau} \mathrm{~d} \tau$$

因此, $1/\varepsilon$ 的解析特性与 ε 的解析特性相同, 因此, 介电常量在 ω 的上半平面既没有极点也没有零点.

利用介电常量的解析性, 可以给出实部与虚部的关系. 考虑变量 ω^2 的复平面. 对于这个变量, $\varepsilon\left(\omega^2\right)$ 的解析区域是第一个黎曼面 (sheet); 所有的奇点都位于第二个黎曼面上. 与一个黎曼面到另一个黎曼面的过渡相对应的割线, 位于从原点到无穷远的 ω^2 正实轴上 (见图 4.3). 为了把介电常量的实部和虚部联系起来, 我们使用柯西定理:

$$f(z)=\frac{1}{2 \pi \mathrm{i}} \oint_C \frac{f\left(z^{\prime}\right) \mathrm{~d} z^{\prime}}{z^{\prime}-z}$$

其中, C 是包围 z 的任何封闭围道, 但不包括 $f(z)$ 的任何奇点. 采用图 4.3 所示的 C 围道, 我们可以将这个定理应用于这个函数 $\varepsilon\left(\omega^2\right)$. 选择函数 f, 使得无限大圆 C_0 上的积分趋于零. 下面将看到, 对于 $\omega \rightarrow \infty$, 有 $\varepsilon \rightarrow 1$, 所以, 我们必须采取 $f=\varepsilon-1$. 这样就得到

$$\varepsilon\left(\omega^2\right)-1=\frac{1}{2 \pi \mathrm{i}} \int_{C_1+C_2} \frac{\varepsilon\left(\omega_1^2\right)-1}{\omega_1^2-\omega^2} \mathrm{~d} \omega_1^2 \tag{4.3}$$

这里的积分简化为围绕割线的围道. 用 $\varepsilon_1\left(\omega^2\right)$ 表示 ε 在割线上侧的值, 用 $\varepsilon_2\left(\omega^2\right)$ 表示它在下侧的值; 现在我们把这两个量联系起来. 在割线的上侧, 令

$\omega=\omega_0$, 其中 ω_0 是实数. 在下侧, 我们有 $\omega=\omega_0 e^{\pi i}=-\omega_0$. 因此,

$$\varepsilon_1\left(\omega_0^2\right)=\int_0^\infty \mathscr{H}(\tau)e^{i\omega_0\tau}\ d\tau$$

以及

$$\varepsilon_2\left(\omega_0^2\right)=\int_0^\infty \mathscr{H}(\tau)e^{-i\omega_0\tau}\ d\tau$$

由于 $\mathscr{H}(\tau)$ 和 ω_0 是实数, 我们得到

$$\varepsilon_2\left(\omega_0^2\right)=\left[\varepsilon_1\left(\omega_0^2\right)\right]^* \tag{4.4}$$

将 (4.4) 代入 (4.3), 并注意到在割线的上侧, 我们有 $\omega^2\to\omega^2+i\delta$(其中 $\delta\to+0$). 我们得到

$$\varepsilon_\omega=\varepsilon_1\left(\omega^2\right)=1+\frac{1}{\pi}\int_0^\infty\frac{\operatorname{Im}\varepsilon\left(\omega_1^2\right)\ d\omega_1^2}{\omega_1^2-\omega^2-i\delta} \tag{4.5}$$

很容易验证, 选择上述的 δ, 计算 (4.5) 的虚部, 导致了相同的结果. 因此, 我们可以根据对其虚部的了解来重构整个介电常量 ε.

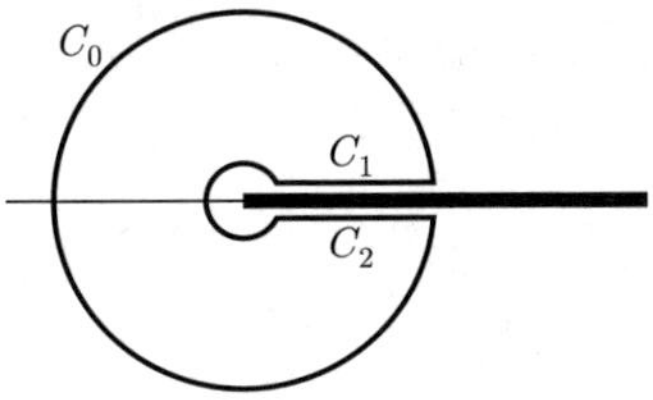

图 4.3

介电常量的虚部控制着系统对电磁辐射的吸收, 只有当本征频率等于系统的某个特征频率 ω_n 时, 才是非零的, 误差是有关能级宽度的数量级. 下面的例子可以说明这一点. 换句话说, 忽略宽度, 我们可以把 $\operatorname{Im}\varepsilon$ 写为以下形式

$$\operatorname{Im}\varepsilon\left(\omega^2\right)=\sum_n \pi f_n\delta\left(\omega^2-\omega_n^2\right) \tag{4.6}$$

把 (4.6) 代入 (4.5), 可以得到

$$\varepsilon\left(\omega^2\right)=1+\sum_n\frac{f_n}{\omega_n^2-\omega^2-i\delta} \tag{4.7}$$

如果 $\omega^2 \gg \omega_n^2$, 也就是说, 如果光的波长远小于原子的大小, 那么原子的结构就不重要了, ε 就变成理想电子气体的介电常量:

$$\varepsilon \underset{\omega\to\infty}{=} 1-\frac{4\pi ne^2}{m\omega^2} \tag{4.8}$$

其中 n 是每单位体积的电子数, m 是电子质量. 公式 (4.8) 将通过考虑下面的例子来说明. 把它与 (4.7) 做比较, 我们发现

$$\sum_n f_n = \frac{4\pi ne^2}{m}$$

这就是所谓的 f 求和规则 (f-sum rule).

4.1.1 一个简单模型里的介电常量的解析性质

考虑介质由频率为 ω_0 的振子组成 (更一般的情况是具有不同频率的一组振子, 也很容易讨论). 这种振子是原子电子的粗糙模型. 受电场 $\mathscr{E}(t)$ 影响的振子的运动方程为

$$\ddot{\boldsymbol{r}}+h\dot{\boldsymbol{r}}+\omega_0^2\boldsymbol{r}=\frac{e}{m}\mathscr{E}$$

其中 h 为阻尼系数. 用公式 $\boldsymbol{r}=\int \boldsymbol{r}_\omega \mathrm{e}^{-\mathrm{i}\omega t}\mathrm{d}\omega$ 和 $\mathscr{E}=\mathscr{E}_\omega \mathrm{e}^{-\mathrm{i}\omega t}\ \mathrm{d}\omega$ 把 $\boldsymbol{r}$ 和 $\mathscr{E}$ 展开, 我们得到

$$-\omega^2\boldsymbol{r}_\omega-\mathrm{i}h\omega\boldsymbol{r}_\omega+\omega_0^2\boldsymbol{r}_\omega=\frac{e}{m}\mathscr{E}_\omega$$

于是

$$\boldsymbol{r}_\omega=\frac{e}{m}\mathscr{E}_\omega\frac{1}{\omega_0^2-\omega^2-\mathrm{i}h\omega}$$

可以计算出介质的偶极极化 $\mathscr{P}_\omega$:

$$\mathscr{P}_\omega\equiv ne\boldsymbol{r}_\omega=\frac{ne^2}{m}\mathscr{E}_\omega\frac{1}{\omega_0^2-\omega^2-\mathrm{i}h\omega}$$

其中 n 是每单位体积的振子的数量. 介电常量用众所周知的电磁理论公式计算得到:

$$\varepsilon_\omega=\frac{\mathscr{D}_\omega}{\mathscr{E}_\omega}=\frac{\mathscr{E}_\omega+4\pi\mathscr{P}_\omega}{\mathscr{E}_\omega}=1+\frac{4\pi ne^2}{m}\frac{1}{\omega_0^2-\omega^2-\mathrm{i}h\omega}$$

因此, 对于 $\omega^2 \gg \omega_0^2$, 就得到上面的公式 (4.8). 如果系统由多种不同类型的振子组成, 就必须在上述公式中对各种可能的频率 ω_n 求和:

$$\varepsilon_\omega = 1 + \frac{4\pi e^2}{m}\sum_n \frac{n_n}{\omega_n^2 - \omega^2 - \mathrm{i}h_n\omega} \tag{4.9}$$

其中 n_n 是单位体积内能量为 ω_n 的振子数量. 在这种情况, 如果让 ω 趋向于 ∞, 就得到

$$\varepsilon_\omega \to 1 - \frac{4\pi e^2}{m\omega^2}\sum_n n_n$$

把这个表达式与 (4.8) 做比较, 就得到 f 求和规则的形式为 $\sum_n n_n = n$, 其中 n 是单位体积的电子总数. 我们看到, 在 $\omega \to \infty$ 的极限情况下, 所选模型的性质并不影响结果, 符合我们的预期.

阻尼系数 h_n 取决于第 n 个态到其他态的跃迁强度. 我们在第 41 页看到, $h_n \ll \omega_n$. 从 (4.9) 可以看出, 阻尼系数决定了介电常量的虚部.

让我们检查一下, ε_ω 只在 ω 的下半平面有极点和零点. 从 (4.9) 得到, ε_ω 的极点出现在 $\omega = \pm\left(\omega_n^2 - \mathrm{i}h_n\omega\right)^{1/2} \approx \pm|\omega_n| - \mathrm{i}h_n/2$. 由于 $h_n > 0$, 因此 $\mathrm{Im}(\omega) < 0$. 为了找到 ε_ω 的零点, 我们先考虑频率为 ω_0、阻尼系数为 h_0 的单个振子的情况. 让式 (4.9) 等于零, 我们得到

$$\omega = \pm\sqrt{\omega_0^2 + \frac{4\pi e^2 n}{m} - \mathrm{i}h_0\omega} \approx \pm\sqrt{\omega_0^2 + \frac{4\pi e^2 n}{m}} - \mathrm{i}\frac{h_0}{2}$$

因此, $\mathrm{Im}(\omega) < 0$.

在几个振子的情况, 从 (4.9) 可以看到, 零点的实部将位于极点的实部之间. 由于所有的 h_n 都有相同的符号, 它们将使 ε_0 的零点发生移动, 方向与单个振子的情况相同. 因此, 我们就验证了这个简单模型中介电常量的所有解析性质.

考虑这个模型中的函数 $\mathscr{H}(t)$ 的结构. 我们有:

$$\varepsilon_\omega = \int_0^\infty \mathscr{H}(\tau)\mathrm{e}^{\mathrm{i}\omega\tau}\,\mathrm{d}\tau = 1 + \frac{4\pi e^2}{m}\sum_n \frac{n_n}{\omega_n^2 - \omega^2 - \mathrm{i}h_n\omega}$$

因此,

$$\mathscr{H}(\tau) = \delta(\tau) + \frac{4\pi e^2}{m}\sum_n \frac{\sin\left(\sqrt{\omega_n^2 - h_n^2/4}\tau\right)}{\sqrt{\omega_n^2 - h_n^2/4}}\mathrm{e}^{-h_n\tau/2}$$

我们看到，h_n 决定了 $\mathscr{H}(t)$ 的阻尼，也决定了本征频率的移动 $\left[\omega_n \rightarrow \left(\omega_n^2 - h_n^2/4\right)^{1/2}\right]$. 我们注意到，由于 $\mathscr{H}(t)$ 呈指数下降，电位移 $\mathscr{D}(t)$ 由 $\mathscr{E}(t-\tau)$ 在时间 $\tau \sim 1/h$ 的场值决定. 我们还注意到，介电常量的虚部是时间的奇函数，实部是偶函数，这是时间可逆性的要求.

4.2 散射振幅的解析性质

4.2.1 幺正性是叠加原理和概率守恒的结果

让我们研究散射振幅的解析性质. 根据定义，S 矩阵把系统的散射后的波函数 Ψ_{out} 与散射前的波函数 Ψ 联系起来：$\Psi_{\text{out}} = S\Psi_{\text{in}}$. 我们将表明，概率守恒和叠加原理共同意味着 S 矩阵具有幺正性.

S 矩阵的矩阵元 S_{ac} 是从状态 a 跃迁到状态 c 的振幅. 因此，根据概率守恒，有 $\sum_c |S_{ac}|^2 = 1$；这个等式可以符号化地写成 $\left(S^+S\right)_{aa} = 1$. 量子力学的叠加原理意味着任意态的波函数 $|\,\widetilde{a}\rangle$ 可以写成 $|\widetilde{a}\rangle = \alpha|a\rangle + \beta|b\rangle + \cdots$ 的形式，其中 $|a\rangle, |b\rangle, \cdots$ 构成一组基态. 条件 $\left(S^+S\right)_{aa} = 1$ 可以写成以下形式

$$|\alpha|^2 \left(S^+S\right)_{aa} + |\beta|^2 (S^+S)_{bb} + \cdots + \alpha\beta^*(S^+S)_{ab} + \alpha^*\beta(S^+S)_{ba} + \cdots = 1$$

由于 $\left(S^+S\right)_{aa} = \left(S^+S\right)_{bb} = \cdots = 1$，以及 $|\alpha|^2 + |\beta|^2 + \cdots = 1$，可见

$$\alpha\beta^*(S^+S)_{ab} + \alpha^*\beta(S^+S)_{ba} + \cdots = 0$$

由于系数 $\alpha, \beta \cdots$ 是任意的，我们最后发现 $\left(S^+S\right)_{ab} = 0$. 把这个方程与概率守恒条件结合起来，就可以写成 $\left(S^+S\right)_{ab} = \delta_{ab}$，或者用算子形式写成 $S^+S = 1$. 因此，S 矩阵有幺正性.

从 S 矩阵中分离出单位矩阵是很方便的，它描述了没有实际散射发生的过程：$S = 1 + \mathrm{i}T$. 然后，S 矩阵的幺正性条件采取 $\left(1 - \mathrm{i}T^+\right)(1 + \mathrm{i}T) = 1$ 的形式，或

$$T^+T = \mathrm{i}\left(T^+ - T\right)$$

以矩阵元的形式写出来，就变为

$$2\,\mathrm{Im}\,T_{ab} = \sum_c T_{ca}^* T_{cb} \tag{4.10}$$

我们用 $T = \left(4\pi^2/M\right) f\left(E-E'\right)$ 的关系来定义散射振幅 f, 其中 M 是被散射粒子的质量 (假定是非相对论的), δ 函数表示散射的能量守恒定律. 方程 (4.10) 的对角元 $(a=b)$ 就可以写成以下形式

$$2\,\mathrm{Im}\, f_{aa} = \frac{4\pi^2}{M}\sum_c |f_{ac}|^2 \frac{\delta\left(E-E_c\right)\delta\left(E_c-E'\right)}{\delta\left(E-E'\right)} \tag{4.11}$$

左边包含了零角 (正向) 散射的振幅. 我们可以用 $\delta\left(E-E'\right)$ 替换右边分子中的因子 $\delta\left(E_c-E'\right)$, 它与分母中的 δ 函数抵消. 公式 (4.11) 的右边就包含 $\sum\limits_c |f_{ac}|^2\,\delta\left(E-E_c\right)$ 的和. 中间态 c 由某个动量 $\boldsymbol{p}'$ 表征. 用积分取代对 $\boldsymbol{p}'$ 的求和 $\left(\sum\limits_{\boldsymbol{p}'} \to \int \dfrac{\mathrm{d}\boldsymbol{p}'}{(2\pi)^3}\right)$, 我们得到

$$\int |f_{\boldsymbol{p}\boldsymbol{p}'}|^2\,\delta\left(E_{\boldsymbol{p}}-E_{\boldsymbol{p}'}\right)\frac{\mathrm{d}\boldsymbol{p}'}{(2\pi)^3} = \frac{1}{8\pi^3}\int |f(\theta)|^2\,\mathrm{d}\Omega \frac{p^2}{\dfrac{\mathrm{d}E}{\mathrm{d}p}}$$

这里使用了 $f_{ab} = f_{pp'} = f(\theta)$. 现在, $\mathrm{d}E/\,\mathrm{d}p = v$ 是入射粒子的速度, 而积分 $\int |f(\theta)|^2\,\mathrm{d}\Omega = \sigma$ 是总散射截面. 因此, 我们从 (4.11) 得到

$$2\,\mathrm{Im}\, f(0) = \frac{4\pi^2}{8\pi^3 M}\sigma\frac{p^2}{v}$$

或者

$$\mathrm{Im}\, f(0) = \frac{p}{4\pi}\sigma \tag{4.12}$$

这种关系称为光学定理; 它把总截面与前向散射振幅的虚部联系起来. 下面将给出光学定理的另一种证明, 基于粒子数的守恒.

4.2.2　色散关系

正如对介电常量的做法一样, 我们可以把散射振幅的实部和虚部联系起来. 例如, 考虑荷电系统对光的散射. 我们写出算子关系 $B = SA$, 其中 A 描述入射波的振幅, B 描述散射波的振幅. 在特殊情况下, A 的振幅在时间 $t=-\infty$, B 在时间 $t=+\infty$, 算子 S 等同于上面介绍的 S 矩阵. 请注意, 介电常量只是算子 S 的一个特例, 也就是 A 和 B 与位置无关的情况.

让我们假设: 直到时间 $t=0$, 在散射系统前面的某个参考平面上的入射波的振幅是零. 那么就可以断言, B 在 $t<t_1$ 时 (其中 $t_1>0$), 有 $B(t)=0$. 关于傅里叶分量, 我们有

$$A_\omega=\int_0^\infty A(t)\mathrm{e}^{\mathrm{i}\omega t}\,\mathrm{d}t,\quad B_\omega=\int_{t_1}^\infty B(t)\mathrm{e}^{\mathrm{i}\omega t}\,\mathrm{d}t$$

对于 $t<0$, 有 $A(t)=0$, 所以 A_ω 在 ω 的上半平面没有奇点. 根据同样的论证, B_ω 在这个半平面上也不可能有奇点. 从关系式 $B_\omega=SA_\omega$ 可以看出, S 只能在 A_ω 的零点处有奇点. 但是 S 必须不依赖于 A_ω 的特殊形式, 特别是它的极点位置; 因此, A_ω 的零点必须与 B_ω 的零点重合, 我们得出结论, S 在上半平面不能有任何奇点. 我们在前面看到, 算子 S 与光的散射振幅 $f\left(\omega^2\right)$ 有线性关系. $f(\infty)$ 不为零 (它只是光在介质的自由粒子上的散射振幅的总和). 因此, 色散关系必须不是用于 $f\left(\omega^2\right)$ 本身, 而是用于 $f\left(\omega^2\right)-f(\infty)$ 这个差. 它类似于介电常量 ε 的色散关系:

$$f\left(\omega^2\right)=f(\infty)+\frac{1}{\pi}\int_0^\infty\frac{\operatorname{Im}\left[f\left(\omega_1^2\right)-f(\infty)\right]}{\omega_1^2-\omega^2-\mathrm{i}\delta}\,\mathrm{d}\omega_1^2 \tag{4.13}$$

4.2.3 低能量处的共振散射

对于大的 r 值, 散射问题中的波函数具有渐近形式

$$\Psi\underset{r\to\infty}{\to}\mathrm{e}^{\mathrm{i}pz}+\frac{f}{r}\mathrm{e}^{\mathrm{i}pr}$$

首先考虑球对称的散射. Ψ 的球对称部分描述 $l=0$ 的散射, 在大 r 时由下述表达式给出

$$\int\Psi\frac{\mathrm{d}\Omega}{4\pi}\underset{r\to\infty}{=}\frac{\sin(pr)}{pr}+\frac{f_0}{r}\mathrm{e}^{\mathrm{i}pr}=\frac{u}{r}$$

其中 f_0 是球对称的分波振幅. 函数 u 可以写成

$$u=-\frac{1}{2\mathrm{i}p}\mathrm{e}^{-\mathrm{i}pr}+\frac{1+2\mathrm{i}pf_0}{2\mathrm{i}p}\mathrm{e}^{\mathrm{i}pr} \tag{4.14}$$

由表达式 (4.14) 产生的粒子流是由 u 的两个项分别产生的流的差 (在流的表达式中, 交叉项抵消). 如果散射中心既不吸收粒子也不发射粒子, 这两个流必须相等; 它们相等的条件是 $|1+2\mathrm{i}pf_0|^2=1$, 换言之

$$f_0-f_0=2\mathrm{i}pf_0f_0^*,\quad \operatorname{Im}f_0=p\left|f_0\right|^2 \tag{4.15}$$

这样就得到

$$\operatorname{Im}\frac{1}{f_0}=-p,\quad f_0=\frac{1}{g_0\left(p^2\right)-\mathrm{i}p} \tag{4.16}$$

其中 $g_0\left(p^2\right)$ 是 p^2 的某个实函数. 在低能量, 可以用级数展开; 我们将看到, 在被势阱散射的情况下, 展开参数是能量与势阱深度的比值. (4.15) 是光学定理即 (4.12) 的一个特例, 它把前向散射振幅的虚部与总截面联系起来.

现在研究任意分波振幅 f_l 在低能量的行为. 根据定义, 我们有

$$f(\theta)=\sum_{l=0}^{\infty}f_l(2l+1)\mathrm{P}_l(\cos\theta)$$

通过在式 (4.10) 中引入散射振幅来代替 T_{ab}, 并用对中间动量 $\boldsymbol{p}'$ 的积分来代替对 c 的求和 (但不像 (4.14) 那样设定 $a=b$), 我们发现

$$\operatorname{Im}f(\vartheta)=\frac{p}{4\pi}\int f^*(\boldsymbol{\gamma})f\left(\boldsymbol{\gamma}'\right)\mathrm{d}\boldsymbol{\gamma}'$$

这里的角 $\gamma=(\theta,\varphi)$ 和 $\gamma'=(\theta',\varphi')$ 如图 4.4 所示. 把振幅 $f(\vartheta), f(\gamma)$ 和 $f\left(\gamma'\right)$ 用分波的振幅展开, 我们得到

$$\sum_l(2l+1)\operatorname{Im}f_l\mathrm{P}_l(\cos\vartheta)=\frac{p}{4\pi}\sum_{l'}(2l+1)\left(2l'+1\right)f_l^*f_{l'}\int\mathrm{P}_l(\cos\theta)\mathrm{P}_{l'}\left(\cos\theta'\right)\mathrm{d}\gamma'$$

根据勒让德多项式的加法定理, 我们有

$$\mathrm{P}_l(\cos\theta)=\mathrm{P}_l(\cos\vartheta)\mathrm{P}_l\left(\cos\theta'\right)+\cdots$$

省略的项包含 $\cos m\left(\varphi-\varphi'\right)$ 形式的表达, 对 φ' 积分后得到零. 利用勒让德多项式的正交性, 我们最终得到 $\operatorname{Im}f_l=p\left|f_l\right|^2$, 因此

$$f_l=\frac{1}{g_l\left(p^2\right)-\mathrm{i}p}$$

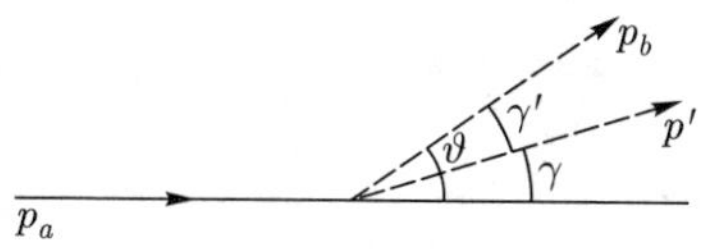

图 4.4

回到球对称 (s 波) 散射的情况. 下面将看到 (第 157 页), 对于小的 p^2, 实际上是 s 波散射占主导地位. 把 $g_0\left(p^2\right)$ 展开为泰勒级数, 并引入 $-g_0(0)=\kappa$ 的符号, 我们发现

$$f_0 \approx \frac{1}{-\kappa-\mathrm{i}p+\alpha p^2} \tag{4.17}$$

f_0 在点 $p\approx\mathrm{i}\kappa$ 处有一个极点 (二次方程 $-\kappa-\mathrm{i}p+ap^2=0$ 的第二个根对应的动量 p 值太大了, g_0 的泰勒展开不再适用). 如果把 f 看作能量 $p^2/2$ 的函数 (其中设定了粒子的质量为 1), 在 $p^2=0$ 处就有一个平方根分支点. 为了使 $f_0\left(p^2\right)$ 成为单值, 我们在 p^2 平面上沿实正轴从原点切开 (见图 4.5). 这条割线将 p^2 平面分割为两个黎曼面. 如果 $\kappa>0$, f_0 的极点位于第一个黎曼面的负实轴上, 而如果 $\kappa<0$, 则位于同一轴上, 但位于第二个黎曼面上.

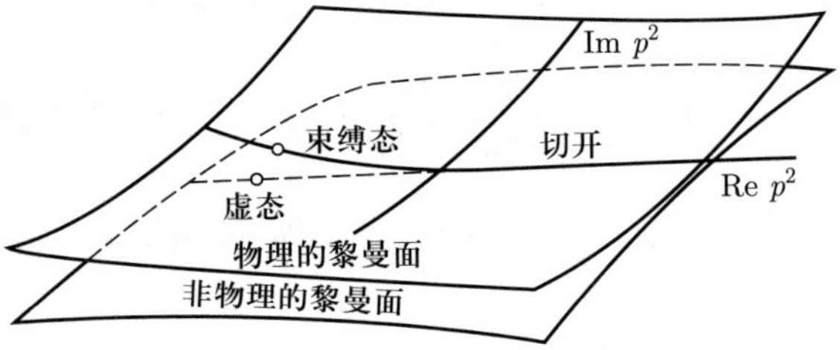

图 4.5

κ 可以用散射势中的弱束缚态的能量来表示 (如果存在这样的态). 把 (4.17) 代入 (4.14), 得到

$$u \underset{r\to\infty}{\simeq} -\frac{1}{2\mathrm{i}p}\left(\mathrm{e}^{-\mathrm{i}pr}-\frac{-\kappa+\mathrm{i}p}{-\kappa-\mathrm{i}p}\mathrm{e}^{\mathrm{i}pr}\right)$$

函数 u 可以解析延拓到负能量的区域, 这相当于 p 的虚值. 假设束缚态的能量为 E_0, 并定义 $\kappa_0=(2E_0)^{1/2}$. 对于 $p=\pm\mathrm{i}\kappa_0$, 波函数必然正好变成束缚态波函数. 因此, 在 $p=\pm\mathrm{i}\kappa_0$ 的 u 表达式中, 涉及指数式增加的项必须消失. 对于 $p=\mathrm{i}\kappa_0$, 我们得到

$$u=\frac{1}{2\kappa_0}\left(\mathrm{e}^{\kappa_0 r}-\frac{-\kappa-\kappa_0}{-\kappa+\kappa_0}\mathrm{e}^{-\kappa_0 r}\right)$$

为了能够忽略指数式的增加, 我们必须让 $\kappa=\kappa_0>0$. 因此, 在束缚态的情况下, 散射振幅在 $p=\mathrm{i}\kappa_0$ 处有一个极点:

$$f\approx-\frac{1}{\kappa+\mathrm{i}p} \tag{4.18}$$

极点的位置由束缚态的能量决定. 只要束缚态的能量远小于势阱的深度, 这个公式就有意义. 在这种情况下, 当散射粒子具有低能量时, 就会发生有效散射截面的共振增强, 我们可以忽略势散射和其他能级的影响.

由于 $\kappa_0 > 0$, 对应于束缚态的极点位于 p^2 的复平面的第一个黎曼面上. 可以证明, 第一个黎曼面上的所有极点都代表束缚态; 为此, 第一个黎曼面称为物理的黎曼面 (参见图 4.5).

在 $\kappa < 0$ 的情况, 散射振幅的极点位于第二个黎曼面 (非物理的黎曼面), 对应于所谓的虚态. 例如, 中子–质子单子散射振幅在能量约为 -70 keV 时有一个极点, 对应于一个虚态. 这种极点在低能散射中显示为共振, 但并不对应于束缚态.

在非物理的黎曼面上可能还有其他奇点; 与物理的黎曼面相反, 它们可能发生在复平面的任何一点. 特别感兴趣的是位于 p^2 的正实轴附近的极点, 即 $p^2 = p^2 - \mathrm{i}\gamma(\gamma > 0)$. 在接近 $p_0^2/2$ 的能量, 这些极点都会强烈影响散射振幅, 并导致宽度为 γ 的共振散射. 这些极点定义了准稳态; 宽度 γ 等于这个态的寿命的倒数 (见第 119 页).

问题: 通过与上文类似的程序, 利用粒子数守恒定律, 得到光学定理. 用截面 σ_c 表示吸收.

解:

$$\mathrm{Im}\, f_0 = \frac{p}{4\pi}\left(4\pi\, |f_0|^2 + \sigma_\mathrm{c}\right)$$

4.2.4　低能量处的非共振散射

让我们研究低能量散射振幅 $f(p,\theta)$ 的解析性质. 首先确定函数 $f(p,\theta)$ 在 $p = 0$ 处解析的条件. 为此, 我们写下方程, 将 $f(p,\theta)$ 与散射问题的波函数 $\Psi_p = \mathrm{e}^{\mathrm{i}\boldsymbol{p}\cdot\boldsymbol{r}}u_p(r)$ 联系起来, 其中 u_p 是调制平面波的函数. 我们将看到, $f(p,\theta)$ 在 $p = 0$ 时的奇异性由 Ψ_p 和 V 在大距离 r 时的行为决定, 我们有

$$\Psi_p \to \mathrm{e}^{\mathrm{i}pr} + \frac{f}{r}\mathrm{e}^{\mathrm{i}pr}$$

和

$$u_p \to 1 + \frac{f}{r}\mathrm{e}^{\mathrm{i}(pr - \boldsymbol{p}\cdot\boldsymbol{r})}$$

即, 当 $r\to\infty$, 有 $u_p\approx 1$. 关于 $p\to 0$ 的解析性问题, 可以在玻恩近似中讨论. 事实上, 我们有

$$f(p,\theta)=-\frac{1}{2\pi}\int \mathrm{e}^{-\mathrm{i}\boldsymbol{q}\cdot\boldsymbol{r}}V(\boldsymbol{r})u_p(\boldsymbol{r})\,\mathrm{d}\boldsymbol{r}\sim-\frac{1}{2\pi}\int \mathrm{e}^{-\mathrm{i}\boldsymbol{q}\cdot\boldsymbol{r}}V(\boldsymbol{r})\,\mathrm{d}\boldsymbol{r}$$

其中

$$\boldsymbol{q}^2=2\boldsymbol{p}^2-2\boldsymbol{p}\cdot\boldsymbol{p}'$$

如果 $V(r)$ 随着 $r\to\infty$ 呈指数式下降 (或者更快), 那么 f 相对于 p 的所有导数都是有限的 (因为相关的积分收敛), 这意味着 f 在 $p=0$ 时是解析的. 另一方面, 假设 $V(\boldsymbol{r})$ 在 $r\to\infty$ 时按照幂律减小; 然后让 $f(p,\theta)$ 对 p 做足够多次数的微分. 在指数函数 $\mathrm{e}^{-\mathrm{i}\boldsymbol{q}\cdot\boldsymbol{r}}$ 的每次微分中, 积分获得了一个正比于 r 的额外因子, 使得这个表达式在 $r\to\infty$ 时减小得慢了. 因此, 对于 $p\to 0$, 足够高阶的导数将发散. 因此, 对于一个在 $r\to\infty$ 时仅以幂律形式下降的势来说, 散射振幅在 $p=0$ 处有奇异性. 然而, 如果势下降的幂律的指数很大, 对低能量散射就没有实质性的影响, 因为奇异性只出现在散射振幅的高阶导数里.

现在考虑势在无穷大时下降得充分快 (指数式或更快的形式) 的情况, 找出小 p 的散射振幅对 p 的依赖关系. 为此, 我们从变量 (p,θ) 转到变量 $\boldsymbol{p}\cdot\boldsymbol{p}'$ 和 $\boldsymbol{p}^2$. 根据分波散射振幅的定义, 我们有

$$f=\sum_{l=0}^{\infty}f_l\mathrm{P}_l\left(\frac{\boldsymbol{p}\cdot\boldsymbol{p}'}{\boldsymbol{p}^2}\right)$$

其中, 我们知道, 函数 P_l 是 l 阶的多项式; 实际上

$$\mathrm{P}_l\left(\frac{\boldsymbol{p}\cdot\boldsymbol{p}'}{\boldsymbol{p}^2}\right)=C_1\left(\frac{\boldsymbol{p}\cdot\boldsymbol{p}'}{\boldsymbol{p}^2}\right)^l+C_2\left(\frac{\boldsymbol{p}\cdot\boldsymbol{p}'}{\boldsymbol{p}^2}\right)^{l-2}+\cdots$$

让我们考虑 $\boldsymbol{p}\cdot\boldsymbol{p}'$ 固定不变时的振幅的行为. 当 $p^2\to 0$ 时, 我们把振幅的解析性延拓到角度 $\cos\theta\to\infty$ 的非物理区域, 并要求它在这个区域里解析. 这个要求等同于在固定的 q^2 下 p^2 的解析性 ($q=$ 动量转移); 对于下降得足够快的势, 很容易证明后者, 在玻恩近似中尤其明显, 其中 f 在 q^2 固定不变时完全独立于 p^2.

对于 $\boldsymbol{p}\cdot\boldsymbol{p}'$ 的固定值和 $p^2\to 0$ 的情况, 函数 f 相对于 p 没有奇异性, 只有当

$$f_l=d_1p^{2l}+d_2p^{2l+1}+\cdots$$

因此, 如果没有物理原因使得 d_1 为零, 那么在小 p 时, 振幅 f_l 与 p^{2l} 成正比. 这里 $d_1 \sim R^{2l+1}$, 其中 R 是势的特征长度. 相移 δ_l 与 f_l 有标准的关系①

$$f_l = \frac{\mathrm{e}^{2\mathrm{i}\delta_l} - 1}{2\mathrm{i}p}$$

这样就得到, 对于小的 p, 有 $\delta_l \sim p^{2l+1}$.

4.2.5 势阱的散射

作为说明散射振幅解析性质的例子, 我们考虑低能量粒子被势阱散射的情况. 假设这个势阱的边缘足够清晰, 并用 R 表示其有效半径. 入射粒子的能量 E 低得可以满足条件 $pR \ll 1$, 其中 $p = \sqrt{2E}$. 我们刚刚看到, 当满足这个条件的时候, 只有 s 波散射是重要的.

在势阱外, 函数 $u(r) = r\Psi(r)$ 的形式与它的渐近表达式完全相同:

$$u(r) = \frac{\sin(pr)}{p} + f_0\mathrm{e}^{\mathrm{i}pr}$$

对于 $r \sim R$, 这意味着

$$u(r) \approx r + f_0(1 + \mathrm{i}pr)$$

用 $g_0(E)$ 表示 $r \sim R$ 的势阱内波函数的对数导数. 匹配势阱内和势阱外的波函数的对数导数, 我们发现

$$g_0(E) = \frac{1 + \mathrm{i}pf_0}{f_0}$$

因此,

$$f_0 = \frac{1}{g_0(E) - \mathrm{i}p}$$

这个结果构成了公式 (4.16) 的另一种推导.

以方势阱为例, 可以看出 $g_0(E)$ 的一般性质. 用 U_0 表示势阱的深度; 在势阱内, 我们有 $u(r) = A\sin(kr)$, 其中 $k = [2(U_0 + E)]^{1/2}$. 因此,

$$g_0(E) = k\cot(kR)$$

---

① Landau L D, Lifshitz E M. Quantum Mechanics[M]. 2nd revised ed. Oxford: Pergamon, 1965: 472. 中文版: 朗道 Л Д, 栗弗席兹 E M. 量子力学 (非相对论理论)[M]. 严肃, 译, 喀兴林, 校. 北京: 高等教育出版社, 2008: 463 第 124 节.

等号右边的表达式可以用 E/U_0 这个小量的整数次幂展开, 因此, $g_0(E)$ 确实是能量 E 的解析函数.

如果势阱里有一个能量为 $-E_0$ 的束缚态, 势阱外的波函数就是 $u(r) = B\exp(-\sqrt{2E_0}r)$. 让对数导数匹配, 我们发现 $g_0(-E_0) = -\sqrt{2E_0} \equiv -\kappa_0$. 如果能量 E 和 E_0 都比 U_0 小得多, 就可以断言 $g_0(E) \approx g_0(-E_0) = -\kappa_0$, 我们就可以得到结果 (4.18). 当 $kR \approx \pi/2$ 时, $g_0(E) = k\cot(kR)$ 达到小的数值; 这样就得到了方势阱中出现束缚态的标准条件: $U_0 > \pi^2/(8R^2)$.

类似的技术可以用于带有势垒的势阱的情况. ① 结果是

$$f_0 = \frac{1}{-\mathrm{i}p - \kappa + \alpha p^2}$$

这里 $\alpha \sim -R_1\mathrm{e}^{-\xi}$, 其中 $\xi = 2\int_{R_1}^{R_2} \sqrt{2(V-E)}\,\mathrm{d}r$ 是势垒穿透性表达式中的参数, R_1, R_2 是经典的折返点.

4.2.6 波函数的解析性质

根据庞加莱定理, 线性微分方程的解的奇点只能出现在这个方程的系数的奇点处 (除了可能出现在无穷大处的奇点). 例如, 一维的薛定谔方程的谐振子势 $V = \alpha x^2$ 在空间的任何有限区域都没有奇点, 因此, 薛定谔方程的解只能在无穷大处有奇点. 三维的情况也是如此 ($V = \alpha r^2$); 例如, 基态波函数 $\varPsi$ 是 $\exp\left(-\sqrt{2\alpha}r^2\right)$ 乘以一个常数.

在球对称的任意势中, 考虑角动量为零的粒子的波函数 $\varPsi(r)$ 相对于 r 的解析性质. 由于这个系统中没有特殊的方向, 波函数 $\varPsi$ 对于变量 r^2 必须是解析的; 它只能在势 (作为 r^2 的函数) 的奇点上有奇异性.

然而, 系数的奇点不一定是解的奇点. 例如, 方程

$$u_l'' + 2(E - V_l)\,u_l = 0$$

其中 $V_l = V + l(l+1)/\left(2r^2\right)$, 点 $r = 0$ 是方程一个系数 (即 V_l) 的奇点. 假设对

① Migdal A B, Perelomov A M, Popov V S. Ya. Fiz., 1971(14): 829. 英译本: Soviet Journal of Nuclear Physics, 1972(14): 488.

于小的 r, 与 $l(l+1)/r^2$ 相比, V 可以忽略. 薛定谔方程的解就有如下形式

$$-r^2u_l''+l(l+1)u_l=0$$

因此, $u_l\sim r^{l+1}$ 或者 $u_l\sim r^{-l}$. 因此, 存在一个解 (即 $u_l\sim r^{l+1}$), 在 $r=0$ 处是正常的.

对于固定的 y 和 z, 库仑势 $V=Z/r=Z/\left(x^2+y^2+z^2\right)^{1/2}$ 相对于变量 x 有一个平方根的分支点. 因此, 波函数在这个点上也可能有奇点. 例如, 众所周知, 粒子的基态是

$$\varPsi\sim\exp(-\sqrt{x^2+y^2+z^2})$$

特别是, 原点是奇点. 我们在前面看到, 库仑波函数的这种奇异性决定了光电效应截面的能量依赖关系.

下文将再次回到波函数的解析性, 那里的波函数是能量的函数, 而不是 r 的函数.

4.2.7 低能量的连续谱的单粒子波函数

我们将得到低能量连续谱的波函数表达式 ε_p; 这对以后的计算很有用. 在矩阵元的计算中, 通常要在数量级为势阱半径 R 的距离上对函数做估计. 我们现在表明, 如果 $pR\ll 1$, 波函数 $\varphi_{\boldsymbol{p}}(r)$ 就可以写成只依赖于 p 的因子和满足 $\boldsymbol{p}=0$ 的薛定谔方程的函数 $\varphi_0(r)$ 的乘积. 论证如下: $\nabla^2\varphi_0$ 是 φ_0/R^2 的量级, 因此在 $\varphi_{\boldsymbol{p}}(\boldsymbol{r})$ 的方程中

$$\nabla^2\varphi_{\boldsymbol{p}}(\boldsymbol{r})+2\left(\varepsilon_p-V\right)\varphi_{\boldsymbol{p}}(\boldsymbol{r})=0$$

如果 $pR\ll 1$, 那么 $\varepsilon_p=p^2/2$ 可以忽略不计.

因此, 我们把 $\varphi_{\boldsymbol{p}}$ 表示为①

$$\varphi_{\boldsymbol{p}}(\boldsymbol{r})=\chi(p)\varphi_0(\boldsymbol{r}) \tag{4.19}$$

① 在 V. M. Galitskii 和 V. F. Chelfsov 的论文中, 对于接近准稳态能级的能量, 已经用到了连续谱波函数的类似性质 [Nucl. 1964(56): 86] V. M. Galitskii 和 V. F. Chelfsov [Nucl. Phys. 1964(56): 86]; 另见第 158 页上的参考文献.

为了简单起见, 只考虑球对称的态. 对于 φ_0, 我们选择薛定谔方程的解, 它在原点是有限的, 在无穷大时满足条件

$$\varphi_0(\boldsymbol{r}) \underset{r\to\infty}{=} \frac{1}{r}$$

由于结合能 ε_0 趋于零, 函数 φ_0 与束缚态波函数只相差一个归一化因子. 对于两个质量相同的粒子 (例如, 对于氘核的情况), 很容易发现

$$\varphi_{\mathrm{d}} = a\varphi_0, \quad a = \frac{\sqrt[4]{M\varepsilon_0}}{\sqrt{2\pi}}$$

假设函数 $\varphi_{\boldsymbol{p}}(\boldsymbol{r})$ 在 $\mathrm{d}\boldsymbol{p}$ 区间内归一化; 那么在势阱外, $\varphi_{\boldsymbol{p}}(\boldsymbol{r})$ 的 s 波部分为

$$\frac{u_{\boldsymbol{p}}(r)}{r} = \frac{\sin\left[pr + \delta_0(p)\right]}{pr}$$

正如我们在上面看到的, 对于小的 p, s 波的分波散射振幅 f_0 在 $p = \mathrm{i}\kappa$ 处有一个极点 ($\kappa > 0$ 为实能级, $\kappa < 0$ 为虚能级). 在这个极点附近, 也会得到相移 $\delta_0(p)$ 的共振增加, 它与 f_0 的关系由下述公式决定

$$|f_0| = \frac{1}{p}|\sin\delta(p)|$$

因此, 有一个很大的区间 $R \lesssim r \ll 1/p$, 使得 $\delta_0(p) \gg pr$; 因此, 我们有

$$u_p \approx \frac{1}{p}\sin\delta_0(p)$$

而 $r\varphi_0$ 在这个区间等于 1(因为有归一化条件).

因此, 利用 (4.17), 我们发现

$$|\chi(p)|^2 = \frac{1}{p^2}\sin^2\delta_0(p) = |f_0|^2 = \frac{1}{\left(\alpha p^2 - \kappa\right)^2 + p^2} \tag{4.20}$$

在远离极点的时候, 也就是对于 $p^2 \sim U_0$(其中 U_0 是势阱的深度), 我们有 $|\chi(p)|^2 \sim 1/U_0$; 在极点 (也就是 $\alpha p^2 - \kappa = 0$) 附近, 我们有 $|\chi(p)|^2 \sim 1/E$. (下面将考虑一些例子, 说明我们可以利用波函数的这个特性). 因此, 对于小的 p 和 x, 连续谱波函数在短距离上增大了一个系数 $\sqrt{U_0/E}$.

波函数 $\varphi_p(\boldsymbol{r})$ 可以分解为两项的乘积, 一项只依赖 $\boldsymbol{r}$, 另一项只依赖 $\boldsymbol{p}$, 这个事实让矩阵元的计算变得很简单. 对 $\boldsymbol{r}$ 的积分简单地约化为对函数 φ_0 取平均.

4.3 解析性质在物理问题中的应用

4.3.1 带有慢粒子形成的原子核反应的理论

我们再举一个例子说明, 可以利用波函数的奇异性求解复杂的问题. 在这种情况, 必须考虑的极点不是来自势阱的散射振幅, 就像在上一节的问题中那样, 而是来自反应产生的两个核子的散射振幅 (Migdal, 1950; Watson, 1952).

考虑一个核反应, 其结果是与其他粒子一起产生两个能量相对比较小的核子. 例如, 这种情况发生在两个核子 (其能量接近产生 π 介子的阈值能量) 碰撞时产生的 π 介子, 或者是一个中子使得氘核分解, 出现的质子的能量接近其最大值, 而中子的相对能量足够小. 除了不重要的因子以外, 这种过程的反应截面正比于描述这对核子的相对运动的波函数的矩阵元的平方:

$$\sigma \sim |(\Phi, \varphi_p(\boldsymbol{r}_1 - \boldsymbol{r}_2))|^2 \tag{4.21}$$

Φ 包含对参与反应的其他粒子的坐标积分, 在相对动量 p 小的时候, 它对两个核子的相对能量不敏感. 由于积分 (4.21) 中的重要距离是 $|\boldsymbol{r}_1 - \boldsymbol{r}_2| \sim r_0$ 的量级 (因此 $pr_0 \ll 1$), 因此, 在小的相对动量 p 时, 对两个核子的相对能量不敏感, 我们可以使用 φ_p 的关系 (4.19). 用 (4.20) 中选择了 φ_p 的归一化以后, 截面的形式就是

$$\mathrm{d}\sigma = A_1|f|^2\, \mathrm{d}\boldsymbol{p} = A\frac{\mathrm{d}\boldsymbol{p}}{E + \varepsilon_0} \tag{4.22}$$

其中 $E = p^2/M$ 是相对运动的能量 (核子的约化质量为 $M/2$). 这里使用了两个核子的散射振幅 S 的表达式 (4.17). ε_0 取决于核子的类型和总自旋: 对于自旋为 1 的中子–质子系统, ε_0 是 2.2 MeV(氘核结合能), 而对于自旋为 0 的核子, 我们有 $\varepsilon_0 \approx 70$ keV (虚态的能量). 对于两个中子来说, 只有自旋 0 的振幅有一个极点 ($\varepsilon_0 \approx 70$ keV, 参见下文); 由于泡利原理, 自旋为 1 的两个中子不能处于 s 态, 因此只有小的非共振散射振幅 (正如我们在第 156 页看到的, $l \neq 0$ 的振幅随着 p 的减小而减小). 在两个质子的情况, 公式 (4.22) 变得更加复杂, 因为它们有库仑斥力.

由于 $\mathrm{d}\boldsymbol{p} \sim E^{1/2}\, \mathrm{d}E$, 相对于相对能量的分布是

$$\mathrm{d}W_E = 常数 \times \frac{\sqrt{E}\, \mathrm{d}E}{E + \varepsilon_0} \tag{4.23}$$

函数 $\mathrm{d}W_E/\mathrm{d}E$ 如图 4.6 所示; 反应截面在 $E=\varepsilon_0$ 时达到最大值.

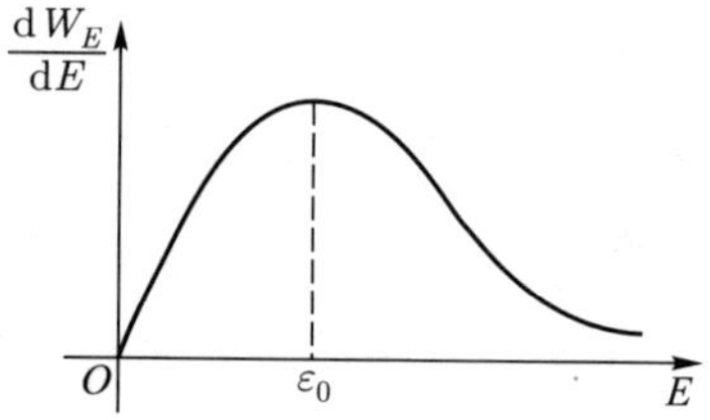

图 4.6

现在寻找反应概率如何依赖于出射核子之间的角度. 用 $p_\parallel$ 表示 $\boldsymbol{p}$ 沿两个核子的总动量 $\boldsymbol{P}$ 方向的分量, 用 $p_\perp$ 表示垂直于 $\boldsymbol{P}$ 的分量. 两个核子的动量 $(\boldsymbol{p}+\boldsymbol{P})/2$ 和 $(\boldsymbol{p}-\boldsymbol{P})/2$ 之间的角度由以下关系给出

$$\sin\theta=\frac{|(\boldsymbol{p}+\boldsymbol{P})\times(-\boldsymbol{p}+\boldsymbol{P})|}{|\boldsymbol{p}+\boldsymbol{P}|\cdot|-\boldsymbol{p}+\boldsymbol{P}|}\approx\frac{2p_\perp}{P}\ll 1$$

其中假定了 $p\ll P$. 就变量 $p_\parallel$ 和 $p_\perp$ 而言, 相体积 (态密度)$\mathrm{d}\boldsymbol{p}$ 与 $p_\perp\,\mathrm{d}p_\perp\,\mathrm{d}p_\parallel$ 成正比. 将上式代入 (4.22), 我们发现

$$\mathrm{d}W_p=\text{常数}\times\frac{\theta\,\mathrm{d}\theta\,\mathrm{d}p_\parallel}{M\varepsilon_0+p_\parallel^2+\dfrac{P^2\theta^2}{4}}$$

对 $\mathrm{d}p_\parallel$ 积分, 给出

$$\mathrm{d}W_\theta=\text{常数}\times\frac{\theta\,\mathrm{d}\theta}{\sqrt{\theta^2+\varepsilon_0/E_0}} \tag{4.24}$$

其中 $E_0=P^2/(4M)$ 是两个核子的质心运动的能量. 因此, 特征角是 $(\varepsilon_0/E_0)^{1/2}$ 的量级.

上述理论预测了这样的可能性: 通过研究第三个粒子的能量分布, 可以确定两个中子的常数 ε_0; 已经在反应 $d+n\to p+2n$ 上成功进行了这种实验 (V.K. Voitovetskii 等, 1965). 让我们找到允许确定 ε_0 的质子能谱.

用 $\boldsymbol{P}_p$ 表示质子在三个核子的质心坐标系中的动量; 那么双中子系统的动量就是 $-\boldsymbol{P}_p$. 系统的总能量 E_t 由质子能量、两个中子的质心运动能量和它们的相对能量 E 组成:

$$E_t=\frac{1}{2M}P_p^2+\frac{1}{4M}P_p^2+E=\frac{3}{2}E_p+E$$

可能的最大质子能量 E_p^m (对应于 $E=0$) 就是 $E_p^m = 2E_t/3$. 概率分布作为 E_p 的函数由 (4.23) 得到的表达式给出, 用变量 E_p 表示为

$$\mathrm{d}W_{E_p} = \text{常数} \times \frac{\sqrt{E_p^m - E_p}\,\mathrm{d}E_p}{\varepsilon_0 + \dfrac{3}{2}\left(E_p^m - E_p\right)} \tag{4.25}$$

把这个分布与实验观察到的分布做比较, 可以表明, $\varepsilon_0 \simeq 70$ keV. 此外还表明, 这必然代表一个虚能级, 否则质子分布将包含一条能量为 $E_p = E_p^m + \varepsilon_0$ 的单色线, 对应于两个中子的结合态, 但是在实验上没有观察到.

因此, 自旋为 0 的两个中子的虚能级能量等于自旋相同的一个中子和一个质子的虚能级能量, 符合核力的同位素不变性假设. 该理论使我们能够计算自由中子和质子发射以及氘核发射的相对概率; 根据 (4.21), 这些概率的比值为

$$\mathrm{d}W = \frac{\left|\left(\boldsymbol{\Phi}, \varphi_p\left(\boldsymbol{r}_1 - \boldsymbol{r}_2\right)\right)\right|^2}{\left|\left(\boldsymbol{\Phi}, \varphi_d\left(\boldsymbol{r}_1 - \boldsymbol{r}_2\right)\right)\right|^2} \frac{\mathrm{d}^3 p}{(2\pi)^3} \tag{4.26}$$

使用 $\varphi_p = X(p)\varphi_0$ 和 $\varphi_d \approx a\varphi_0$ 的关系, 以及上一节给出的边界态波函数 φ_d 的归一化, 我们发现

$$\mathrm{d}\sigma_{n,p}^{\uparrow\uparrow} = \sigma_d \frac{1}{8\pi^2\sqrt{\varepsilon_0}} \frac{\sqrt{E}\,\mathrm{d}E}{E + \varepsilon_0} \tag{4.27}$$

其中 $\mathrm{d}\sigma_{n,p}^{\uparrow\uparrow}$ 对应于具有平行自旋的自由中子和质子. 为了粗略估计相应总截面的比值, 我们假设 (4.27) 在 E 的整个数值区域内有效 (直到 E_m). 这样就得到

$$\frac{\sigma_0}{\int \mathrm{d}\sigma} \simeq 4\sqrt{\frac{\varepsilon_0}{E_m}} \tag{4.28}$$

4.3.2 在势阱里的相互作用的粒子

上一节给出了低能量波函数的简单形式, 使得我们可以求解势阱中两个相互作用的粒子的运动问题. ①这个问题的哈密顿量是

$$H = H_1\left(\boldsymbol{r}_1\right) + H_2\left(\boldsymbol{r}_2\right) + H'\left(\boldsymbol{r}_1, \boldsymbol{r}_2\right) \tag{4.29}$$

假设我们知道单粒子问题的特征函数 $\varphi_\lambda^{(1)}(\boldsymbol{r}_1)$, $\varphi_\lambda^{(2)}(\boldsymbol{r}_2)$, 它们满足方程

$$H_{1,2}(r)\varphi_\lambda^{(1,2)}(\boldsymbol{r}) = \varepsilon_\lambda^{(1,2)}\varphi_\lambda^{(1,2)}(\boldsymbol{r}) \tag{4.30}$$

---

① Migdal A B. Ya. Fiz., 1972(14): 8. 英译本: Soviet Journal of Nuclear Physics, 1973(16): 5.

并且假设存在一个束缚态, 它的角动量为零, 能量为 ε_0 接近零. 具有角动量 l 和 $pr \ll 1$ 的函数 $\varphi_p^{(l)}(\boldsymbol{r})$ 就可以用类似上一节的公式写为

$$\varphi_p^{(l)}(\boldsymbol{r}) = \varphi_0^{(l)}(\boldsymbol{r})\chi^{(l)}(p)$$

其中 $\chi^0(p) \equiv \chi(p)$ 由表达式 (4.20) 给出. 对于小的 $\boldsymbol{r}$, 束缚态波函数 φ_{ε_0} 与 φ_0 的区别仅在于归一化因子 a(参见下文).

本征函数 $\Psi(\boldsymbol{r}_1, \boldsymbol{r}_2)$ 是下述方程的解

$$H\Psi = E\Psi \tag{4.31}$$

把它用没有相互作用 $\boldsymbol{H}'$ 的问题的本征函数

$$\begin{aligned}\Psi = &\sum_{l,l'\neq 0}\int \mathrm{d}p\ \mathrm{d}p' C_{ll'}(p,p')\,\varphi_p^{(l)}(\boldsymbol{r}_1)\,\varphi_{p'}^{(l')}(\boldsymbol{r}_2) + \\ &\sum_{l\neq 0}\int \mathrm{d}p\left\{C_{l0}(p)\varphi_p^{(l)}(\boldsymbol{r}_1)\,\varphi_{\varepsilon_0}(r_2) + C_{0l}(p)\varphi_{\varepsilon_0}(r_1)\,\varphi_p^{(l)}(\boldsymbol{r}_2)\right\} + \\ &C_{00}\varphi_{\varepsilon_0}(\boldsymbol{r}_1)\,\varphi_{\varepsilon_0}(\boldsymbol{r}_2)\end{aligned} \tag{4.32}$$

展开, 为简单起见, 这里假设这两个粒子有一组相同的波函数 φ_λ. 公式 (4.32) 可以用符号写为

$$\Psi = \sum C_\alpha \Psi_\alpha^0 \tag{4.33}$$

那么, 薛定谔方程 (4.31) 就可以写为

$$\left(E - E_\alpha^0\right) C_\alpha = \left(\Psi_\alpha^0 H' \Psi\right) = \sum_\beta \left(\Psi_\alpha^0 H' \Psi_\beta^0\right) C_\beta \tag{4.34}$$

在这个方程中, 不能使用简单的函数形式 $\Psi_\alpha^0(r_1, r_2)$(它只对小 $r_{1,2}$ 有效), 因为在积分 $C_\alpha = \left(\Psi_\alpha^0, \Psi\right)$ 中, 大距离和小距离都很重要. 因此, 写出 $A_\alpha = \left(\Psi_\alpha^0 H' \Psi\right)$ 的方程更方便, 正如我们看到的, 其中只有小距离 $r_{1,2} \sim R$ 是重要的. 由 (4.34) 可以得到

$$A_\alpha = \sum_\beta C_\beta \left(\Psi_\alpha^0 H' \Psi_\beta^0\right) = \sum_\beta \frac{\left(\Psi_\alpha^0 H' \Psi_\beta^0\right)}{E - E_\beta^0} A_\beta \tag{4.35}$$

在小距离上, 由于束缚态的存在, 角动量 $l = 0$ 的态被增强 [参见 (4.20)], 我们可以在展开式 (4.32) 中只保留 $l = 0$ 的态. [可以证明, 考虑 $l \neq 0$ 的项, 只

有当粒子之间存在共振作用的时候, 才会导致明显的修正 (Dyugaev, 1974)]. Ψ 具有简单的形式

$$\Psi = C\varphi_0(r_1)\varphi_0(r_2) \tag{4.36}$$

函数 Ψ_α^0 由下述表达式给出:

$$\Psi_\alpha^0 = \begin{cases} \chi(p_1)\chi(p_2)\varphi_0(r_1)\varphi_0(r_2), & \text{连续谱里的两个粒子} \\ \chi(p)a\varphi_0(r_1)\varphi_0(r_2), & \text{一个自由粒子} \\ a^2\varphi_0(r_1)\varphi_0(r_2), & \text{两个束缚粒子} \end{cases} \tag{4.37}$$

这里的 $\varphi_p(r)$ 在区间 $\mathrm{d}p$ 中归一化 [即 $\varphi_p(r) \to (2/\pi)^{1/2} r^{-1}\sin(pr+\delta)$], 因此 φ_0 的归一化与第 160 页的归一化不同, 相差了系数 $(2/\pi)^{1/2}p$.

所有的矩阵元 $(\Psi_\alpha^0 H'\Psi_\beta^0)$ 都决定于 Ψ_α^0 在势阱附近的行为. 事实上, 如果假设 H' 的相互作用在 $|\boldsymbol{r}_1-\boldsymbol{r}_2| \gg r_0$ 时急剧下降, 我们可以得到

$$\begin{aligned}(\Psi_\alpha^0 H'\Psi_\beta^0) &\sim \int \mathrm{d}r_1\,\mathrm{d}\boldsymbol{r}_2 \varphi_{\lambda_1}(r_1)\varphi_{\lambda_2}(r_2)H'(\boldsymbol{r}_1-\boldsymbol{r}_2)\varphi_{\lambda_3}(r_1)\varphi_{\lambda_4}(r_2) \\ &\sim \int \mathrm{d}r r^2[\varphi_0(r)]^4 \int \mathrm{d}(\boldsymbol{r}_1-\boldsymbol{r}_2)H'(\boldsymbol{r}_1-\boldsymbol{r}_2)\end{aligned}$$

(由于 φ_0 以 r^{-1} 的形式减小, 上述表达式中的第一个积分由势阱的附近 $(r\sim R)$ 决定, 函数 φ_λ 的共振特性在那里占主导地位).

可以把 $\varphi_{\varepsilon_0}(r)$ 写为如下的形式

$$\varphi_{\varepsilon_0}(r) \underset{r\gg R}{=} \frac{a\mathrm{e}^{-\kappa r}}{r}\sqrt{\frac{2}{\pi}}p \quad (\kappa = \sqrt{2m\varepsilon_0})$$

假设 $\kappa R \ll 1$, 我们得到

$$a^2 \simeq \frac{\pi\kappa}{p^2} \tag{4.38}$$

把 (4.36), (4.37) 和 (4.38) 代入公式 (4.35), 常数 C 被抵消, 我们得到

$$1 = H_0'\left[\frac{a^4}{E-2\varepsilon_0} + 2a^2\int\frac{\chi(p)\,\mathrm{d}p}{E-\varepsilon_0-\varepsilon_p} + \int\frac{\chi(p_1)\chi(p_2)}{E-\varepsilon_{p_1}-\varepsilon_{p_2}}\,\mathrm{d}p_1\,\mathrm{d}p_2\right] \tag{4.39}$$

其中 $H_0' = [\varphi_0(r_1)\varphi_0(r_2)H'\varphi_0(r_1)\varphi_0(r_2)]$.

因此, 利用函数 $\varphi_p^{(0)}$ 的共振特性, 我们能够将复杂的积分方程 (4.35) 简化为能量 E 的简单代数方程 (4.39). 对于核势阱中两个核子的运动问题, 考虑这

个方程, 可以得出结论: 只要有能量接近零的单粒子能级, 在核的表面就一定存在着两个中子 (或两个质子) 的束缚态.

4.3.3 直接反应的理论

当一个经典粒子做有限范围的运动时, 它一直保持在限制它的力的范围内. 在量子力学中, 情况并非如此: 一个被束缚的粒子可能在短时间内衰变为自由粒子. 这种暂时的衰变称为虚跃迁. 虚跃迁的可能性产生了一些乍一看自相矛盾的现象; 例如, 一个质子入射到一个原子核上, 在某些情况下可以把一个粒子从原子核里撞出来, 就像质子的弹性散射发生在自由粒子而不是束缚粒子上一样. 特别是在反应 $(p, 2p)$ 中, 两个出射质子的方向之间的角度接近 $90°$, 就像质量相同的自由粒子散射 (其中一个粒子起初是静止的) 的情况一样. 更引人注目的是氘核的敲出反应 (knock-out reaction)(p, pd), 在这个反应中, 可以观察到弹性 pd 散射对自由氘核的运动学关联性特征. 由于氘核的结合能远小于核子与原子核相互作用的能量, 氘核当然不能作为原子核内的稳定结构存在. 然而, 这并不排除由于虚跃迁而在短时间内形成一个自由氘核. 入射到原子核上的质子, 在与这样的氘核碰撞时, 将根据弹性散射的规律, 把能量和动量转移给它. 因此, 反应 $(p, 2p), (p, pd)$ 等的截面可以用虚衰变和自由粒子的弹性散射的振幅来近似地表示. 下面将给出这种近似成立的条件. 这些反应是一大类过程的一个特例, 这些过程通常称为直接反应; 它们的决定性特征是, 带入原子核的几乎所有能量 (和动量) 都转移到某个单个粒子上, 而原子核的其他部分不参与这个过程.

从理论角度看, 直接反应的特点是, 在接近于物理区的动量转移中, 这些反应的振幅 (被视为运动变量的解析函数) 具有奇异性. ①

以 $(p, 2p)$ 反应为例. 假设能量 $E(p)$ 足够高的质子入射到原子核 $X(N, Z)$ 上, 并发生了反应

$$X(N, Z) + p \to Y(N, Z-1) + 2p \tag{4.40}$$

① 直接反应振幅的解析特性首先由 I. S. Shapiro 研究, Zh. Eksp. Teor. Fiz., 1961,(41): 1616. 英译本: Soviet Physics JETP, 1962(14): 1148; 参见 Shapiro I S. Uspekhi Fiz. Nauk, 1967(92): 549[Soviet Physics-Uspekhi 1968(10): 515].

直接反应的振幅就由通过中间态跃迁的振幅公式决定:

$$A\left(p,q;p',q'\right)=\frac{\Phi(q)F\left(p,q;p',q'\right)}{E_X-E_Y-E(q)} \tag{4.41}$$

其中 $\Phi(q)$ 是原子核 X 经过虚跃迁到原子核 Y 加一个自由质子 (动量为 q) 的振幅, $F\left(p,q:p',q'\right)$ 是入射质子在虚质子上的散射振幅, E_X,E_Y 分别是核 X 和核 Y 的内能. 应该强调的是, 公式 (4.41) 是相当普遍的量子力学公式, 用于经过一个给定的中间态的跃迁振幅, 并没有假设粒子之间的相互作用很小. 考虑原子核 Y 的反冲能量, 导致虚质子的有效质量和能量改变: $E(q)=q^2/(2M_{\text{eff}})$, 其中 $M_{\text{eff}}=MM_Y/\left(M+M_Y\right)$. $E_Y-E_X=E_0>0$ 是质子在原子核 Y 中的结合能. 函数 $\Phi(q)$ 由矩阵元定义

$$\Phi(q)=\left[\Psi_X^{N,Z}\left(r_j,r\right),\Psi_Y^{N,Z-1}\left(r_j\right)\mathrm{e}^{\mathrm{i}qr}\right]$$

其中 r_j 表示所有核子的坐标, 除了特别考虑的核子 (我们省略了自旋的指标).

为了粗略估计 $\Phi(q)$ 对 q 的依赖关系, 可以假设原子核 Y 中所有其他核子的波函数与原子核 X 中这些核子的波函数只有微小差别. 为简单起见, 假设仅当费米面附近的某个态 X 中存在质子时, 原子核 X 与原子核 Y 才有区别. 这样就有

$$\Phi(q)=\left[\varphi_\lambda(r)\mathrm{e}^{\mathrm{i}qr}\right] \tag{4.42}$$

为了说明 $\Phi(q)$ 的形式, 考虑这个态的轨道角动量等于零的情况. 假设质子运动的核势具有半径为 $R\gg 1/p_{\mathrm{F}}$ 的方势阱形式 (其中 p_{F} 是费米面的动量), 我们有 $\varphi_\lambda=(2\pi R)^{-1/2}r^{-1}\sin(p_{\mathrm{F}}r)$, 并且

$$\begin{aligned}\Phi(q)&=\sqrt{\frac{2\pi}{R}}\int_0^R 2\sin(p_{\mathrm{F}}r)\cdot\sin(qr)\cdot\ \mathrm{d}r\\&=\sqrt{2\pi R}\left[\frac{\sin\left(q-p_{\mathrm{F}}\right)R}{\left(q-p_{\mathrm{F}}\right)R}-\frac{\sin\left(q+p_{\mathrm{F}}\right)R}{\left(q+p_{\mathrm{F}}\right)R}\right]\end{aligned}$$

这个函数在 $q=p_{\mathrm{F}}$ 时有最大值. 此外, 表达式 (4.41) 的 (负的) 分母在 $E(q)>E_0(5\mathrm{MeV}\sim10\mathrm{MeV})$ 时快速减小, 因此在 (4.41) 中, 重要的 q 值是小的, 对于这些值, 散射振幅 F 与静止质子上的散射振幅只有微小差别. 因此, 公式 (4.41) 允许我们用质子–质子散射截面来表示相关过程的截面. 显然, 为了计算 $\Phi(q)$,

我们需要对核 X 和 Y 的波函数的特性做一些假设; 然而, 对于足够小的 E_0, 小 q 时反应截面的 q 依赖性由 (4.41) 中的共振分母确定, 与 $\Phi(q)$ 的形式无关. 为了得到公式 (4.41), 我们采用的唯一近似是: 假设除了通过单个的虚态进行之外, 其他反应机制给出的贡献比较小. 这是由 (4.41) 中的小的分母保证的.

更复杂的反应可以用类似的方式讨论.

4.3.4 散射振幅的阈值奇异性

考虑散射振幅在某个给定粒子的产生阈值附近的奇异性. 产生截面 σ 与粒子的最终态密度 $\mathrm{d}\boldsymbol{p}'/(2\pi)^3$ 成正比. 利用能量守恒定律, 我们发现

$$\sigma \sim \int \delta\left(E-I-E'\right) \frac{\mathrm{d}\boldsymbol{p}'}{(2\pi)^3} \sim \sqrt{E-I} \tag{4.43}$$

其中 I 是反应阈值, E 是入射粒子的能量.

现在找出反应阈值附近的弹性散射截面 σ_{s}. 为了做到这一点, 需要找到 S 矩阵在这个区域的形式. 由于入射粒子的能量很低, 非弹性通道只显示在 S 矩阵中对应于 $l=0$ 散射的部分 (Wigner, 1948; Baz$'$, 1957). 我们把它称为 S_0 矩阵.

利用这个 S_0 矩阵, 可以把 (4.14) 写为

$$u=\frac{S_0 \mathrm{e}^{\mathrm{i}pr}-\mathrm{e}^{-\mathrm{i}pr}}{2\mathrm{i}p}$$

计算通过半径为 R 的球体的粒子流, 并除以入射流密度, 就可以得到粒子的产生 (或吸收) 截面:

$$\sigma=\frac{\pi}{p^2}\left(1-\left|S_0\right|^2\right) \tag{4.44}$$

比较 (4.43) 和 (4.44), 我们得到

$$\left|S_0\right| \underset{E>I}{=} 1-C_1\sqrt{E-I}$$

其中 $C_1>0$. 当 $E<I$ 时, 没有非弹性过程, 因此 $\left|S_0\right| \underset{E<I}{=} 1$. 在靠近阈值时, 刚才这两个关系可以写成下述形式

$$S_0=\left(1-C_1\sqrt{E-I}\right)\mathrm{e}^{2\mathrm{i}\delta_0} \tag{4.45}$$

其中 δ_0 是实数的相位. 对于 $E < I$, 这个表达式给出 $|S_0| = 1$ 的直到阶数 $(|I-E|)^{1/2}$ 的项.

弹性散射截面 $\sigma_{\rm s}$ 是两项的和, 其中一项与 $l \neq 0$ 分波振幅有关, 在阈值附近可以用一个常数代替. 第二项等于 $\pi p^{-2}|1-S_0|^2$. 代入 S_0 的表达式, 我们发现

$$\sigma_{\rm s} = \begin{cases} 常数 + \dfrac{2\pi\sin^2\delta_0}{p^2}C_1\sqrt{E-I}, & E > I \\ 常数 + \dfrac{\pi\sin 2\delta_0}{p^2}C_1\sqrt{I-E}, & E < I \end{cases}$$

根据相位 S_0 的大小, 可以得到 $\sigma_{\rm s}$ 的两种不同类型的行为; 如图 4.7 所示.

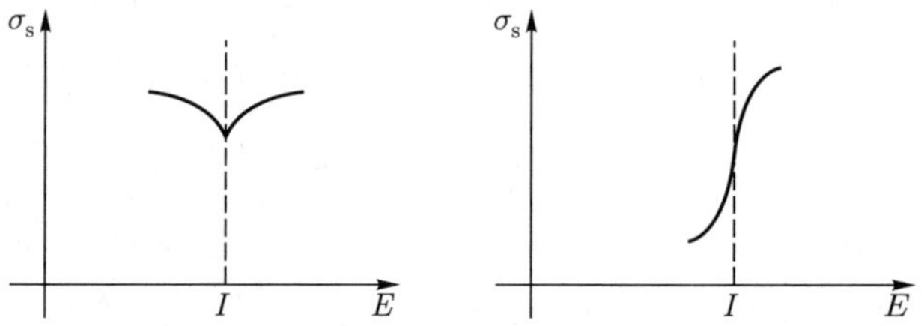

图 4.7

第五章　多体问题中的方法

对于由相互作用很强的大量粒子组成的系统, 薛定谔方程现在仍然不能求解. 事实上, 即使是经典的三体问题, 也不能以一般形式得到解决. 幸运的是, 获得这个系统的波函数 (Ψ 函数) 的问题不仅是无解的, 而且是不必要的; 现实中可能的任何实验并不要求对多体问题的这种详细描述. 任何真实的实验装置都包含比较少的粒子指标, 因此, 在大量粒子参与特定过程的情况, 只能给出它们的平均特征. 任何试图确定这个系统的每一个粒子的坐标的做法, 都会 (由于不确定性关系) 导致复杂的激发态, 而且确实会改变系统的属性. 因此, 用波函数描述宏观系统的方法并不适当①: 我们需要不完全描述的方法, 只确定平均量之间的关系. 这种描述的一个例子是流体力学, 它的方程只确定粒子在每一点的平均速度 (即速度场). 第二个例子更接近我们的问题, 动力学方程允许我们找到粒子的速度和位置的分布. 了解单粒子分布函数 $f(\boldsymbol{r},\boldsymbol{p},t)$(它依赖于粒子的坐标 $\boldsymbol{r}$ 和速度 $\boldsymbol{p}$), 就能够计算出密度 $n(\boldsymbol{r})=\sum\limits_i \delta\left(\boldsymbol{r}-\boldsymbol{r}_i\right)$ 或每单位体积的动量 $j(\boldsymbol{r})=\sum\limits_i \boldsymbol{p}_i\delta\left(\boldsymbol{r}-\boldsymbol{r}_i\right)$. 双粒子分布函数 $f(\boldsymbol{r}_1,\boldsymbol{r}_2;\boldsymbol{p}_1,\boldsymbol{p}_2;t)$ 测定两个粒子的坐标和速度, 并确定依赖于两个粒子坐标的物理量的平均值, 例如, 成对相互作用的平均值 $V=\sum\limits_{ik} V\left(\boldsymbol{r}_i-\boldsymbol{r}_k\right)$. 分布函数方程的周期解或弱阻尼解给出系统的特征频率.

我们将看到, 下面开发的格林函数方法包括这种多粒子系统的经典描述方法, 还可以转化为量子力学语言. 然而, 即使是这种对系统的不完整描述也需要近似的方法. 因为即使我们对只有两个粒子的行为感兴趣, 也不可避免地要处理一些中间态, 由于相互作用, 许多粒子在这些中间态里起作用; 每个中间态又会导致更多的粒子参与运动, 如果不采用近似方法, 这个问题就不可解.

最简单的情况是, 粒子的平均动能远大于粒子之间的相互作用, 可以应用

---

① 在 N. S. Krylov 的著作 *Raboty po Osnovaniyu Statistiki* 中, 他使用这个想法作为统计物理学的基础.

微扰理论. 在使用托马斯–费米方法寻找重原子的场时, 我们已经遇到了这样的例子. 在这里, 求解的薛定谔方程是一个电子在其他粒子的自洽场中运动, 这些粒子被认为处于基态. 参数 ζ 表示这种近似的适用性, 它是两个电子的相互作用能 ($\sim Z^{1/3}$) 与一个电子的动能 ($\sim Z^{4/3}$, 见第 27 页) 之比, 即 $\zeta \sim 1/Z$. 接下来是考虑密度的量子起伏对相关粒子运动的影响.

在多体问题中, 另一种近似方法也是可能的, 即, 两个粒子之间的相互作用不小, 但粒子的平均距离很远, 涉及三个粒子的相互作用可以忽略. 这就是所谓的 "气体近似", 出现在相互作用很强的粒子的气体中. 这种近似的参数 ζ 是 $fn^{1/3}$, 其中 f 是双粒子散射振幅, n 是密度; 也就是 $\zeta \sim f/r_0$, 其中 r_0 是粒子的平均间距.

最有趣的物理系统 (金属、其他固体、液态氦、原子核) 既不符合微扰理论的适用条件, 也不符合气体近似的适用条件, 必须使用其他方法. 首先, 我们必须研究系统的最低激发态的特征, 这些激发态具有确定的运动常数值, 即, 在一个均匀的系统中, 具有确定动量值的态; 然后, 更复杂的激发态可以视为这种 "元激发" 的气体.

我们以固体的激发态为例, 说明这个想法; 假设它是绝缘体. 那么, 电子不参与低能激发, 所有的弱激发态都约化为声波. 将量子力学应用于声波 (即谐振子问题) 导致的结果是, 具有给定波矢 p 的波的能量以有限的 "波包" 形式出现, $\varepsilon_n(p) = \left(n + \dfrac{1}{2}\right)\omega$, $\omega = cp$, 其中 c 是声速. 这里的 "元激发" 是系统的最低激发态 ($n = 1$), 具有能量 $\omega = \varepsilon_1 - \varepsilon_0$ 和动量 p, 系统的任意弱激发态可以视为这些基本激发 (声子) 的气体. 弹性方程中的非线性项对应于声子之间的相互作用. 这种元激发可以称为 "准粒子"; 电磁场的相应的准粒子是光子.

因此, 研究相互作用很强的粒子系统的适当方法包括: 研究对象不是构成该系统的真实粒子, 而是准粒子; 因为准粒子的数量在弱激发态中很少, 可以对它们使用气体近似.

下面将看到, 即使对于粒子间相互作用很强的情况, 费米系统的低能量激发态也有非常简单的性质. 首先, 存在着单粒子激发, 类似于理想费米气体中的激发. 在这种情况, 激发态对应于一个粒子从能量小于费米能的态跃迁到费米表面以上的非占据态, 或者换句话说, 对应于在费米海的背景上产生一个粒子和一个空穴. 真正的费米系统中的激发也对应于粒子和空穴的形成, 但其性质与自由粒子和空穴的性质不一样. 特别是, 这些准粒子的质量与自由粒子的质量不同. 换句话说, 真实费米体系中的单粒子激发相当于理想气体的激发, 这种理想气体由具有费米分布能量的准粒子组成.

从物理学的角度来看, 这些结果是很自然的. 一个粒子在介质中运动, 可以让附近的粒子运动起来. 对于弱激发, 当粒子的能量接近费米能时, 运动粒子的一般性质只微弱地依赖于初始粒子的态. 因此, 在弱激发的情况下, 初始粒子及其环境作为单个的稳定实体出现, 我们可以称之为准粒子. 由于自旋是守恒的, 形成准粒子的整个集体的自旋与初始粒子的自旋是相同的. 因此, 当准粒子作为单个实体出现时, 它们必须像任何其他自旋 $\frac{1}{2}$ 的粒子一样, 遵守泡利原理. 因此, 在只有少量准粒子和准空穴参与的情况下, 它们的行为与理想费米气体中的激发完全一样.

在无限的系统中, 确定单粒子激发谱只需要引入一个不能计算的常数, 即准粒子的有效质量. 然而, 在有限的系统中, 单粒子激发的特征要求我们, 不仅要引入准粒子的有效质量, 还要引入它们运动的有效势阱的参数. 对于短程力范围为 r_0 的系统, 必要的参数是势阱的深度、大小和形式, 以及密度从系统内部的值下降到零的那一层的宽度 $\delta\,(\sim r_0)$.

其次, 除了单粒子激发外, 在相互作用的粒子系统中还存在集体激发, 可以解释为准粒子和准空穴的束缚态. 这种激发的一个例子是无限系统中的声波. 为了确定集体激发的能谱, 必须引入准粒子之间的相互作用, 我们将看到, 它与两个真实粒子之间的相互作用很不一样.

对于大多数物理应用 (跃迁强度、磁矩和四极矩等), 有必要知道外场作用在系统中引起的变化. 正如理论表明的那样, 系统对外场的响应问题可以简化为势阱中的准粒子气体在外场中的行为问题. 事实证明, 只考虑两个准粒子的碰撞就足够了; 多个准粒子的碰撞用理论准确处理, 只会改变准粒子的相互作用和准粒子与外场的相互作用的 “荷”. 在大多数情况下, 这个 “荷”(charge) 可以从一般考虑中找到 (根据电荷、能量、动量等的守恒定律).

这些结果也有非常简单的直观解释. 假设系统受到外场的作用不太强, 那么在这个场中, 一个特定粒子的能量变化比它的动能小得多. 那么, 在费米分布的背景下, 系统的态就对应于出现一些准粒子和准空穴; 它们的总数只是系统中粒子总数的一小部分. 如果粒子之间的平均距离是力的作用范围的数量级, 那么准粒子之间的平均距离远大于力的作用范围, 准粒子就形成了气体, 这样就可以忽略三个或更多的准粒子同时碰撞的情况.

准粒子的"荷"与外部场的关系如何? 这个"荷"描述了与形成准粒子的粒子复合物的场的相互作用. 例如, 假设有一个电场施加到原子核上. 它只作用于质子. 在质子与原子核的其他粒子的相互作用中, 电荷是守恒的, 所以, 形成"质子准粒子"的整个复合体将具有与初始质子相同的电荷. 在这种情况, 准粒子的电荷等于原始粒子的电荷; 在其他外场的情况, 例如对于磁场, 准粒子与场的有效相互作用与粒子的相互作用不同. 我们可以这样看: 在自由空间中运动的中子只能通过其固有的磁矩与磁场相互作用, 但是中子准粒子的运动也让质子运动起来, 从而导致电流, 这样就改变了它与外部场的相互作用. 因此, 中子准粒子可以有轨道磁矩 (与它的轨道运动相关的磁矩). 如果没有粒子间的相互作用, 轨道磁矩只与质子相关.

对于无限的均匀的费米系统, 上述相互作用的准粒子理论是朗道在 1958 年提出的.

应用于核理论的准粒子方法是这样的: 我们首先证明, 对于弱激发, 原子核可以视为势阱中的准粒子气体, 它们的相互作用可以用几个普适常数描述. 这种相互作用并不小, 必须准确处理. 唯一的近似是, 对于弱激发, 当准粒子的数量很少时, 只考虑两个准粒子的碰撞.

对于大多数可观察的核现象, 我们可以得到一些公式, 借助于相关方程的机器求解, 可以用理论的普遍常数来表示这些公式. 如果不假设粒子的相互作用是弱的, 就不能计算决定准粒子之间相互作用的常数以及势阱的参数. 在原子核的情况, 当然不能认为粒子的相互作用是弱的, 因此, 这些常数必须通过理论和实验的比较来找到.

利用格林函数技术和过程的图形表示, 可以最有效地开发上述的准粒子方法. 下面先用一些简单的例子解释这种方法, 然后用它解决各种问题.

我们将阐述, 图形方法的基本原则是: 用代表过程的时空发展的图来描述过程, 然后通过简单的例子建立图的单元和分析表达式的对应关系; 这样就可以读出由这些单元组成的任何任意图的意义. 这种方法不仅简单, 而且能够让我们强调计算的定性方面.

关于这些问题的更正式的说明, 可以在以下书籍中找到: Abrikosov A A, Gorkov L P, Dzyaloshinskii I E. *Quantum Field Theoretic Methods in Statistical Physics.* Oxford: Pergamon, 1965. (中译本: 统计物理学中的量子场论方法. 郝柏林, 译. 北京: 北京大学出版社, 2014.); Migdal A B, *Theory of Finite Fermi Systems and the Atomic Nucleus,* New York: Interscience, 1967; Migdal A B. *Nuclear Theory: the Quasiparticle Method.* New York: W. A. Benjamin, 1968.

5.1 准粒子方法和格林函数

5.1.1 跃迁振幅

为了定量地开发准粒子方法, 只需要获得实际参与有关现象的少量粒子的方程; 相比之下, 薛定谔方程描述了整个系统的行为, 导致了无法解决的困难. 为了得到这种对系统的不完整描述, 从波函数 Ψ 转到跃迁振幅 (格林函数) 是很方便的. 与依赖所有粒子坐标的 Ψ 函数不同, 跃迁振幅只是初态和终态的粒子坐标的函数. 首先考虑单个粒子的例子. 我们用的不是薛定谔方程

$$\mathrm{i}\frac{\partial\Psi(\boldsymbol{r},t)}{\partial t}-H\Psi(\boldsymbol{r},t)=0$$

而是格林函数 $G\left(\boldsymbol{r},t:\boldsymbol{r}',t'\right)$ 的方程

$$\mathrm{i}\frac{\partial G}{\partial t}-HG=\mathrm{i}\delta\left(\boldsymbol{r}-\boldsymbol{r}'\right)\delta\left(t-t'\right) \tag{5.1}$$

格林函数表示粒子从时间 t' 的点 $\boldsymbol{r}'$ 到时间 t 的点 $\boldsymbol{r}$ 的跃迁振幅; 振幅的模平方给出跃迁概率. 很容易用格林函数验证这一点, 用时刻 $t+\tau$ 的波函数 Ψ 表示时刻 t 的 Ψ:

$$\Psi(\boldsymbol{r},t+\tau)=\int G\left(\boldsymbol{r},t+\tau;\boldsymbol{r}',t\right)\Psi\left(\boldsymbol{r}',t\right)\ \mathrm{d}\boldsymbol{r}' \tag{5.2}$$

从 (5.2) 可以看出, $\Psi(\boldsymbol{r},t+\tau)$ 服从薛定谔方程, 此外, 如果 $G\left(\boldsymbol{r},t+0:\boldsymbol{r}',t\right)=\delta\left(\boldsymbol{r}-\boldsymbol{r}'\right)$, 当 $\tau\rightarrow 0$, $\Psi(\boldsymbol{r},t+\tau)$ 就会变为 $\Psi(\boldsymbol{r},t)$.

公式 (5.2) 仅在 $\tau>0$ 时包含 G. 对于 $\tau<0$, 我们令 $G=0$. 那么, 从 (5.1) 可以得到

$$G(\boldsymbol{r},t+0;\boldsymbol{r}',t)=\delta(\boldsymbol{r}-\boldsymbol{r}')$$

这正是 (5.2) 所要求的. 在没有外场的情况, 从对称性考虑 (即从空间的均匀性和各向同性以及时间的均匀性考虑), 可以看出

$$G(\boldsymbol{r},t;\boldsymbol{r}',t')=G(|\boldsymbol{r}-\boldsymbol{r}'|,t'-t)$$

假设一组本征函数由以下关系给出

$$H\varphi_\lambda(\boldsymbol{r})=\varepsilon_\lambda\varphi_\lambda(\boldsymbol{r}),\quad H=\frac{p^2}{2m}+V(\boldsymbol{r})$$

核子在原子核内运动, 势阱 V 的典型形式如图 5.1 所示, 其中 R 是核半径, r_0 是 "扩散区"(即 V 从核内常数值到核外常数值的区域) 的宽度.

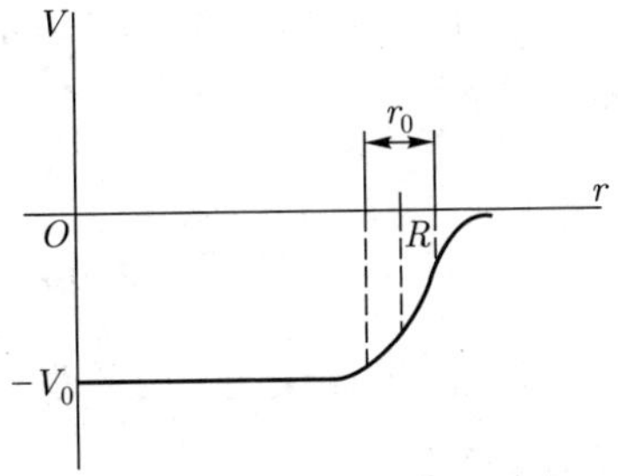

图 5.1

把粒子的波函数写成 $\Psi(\boldsymbol{r},t)=\sum\limits_\lambda C_\lambda(t)\varphi_\lambda(\boldsymbol{r})$ 的形式; 那么, 公式 (5.2) 取以下形式

$$C_\lambda(t+\tau)=\sum_{\lambda'}G_{\lambda\lambda'}(\tau)C_{\lambda'}(t)$$
$$G_{\lambda\lambda'}=\int \mathrm{d}^3r\ \mathrm{d}^3r' G(\boldsymbol{r},\boldsymbol{r}',\tau)\varphi^*_\lambda(\boldsymbol{r})\varphi_{\lambda'}(\boldsymbol{r}')$$

由于 φ_λ 是本征函数, 不会发生向其他态的跃迁, 我们有 $C_\lambda(t+\tau)=\mathrm{e}^{-\mathrm{i}\varepsilon_\lambda\tau}C_\lambda(t)$, 也就是

$$G_{\lambda\lambda'}(\tau)=G_\lambda(\tau)\delta_{\lambda\lambda'}=\mathrm{e}^{-\mathrm{i}\varepsilon_\lambda\tau}\delta_{\lambda\lambda'}\theta(\tau)\tag{5.3}$$

其中

$$\theta(\tau)=\begin{cases}1, & \tau>0\\ 0, & \tau<0\end{cases}$$

这个结果也很容易从 G 的方程中直接得到.

回到对 τ 的傅里叶变换, 我们可以得到

$$G_\lambda(\varepsilon)=\frac{1}{\varepsilon-\varepsilon_\lambda+\mathrm{i}\delta},\quad \delta=+0 \tag{5.4}$$

其中 $G_\lambda(\varepsilon)$ 由下式定义

$$G_\lambda(\varepsilon)=\frac{1}{\mathrm{i}}\int G_\lambda(\tau)\mathrm{e}^{\mathrm{i}\varepsilon\tau}\,\mathrm{d}\tau$$

因此, 逆变换的结果是

$$G_\lambda(\tau)=\int \mathrm{e}^{-\mathrm{i}\varepsilon\tau}G_\lambda(\varepsilon)\frac{\mathrm{i}\,\mathrm{d}\varepsilon}{2\pi}$$

选择 δ 的符号是为了使 $G_\lambda(\tau)$ 在 $\tau<0$ 时为零. 回到 τ 的表示, 很容易验证对 δ 的符号选择是正确的:

$$G_\lambda(\tau)=\int\frac{\mathrm{e}^{-\mathrm{i}\varepsilon\tau}}{\varepsilon-\varepsilon_\lambda+\mathrm{i}\delta}\frac{\mathrm{i}\,\mathrm{d}\varepsilon}{2\pi}$$

并将积分围道移到 ε 的上半平面, 正如第 60 页所做的那样.

在 "混合的"$(\boldsymbol{r},\varepsilon)$ 表示中, 我们有

$$G(\boldsymbol{r},\boldsymbol{r}',\varepsilon)=\sum_{\lambda\lambda'}G_{\lambda\lambda'}(\varepsilon)\varphi_\lambda(\boldsymbol{r})\varphi_{\lambda'}^*(\boldsymbol{r}')=\sum_\lambda\frac{\varphi_\lambda(\boldsymbol{r})\varphi_\lambda^*(\boldsymbol{r}')}{\varepsilon-\varepsilon_\lambda+\mathrm{i}\delta} \tag{5.5}$$

对 λ 的求和包括对束缚态的求和与对连续谱的积分. 函数 $G(\boldsymbol{r},\boldsymbol{r}',\varepsilon)$ 在 ε 的值上有极点, 等于边界态能量 ε_λ.

格林函数与势 $V(r)$ 的散射问题的 S 矩阵有关 (见第 150 页). 如果在时间 $t=-\infty$时, 动量表示中的波函数具有 $C_{\boldsymbol{p}}=\mathrm{e}^{-\mathrm{i}E_{\boldsymbol{p}}t}$ 的形式, 而在时间 $t'\to+\infty$ 时, 具有 $\sum\limits_{\boldsymbol{p}'}C_{\boldsymbol{p}'}^{\boldsymbol{p}}\mathrm{e}^{-\mathrm{i}E_{\boldsymbol{p}'}t'}$ 的形式, 那么 S 矩阵的矩阵元是 $C_{\boldsymbol{p}'}^{\boldsymbol{p}}$. 另一方面, (5.2) 给出

$$C_{\boldsymbol{p}'}^{(\boldsymbol{p})}=\underset{t\to-\infty,t'\to\infty}{G(\boldsymbol{p}',\boldsymbol{p},t',t)}\mathrm{e}^{\mathrm{i}E_{\boldsymbol{p}'}t'-\mathrm{i}E_{\boldsymbol{p}}t}=S_{\boldsymbol{p}\boldsymbol{p}'}$$

从连接 S 矩阵与散射振幅的表达式 (第 151 页) 可以看出

$$\mathrm{e}^{\mathrm{i}E_{\boldsymbol{p}'}t'-\mathrm{i}E_{\boldsymbol{p}}t}\underset{t\to-\infty,t'\to\infty}{G(\boldsymbol{p}',\boldsymbol{p},t',t)} = -2\pi\mathrm{i}\delta\left(E_{\boldsymbol{p}}-E_{\boldsymbol{p}'}\right)A\left(\boldsymbol{p},\boldsymbol{p}'\right)$$

其中 $A\left(\boldsymbol{p},\boldsymbol{p}'\right)$ 是波函数的能量归一化的散射振幅; 它与传统振幅 $f\left(\boldsymbol{p}',\boldsymbol{p}\right)$ 的关系是

$$f\left(\boldsymbol{p}',\boldsymbol{p}\right) = -\frac{m}{2\pi}A\left(\boldsymbol{p},\boldsymbol{p}'\right) \tag{5.6}$$

5.1.2 无相互作用粒子系统中的单粒子格林函数 (准粒子的格林函数)

让我们寻找一个粒子的格林函数 $G_{\lambda\lambda'}(\tau)$, 也就是说, 在无相互作用的粒子系统中, 从有一个粒子的态 λ 到有一个粒子的态 λ' 的跃迁振幅. 为此, 只需要在 (5.3) 中考虑泡利原理, 也就是说, 排除进入被占据态的跃迁. (为了简单起见, 这里只考虑费米子的情况). 因此, 我们必须在格林函数中包括一个系数 $(1-n_\lambda)$, 其中 n_λ 由下式给出

$$n_\lambda = \begin{cases} 1, & \varepsilon_\lambda < \varepsilon_{\mathrm{F}} \\ 0, & \varepsilon_\lambda > \varepsilon_{\mathrm{F}} \end{cases}$$

它是处于 λ 态的粒子数. 因此, 我们得到

$$G^{+}_{\lambda\lambda'}(\tau) = (1-n_\lambda)\,\delta_{\lambda\lambda'}\begin{cases} \mathrm{e}^{-\mathrm{i}\varepsilon_\lambda\tau}, & \tau>0 \\ 0, & \tau<0 \end{cases} \tag{5.7}$$

接下来寻找空穴的跃迁振幅. 由于在能级 λ 中可用于空穴的位置数量与 n_λ 成正比, 我们得到了与粒子情况类似的结果

$$G^{-}_{\lambda\lambda'}(\tau) = n_\lambda\delta_{\lambda\lambda'}\begin{cases} \mathrm{e}^{-\mathrm{i}\varepsilon^{-}_{\lambda}\tau}, & \tau>0 \\ 0, & \tau<0 \end{cases} \tag{5.8}$$

其中 $\varepsilon^{-}_{\lambda}$ 是空穴的能量, 或者更准确地说, 是系统在空穴出现后和出现前的能量差.

在许多情况下, 引入粒子的格林函数 $G_\lambda(\tau)$ 很方便, 它结合了公式 (5.7) 和 (5.8), 对 $\tau>0$ 和 $\tau<0$ 都有定义:

$$G_\lambda(\tau)=\begin{cases} G_\lambda^+(\tau), & \tau>0 \\ -G_\lambda^-(-\tau), & \tau<0 \end{cases} \tag{5.9}$$

公式 (5.7—5.9) 的傅里叶变换具有以下的形式

$$G_\lambda^+(\varepsilon)=\frac{1-n_\lambda}{\varepsilon-\varepsilon_\lambda+\mathrm{i}\delta}$$

$$G_\lambda^-(\varepsilon)=-\frac{n_\lambda}{\varepsilon-\varepsilon_\lambda^-+\mathrm{i}\delta} \tag{5.10}$$

$$G_\lambda(\varepsilon)=G_\lambda^+(\varepsilon)-G_\lambda^-(-\varepsilon)=\frac{1-n_\lambda}{\varepsilon-\varepsilon_\lambda+\mathrm{i}\delta}+\frac{n_\lambda}{\varepsilon+\varepsilon_\lambda^- -\mathrm{i}\delta}$$

公式 (5.10) 显示了格林函数 G^+ 和 G^- 的一个重要性质: 它们在 ε 的值上都有一个极点, 分别对应于粒子和空穴的能量.

从本章导言的内容可以看出, 在相互作用的粒子系统中, 准粒子 (准空穴) 的格林函数具有与上述相同的形式; 只需要用准粒子 (准空穴) 的能量代替粒子 (空穴) 的能量. 下面 (第 192 页) 将解释费米系统的初始公式 (5.7) 和 (5.8), 并得到玻色子的类似表达.

对于基态, 当

$$n_\lambda=1,\ 对于\varepsilon_\lambda<\varepsilon_{\mathrm{F}}$$

$$n_\lambda=0,\ 对于\varepsilon_\lambda>\varepsilon_{\mathrm{F}}$$

(5.10) 中的最后一个公式可以写成以下形式

$$G_\lambda(\varepsilon)=\frac{1}{\varepsilon-\varepsilon_\lambda+\mathrm{i}\delta\,\mathrm{sign}\,(\varepsilon-\varepsilon_{\mathrm{F}})} \tag{5.10'}$$

5.1.3 有相互作用粒子系统中的格林函数

我们已经得到了自由粒子的格林函数, 以及无相互作用的处于基态的费米子系统里的单粒子格林函数. 在无相互作用粒子的系统中, 要找到描述两个或多个粒子或空穴的行为的格林函数, 也是很容易的. 然而, 我们的问题是处理粒子之间的相互作用. 格林斯函数方法的基本原理在于, 为了讨论多粒子系统,不需要引入涉及很多粒子的格林函数. 关系式 (5.1) 确实可以很容易地推广到多粒子的情况 (只需要用 $\boldsymbol{r}$ 来表示所有粒子的整个坐标集合); 但是实际上, 在多体系统中要找到由此产生的格林函数 $G(\boldsymbol{r}_1, \cdots, \boldsymbol{r}_N; t; \boldsymbol{r}'_1, \cdots, \boldsymbol{r}'_N; t')$, 就像找到波函数一样不可能. 在有关现象其实只涉及少量粒子的情况, 没有必要考虑系统的所有粒子; 我们将看到, 多体系统中几乎所有可以用实验研究的过程, 可以由单粒子和双粒子格林函数描述.

我们用下述表达式定义有相互作用粒子系统中的单粒子格林函数

$$G^+(\boldsymbol{r}, t; \boldsymbol{r}', t') \underset{t>t'}{=} \left[\varPhi_0 \varPsi'(\boldsymbol{r}', t') \varPsi^+(\boldsymbol{r}, t) \varPhi_0\right] \tag{5.11}$$

其中 $\varPhi_0$ 是精确的基态本征函数, $\varPsi(\boldsymbol{r}, t)$ 是海森伯表示中的二次量子化算子, 即

$$\varPsi(\boldsymbol{r}, t) = \mathrm{e}^{\mathrm{i}Ht} \varPsi(\boldsymbol{r}) \mathrm{e}^{-\mathrm{i}Ht}$$

其中 H 是系统的哈密顿算子, 包括相互作用项, $\varPsi(\boldsymbol{r})$ 可以用不同态的粒子的湮没算子 $\varphi_\lambda(\boldsymbol{r})$ 来表示:

$$\varPsi(\boldsymbol{r}) = \sum_\lambda a_\lambda \varphi_\lambda(\boldsymbol{r})$$

下面将验证, 表达式 (5.11) 有一个简单的含义, 事实上它给出了一个粒子从 $(\boldsymbol{r}', t')$ 态跃迁到 $(\boldsymbol{r}, t)$ 态的振幅. 它的模平方给出了跃迁概率. 空穴的格林函数可以写成类似的表达式

$$G^-(\boldsymbol{r}, t; \boldsymbol{r}', t') \underset{t>t'}{=} \left[\varPhi_0 \varPsi^+(\boldsymbol{r}, t) \varPsi(\boldsymbol{r}', t') \varPhi_0\right] \tag{5.12}$$

(粒子的湮没等同于空穴的产生). 上述两个表达式只对 $t > t'$ 给了定义; 可以在形式上把它们组合成单一的格林函数, 描述 $\tau > 0$ 的粒子和 $\tau < 0$ 的空穴, 就像前面 5.1.2 节对自由粒子系统所做的那样:

$$G(\boldsymbol{r}, t; \boldsymbol{r}', t') = \begin{cases} G^+(\boldsymbol{r}, t; \boldsymbol{r}', t'), & t > t' \\ \pm G^-(\boldsymbol{r}', t'; \boldsymbol{r}, t), & t < t' \end{cases} \tag{5.13}$$

这里的正号对应于玻色子, 负号对应于费米子. 很容易看出, 在无相互作用粒子的情况, 表达式 (5.11) 和 (5.12) 还原为上一节的相应公式; 我们建议读者自己做这种计算.

关系 (5.11) 和 (5.12) 可以写成以下形式

$$G\left(x, x'\right)=\left\langle T \Psi(x) \Psi^{+}\left(x'\right)\right\rangle$$

其中符号 $\langle\cdots\rangle$ 表示对基态的平均化, $x=(\boldsymbol{r}, t)$, 而算子 T(时间排序算子) 表示它右边的量要排序, 以便它们参数中的时间形成递减的序列. 对于时间 $t'>t$ 的费米系统 (当 Ψ 和 Ψ^{+} 交换位置时), 我们添加一个整体的负号.

双粒子格林函数可以用类似的方法定义: 用乘积 $\Psi(1) \Psi(2) \Psi^{+}(3) \Psi^{+}(4)$ 代替 $\Psi(1) \Psi^{+}(2)$. 下面演示如何计算粒子格林函数以及它们与准粒子格林函数的联系.

5.1.4 单粒子格林函数的解析性质

为了简单起见, 只考虑均匀的无限系统的情况. 考虑到系统在空间上的均匀性和各向同性以及在时间上的均匀性, 我们有

$$G\left(\boldsymbol{r}, t ; \boldsymbol{r}', t'\right)=G\left(\left|\boldsymbol{r}-\boldsymbol{r}'\right|, t-t'\right) \tag{5.14}$$

接下来看看 $\boldsymbol{r}_1=\boldsymbol{r}-\boldsymbol{r}'$ 的傅里叶变换. 根据 (5.11) 和 (5.12), 得到

$$G(\boldsymbol{p}, \tau)=\int \mathrm{d}^3 r_1 G\left(\boldsymbol{r}_1, \tau\right) \mathrm{e}^{-\mathrm{i} \boldsymbol{p} \boldsymbol{r}_1}$$

的表达式如下

$$G(\boldsymbol{p}, \tau)=\begin{cases}\left\langle a_p \mathrm{e}^{-\mathrm{i} H \tau} a_p^{+}\right\rangle \mathrm{e}^{\mathrm{i} E_0 \tau}, & \tau>0 \\ \pm\left\langle a_p^{+} \mathrm{e}^{\mathrm{i} H \tau} a_p\right\rangle \mathrm{e}^{-\mathrm{i} E_0 \tau}, & \tau<0\end{cases} \tag{5.15}$$

把 $G(\boldsymbol{p}, \tau)$ 中出现的算子写在能量表示中, 我们有:

$$G(\boldsymbol{p}, \tau)=\begin{cases}\sum_s\left|\left(a_p^{+}\right)_{s 0}\right|^2 \exp \left[-\mathrm{i}\left(E_s-E_0\right) \tau\right], & \tau>0 \\ \pm \sum_s\left|\left(a_p\right)_{s 0}\right|^2 \exp \left[\mathrm{i}\left(E_s-E_0\right) \tau\right], & \tau<0\end{cases} \tag{5.16}$$

由于算子 a_p^{+} 使系统的动量增加了 $\boldsymbol{p}$, 系统中的粒子数增加了 1, 所以对 $\tau>0$ 的求和是在所有具有动量 $\boldsymbol{p}$ 和粒子数 $N+1$ 的状态中进行的 (假设基态具有

粒子数 N, 而动量为零). 同样, 对 $\tau<0$ 的求和是在粒子数为 $N-1$、动量为 $-\boldsymbol{p}$ 的态上进行.

我们写出

$$E_s(N+1)-E_0(N)=\varepsilon_s(N+1)+E_0(N+1)-E_0(N)=\varepsilon_s+\mu$$

其中 $\mu=E_0(N+1)-E_0(N)$ 是化学势. 根据定义, 激发能 $\varepsilon_s=E_s(N+1)-E_0(N+1)$ 是正的. 同样,

$$E_s(N-1)-E_0(N)=\varepsilon_s(N-1)-E_0(N)+E_0(N-1)=\varepsilon_s'-\mu'$$

物理量 ε_s' 和 μ' 与 ε_s 和 μ 相同, 精度为 $1/N$ 的量级.

引入函数

$$\begin{aligned}A(\boldsymbol{p},E)\,\mathrm{d}E&=\sum_s\left|\left(a_p^+\right)_{s0}\right|^2,\quad E\leqslant\varepsilon_s\leqslant E+\mathrm{d}E\\B(\boldsymbol{p},E)\,\mathrm{d}E&=\sum_s\left|\left(a_p\right)_{s0}\right|^2,\quad E\leqslant\varepsilon_s\leqslant E+\mathrm{d}E\end{aligned}\tag{5.17}$$

并且从表达式 (5.16) 来到对 τ 的傅里叶变换. 这样就有

$$G(\boldsymbol{p},\varepsilon)=-\int_0^\infty\mathrm{d}E\left[\frac{A(\boldsymbol{p},E)}{E-\varepsilon+\mu-\mathrm{i}\delta}\pm\frac{B(\boldsymbol{p},E)}{E+\varepsilon-\mu-\mathrm{i}\delta}\right]\tag{5.18}$$

对于由有限数量的费米子组成的系统, 公式 (5.18) 是单粒子格林函数的谱分解.[①]这个公式可以给出函数 $G(\boldsymbol{p},\varepsilon)$ 的实部和虚部的关系: 根据下述恒等式

$$\frac{1}{E-\varepsilon+\mu-\mathrm{i}\delta}=P\frac{1}{E-\varepsilon+\mu}+\mathrm{i}\pi\delta(E-\varepsilon+\mu)$$

结果得到

$$\operatorname{Im}G(\boldsymbol{p},\varepsilon)=\pi\begin{cases}-A(\boldsymbol{p},\varepsilon-\mu),&\varepsilon>\mu\\\mp B(\boldsymbol{p},\mu-\varepsilon),&\varepsilon<\mu\end{cases}\tag{5.19}$$

因此, 对于费米子, $G(p,\varepsilon)$ 的虚部在 $\varepsilon=\mu$ 这个点变了号, 而对于玻色子, 它对所有 p 和 ε 都是负的. 使用 (5.18) 和 (5.19), 很容易发现

$$G(p,\varepsilon)=\frac{1}{\pi}\int_{-\infty}^{\infty}\frac{\operatorname{Im}G\left(p,\varepsilon'\right)\,\mathrm{d}\varepsilon'}{\varepsilon'-\varepsilon-\mathrm{i}\delta}\tag{5.20}$$

① Lehmann 在 1954 年获得了量子场论中的类似分解.

与第 147 页上的关系式 (4.5) 类似.

现在建立粒子的格林函数和激发谱之间的关系. 函数 $G(\boldsymbol{p},\tau)$ 有简单的物理含义: 假设系统在初始时刻处于 $\Phi(0)=a_p^+\Phi_0$ 状态, 其中 Φ_0 是 N 粒子系统的基态 (物理 "真空"). 在 $\tau>0$ 时, 该系统的波函数为

$$\Phi(\tau)=\mathrm{e}^{-\mathrm{i}H\tau}a_{\boldsymbol{p}}^+\Phi_0$$

那么函数 $G(\boldsymbol{p},\tau)$ 就是在 τ 时刻找到系统处于 $\Phi(0)$ 状态的概率振幅. 为了说明这一点, 写出

$$[\Phi(0),\Phi(\tau)]=\left(\Phi_0 a_{\boldsymbol{p}}\mathrm{e}^{-\mathrm{i}H\tau}a_{\boldsymbol{p}}^+\Phi_0\right)=G(\boldsymbol{p},\tau) \tag{5.21}$$

对于 $\tau<0$, 有类似的关系成立. 根据 (5.16) 和 (5.18), 对于 $\tau>0$, 我们有

$$[\Phi(0),\Phi(\tau)]=\mathrm{e}^{-\mathrm{i}\mu\tau}\int_0^\infty A(\boldsymbol{p},E)\mathrm{e}^{-\mathrm{i}E\tau}\,\mathrm{d}E \tag{5.22}$$

在没有相互作用的情况, 当 p 大于 p_{F}(我们有 $\mu=\varepsilon_{\mathbf{F}}$),

$$A(\boldsymbol{p},E)=\delta\left[E+\varepsilon_{\mathrm{F}}-\varepsilon^0(\boldsymbol{p})\right]$$

因此,

$$[\Phi(0),\Phi(\tau)]=\mathrm{e}^{-\mathrm{i}\varepsilon^0(\boldsymbol{p})\tau}$$

当粒子之间的相互作用被考虑在内时, $A(\boldsymbol{p},E)$ 中的 δ 函数被一个在 $E=\varepsilon(p)-\mu$ 附近具有尖锐最大值的函数取代, 其中 $\varepsilon(p)$ 是准粒子能量.

现在考虑格林函数在很大的正时间的行为. 假设 $A(\boldsymbol{p},E)$ 解析延拓到下半平面, 离实轴最近的奇点是 $E=\varepsilon(p)-\mu-\mathrm{i}\gamma$ 的简单极点. 然后, 将 (5.22) 中的积分围道移到下半平面, 我们得到

$$G(\boldsymbol{p},\tau)=\mathrm{e}^{-\mathrm{i}\mu\tau}\int_C A\mathrm{e}^{-\mathrm{i}E\tau}\,\mathrm{d}E \tag{5.22$'$}$$

积分的围道 C 如图 5.2 所示. 函数 $G(\boldsymbol{p},\tau)$ 中的非指数项来自 $E=0$ 附近沿虚轴的积分, 对于 $\tau\geqslant 1/\gamma$, 其数量级为 $[\gamma/\varepsilon(p)]^2$. 因此, 我们得到

$$G(\boldsymbol{p},\tau)=Z\mathrm{e}^{-\mathrm{i}\varepsilon(\boldsymbol{p})\tau-\gamma\tau}+O\left\{[\gamma/\varepsilon(\boldsymbol{p})]^2\right\} \tag{5.23}$$

这个结果可以解释为: 在 $\Phi(0)$ 态, 存在一个振幅为 Z 的波包, 代表一个能量为 $\varepsilon(p)$、阻尼为 γ 的准粒子. $\varepsilon(p)$ 和 γ 的值决定于 $A(\boldsymbol{p}, E)$ 中的极点位置.

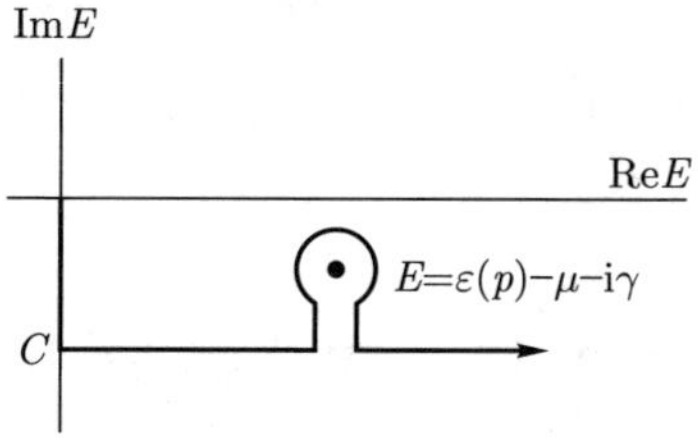

图 5.2

如果我们考虑 $\tau<0$ 的情况, 就会得到准空穴的类似关系. 因此, $G(\boldsymbol{p}, \varepsilon)$ 可以写成以下形式

$$G(\boldsymbol{p}, \varepsilon)=Z\left[\frac{1-n_p}{\varepsilon-\varepsilon(\boldsymbol{p})+\mathrm{i}\delta}+\frac{n_p}{\varepsilon-\varepsilon(\boldsymbol{p})-\mathrm{i}\delta}\right]+G_{\mathrm{Reg}} \equiv Z G_Q+G_{\mathrm{Reg}} \tag{5.24}$$

其中 G_Q 是准粒子的格林函数. 这个关系建立了粒子和准粒子格林函数之间的联系.

5.1.5 观测量的计算

函数 G 使我们能够计算所有算子在基态上的平均值, 它是对所有粒子的简单和, 也就是说, 形式为

$$A=\sum_i A_i\left(\xi_i, \boldsymbol{p}_i\right) \tag{5.25}$$

(其中 ξ_i 代表所有的空间和自旋变量). 例如, 在 $\boldsymbol{r}$ 处的粒子密度就是这样的算子, 由下式给出

$$n(\boldsymbol{r})=\sum_i \delta\left(\boldsymbol{r}-\boldsymbol{r}_i\right)$$

或者, 总的轨道角动量

$$\boldsymbol{L}=\sum_i\left(\boldsymbol{r}_i \times \boldsymbol{p}_i\right)$$

如果用二次量子化的语言书写, 算子 A 的形式为

$$A=\int \Psi^{+}(\xi) A(\xi, \boldsymbol{p}) \Psi(\xi)\, \mathrm{d} \xi \tag{5.25$'$}$$

因此, 它在系统基态中的平均值可以用 G 来表示 $t=t'-0$:

$$G(\xi,\xi',\tau) \underset{\tau\to-0}{=} \mp\left[\Phi_0\Psi^+(\xi')\Psi(\xi)\Phi_0\right] \tag{5.26}$$

(如上所述, Φ_0 表示精确的基态).

算子 A 的期望值就等于

$$\langle A\rangle=\mp\int\{A(\xi,\boldsymbol{p})G[\xi,\xi',(\tau=-0)]\}_{\xi'=\xi}\ \mathrm{d}\xi\equiv\mp\operatorname{Tr}(AG_{\tau=-0}) \tag{5.27}$$

因此, $G_{\tau\to-0}$ 与密度矩阵只相差一个系数 ±1. 事实上, 对于费米子,

$$\rho(\xi',\xi)=\left[\Phi_0\Psi^+(\xi')\Psi(\xi)\Phi_0\right]=-G_{\tau=-0} \tag{5.28}$$

而对于玻色子,

$$\rho(\xi',\xi)=G_{\tau\to-0} \tag{5.28$'$}$$

要确定下述算子的期望值

$$B=\sum_{i,k}B_{ik}(\xi_i,\boldsymbol{p}_i;\xi_k,\boldsymbol{p}_k) \tag{5.29}$$

例如粒子的相互作用能, 就必须了解双粒子格林函数. 它的定义与 G 类似:

$$G_2(1,2;3,4)=\left[\Phi_0T\Psi\ (1)\ \Psi(2)\Psi^+(3)\Psi^+(4)\ \Phi_0\right] \tag{5.30}$$

其中算子 T 意味着所有站在 T 右边的量都是排好序的, 以便 Ψ 和 Ψ^+ 的参数中的时间形成递减的序列; (对于费米子) 在整个表达式前面有一个正号或负号, 取决于时间有序的表达式是通过偶置换或奇置换从 (5.30) 中得到的. 函数 G 给出了几种情况的跃迁振幅 (取决于时间 t_1,t_2,t_3,t_4 之间的关系), 初态和终态对应的要么是两个粒子, 要么是两个空穴, 要么是一个粒子和一个空穴. G_2 还包括这样的情况: 在初始时间有一个粒子, 在终态有两个粒子和一个空穴. 为简洁起见, 我们将明确谈论两个粒子 (或空穴); 可以理解的是, 剩余的 $N-2$ 个粒子在初始和最终的时刻都处于基态. 函数 G 和 G_2 还包含了位于介质中的任何散射中心的场内的散射振幅的有关信息, 以及两个相互作用的粒子的散射振幅的有关信息. 介质中两个粒子的散射由函数 $G_2(\boldsymbol{p}_1t_1,\boldsymbol{p}_2t_2;\boldsymbol{p}_3t_3,\boldsymbol{p}_4t_4)$ 确定, 其中 $t_1,t_2\to-\infty$ 和 $t_3,t_4\to+\infty$ (参见第 176 页). 当初始时刻 t_1,t_2 与相互作

用时刻之间的时间间隔变大时, 描述粒子 (具有 $\boldsymbol{p}_1$ 和 $\boldsymbol{p}_2$) 的波包被阻尼, 在碰撞发生时, 只剩下那些对应于具有相同动量的准粒子的项 (第 183 页). 在相互作用的时期之后, 当 $t_3, t_4 \to +\infty$ 时, 同样只剩下具有 $\boldsymbol{p}_3$ 和 $\boldsymbol{p}_4$ 的准粒子. 因此, 一开始就用准粒子来讨论散射问题, 是比较方便的. 这同样适用于在散射中心的场里的散射问题.

虽然单粒子和双粒子格林函数包含了系统中最重要的信息, 但有时候也会有问题需要了解三粒子和四粒子格林函数; 例如, 在计算具有非成对 (non-pairwise) 相互作用的系统中的结合能时, 就需要这些知识.

5.1.6　费米子的动量分布

从 (5.26) 可以看出, 粒子的动量分布可以用格林函数来表示:

$$n(\boldsymbol{p}) \underset{\tau\to-0}{=} -\int G(\boldsymbol{p},\varepsilon)\mathrm{e}^{-\mathrm{i}\varepsilon\tau}\frac{\mathrm{i}\ \mathrm{d}\varepsilon}{2\pi} \tag{5.31}$$

在这个表达式中不能取极限 $\tau = 0$, 因为从 (5.24) 中可以明显看出, 对于 $\varepsilon \to \infty$ 和积分 $\int G(p,\varepsilon)\ \mathrm{d}\varepsilon$ 沿实轴取值, $G \sim 1/\varepsilon$ 是发散的. 然而, 对于 τ 的任何有限负值, 可以用实轴和上半平面的无限半圆组成的封闭围道 C 代替沿实轴的积分, 然后让 $\tau = 0$. 这样就得到

$$n(\boldsymbol{p}) = -\int_C G(\boldsymbol{p},\varepsilon)\frac{\mathrm{i}\ \mathrm{d}\varepsilon}{2\pi}$$

我们看到, 格林函数在 $\varepsilon = \varepsilon(p) - \mathrm{i}\gamma$ 处有一个极点

$$G(\boldsymbol{p},\varepsilon) = \frac{Z}{\varepsilon - \varepsilon(p) + \mathrm{i}\gamma(p)} + G_{\mathrm{Reg}}(\boldsymbol{p},\varepsilon)$$

其中 $G_{\mathrm{Reg}}(\boldsymbol{p},\varepsilon)$ 这个函数在极点附近是正常的. 在 $p = p_{\mathrm{F}}$ 处, 阻尼 γ 会改变符号: 对于 $p > p_{\mathrm{F}}$, 有 $\gamma > 0$, 而对于 $p < p_{\mathrm{F}}$, 有 $\gamma < 0$. 因此, 对于 $p < p_{\mathrm{F}}$, 在围道 C 以内有一个极点, 而对于 $p > p_{\mathrm{F}}$, 极点进入下半平面, 所以它不给在 C 上的积分做贡献. 所以就得到

$$n\left(p_{\mathrm{F}} - 0\right) - n\left(p_{\mathrm{F}} + 0\right) = Z$$

由于 $0 \leqslant n(p) \leqslant 1$, 格林函数重正化因子 (Z) 满足 $0 < Z \leqslant 1$. 粒子的动量分布如图 5.3 所示 (Migdal, 1957).

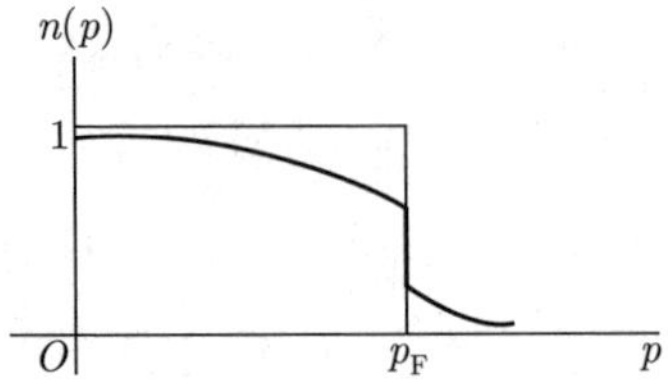

图 5.3

因此, 研究格林函数的解析性质, 让我们得到了重要的物理结果: 尽管粒子之间的相互作用使粒子的动量产生了散射, 但仍然存在着自由粒子费米分布的“记忆”, 表现为函数 $n(\boldsymbol{p})$ 中的不连续性. 图 5.3 还显示了准粒子分布 (细线); 当然, 这个分布只对接近 p_{F} 的 p 有意义, 因为只有在那里才适用准粒子的概念.

5.2 图的方法

5.2.1 过程的图表示

在多体问题和场论中, 经常用费曼图的方法寻找各种关系. 它包括用图表示所有感兴趣的过程, 这些图代表复杂的分析表达式, 其方式与中国的文字表示整句话一样. 我们首先以图的形式表示粒子可能经历的各种物理过程. 例如, 光子的传播用虚线表示, 粒子的传播用实线表示, 而下面的图形

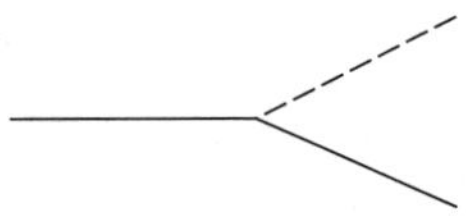

表示一个带电粒子 (比如一个电子) 发射了一个光子. 连续线的弯曲 (kink) 表示, 在发射光的量子 (光子) 后, 电子获得了新的动量.

假设我们有两个无相互作用的粒子

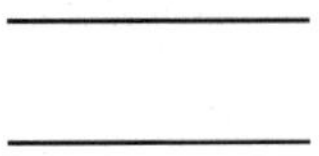

如果它们发生相互作用, 我们就画下面这种类型的图:

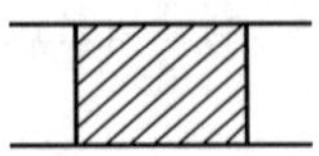

如果相互作用是通过光子发生的 (也就是库仑形式的相互作用), 就用虚线连接这两条实线:

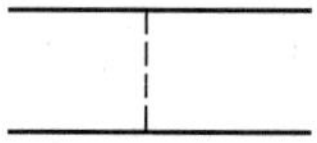

如果涉及的两个粒子是核子, 通过交换一个 π 介子发生相互作用, 就在粒子线之间画一条波浪线:

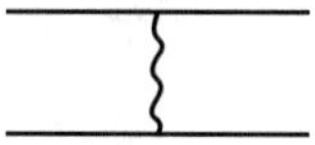

这个图意味着两个核子发生了一次相互作用. 如果它们相互作用了两次, 就画图如下:

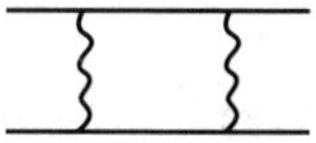

下面这个图

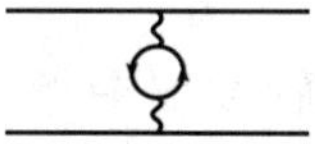

代表更复杂的过程——一个核子发射一个 π 介子, 然后 π 介子衰变为一个核子和一个反核子. 随后, 这两个粒子重新转化为一个 π 介子, 并被另一个核子吸收. 用同样的方式, 我们可以继续表示粒子经历的更复杂的过程.

为了让这些图具有定量的意义, 而不仅仅是起到说明的作用, 我们把一个给定的图解释为它代表从初始时刻的一个态到最终时刻的另一个态的跃迁振幅. 跃迁振幅的平方给出了在最终时刻处于最终态的概率. 例如, 上面画的光子发射图表示下述跃迁过程的振幅: 动量为 $\boldsymbol{p}$ 的一个带电粒子, 向包含一个动量 $\boldsymbol{q}$ 的光子和一个动量 $\boldsymbol{p}-\boldsymbol{q}$ 的粒子的态跃迁.

根据叠加原理, 总跃迁振幅就是所有可能的物理上不同的跃迁振幅的总和. 下面将用简单的例子解释这个论断的确切含义. 首先, 我们尝试用图的方法, 以直观的方式得到用相互作用势表示的两粒子散射振幅的关系. 根据叠加原理, 散射振幅用图形的和来表示:

$\Gamma =$ 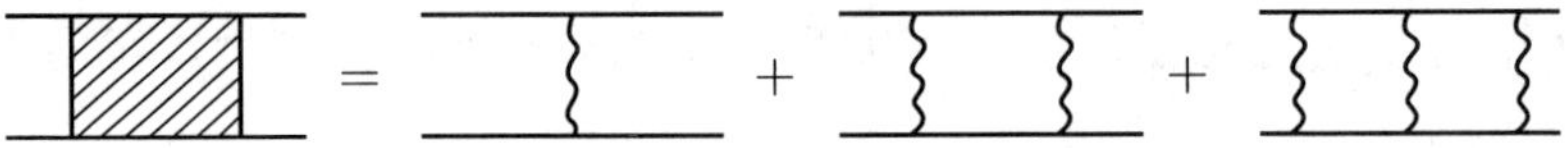 $+\cdots$

右边的第一个图代表粒子间发生了一次相互作用, 第二个图对应于发生了两次相互作用, 以此类推. 在相互作用事件之间, 是适合于两个无相互作用粒子的跃迁振幅. 我们把粒子之间的相互作用势与第一个图形联系起来:

其中每条直线都是格林函数, 也就是自由粒子的跃迁振幅 G. 那么, 第二张图的常规写法是

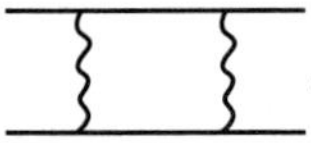 = UGGU

因为两个自由粒子的跃迁振幅就是两个粒子的格林函数的乘积. 这样就得到散射振幅的级数

$$\Gamma = U + UGGU + UGGUGGU + \cdots$$

由 UGG 右边的因子在第二项和后续项中形成的表达式给出的仍然是 Γ 的级数. 所以就得到 Γ 的方程

$$\Gamma = U + UGG\Gamma$$

这个方程中出现的函数 G 是我们已经熟悉的自由粒子的跃迁振幅.

当然, 刚才的操作并不是方程的推导, 而是为我们指明方向的论证. 为了确定必须赋予这些表达式中的符号乘法的意义, 必须把我们得到的方程与以通常方式求解薛定谔方程得到的相应表达式做比较. 显然, 上述的表达式 Γ 只不过是以符号方式写出能量归一化的散射振幅的标准量子力学方程. 在质心坐标系中, 我们有

$$\Gamma(\boldsymbol{p}_1, \boldsymbol{p}_2) = U(\boldsymbol{p}_1, \boldsymbol{p}_2) + \int U(\boldsymbol{p}_1, \boldsymbol{p}') \frac{\Gamma(p', p_2)}{\varepsilon_{p_1} - \varepsilon_{p'} + \mathrm{i}\gamma} \frac{\mathrm{d}^3 p'}{(2\pi)^3} \tag{5.32}$$

采用类似的方式, 可以把粒子在外场中的格林函数 $\widetilde{G}$ 与自由粒子的格林函数 G 联系起来. 外场中的格林函数 $\widetilde{G}$ 由分波的跃迁振幅之和表示:

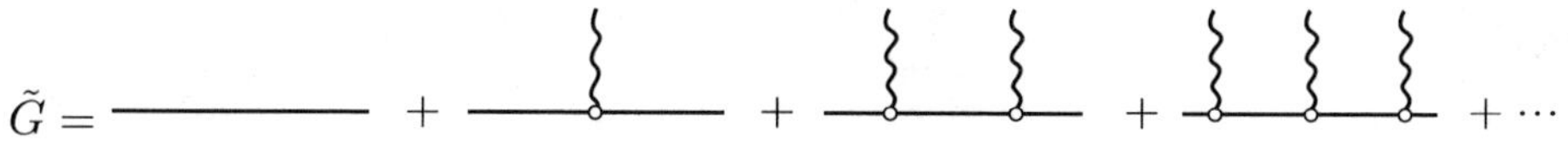

把 $\widetilde{G}$ 中站在 V 右边的所有图形收集起来, 得到的还是 $\widetilde{G}$ 本身; 因此

$$\widetilde{G}=G+GVG+GVGVG+\cdots=G+GV\widetilde{G} \tag{5.33}$$

在刚才考虑的简单情况, 我们当然可以不使用图形. 公式 (5.33) 和 (5.32) 很容易直接从 G 的公式 (5.1) 和双粒子格林函数的类似表达式得到. 引入算子 $G^{-1}=\partial/\partial t+\mathrm{i}H_0$, 我们写出方程 (5.33), 其中 H_0 是自由粒子的哈密顿量. 从 (5.1) 可以得到

$$G^{-1}\widetilde{G}+\mathrm{i}V\widetilde{G}=I \tag{5.33$'$}$$

因此

$$\widetilde{G}=G+G(-\mathrm{i}V)\widetilde{G} \tag{5.33$''$}$$

由于算子 I 采取了 $\delta(\boldsymbol{r}-\boldsymbol{r})\delta(t-t')$ 的表达式, 算子的乘法必须解释如下:

$$A(x_1,x_2)=BC=\int B(x_1,x')\,C(x',x_2)\ \mathrm{d}^4x'$$

其中 $x=(\boldsymbol{r},t)$.

因此, 方程 (5.33) 的解析表达式是

$$\widetilde{G}(x_1,x_2)=G(x_1,x_2)+\int G(x_1,x')\left[-\mathrm{i}V(x')\right]\widetilde{G}(x',x_2)\ \mathrm{d}^4x'$$

因此, 表示与场发生相互作用的图必须是:

$= -\mathrm{i}V$

如果在表达式 (5.33′) 和 (5.33″) 中, 用 $\widetilde{G}$ 表示双粒子格林函数 (对应于两个粒子的薛定谔方程), 用 V 表示相互作用势 $U(x_1-x_2)$, 就得到 (在一阶近似下)

$$\begin{aligned}&G_2^{(1)}(x_1,x_2;x_1',x_2')\\&=\int \mathrm{d}^4x_3\ \mathrm{d}^4x_4 G(x_1,x_3)\,G(x_2,x_4)\,(-\mathrm{i})U(x_3-x_4)\,G(x_3,x_1')\,G(x_4,x_2')\end{aligned} \tag{5.34}$$

=

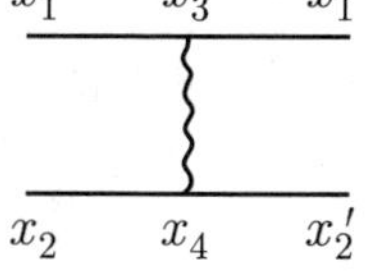

这表明,

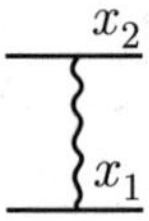

$$= -\mathrm{i}u\left(x_1 - x_2\right) \tag{5.35}$$

对于无延迟的相互作用, 我们有 $U\left(x_1 - x_2\right) = U\left(\boldsymbol{r}_1 - \boldsymbol{r}_2\right)\delta\left(t_1 - t_2\right)$.

很容易得到 G_2 在 (λ, ε) 表示中的表达式. 我们有

$$\begin{aligned} & G_2^{(1)}\left(\lambda_1\varepsilon_1, \lambda_2\varepsilon_2, \lambda_3\varepsilon_3, \lambda_4\varepsilon_4\right) \\ = & -\mathrm{i}\sum_{\lambda_3\lambda_4}\int G_{\lambda_1}\left(\varepsilon_1\right)G_{\lambda_2}\left(\varepsilon_2\right)\left(\lambda_1\lambda_2|U(\omega)|\lambda_3\lambda_4\right)\times \\ & G_{\lambda_3}\left(\varepsilon_1 + \omega\right)G_{\lambda_4}\left(\varepsilon_2 - \omega\right)\delta\left(\varepsilon_1 + \varepsilon_2 - \varepsilon_3 - \varepsilon_4\right)\frac{\mathrm{d}\omega}{2\pi} \end{aligned}$$

其中

$$\overline{U}(\omega) = \int \mathrm{d}\tau \mathrm{e}^{-\mathrm{i}\omega\tau}U(\tau)$$

对于自由粒子的相互作用, $G_2^{(1)}$ 的形式确实非常简单. 在 $(\boldsymbol{p}, \varepsilon)$ 表示中, 我们有 [其中 $\boldsymbol{p} = (\boldsymbol{p}, \varepsilon)$ 和 $\boldsymbol{q} = (\boldsymbol{k}, \omega)$]

$$G_2^{(1)} = -\mathrm{i}\int G\left(\boldsymbol{p}_1\right)G\left(\boldsymbol{p}_2\right)U(\boldsymbol{q})G\left(\boldsymbol{p}_1 + \boldsymbol{q}\right)G\left(\boldsymbol{p}_2 - \boldsymbol{q}\right)\frac{\mathrm{d}^4\boldsymbol{q}}{(2\pi)^4}\delta\left(\boldsymbol{p}_1 + \boldsymbol{p}_2 - \boldsymbol{p}_3 - \boldsymbol{p}_4\right)$$

$$\left(\boldsymbol{q} = \boldsymbol{p}_3 - \boldsymbol{p}_1 = \boldsymbol{p}_2 - \boldsymbol{p}_4\right)$$

很容易让自己熟悉从一种表示形式转换到另一种表示形式.

对于应用于 $V(r)$ 领域中的散射问题, 收集 (5.33) 中的图形是很方便的:

$$\widetilde{G} = G\left(V + VGV + \cdots\right)G = GAG$$

其中 A 是能量归一化的散射振幅:

$$A = V + VGV + VGVGV + \cdots = V + VGA \tag{5.36}$$

这里的 G 取表达式 (5.4). 由于场与时间无关, 我们必须认为, G 里的 ε 等于入射粒子的能量 ε_p. 对中间态的动量的积分必须以权重 $(2\pi)^{-3}$ 进行, 相当于对归一化体积中所有准离散态做权重为 1 的求和; 这样的求和是叠加原理的要求. 在动量表示中, 我们有

$$= -\mathrm{i}V\left(\boldsymbol{q}_1 - \boldsymbol{q}_2\right)$$

根据我们发现的规则, 在 (5.36) 中做代换 $A \to \mathrm{i}A, V \to \mathrm{i}V$, 可以得到

$$A(\boldsymbol{p},\boldsymbol{p}') = V(\boldsymbol{p}-\boldsymbol{p}') + \int \frac{V(\boldsymbol{p}-\boldsymbol{q}_1)\,A(\boldsymbol{q}_1,\boldsymbol{p}')}{\varepsilon_{\boldsymbol{p}}-\varepsilon_{\boldsymbol{p}_1}+\mathrm{i}\delta}\frac{\mathrm{d}^3\boldsymbol{q}_1}{(2\pi)^3} \tag{5.37}$$

这与 (5.32) 中做代换 $\Gamma \to A, U \to V$ 以后一样. 这样就证实了关系式 (5.37).

为了说明图形描述和相应符号表达的有用性, 我们以适合研究其解析性质的形式给出振幅的积分方程. 振幅的图形可以收集如下:

$$A = V + V\{G + GVG + \cdots\}V = V + V\widetilde{G}V \tag{5.38}$$

使用已经找到的读图秘诀, 并使用 $\widetilde{G}$ 表达式 (5.5), 其中 $\varepsilon = \varepsilon_p$, 可以得到

$$A(\boldsymbol{p},\boldsymbol{p}') = V_{\boldsymbol{p}\boldsymbol{p}'} + \sum_{\lambda}\frac{A_{\boldsymbol{p}\lambda}A_{\lambda\boldsymbol{p}'}}{\varepsilon_p-\varepsilon_\lambda+\mathrm{i}\delta} \tag{5.39}$$

其中对 λ 的求和意味着对边界态的求和 $(\varepsilon_\lambda < 0)$ 与对连续谱的积分, 以及 $A_{\boldsymbol{p}\lambda} \equiv \left[\mathrm{e}^{-\mathrm{i}\boldsymbol{p}\cdot\boldsymbol{r}}, V(r)\varphi_\lambda(\boldsymbol{r})\right]$. 如果从能量归一化转到通常的归一化 (见第 177 页), 就可以得到

$$f(\boldsymbol{p},\boldsymbol{p}') = f_{\mathrm{B}}(\boldsymbol{p}-\boldsymbol{p}') - \frac{2\pi}{m}\sum_{\lambda}\frac{f_{\boldsymbol{p}\lambda}f_{\lambda\boldsymbol{p}'}}{\varepsilon_p-\varepsilon_\lambda+\mathrm{i}\delta} \tag{5.39$'$}$$

其中 f_{B} 是玻恩散射振幅. 从这个表达式可以看出, 振幅在 $\varepsilon_p < 0$ 区域的解析延拓在束缚态的能量位置有极点. 然而, 相反的说法并不正确: 不是散射振幅的每个极点都对应于一个束缚态 (见第 155 页).

考虑公式 (5.39′) 的虚部, 对于 $\boldsymbol{p} = \boldsymbol{p}'$. 假设属于连续谱的态 φ_λ 具有平面波归一化, 即具有渐近行为 $\varphi_\lambda \underset{r\to\infty}{\longrightarrow} \mathrm{e}^{\mathrm{i}\boldsymbol{p}\cdot\boldsymbol{r}}$, 我们得到

$$\begin{aligned}\operatorname{Im} f(\boldsymbol{p},\boldsymbol{p}) &= -\frac{2\pi}{m}(-\pi)\int |f(\boldsymbol{p},\boldsymbol{p}_1)|^2\,\delta(\varepsilon_p-\varepsilon_{p_1})\frac{\mathrm{d}^3p_1}{(2\pi)^3}\\ &= \frac{2\pi^2}{(2\pi)^3m}\frac{p^2}{v}\int |f(\theta,\varphi)|^2\,\mathrm{d}\Omega = \frac{P}{4\pi}\sigma\end{aligned}$$

这正是光学定理 (第 151 页).

到目前为止, 我们已经学会的图形只能描述一个自由粒子或两个相互作用粒子的运动. 现在转向真正有趣的情况, 即在介质中运动的粒子.

我们从最简单的情况开始, 即单个粒子的情况, 并解释格林函数如何受到粒子全同性的影响, 也就是说, 我们解释第 177 页直观介绍的表达方式. 假设一个动量为 $\boldsymbol{p}$ 的准粒子 (或处于 λ 态——这不影响论证) 在其他粒子的背景下运动, 其中存在一个具有相同动量的权重为 n_p 的准粒子. (为了简单起见, 这里不考虑自旋指标). 那么这两个粒子的跃迁振幅就用图表示

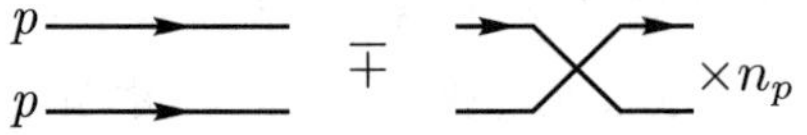

第二个图与第一个图的差别在于, 新增粒子和背景粒子的坐标是交换的; 负号对应于费米子, 正号对应于玻色子. 因子 n_p 考虑了坐标可能与初始粒子互换的粒子的数量. 如果这两项都描述单个准粒子的运动, 就可以得到

$$G^{+}(\boldsymbol{p},\tau)=(1\mp n_p)\,\mathrm{e}^{-\mathrm{i}\varepsilon_p\tau}\theta(\tau)$$

对于费米体系中的空穴传播, 可以引入状态 p 中的空穴数量, 即 $\nu_p=1-n_p$; 通过同样的论证, 我们得到一个因子 $(1-\nu_p)=n_p$. 在玻色子的情况, 必须考虑由于空穴的出现而引起的可能置换数 n_p 的变化; 正如我们所看到的, 这给出了一个系数 n_p. 由于这些结果与没有相互作用的情况、从第 179 页对 G 的定义中自动得到的结果相同, 这就加强和完善了我们对 G 作为介质中的跃迁振幅的解释.

现在考虑在外场中的一个准粒子. 在这个场的二级近似里, 不仅出现了图 (a)

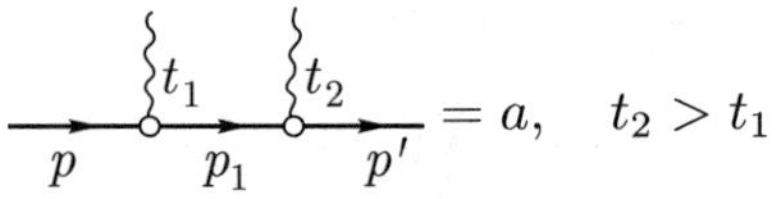

(a)

而且, 还有一个在自由粒子情况下不存在的图 (b), 即

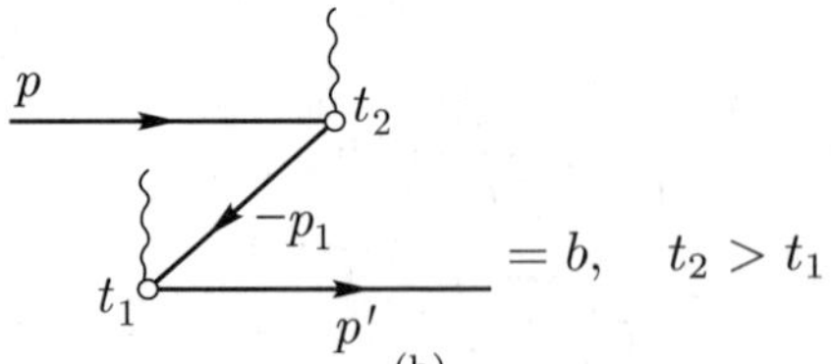

(b)

这个图表示在 t_1 时刻产生一个准粒子和准空穴, 随后在 t_2 时刻将它们湮没. 我们想知道对应于图 (b) 的解析表达式. 为此, 考虑两个粒子的运动, 即动量为 $\boldsymbol{p}$ 的初始粒子和动量为 $\boldsymbol{p}_1$ 的背景粒子. 那么, 图 (a) 和 (b) 的和对应的过程是

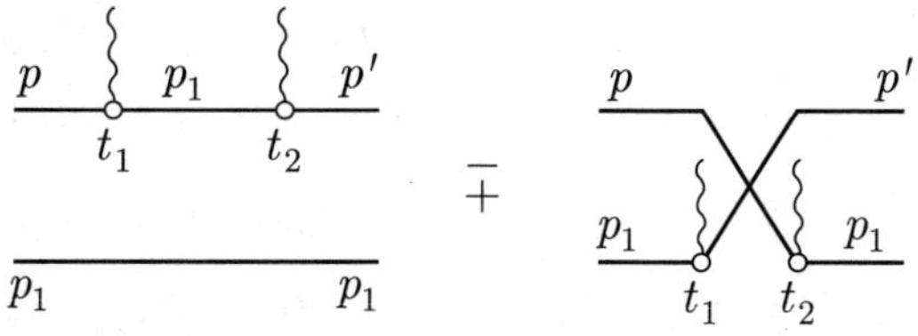

(5.40)

在第二个图中, 在 t_1 时刻出现了一个动量为 $-\boldsymbol{p}_1$ 的空穴和另一个动量为 $\boldsymbol{p}'$ 的粒子; 然后在 t_2 时刻, 原来的粒子占据了空位. 图

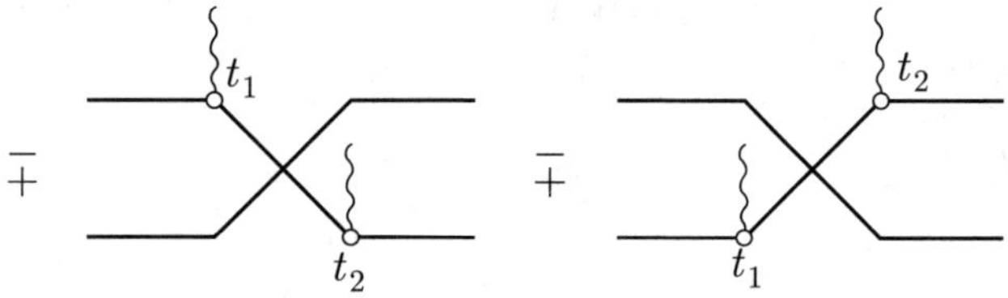

分别考虑了粒子函数和空穴函数中的因子 $(1-n)$ 和 n. 图

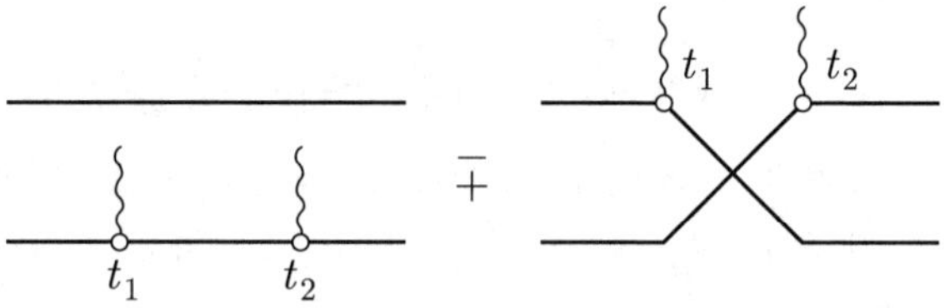

考虑了场内背景的变化和所添加的粒子对此的影响; 这些图与问题中的粒子本身的运动无关.

由于 (5.40) 中的第二个图对应于相互作用事件之间的粒子交换, 它必须为费米子分配负号, 为玻色子分配正号. 因此, 我们的结论是, 带有反向箭头的图形应当如下解释:

$$= \mp G^-(p,-\tau) = G(p,-\tau)$$

因此, 图 (a) 和 (b) 的和是

$$a+b = G^+(-\mathrm{i}V)G^+(-\mathrm{i}V)G^+ \mp G^+(-\mathrm{i}V)G^-(-\mathrm{i}V)G^+$$

现在可以看到前面引入的函数 $G(p,\tau)=G^+(p,\tau)\mp G^-(p,-\tau)$ 的优势: 对于费米子和玻色子, 图 (a) 和 (b) 都可以写成单个的图, 它结合了两种过程:

$G^{(2)} =$ 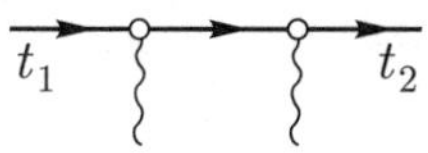

$$= -\int G^+(t_1-t')VG(t'-t'')VG^+(t''-t_2)\ \mathrm{d}t'\ \mathrm{d}t''$$

其中, 对于 $\tau = t' - t'' > 0$, 格林函数就是 G^+, 描述散射, 而对于 $\tau < 0$, 它是 $\mp G^-$, 描述粒子–空穴对的产生. 这里自动考虑了虚对子的产生对准粒子在场中的散射的影响. 因此, 准粒子从位于介质中的散射中心发出的散射振幅的表达式, 可以用介质中的统一格林函数 G 替换中间态的自由粒子格林函数, 因而从上面给出的粒子表达式中得到. 例如, 在确定金属中电子与杂质原子的散射振幅时, 这种公式可能是必要的.

类似的评论也适用于两个准粒子相互作用产生的散射振幅. 为了简单起见, 我们考虑粒子之间的 δ 函数类型的相互作用, 并用一个点表示它. 考虑散射振幅中出现的图元素:

$A =$ 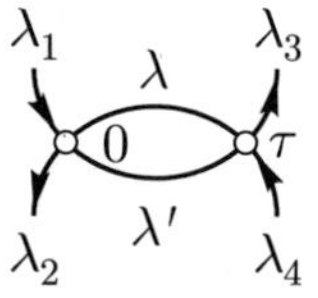

, $B =$ 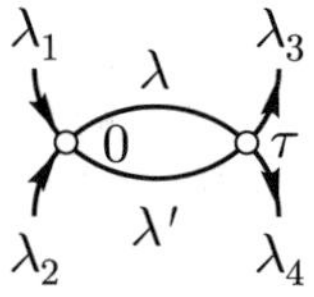

对于 $\tau > 0$, 图 B 描述了 N 粒子系统中两个准粒子在碰撞事件之间的运动, 并包含 $G^+_\lambda(\tau)G^+_{\lambda'}(\tau)$, 而对于 $\tau < 0$, 它对应于 $(N+2)$ 粒子系统中的两个准空穴, 包含 $G^-_\lambda(\tau)G^-_{\lambda'}(\tau)$. 引入下面的项 $G_\lambda(\tau)G_{\lambda'}(\tau)$, 这两项可以形式上合并为一项. 这同样适用于描述粒子和空穴的运动的图 A: 根据 τ 的符号有两个不同的图, 分别包含 $G^+_\lambda G^-_{\lambda'}$ 和 $G^-_\lambda G^+_{\lambda'}$. 这两者可以组合为 $G_\lambda(\tau)G_{\lambda'}(-\tau)$.

为后面的工作做准备, 我们给出 (λ, ε) 表示中的图 A 和 B. 代入 G 的表达式 (5.10), 我们发现

$A =$ 

$$= \int \frac{\mathrm{i}\,\mathrm{d}\varepsilon}{2\pi} G_\lambda(\varepsilon)G_{\lambda'}(\varepsilon-\omega) = \frac{n_\lambda - n_{\lambda'}}{\varepsilon_{\lambda'} - \varepsilon_\lambda + \omega} \tag{5.41}$$

$B =$ 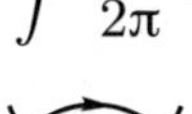

$$= \int \frac{\mathrm{i}\,\mathrm{d}\varepsilon}{2\pi} G_\lambda(\varepsilon)G_{\lambda'}(E-\varepsilon) = \frac{1 - n_\lambda - n_{\lambda'}}{E - \varepsilon_\lambda - \varepsilon_{\lambda'}} \tag{5.42}$$

其中 E 是两个粒子的总能量, ω 是粒子和空穴的总能量. [在表达式 (5.41—5.42) 中, 我们省略了相互作用的矩阵元].

介绍另一个以后需要的图元素: 也就是下面这个图

$$-\mathrm{i}\bar{V} = $$  (5.43)

我们将看到, 它描述了一个特定粒子与介质粒子的相互作用, 达到了相互作用 U 的一级近似. 圆盘被解释为在坐标的相等数值处评估的格林函数; 更准确地说, 我们把圆盘与格林函数联系起来

$$G(\boldsymbol{r},\boldsymbol{r};\tau)_{\tau\to-0} = \mp n(\boldsymbol{r}) \tag{5.44}$$

[上面的符号对应费米子, 下面的符号对应玻色子, 参见 (5.14)], 乘以一个需要确定的因子 γ. 图 (5.43) 描述了外部场 $\overline{V}$ 的作用, 可以用相互作用 U 表示. 我们有

$$(-\mathrm{i}\overline{V}) = (-\mathrm{i}U)\gamma G_{\tau\to-0} \tag{5.45}$$

在坐标表示中, 写作

$$\begin{aligned}\overline{V}(\boldsymbol{r}) &= \gamma\int U\left(\boldsymbol{r}-\boldsymbol{r}',t-t'\right)G\left(\boldsymbol{r}',\boldsymbol{r}',-0\right)\ \mathrm{d}\boldsymbol{r}'\ \mathrm{d}t'\\ &= \gamma\int U\left(\boldsymbol{r}-\boldsymbol{r}'\right)G\left(\boldsymbol{r}',\boldsymbol{r}'\right)_{\tau\to-0}\ \mathrm{d}\boldsymbol{r}'\end{aligned}$$

另一方面, 有明显的关系

$$\overline{V}(\boldsymbol{r}) = \int U\left(\boldsymbol{r}-\boldsymbol{r}'\right)n\left(\boldsymbol{r}'\right)\ \mathrm{d}\boldsymbol{r}'$$

与 (5.44) 做比较, 就得到 $\gamma=\pm1$, 即

 $$= \mp G(\boldsymbol{r},\boldsymbol{r};\tau=-0)$$

因此, 我们必须将 $G(\boldsymbol{r},\boldsymbol{r},\tau=-0)$ 这个因子与封闭的环联系起来, 对费米子是负号, 对玻色子是正号, 也就是说 (简单地说) 就是因子 $n(\boldsymbol{r})$.

从上面的讨论可以看出, 用图的方法讨论的对象可以有很多方式选择. 如果愿意, 我们可以画出发生在多体问题中的真实粒子的过程; 但是也可以处理更简单的对象, 即准粒子, 对于这些粒子, 格林函数具有第 183 页所示的简单形式. 一旦我们像上一节那样建立了粒子和准粒子之间的联系, 并确信对于跟频率 $\omega\ll\varepsilon_{\mathrm{F}}$ 和动量 $k\ll p_{\mathrm{F}}$ 对应的激发能, 准粒子足够精确地代表了激发的基本

特征, 那么, 为了描述许多过程, 我们只需要处理准粒子. 例外的情况是, 当我们必须考虑系统与外部入射粒子的相互作用, 或者当我们想研究真实粒子 (而不是准粒子) 的动量分布.

在下文中, 我们选择准粒子作为图方法描述的对象. 为此, 我们引入一个简单的表达式, 在一个具有 δ 函数形式的粒子间相互作用的系统中, 它决定了准粒子的相互作用; 这种相互作用发生在核物质中. 我们将进一步引入各种 “荷”, 它们描述了准粒子与外部场的相互作用.

5.2.2 准粒子之间的相互作用

准粒子之间的相互作用不同于自由空间里两个粒子的相互作用. 例如, 自由空间里两个核子之间的相互作用来自一个或多个介子的交换, 而在核物质内部, 除了这种机制外, 还有通过交换粒子–空穴对发生相互作用的可能性. 在散射振幅 Γ 的图中, 这两种机制表示如下:

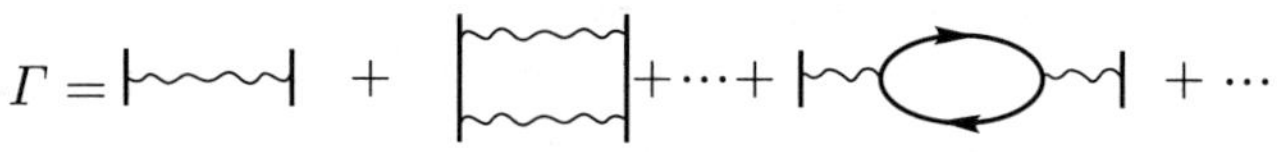

其中, 波浪线表示介子的格林函数, 圆环对应于粒子–空穴对的产生.

因此, 介质的极化效应导致了额外的相互作用. 此外, 泡利原理意味着, 即使是与极化没有连接的相互作用图也会改变, 因为有些态被其他核子占据, 所以相互作用的粒子就不能用这些态了.

根据两个粒子在自由空间中的相互作用, 确定物质中的相互作用, 对于相互作用很强的粒子来说, 这个问题非常复杂, 因为介质的影响使自由空间的相互作用发生了很大的变化. 这里不讨论这个问题; 相反, 我们用一些常数来表达准粒子之间的相互作用, 这些常数不是计算出来的, 而是来自理论和实验的比较.

在原子核的情况, 准粒子的相互作用范围与自由空间中的相互作用势的范围 r_0 大致相同. 这是因为核物质的密度应该是由粒子的间距 r_0 的量级这个条件决定的; 因此, 由密度决定的费米动量与 r_0 的关系可以用数量级的估计来确定 (对于 $\hbar = m = 1$)

$$p_{\mathrm{F}} r_0 \sim 1$$

组成原子核的粒子在有效势中运动, 有效势的深度是

$$U = \frac{p_{\mathrm{F}}^2}{2} \sim \frac{1}{r_0^2}$$

因此, 核物质的所有特征参数都由 r_0 决定, 因此也包括有效力范围, 它是这个问题里唯一的特征长度; 它不但表征了自由空间的相互作用, 而且表征了由于核物质的极化而产生的额外相互作用.

我们将看到, 所有与频率 ω 远小于费米能量 ε_{F}、波矢远小于费米动量 p_{F} 的外部场有关的问题, 都可以简化为寻找小动量转移的散射振幅 $(k \ll p_{\mathrm{F}}, \omega \ll \varepsilon_{\mathrm{F}})$ 的双准粒子通道, 换句话说, 准粒子–准空穴通道 [图 5.4 中的水平通道, 其中 $q = (\omega, \boldsymbol{k})$] 具有小的总能量. 在这种情况, 为了得到方便使用的方程, 必须把 Γ 中出现的图进行分类. 我们把所有不包含仅由两条线 (分别对应于一个准粒子和一个准空穴) 连接的部分的图分离出来, 合并为一个块图 (block diagram). 块图 $\mathscr{F}$ 包含以下图形:

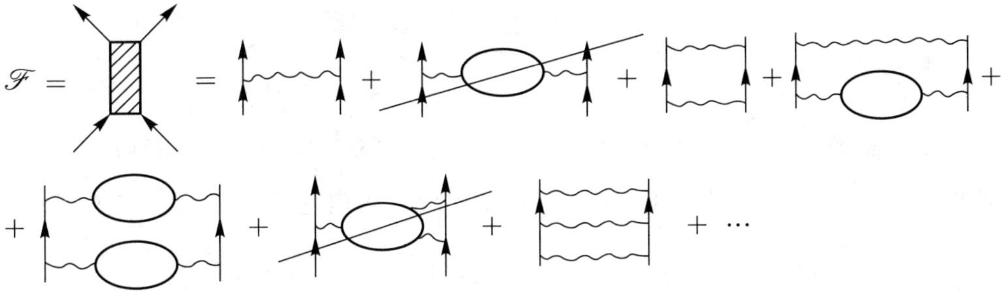

我们将表明, 对于小的动量转移, 这些图强烈地依赖于散射粒子的态; 正是由于这个原因, 我们把它们从 $\mathscr{F}$ 中排除.

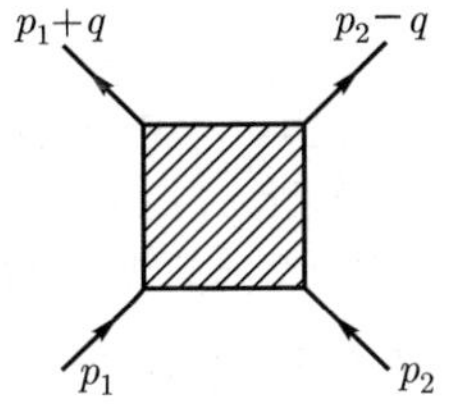

图 5.4

除了被排除的图以外, 所有的图在小动量转移时对 $\mathscr{F}$ 都有 δ 函数式的贡

献. 为了说明这一点, 我们利用自由空间相互作用的 δ 函数性质 $u=$ , 用 $\mathscr{F}$ 的前几个图的形式来表示

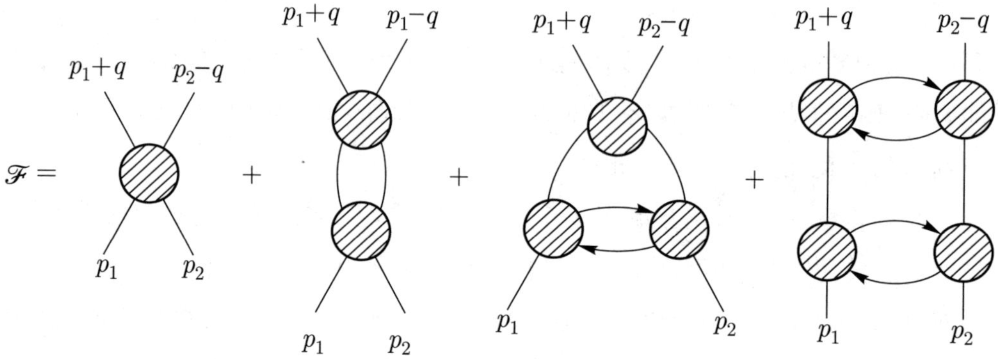

前三个图依赖于动量转移 $q\left[q_i=(\varepsilon_i,k_i)\right]$, 仅在自由空间相互作用是非局部的情况 (即不同于 δ 函数); 对于 $k\ll r_0^{-1}, \omega\ll cr_0^{-1}$, 可以用它们在 $q=0$ 的值代替. 为了说明 $\mathscr{F}$ 中更复杂的图也同样与 q 无关, 我们估计下面这个图

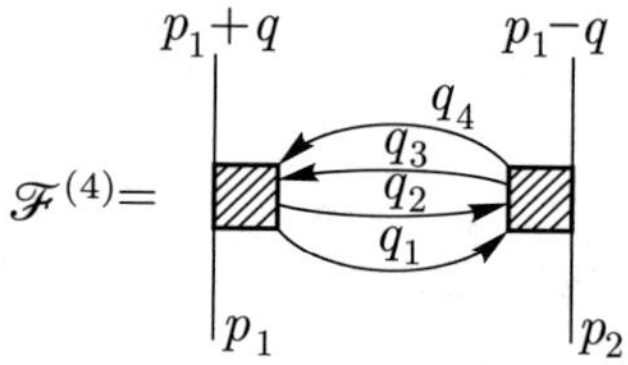

这是前面描述的 $\mathscr{F}$ 中第四个图的一种更复杂的变体. 这个正方形对应一些"局部的"(与 q 无关的) 块图 (我们用 Γ 表示). $\mathscr{F}^{(4)}$ 的表达式可以写成以下形式

$$\mathscr{F}^{(4)}\sim|\Gamma|^2\int\prod_i\frac{\mathrm{d}^4q_i}{\omega_i-\varepsilon(k_i)}\delta(q-q_1-q_2+q_3+q_4)$$

由于 q_3 和 q_4 对应空穴, k_3 和 k_4 根据定义小于 p_{F}. 现在考虑 $\varepsilon_i>\varepsilon_{\mathrm{F}}$ 和 $k_{1,2}\gg p_{\mathrm{F}}$ 的积分区域; 在对应于空穴的分母中, 通过与 $\omega_{3,4}$ 的比较, 我们可以忽略 $\varepsilon(k_{3,4})$, 并对 k_3 和 k_4 进行积分. 我们得到

$$\mathscr{F}^{(4)}\sim n^2|\Gamma|^2\int\frac{\mathrm{d}^3k_1\delta(\omega_1+\omega_2-\omega_3-\omega_4-\omega)\prod\limits_i\mathrm{d}\omega_i}{[\omega_1-\varepsilon(k_1)]\,[\omega_2-\varepsilon(k_1)]\,\omega_3\omega_4}$$

其中对 k_2 的积分已经被因子 $\delta(k-k_1-k_2+k_3+k_4)$ 消除. 不难看出, 对 ω_i 的积分的最大贡献来自区间 $\omega_1\sim\omega_2\sim\omega_3\sim\omega_4\sim\varepsilon(k_1)$. 最后得到

$$\mathscr{F}^{(4)}\sim n^2|\Gamma|^2\int\frac{\mathrm{d}^3k_1}{\varepsilon(k_1)}\sim n^2|\Gamma|^2L$$

其中 L 表示 k_1 的积分上限. 因此, 我们得到了一个看起来发散的表达式, 其数值实际上决定于块图 Γ 的非局部性.

由于动量积分的重要区域是 L 阶的, 所以有关的图与 q 无关, 只要

$$\frac{k}{L}, \frac{\omega}{\varepsilon(L)} \ll 1$$

根据对 Γ 有贡献的图的特性, 特征动量 L 可能是 $m_\pi c$ 或 $m_n c$(在核物质中, m_π 和 m_n 分别是 π 介子和核子的质量). 一般来说, 包含两条线以上的图只对动量转移有微弱的依赖, 因为在对内部线的 4 个动量做积分时, 起主导作用的是大的能量和动量 $(p \gtrsim p_{\mathrm{F}}, \varepsilon \gtrsim \varepsilon_{\mathrm{F}})$. [①]

在块图的帮助下, 我们可以把所有对 Γ 有贡献的图分为: (1) 在准粒子–准空穴通道中不包含两条线的图 (它们只是形成了图 $\mathscr{F}$), 以及 (2) 在准粒子–准空穴通道中, 我们首先有图 $\mathscr{F}$, 然后是两条线 (代表准粒子和准空穴), 最后是所有将准粒子和准空穴转移到新态的图的总和 (这本身就是块图 Γ). 因此, 用图的语言来说, Γ 的方程为

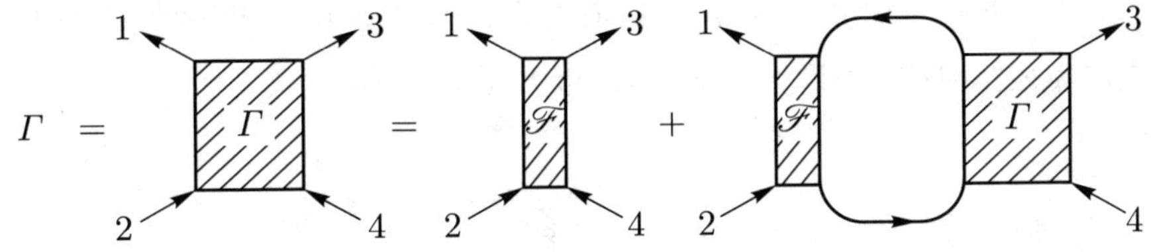

或者用符号的形式

$$\Gamma = \mathscr{F} + \mathscr{F} G G \Gamma \tag{5.46}$$

我们把这个表达式写成 (λ, ε) 表示, 暂时省略指标 λ. 由于块图 $\mathscr{F}$ 是初始时间差的 δ 函数形式, 表达式 Γ 也必须是这个差的 δ 函数. 此外, Γ 相对于初始点和最终点必须是对称的 (这可以通过反向收集图形来直接验证), Γ 只能依赖于初始时间和最终时间之差, 因此在 (λ, ε) 表示中取决于准粒子–准空穴对的总能量, 它在这个通道的所有部分都是守恒的. 省略一个总体因子 $\delta(\varepsilon_1 + \varepsilon_2 - \varepsilon_3 - \varepsilon_4)$, 并且把图 $\mathscr{F}$ 和 Γ 与 $(-\mathrm{i}\mathscr{F}, -\mathrm{i}\Gamma)$ 联系起来, 我们得到

$$\Gamma(\omega) = \mathscr{F} - \mathscr{F} \int G(\varepsilon) G(\omega - \varepsilon) \frac{\mathrm{i}\, \mathrm{d}\varepsilon}{2\pi} \Gamma(\omega) \equiv \mathscr{F} + \mathscr{F} A \Gamma$$

① 在前文提到的书中 (第 174 页), 这个论证得到了更详细的阐述.

替换指标 λ 并使用第 194 页上的 A 的表达式, 可以得到

$$(\lambda_1\lambda_2|\varGamma|\lambda_3\lambda_4) = (\lambda_1\lambda_2|\mathscr{F}|\lambda_3\lambda_4) + \sum_{\lambda\lambda'}(\lambda_1\lambda_2|\mathscr{F}|\lambda'\lambda)\,\frac{n_{\lambda'}-n_\lambda}{\varepsilon_{\lambda'}-\varepsilon_\lambda+\omega}\,(\lambda'\lambda|\varGamma|\lambda_3\lambda_4) \tag{5.47}$$

下面用一个简单的例子, 检验这个方程中的系数对不对. 由于块图在坐标表示中是类似 δ 函数的形式 (它决定于一个半径为 $\sim r_0$ 的附近区域), 我们把 $\mathscr{F}$ 称为局域相互作用振幅, 或者简单地称为局域相互作用.

在粒子对的关联很重要的情况, 或者在费米表面附近存在与单粒子态“竞争”的能级的情况, G 的表达式变得更加复杂, $\varGamma$ 的方程不再具有 (5.47) 的简单形式.

5.2.3 局域的准粒子相互作用

前面我们提到, 准粒子之间的有效局域相互作用可以用几个常数描述. 对于原子核中的局域相互作用的情况, 我们将证明这一点. 首先考虑均匀核物质的情况; 稍后再介绍由于原子核的有限大小带来的修正. 在动量表示中, 局域相互作用振幅取决于两个动量 $\boldsymbol{p}_1$、$\boldsymbol{p}_2$ 以及动量转移 $\boldsymbol{q}$:

$\mathscr{F} =$ 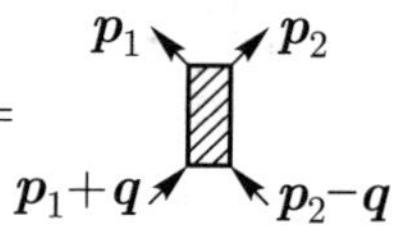

由于 $\mathscr{F}$ 只是微弱地依赖于动量的变化 (它只对大的动量变化 $\delta p\sim \boldsymbol{p}_{\mathrm{F}}$, $\delta\varepsilon\sim\varepsilon_{\mathrm{F}}$ 有明显的改变), 因此, 如果考虑的是小动量, 就可以在 $\mathscr{F}$ 中令 $\boldsymbol{q}=0$. (这样引入的误差是 $k/\boldsymbol{p}_{\mathrm{F}}, \omega/\varepsilon_{\mathrm{F}}$ 的量级.) 此外, 为了研究振幅 $\varGamma$ 在费米表面附近的行为, 只要知道 $|\boldsymbol{p}_1| = |\boldsymbol{p}_2| = \boldsymbol{p}_{\mathrm{F}}$ 和 $\varepsilon_1=\varepsilon_2=\varepsilon_{\mathrm{F}}$ 时的 $\mathscr{F}$ 就够了. 那么, $\mathscr{F}$ 只取决于初始动量 $\boldsymbol{p}_1$ 和 $\boldsymbol{p}_2$ 的夹角. 准粒子之间的相互作用还取决于它们的自旋和同位旋的量子数. 假设同位旋不变性, 我们让

$$\mathscr{F} = C\left[f + f'\tau_1\tau_2 + (g+g'\boldsymbol{\tau}_1\boldsymbol{\tau}_2)\,\boldsymbol{\sigma}_1\boldsymbol{\sigma}_2\right] \tag{5.48}$$

其中 f, f' 和 g, g' 是 $\boldsymbol{p}_1$ 和 $\boldsymbol{p}_2$ 的夹角的函数, 而 $\boldsymbol{\sigma}, \boldsymbol{\tau}$ 分别是自旋矩阵和同位旋矩阵. 选择归一化因子 C, 使得

$$C = \frac{1}{\mathrm{d}n/\,\mathrm{d}\varepsilon_{\mathrm{F}}} = \frac{\pi^2}{m^* p_{\mathrm{F}}}$$

那么 f, f' 和 g, g' 是无量纲的数, 都是 1 的量级. 我们没有将 $(p_1 \cdot \sigma_1)\,(p_2 \cdot \sigma_2)$ 形式的项纳入 (5.48) 中, 这些项是相对论修正, 对于小的粒子速度, 趋于零. 事实上, 由于在核物质中, 费米表面的速度与光速相比并不小 ($v/c \sim 1/4$), 这些项在那里可能是重要的. 张量力 (tensor force) 与 k^2 成正比, 因此, 也没有包括在 (5.48) 中.

利用勒让德多项式 (参数是 $\boldsymbol{p}_1$ 和 $\boldsymbol{p}_2$ 的夹角的余弦), 我们把 $\mathscr{F}$ 展开为级数:

$$x = \frac{p_1 p_2}{p_{\mathrm{F}}^2}, \quad \mathscr{F} = \sum_l \mathscr{F}_l \mathrm{P}_l(x) \tag{5.49}$$

应该强调的是, 这种展开与通常的散射振幅的分波展开没有关系; 后者是散射角的函数 P_l 的展开, 然而在 $\mathscr{F}$ 中, 散射角被认为等于零 ($k = 0$). f_l, f_l', g_l 和 g_l' 这些量必须通过理论和实验的比较才能找到. 这种比较表明, 在原子核中, 最重要的是展开式 (5.49) 中的零次谐波, 也就是说, 准粒子间的局域相互作用对速度的依赖性很弱.

在无限系统的有效场方程中, $\mathscr{F}$ 取四动量 q 等于外场的能量动量 $(\boldsymbol{k}, \omega)$. 因此, 对于足够均匀的外场, 我们可以在 $\mathscr{F}$ 中令 $\boldsymbol{q} = 0$, 从而引入 $k/\boldsymbol{p}_{\mathrm{F}}, \omega/\varepsilon_{\mathrm{F}}$ 阶的误差. 然而, 在有限系统中, 即使外场 V_0 是均匀的, 有效场 V 也不是均匀的, 而是在半径 R 的距离上发生显著的变化. 因此, 必须找到 $\mathscr{F}$ 的表达式 $k \sim 1/R$; 我们仍然可以设定 $\omega = 0$, 只要 $\omega \ll \varepsilon_{\mathrm{F}}$. 由于在有限系统中, $k/\boldsymbol{p}_{\mathrm{F}} \sim 1/\boldsymbol{p}_{\mathrm{F}} R \sim A^{-1/3}$, 只需要 $\mathscr{F}$ 保留不依赖 k 的项, 或者线性地依赖于 k 的项; 可以忽略 k^2 阶的项.

5.3 用格林函数法解问题

5.3.1 戴森方程, 壳层模型的基础

我们知道, 壳层模型始于这样的假设: 原子核中存在能级, 类似于势阱中的无相互作用粒子系统的能级. 在许多情况下, 这个模型给出了非常好的结果, 在格林函数法出现之前, 这个事实真的是一个谜. (类似的困难发生在金属理论

中, 尽管电子之间有很强的相互作用, 但许多现象都能用自由电子模型很好地解释.) 格林函数法使我们能够解释, 在相互作用很强的费米系统中, 单粒子能级是如何存在的.

我们用粗线表示精确的格林函数:

$G(1,2) =$ 

用细线表示自由粒子的格林函数:

$G_0(1,2) =$ 

总的跃迁振幅等于所有可能的振幅之和, 因此 G 可以表示为图形之和

$G=$ 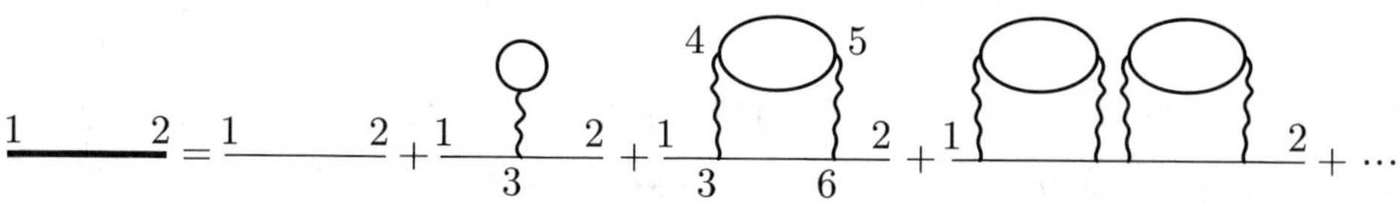

这个和里的第一个图对应着所考虑的粒子不与介质的粒子发生作用时的跃迁振幅, 也就是 G_0. 第二个图表示有关粒子被介质中的粒子弹性散射的情况. 第三个图描述了自由运动, 直到点 3, 在那里发生了非弹性碰撞; 结果是, 有关粒子在点 4 产生了粒子–空穴对. 随后, 这对粒子在点 5 被湮没, 而这个粒子从点 6 到点 2 自由传播. 所有其他图的意义都可以用类似的方式解释.

我们把各种图分类如下. 首先, 取出对应于自由传播的单个图形. 现在所有其他的图都有以下形式: 到某一点时, 粒子进行自由运动. 然后发生碰撞, 结果形成一些其他粒子和空穴, 然后再湮没; 再一次进行自由运动, 直到发生第二次碰撞. 因此, 所有这些图都有以下结构: 首先是自由运动, 然后是所有不包含只由一条线连接的部分的图的总和, 最后是粒子从中间态到最终态的总跃迁振幅. 因此, $G(1,2)$ 的方程可以用图形写为:

$G(1,2) =$ 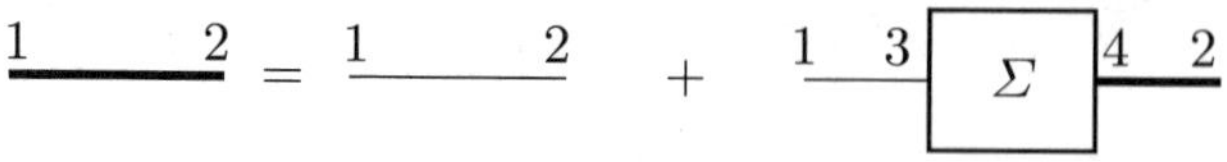 (5.50)

其中 Σ 表示不包含由单线连接的部分的图的和[①]. (5.50) 的解析形式是

$$G(1,2) = G_0(1,2) + \int G_0(1,3)\Sigma(3,4)G(4,2)\,\mathrm{d}\tau_3\,\mathrm{d}\tau_4 \tag{5.51}$$

① 我们将继续把这样的和称为"块图".

方程 (5.51) 称为戴森方程. 引入块 $\varSigma$ 的好处是, 它在坐标表示中是类似 δ 函数的形式, 因此可以只用几个常数来表征. 这是因为 $\varSigma$ 只包含有三条线或更多线的图形, 我们可以验证 (参见第 198 页), 相对于坐标和时间差来说, 是尖锐的峰, 而峰的 "弥散" 是 $\delta r \sim p_{\mathrm{F}}^{-1}, \delta t \sim \varepsilon_{\mathrm{F}}^{-1}$ 的量级.

在没有外场的情况, 当系统的哈密顿量没有明显的时间依赖性, (5.51) 中出现的所有量只取决于相关的时间坐标的差. 因此, 方便的做法是对时间做傅里叶变换. 这样就得到

$$G(\boldsymbol{r}_1, \boldsymbol{r}_2, \varepsilon) = G_0(\boldsymbol{r}_1, \boldsymbol{r}_2, \varepsilon) + \int G_0(\boldsymbol{r}_1, \boldsymbol{r}_3, \varepsilon)\, \varSigma(\boldsymbol{r}_3, \boldsymbol{r}_4, \varepsilon)\, G(\boldsymbol{r}_4, \boldsymbol{r}_2, \varepsilon)\ \mathrm{d}^3 r_3\, \mathrm{d}^3 r_4 \tag{5.52}$$

在坐标表示中, G_0 的方程有如下形式 [参见公式 (5.1)]

$$\left(\varepsilon - \boldsymbol{p}^2/2m\right) G_0(\boldsymbol{r}, \boldsymbol{r}', \varepsilon) = \delta(\boldsymbol{r} - \boldsymbol{r}')$$

其中 $\boldsymbol{p}$ 是动量算子, 它作用在坐标 $\boldsymbol{r}$ 上. 用 $\left[\varepsilon - \boldsymbol{p}^2/(2m)\right]$ 从左边乘以 (5.52), 得到

$$\left(\varepsilon - \frac{\boldsymbol{p}^2}{2m}\right) G(\boldsymbol{r}, \boldsymbol{r}', \varepsilon) - \int \varSigma(\boldsymbol{r}, \boldsymbol{r}_1, \varepsilon)\, G(\boldsymbol{r}_1, \boldsymbol{r}', \varepsilon)\ \mathrm{d}^3 r_1 = \delta(\boldsymbol{r} - \boldsymbol{r}')$$

为了简单起见, 我们省略了自旋指标. 由于块图 $\varSigma$ 是类似 δ 函数的形式, 可以把第二项写成以下形式

$$\int \varSigma G\ \mathrm{d}^3 r_1 = \alpha G(\boldsymbol{r}, \boldsymbol{r}', \varepsilon) + \beta_{\alpha\beta} \frac{\partial^2 G(\boldsymbol{r}, \boldsymbol{r}', \varepsilon)}{\partial r_\alpha \partial r_\beta}$$

其中

$$\alpha(\boldsymbol{r}, \varepsilon) = \int \varSigma(\boldsymbol{r}, \boldsymbol{r}_1, \varepsilon)\ \mathrm{d}^3 r_1$$

$$\beta_{\alpha\beta}(\boldsymbol{r}, \varepsilon) = \frac{1}{2} \int \varSigma(\boldsymbol{r}, \boldsymbol{r}_1, \varepsilon)\, (\boldsymbol{r}_1 - \boldsymbol{r})_\alpha\, (\boldsymbol{r}_1 - \boldsymbol{r})_\beta\ \mathrm{d}^3 r_1$$

在均匀的系统中, 有 $\beta_{\alpha\beta} = \beta\delta_{\alpha\beta}$, 其中 β 与 $\boldsymbol{r}$ 无关. 在有限的系统中, 这个关系在 r_0/R 的零级有效, 其中 r_0 是粒子之间的距离, R 是系统的半径. 因此, 对于 $r_0 \ll R$ 的情况, G 的方程是这样的

$$\left[\varepsilon - \frac{p^2}{2m}(1 + 2m\beta) - \alpha(r, \varepsilon)\right] G(\boldsymbol{r}, \boldsymbol{r}', \varepsilon) = \delta(\boldsymbol{r} - \boldsymbol{r}') \tag{5.53}$$

考虑公式 (5.53) 中位于接近费米能量 ε_{F} 的 ε 的值, 并从 ε_{F} 开始测量 ε. 把 $\alpha(\boldsymbol{r},\varepsilon)$ 用 ε 的幂级数展开, 只保留前两个项, 我们得到

$$\left[\varepsilon-\frac{\boldsymbol{p}^2}{2m^*}-U(r)\right]G(\boldsymbol{r},\boldsymbol{r}',\varepsilon)=Z\delta(\boldsymbol{r}-\boldsymbol{r}') \tag{5.54}$$

其中

$$m^*=\frac{1-\dfrac{\partial\alpha}{\partial\varepsilon}}{1+2m\beta},\quad Z=1-\frac{\partial\alpha}{\partial\varepsilon},\quad U(r)=\frac{\alpha(r,0)}{1-\dfrac{\partial\alpha}{\partial\varepsilon}}$$

这里 m^* 是有效质量, Z 是格林函数的重正化常数, 而 $U(r)$ 是有效势. 所有这些量都可以用块图 Σ 来表示, 而块图又可以表示为粒子间相互作用的微扰级数. 因此, 原则上就可以计算 m^*, Z 和 $U(r)$ 等量. 例如, 在相互作用的一阶微扰理论中, 很容易表明

$$(m^*)^{(1)}=m,\quad Z^{(1)}=1,\quad [U(r)]^{(1)}=U_{\mathrm{HF}}$$

其中 U_{HF} 是哈特里–福克自洽势.

由于原子核中的相互作用并不小, 这些量的实际计算有很大困难. 因此, 我们用几个常数描述势 $U(r)$: 势阱的深度、半径和 d 层的宽度, 在这个 d 层, 势从核内的常值下降到核外的值, 也就是零. 这些常数必须与 m^* 和 Z 一起, 从理论和实验的比较中找到.

现在介绍描述能量为 ε_λ 接近 ε_{F} 的准粒子的函数系:

$$\left[\frac{p^2}{2m}+U(r)\right]\varphi_\lambda=\varepsilon_\lambda\varphi_\lambda$$

那么, 公式 (5.54) 给出了

$$(\varepsilon-\varepsilon_\lambda)\,G_{\lambda\lambda'}(\varepsilon)=Z\delta_{\lambda\lambda'}$$

与从 (5.10′) 中得到的准粒子的相关方程相比, 这个表达式只有因子 Z 的差别.

因此, $G_\lambda(\varepsilon)$ 在 $\varepsilon=\varepsilon_\lambda$ 处有一个极点. 这个结果说明系统有一个单粒子激发的分支, 对应于准粒子气体的激发.

5.3.2 在吸引的情况下, 费米分布的不稳定性. 能谱中出现能隙

让我们寻找双粒子通道中散射振幅 T 的方程. 为此, 我们引入块图 $\mathscr{U}$, 定义为这个通道中不包含仅由两条准粒子线连接的部分. 按照类似于上面用来得到公式 (5.46) 的程序, 我们发现

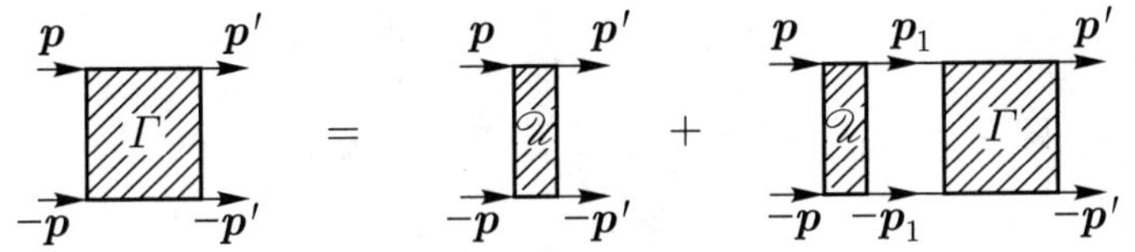

$$\Gamma = \mathscr{U} + \mathscr{U} G G \Gamma \tag{5.55}$$

与公式 (5.46) 相比, GG 是双准粒子格林函数. 块图 $\mathscr{U}$ 在入射线的坐标和时间方面是 δ 函数的形式, 与 Σ 的原因相同.

考虑两个总能量为 E 而且总动量为零的粒子. 我们计算公式 (5.55) 中出现的元素 GG. 借助 (5.42), 我们得到

$$\int_{-\infty}^{+\infty} G(\boldsymbol{p}_1, \tau) G(\boldsymbol{p}_1, \tau) \mathrm{e}^{\mathrm{i}E\tau} \, \mathrm{d}\tau = \mathrm{i} \frac{1 - 2n_{p_1}}{E - 2E(\boldsymbol{p}_1) + \mathrm{i}\delta} \equiv \mathrm{i}B$$

将其代入 (5.55) 并利用读图规则, 可以得到

$$\Gamma(\boldsymbol{p}, \boldsymbol{p}') = \mathscr{U}_0 + \mathscr{U}_0 \int \frac{1 - 2n_{p_1}}{E' - 2E(\boldsymbol{p}_1) + \mathrm{i}\delta} \Gamma(\boldsymbol{p}_1, \boldsymbol{p}') \frac{\mathrm{d}^3 p_1}{(2\pi)^3} \tag{5.56}$$

我们打算在 Γ 的表达式中寻找极点. 那么, 右边的第一项就可以忽略, 我们得到了一个齐次方程. 为了帮助建立直觉, 我们选择这个方程的形式让人想起两个粒子的薛定谔方程. 引入 $\Psi(\boldsymbol{p}) = B\Gamma$, 我们得到 Ψ 的方程

$$[E - 2E(\boldsymbol{p})]\Psi(\boldsymbol{p}) = (1 - 2n_p) \mathscr{U}_0 \int \Psi(\boldsymbol{p}') \frac{\mathrm{d}^3 \boldsymbol{p}'}{(2\pi)^3}$$

在真空中, $n_{\boldsymbol{p}} = 0$, 这个方程就是两个粒子的动量表示中的薛定谔方程, 具有 δ 函数形式的相互作用势 $\mathscr{U}_0 = \int \mathscr{U}(\boldsymbol{r} - \boldsymbol{r}') \, \mathrm{d}\boldsymbol{r}'$. 因子 $(1 - 2n_p)$ 考虑了这个方程在介质中的变化. 能量本征值 E 可以从以下关系中找到

$$1 = \mathscr{U}_0 \int \frac{1 - 2n_p}{E - 2E'(p)} \frac{\mathrm{d}^3 p}{(2\pi)^3} = \mathscr{U}_0 \frac{\mathrm{d}n}{\mathrm{d}\varepsilon_{\mathrm{F}}} \left(-\int_0^{\varepsilon_{\mathrm{F}}} \frac{\mathrm{d}E'}{E - 2E'} + \int_{\varepsilon_{\mathrm{F}}}^{\varepsilon_1} \frac{\mathrm{d}E'}{E - 2E'} \right)$$

在第二个积分中, 我们在 ε_1 处切断了对 E' 的积分, 这个值决定于 $\mathscr{U}$ 的 δ 函数形式的假设的不精确性. 根据上面的讨论, 我们有 $\varepsilon_1-\varepsilon_{\mathrm{F}}\sim\varepsilon_{\mathrm{F}}$; 对于 $(E-2\varepsilon_{\mathrm{F}})$ 的小值, 我们将看到, ε_1 的定义中的任何误差都不会影响结果. 用 $\varepsilon\,(\ll\varepsilon_{\mathrm{F}})$ 表示 $E-2\varepsilon_{\mathrm{F}}$ 这个量, 我们发现, 在对数精度下

$$1\simeq\mathscr{U}_0\frac{\mathrm{d}n}{\mathrm{d}\varepsilon_{\mathrm{F}}}\ln\frac{-\varepsilon^2}{\varepsilon_{\mathrm{F}}^2}\equiv\gamma\ln\frac{-\varepsilon^2}{\varepsilon_{\mathrm{F}}^2}\tag{5.57}$$

由 (5.57) 可知, 只有当 $\mathscr{U}_0$ 为负数时, 才存在一个解:

$$-\varepsilon^2\simeq\varepsilon_{\mathrm{F}}^2\mathrm{e}^{-1/|r|}$$

因此, 能量 ε 的平方是负的; 这表明有形式为 $\Psi(t)=\Psi_0\exp\{|\varepsilon|t\}$ 的解, 在时间上呈指数式增长, 也就是说, 系统是不稳定的. ①这种相关的粒子对的数量将增长, 直到费米分布 (以及准粒子能量) 改变, 并产生了稳定的态. 我们将看到, 这种现象导致了超流体的出现, 或者在带电粒子的情况下, 导致了超导电性.

我们将假设, 上面考虑的不稳定性对应于两个具有相反自旋的准粒子 (超导体中的电子就是这样). 具有平行自旋的一对粒子, 和具有反平行自旋的一对粒子, 它们的相互作用是很不一样的; 因为泡利原理, 两个具有相同自旋的粒子不能存在于空间的同一点, 从而在小距离上削弱了相互作用, 实际上可以改变上面引入的 γ 的符号.

由于不稳定性, 形成了总自旋为零的相关粒子对 (“库珀对”) 的 “凝聚体”. 这种凝聚体的存在, 极大地改变了能量接近费米面的粒子的特性. 当库珀对形成的时候, 一个粒子可以把自己变成一个空穴, 注意到这个事实, 就可以理解这一点. 让我们用 $\varDelta$ 表示这种跃迁的振幅:

$\mathrm{i}\varDelta=$ 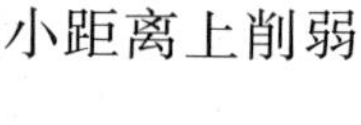

逆跃迁的振幅就是它的复共轭值 ($\langle1|V|2\rangle=\langle2|V|1\rangle^*$)

$-\mathrm{i}\varDelta^*=$ 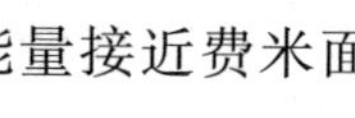

粒子的自能就获得了额外的项

$\Sigma_k=$ 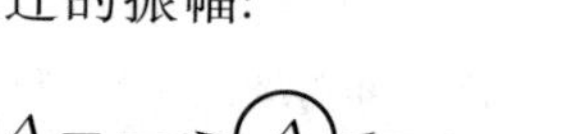

① 这个现象是库珀 (L. N. Cooper) 在 1956 年发现的.

块 $\varDelta$ 之间的空穴格林函数不包含进入库珀对的跃迁, 因为这样的跃迁会导致一条向右走的线, 而 $\varSigma$ 根据定义不包含由这样一条线连接的部分.

如果引入格林函数 G, 包括除了刚才考虑的图之外的所有图, 我们得到的关系是:

$$G_{\mathrm{s}}^{-1}=G_0^{-1}-\varSigma=G_0^{-1}-\varSigma_0-\varSigma_k=G^{-1}-\varSigma_k \tag{5.58}$$

其中 $G^{-1}=G_0^{-1}-\varSigma_0$.

在 $\varSigma_0$ 的内线中包括 $\varSigma_k$ 形式的图, 并不会显著地改变这个量, 因为在这种情况下, $\varSigma_k$ 中包含的奇点被积分掉了. 事实上, 我们将看到, $\varSigma_k$ 在宽度为 $\varDelta$ 的能量区间内扭曲了函数 G, 如果我们假设 $\varDelta \ll \varepsilon_{\mathrm{F}}$, 跟在 ε 和 $\varepsilon(\boldsymbol{p})$ 上积分的重要区域 $(\sim \varepsilon_{\mathrm{F}})$ 相比, 这个区域很小. 我们写出 $(\boldsymbol{p},\varepsilon)$ 表示中的方程, 并从费米能级开始测量所有能量. 那么我们有

$$G_{\mathrm{s}}(\boldsymbol{p},\varepsilon)=\left[G^{-1}(\boldsymbol{p},\varepsilon)-\varSigma_k(\boldsymbol{p},\varepsilon)\right]^{-1}$$

其中, 根据 (5.10′) 和 (5.24), 对于小的 $\varepsilon(\boldsymbol{p})$ 和 ε 来说, $G(\boldsymbol{p},\varepsilon)$ 由下式给出,

$$G(\boldsymbol{p},\varepsilon)\simeq\frac{Z}{\varepsilon-\varepsilon(\boldsymbol{p})+\mathrm{i}\delta\,\mathrm{sign}(\varepsilon)}$$

对于 $\varSigma_k(\boldsymbol{p},\varepsilon)$, 我们有

$$\varSigma_k(\boldsymbol{p},\varepsilon)=(\mathrm{i}\varDelta)[-G(-\boldsymbol{p},-\varepsilon)](-\mathrm{i}\varDelta)=|\varDelta(\boldsymbol{p},\varepsilon)|^2\frac{Z}{\boldsymbol{\varepsilon}+\varepsilon(\boldsymbol{p})+\mathrm{i}\delta\,\mathrm{sign}(\varepsilon)} \tag{5.59}$$

[如第 193 页所示, 改变块图 $\varDelta$ 之间的箭头方向, 可以得到 $(\boldsymbol{p},\tau)$ 表示中的 $-G(\boldsymbol{p},-\tau)$ 或 $(\boldsymbol{p},\varepsilon)$ 表示中的 $-G(-\boldsymbol{p},-\varepsilon)$].

我们用另一种更直观的方法得到 (5.59). 从 G_{s} 的表达式中可以看出, $Z\varSigma_k$ 这个量是对准粒子能量的修正. 这个修正可以用量子力学的通常规则找到: 它就是跃迁到中间态的矩阵元的平方除以初始态和中间态的能量差. 在我们的例子中, 只有一个中间态, 它对应于一个空穴和一个相关对子的形成; 对应于图中的跃迁

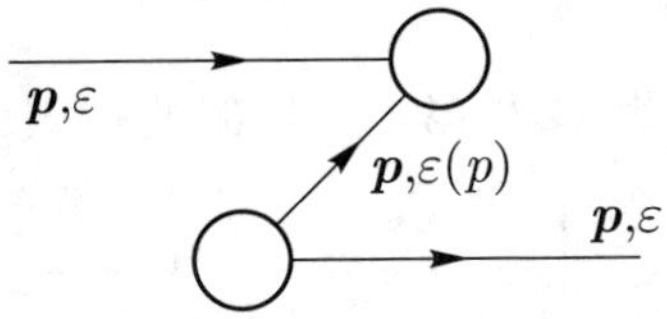

(中间态的 3 个粒子) 被泡利原理严格禁止 (参考下一节中对玻色子的讨论). 由于粒子的初始能量只是 ε, 而中间态的空穴的初始能量是 $-\varepsilon(\boldsymbol{p})$, 就直接得到公式 (5.59). $Z\Delta$ 扮演了准粒子的相应跃迁振幅的角色.

由于块图 $\Delta(\boldsymbol{p},\varepsilon)$ 根据定义不包含由单线连接的部分, 它不能强烈地依赖于 $\boldsymbol{p}$ 和 ε, 并且可以在费米面上计算:

$$\Delta(\boldsymbol{p},\varepsilon) \simeq \Delta\left(\boldsymbol{p}_{\mathrm{F}},\varepsilon_{\mathrm{F}}\right) \equiv \Delta \mathrm{e}^{\mathrm{i}\varphi}$$

因此, 我们得到 G 的表达式

$$G_{\mathrm{s}}(\boldsymbol{p},\varepsilon)=\frac{Z}{\varepsilon-\varepsilon(\boldsymbol{p})-\dfrac{\widetilde{\Delta}^{2}}{\varepsilon+\varepsilon(\boldsymbol{p})}} \tag{5.60}$$

为了简洁起见, 我们省略了 $\mathrm{i}\delta\,\mathrm{sign}(\varepsilon)$, 写成 $\widetilde{\Delta}=Z\Delta$.

G_{s} 的两个极点对应于一个新的准粒子和一个新的准空穴的能量:

$$[E-\varepsilon(\boldsymbol{p})][E+\varepsilon(\boldsymbol{p})]=\widetilde{\Delta}^{2}$$

因此

$$E=\pm\sqrt{\widetilde{\Delta}^{2}+[\varepsilon(\boldsymbol{p})]^{2}}$$

在费米表面附近, 可以让

$$\varepsilon(\boldsymbol{p})=\frac{p^{2}}{2m^{*}}-\varepsilon_{\mathrm{F}} \simeq v_{\mathrm{F}}\left(\boldsymbol{p}-\boldsymbol{p}_{\mathrm{F}}\right)$$

对于 $\varepsilon(\boldsymbol{p}) \gg \widetilde{\Delta}$, 这些表达式就变为准粒子和准空穴的能量的原始表达式:

$$E(\boldsymbol{p}) \rightarrow \pm\varepsilon(\boldsymbol{p})$$

因此, 系统的能谱中出现一个带隙. 最小的激发能由下式给出, 对应于在费米表面附近形成的一个准粒子和一个准空穴,

$$\left[E^{+}\left(\boldsymbol{p}_{2}\right)-E^{-}\left(\boldsymbol{p}_{1}\right)\right]_{\min}=2\widetilde{\Delta}$$

表达式 (5.60) 可以写成与表达式 (5.10) 相似的形式:

$$G_{\mathrm{s}}(\boldsymbol{p},\varepsilon)=Z\left[\frac{1-v(\boldsymbol{p})}{\varepsilon-E(\boldsymbol{p})+\mathrm{i}\delta}+\frac{v(\boldsymbol{p})}{\varepsilon+E(\boldsymbol{p})-\mathrm{i}\delta}\right]$$

其中

$$v(\boldsymbol{p})=\frac{E(\boldsymbol{p})-\varepsilon(\boldsymbol{p})}{2E(\boldsymbol{p})}$$

$\mathrm{i}\delta$ 前面的符号的正确性来自以下事实: 方括号里的第一项描述一个粒子, 第二项描述一个空穴, 当我们转到 τ 表示时, 对于 $\tau<0$, 有 $G^{+}(\tau)=G^{-}(\tau)=0$. 此外, 很明显, 对于远离 $\boldsymbol{p}_{\mathrm{F}}$ 的 $\boldsymbol{p}$ 来说, 表达式 G_{s} 在费米面以上和以下都会变为 G.

根据表达式 (5.31)(它把 G 与粒子分布联系起来), 我们可以说服自己, $v(\boldsymbol{p})$ 是取代初始的费米分布的准粒子的新分布. 在远离费米面的地方, $v(\boldsymbol{p})$ 又变成了原来的分布. 因此, 考虑到对子的相关性, 准粒子能谱中出现一个带隙, 并使费米分布中的跳跃变得平滑. 下面将看到, 能谱中出现带隙, 导致了超流性, 或者在带电粒子的情况下, 导致了超导性.

可以得到 $\varDelta$ 的方程, 把它与相互作用 $\mathscr{U}_0$ 联系起来; 这个方程对应于下面的图形方程

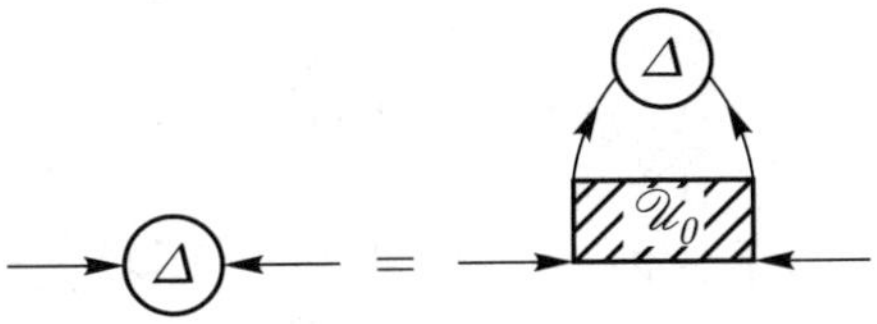

请注意, 在这个方程的右侧, 进入 $\varDelta$ 的两条线是不同的: 一条细, 一条粗. 请读者自己寻找这个图形方程和它的解析形式, 并验证 $\varDelta$ 由下述关系式决定

$$1=|\gamma|\int_0^{E_1}\frac{\mathrm{d}e}{\sqrt{\widetilde{\varDelta}^2+\varepsilon^2}},\quad \widetilde{\varDelta}\simeq E_1\mathrm{e}^{-1/|\gamma|}$$

其中 $\boldsymbol{E}_1\sim\varepsilon_{\mathrm{F}}$, 而 γ 在 (5.57) 中定义.

5.3.3　玻色系统的能谱, 超流性

把所有粒子置于最低的态, 也就是对应于 $p=0$ 的态, 可以得到玻色粒子的理想气体的基态 (形成“玻色凝聚体”). 当考虑到相互作用时, 粒子在动量上是弥散的, 但有一小部分粒子保持在原来的 $p=0$ 态, 就像在费米系统的情况, 费米面的跳跃仍然是有限的 (第 185 页).

粒子的格林函数不仅包含对应着与未凝聚粒子的相互作用的图, 还包含以下形式的图

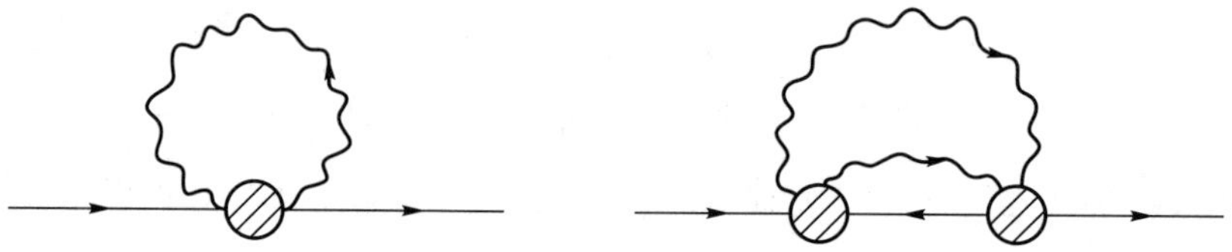

其中波浪线表示凝聚体粒子. 第一张图对应的是有关粒子与凝聚体的相互作用, 而凝聚体粒子的数量没有变化; 这种类型的图描述了凝聚体的场中的势散射. 第二张图对应着更复杂的过程: 粒子变成了粒子分布中的一个空穴, 从而产生了两个凝聚体粒子, 这些粒子随后与空穴重新结合, 再次得到了原来的粒子.

我们引入 G, 把它定义为所有不包含转变为空穴和两个凝聚体粒子的图之和 (与上一节的 G 类似):

$$G = G_0 + G_0 \Sigma_0 G \tag{5.61}$$

那么戴森方程给出

$$G_{\mathrm{s}} = G + G \Sigma_k G_{\mathrm{s}} \tag{5.62}$$

由于 $\Sigma_0(\boldsymbol{p}, \varepsilon)$ 不包含仅由单线向任一方向连接的部分, 在小 R 和 ε 的情况, 它可以展开为级数. 从 (5.61) 可以看出, $G(\boldsymbol{p}, \varepsilon)$ 由下式给出

$$G(\boldsymbol{p}, \varepsilon) = \left[\varepsilon - \varepsilon^0(\boldsymbol{p}) - \Sigma_0(\boldsymbol{p}, \varepsilon)\right]^{-1}, \varepsilon^0(\boldsymbol{p}) = \frac{\boldsymbol{p}^2}{2m}$$

因此我们发现, 对于小的 $\boldsymbol{p}$ 和 ε,

$$G(\boldsymbol{p}, \varepsilon) = \frac{Z}{\varepsilon - \varepsilon(\boldsymbol{p}) + \mathrm{i}\gamma} + G_{\mathrm{Reg}} = Z G_Q + G_{\mathrm{Reg}}$$

其中,

$$Z = \left(1 - \frac{\partial \Sigma_0}{\partial \varepsilon}\right)^{-1}, \quad \varepsilon(\boldsymbol{p}) = \left[\varepsilon^0(\boldsymbol{p}) + \Sigma_0(0,0) + \frac{\partial \Sigma_0}{\partial \boldsymbol{p}^2} \boldsymbol{p}^2\right] Z$$

而 $G_Q = [\varepsilon - \varepsilon(\boldsymbol{p}) + \mathrm{i}\gamma]^{-1}$ 是 "零级近似" 准粒子的传播函数, 即不包括那些跃迁到准空穴加上两个凝聚体准粒子的过程.

这种引入辅助格林函数的技术 (对应于排除任何所需过程) 可以广泛用于理论物理学的各个分支. 特别是, 在核理论中, 通过使用排除配对相互作用影

响的辅助准粒子, 可以考虑对子的关联, 并在它们的帮助下计算出导致对子关联的图.

让我们寻找

$\Sigma_k=$ 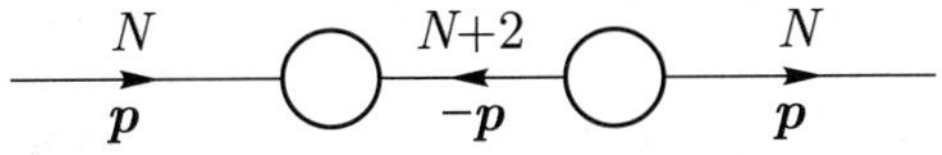

系统中的粒子数显示在线的上方. 动量为 $-\boldsymbol{p}$ 的空穴对应于动量为 $\boldsymbol{p}$ 的 $(N+2)$ 粒子系统的一个态. 因此, 由于凝聚体的存在, 发生了态的混合:

在系统 (N) 中的粒子 $\leftrightarrows$ 在系统 $(N+2)$ 中的空穴.

在连接两个块的线中, 我们必须不包括进入空穴的跃迁, 因为根据定义, Σ_k 不包含由一条向右的线连接的部分. 为了简单起见, 上图中省略了凝聚体的线.

我们将以系统的化学势作为零点开始测量所有的能量, $\mu = E_0(N+1) - E_0(N)$; 这等于一个凝聚体粒子的能量, 因为要从 N 粒子系统的基态到 $(N+1)$ 粒子系统的基态, 我们必须增加一个凝聚体粒子. 能量从化学势开始测量, 所以, 凝聚体粒子的能量为零, Σ_k 的表达式类似于上一节的 (5.59), 但符号有变化 (参见第 207 页).

$$\Sigma_k(\boldsymbol{p},\varepsilon) = (\mathrm{i}\Delta)G(-\boldsymbol{p},-\varepsilon)(-\mathrm{i}\Delta) = -\frac{Z|\Delta|^2}{\varepsilon+\varepsilon(\boldsymbol{p})}$$

为了检验这个表达式中的符号, 我们使用普通的微扰理论, 就像对费米体系中的对子关联的情况所做的那样 (第 207 页). 在玻色系统的情况, 有两种可能的中间态: 一种是对应于准粒子转变为一个准空穴和两个凝聚体的准粒子, 另一种描述的是, 原来的准粒子加上两个凝聚体的准粒子, 转变为两个未凝聚的准粒子, 一个动量为 $\boldsymbol{p}$, 一个动量为 $-\boldsymbol{p}$. 如果为了简单起见, 我们省略了 Z 这个 (正) 因子, 那么第一个中间态的作用是给 Σ_k 带来 $|\Delta|^2/[\varepsilon+\varepsilon(\boldsymbol{p})]$ 的贡献, 其符号与费米系统的相同. 对于第二个中间态, 在费米情况下不存在 (见第 207 页的图), 能量为 $2\varepsilon+\varepsilon(\boldsymbol{p})$, Σ_k 中的相应项为

$$\frac{2|\Delta|^2}{\varepsilon-2\varepsilon-\varepsilon(\boldsymbol{p})} = -\frac{2|\Delta|^2}{\varepsilon+\varepsilon(\boldsymbol{p})}$$

其中, 因子 2 是因为有两个动量为 $\boldsymbol{p}$ 的玻色子这个事实. 最终的结果是 $\Sigma_k = -|\Delta|^2/\varepsilon + \varepsilon(\boldsymbol{p})$, 说明上面得到的 Σ_k 的表达式是正确的; 与该表达式的比较表明, 准粒子跃迁振幅就是 $Z\Delta$.

我们关注的格林函数 G_{s} 由下式给出

$$G_{\mathrm{s}} = \frac{1}{G^{-1} - \Sigma_k} = Z\frac{\varepsilon + \varepsilon(\boldsymbol{p})}{\varepsilon^2 - \varepsilon^2(\boldsymbol{p}) + Z^2\left|\Delta(\boldsymbol{p},\varepsilon)\right|^2} + G_{\mathrm{Reg}} \tag{5.63}$$

对于小的 $\boldsymbol{p}$ 和 ε, 考虑这个表达式的极点部分. 在 $\boldsymbol{p} \to 0$ 的激发中, 必然有一些在小 $\boldsymbol{p}$ 的极限下会变成系统的整体位移. 这种激发必然有一个频率, 在 $\boldsymbol{p} \to 0$ 时趋向于零 (戈德斯通定理). (这种激发的一个例子是声波). 因此, G_{s} 在 $p = 0, \varepsilon = 0$ 时必然有一个极点. 但是 $\varepsilon(\boldsymbol{p})$ 的能量由 $\varepsilon(p) = Z\left[\Sigma(0,0) - \mu + O\left(\boldsymbol{p}^2\right)\right]$ 给出 (第 210 页), 因此, 根据 (5.63), 有如下条件

$$[\mu - \Sigma_0(0,0)]^2 = |\Delta(0,0)|^2$$

因此,

$$\mu = \Sigma_0 \pm \Delta_0, \quad \Sigma_0 \equiv \Sigma(0,0), \quad \Delta_0 \equiv |\Delta(0,0)| \tag{5.64}$$

我们将看到, 格林函数的解析性质 (极点处的留数应该是正的这个条件) 迫使我们在 (5.64) 中选择下面的符号, 也即是负号.

把 G_{s} 中出现的表达式在 $\boldsymbol{p} = 0, \varepsilon = 0$ 附近展开为级数. 在分子中, 可以让 $\boldsymbol{p}, \varepsilon = 0$. 因此, 我们有

$$\varepsilon + \varepsilon(\boldsymbol{p}) \simeq \Sigma_0 - \mu = \mp\Delta_0$$

现在可以看到, 在 G_{s} 的极点附近, 重要的是数量级为 $\boldsymbol{p}$ 的 ε 值. 写出

$$Z\Delta_0 = \frac{\Delta_0}{1 - \dfrac{\partial\Sigma_0}{\partial\varepsilon}} = \widetilde{\Delta}_0, \quad Z\Delta(\boldsymbol{p},\varepsilon) = \widetilde{\Delta}(\boldsymbol{p},\varepsilon), \quad \left(\frac{p^2}{2m} + \frac{\partial\Sigma_0}{\partial\boldsymbol{p}^2}\boldsymbol{p}^2\right)Z \equiv \frac{\boldsymbol{p}^2}{2m^*}$$

我们得到

$$G_{\mathrm{s}} = Z\frac{\mp\widetilde{\Delta}_0}{\varepsilon^2 - \left(\dfrac{\boldsymbol{p}^2}{2m^*} + \widetilde{\Delta}_0\right)^2 + |\widetilde{\Delta}(\boldsymbol{p},\varepsilon)|^2}$$

从玻色子格林函数的解析性质 (第 180 页) 可以看出, 对于 $\langle a_{p\,a}^{+}\rangle = n(\boldsymbol{p}) \gg 1$(我们将看到, 我们的例子满足这个条件), 格林函数必须是 ε 的偶函数. 因此,

$|\widetilde{\Delta}(\boldsymbol{p},\varepsilon)|^2$ 也是 ε 的偶函数:

$$|\widetilde{\Delta}(\boldsymbol{p},\varepsilon)|^2=\widetilde{\Delta}_0^2+\frac{\partial|\widetilde{\Delta}|^2}{\partial\boldsymbol{p}^2}\boldsymbol{p}^2+\frac{\partial|\widetilde{\Delta}|^2}{\partial\varepsilon^2}\varepsilon^2$$

因此, G_{s} 的表达式为:

$$\begin{aligned}G_{\mathrm{s}}&=Z\frac{\mp\widetilde{\Delta}_0}{\varepsilon^2-E^2(\boldsymbol{p})}\\E^2(\boldsymbol{p})&=c^2\boldsymbol{p}^2+\left(\frac{\boldsymbol{p}^2}{2m^*}\right)^2\frac{1}{1-\dfrac{\partial|\widetilde{\Delta}|^2}{\partial\varepsilon^2}}\\c^2&=\frac{1}{1-\dfrac{\partial|\widetilde{\Delta}|^2}{\partial\varepsilon^2}}\left(\frac{\widetilde{\Delta}_0}{m^*}-\frac{\partial|\widetilde{\Delta}|^2}{\partial\boldsymbol{p}^2}\right)\end{aligned}\tag{5.65}$$

因此, G_{s} 在 $\boldsymbol{p}\to0$ 时的极点对应于声波的激发. ①

在 (5.65) 的分母中, 我们保留了 $\left[\boldsymbol{p}^2/(2\,m^*)\right]^2$, 乍一看似乎不合法, 因为我们省略了其他项 (数量级为 $\boldsymbol{p}^4$ 和 ε^4). 然而, 这个项给出了大 $\boldsymbol{p}$ 情况下的正确跃迁. (对于足够大的 $\boldsymbol{p}$, 必须用 m 替换 m^*, 并且让 $\partial|\widetilde{\Delta}|^2/\partial\varepsilon^2=0$, 这样 $E(\boldsymbol{p})$ 就会变为自由粒子能量). 在相互作用弱的系统中, 保留这个项是合法的, 而且展开式 (5.65) 对所有的动量都是正确的.

让我们确定 G_{s} 的分子中的符号. 考虑一个相互作用弱的系统; 那么, $\partial\Sigma/\partial\varepsilon$, $\partial|\widetilde{\Delta}|^2/\partial\varepsilon^2\ll1$. 事实上 (见 (5.18)), 极点处的留数必须是正数, 说明我们必须在 (5.65) 中取下面的符号 (正号), 这对应于 (5.64) 中的负号. 但是, 一旦符号固定下来, 留数的正值就意味着, 对于任何形式的相互作用,

$$1-\frac{\partial|\widetilde{\Delta}|^2}{\partial\varepsilon^2}>0$$

请读者证明, G 的留数为正也意味着, $1-\partial\Sigma/\partial\varepsilon>0$.

从声速的表达式中, 还可以发现

$$\frac{\widetilde{\Delta}_0}{m^*}-\frac{\partial|\widetilde{\Delta}|^2}{\partial\boldsymbol{p}^2}>0$$

---

① 非理想玻色气体能谱的类声波特征是博戈留波夫发现的 (Bogoliubov, 1947). 他在这个工作中使用的方法 (正则变换的方法), 对量子理论在多体问题中的应用产生了重要的影响.

所以, 最后有

$$G_{\mathrm{s}}=\frac{a}{\varepsilon^2-E^2(\boldsymbol{p})+\mathrm{i}\delta} \tag{5.66}$$

其中

$$a=\frac{Z\left|\widetilde{\Delta}_0\right|}{\left(1-\dfrac{\partial|\widetilde{\Delta}|^2}{\partial\varepsilon^2}\right)}>0$$

我们选择了虚部的符号, 以便粒子格林函数 $G_{\mathrm{s}}^{+}[E(p),t]=G_{\mathrm{s}}\underset{t>0}{[E(p),t]}$ 对应于阻尼的解, 而不是增长的解.

把 G_{s} 写成以下形式

$$G_{\mathrm{s}}=\frac{a}{2E(\boldsymbol{p})}\left[\frac{1}{\varepsilon-E(\boldsymbol{p})+\mathrm{i}\delta}-\frac{1}{\varepsilon+E(\boldsymbol{p})-\mathrm{i}\delta}\right]$$

并在 $t<0$ 的情况寻找 $G_{\mathrm{s}}(\boldsymbol{p},t)$. 对 ε 做积分, 就只剩下第二项了:

$$G_{\mathrm{s}}(\boldsymbol{p},t)=\int G_{\mathrm{s}}(\boldsymbol{p},\varepsilon)\mathrm{e}^{-\mathrm{i}\varepsilon t}\frac{\mathrm{i}\,\mathrm{d}\varepsilon}{2\pi}\underset{t\to-0}{=}\frac{a}{2E'(\boldsymbol{p})}$$

另一方面, 对于玻色系统 (见第 180 页), 我们有关系式 $G(\boldsymbol{p},t=-0)=\langle a^{+}(\boldsymbol{p})a(\boldsymbol{p})\rangle\equiv n(\boldsymbol{p})$. 因此, 对于粒子的动量分布, 我们得到

$$n(\boldsymbol{p})=\frac{a}{2E(\boldsymbol{p})}\underset{\boldsymbol{p}\to 0}{=}\frac{a}{2c\boldsymbol{p}}\gg 1 \tag{5.67}$$

因此, $n(\boldsymbol{p})$ 在 $\boldsymbol{p}\to 0$ 处有一个极点.

在大 $\boldsymbol{p}$ 和 ε 处, 函数 G_{s}[参见 (5.63)] 变为自由粒子的格林函数, 即 $E(\boldsymbol{p})$ 变为 $\varepsilon_p^0=\dfrac{\boldsymbol{p}^2}{2m}-\mu$. 因此 $E(\boldsymbol{p})$ 对 p 的依赖关系开始是线性的, 对于大 p 必须变为二次方的形式. $E(\boldsymbol{p})$ 在中间区域的表现如何? 对液氦的比热做计算 (这对应于声波), 得出的结果小于实验观察到的比热. 由此可见, 除了声波, 还必须存在其他的低能量激发 (Migdal, 1940). 朗道提出了一个假设: $E(\boldsymbol{p})$ 曲线有一个最小值 (见图 5.5). 如果是这样, 动量 $\boldsymbol{p}$ 接近 $\boldsymbol{p}_0$ 的激发对比热就有额外的贡献. 这个假说已经得到了实验的证实.

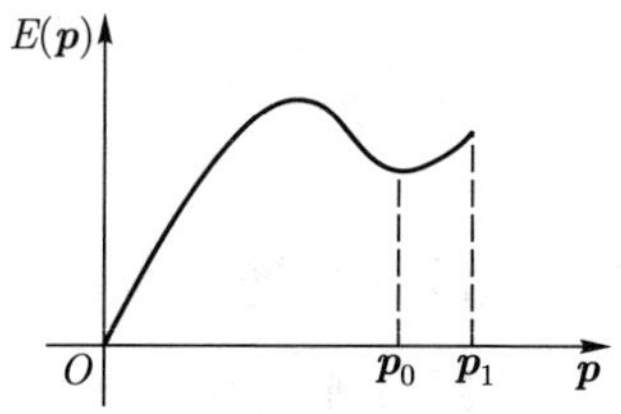

图 5.5

$\boldsymbol{p}_0$ 右边的谱在 $\boldsymbol{p}_1$ 点消失了 (也就是说, 格林函数中的极点消失了). 其原因是, 动量为 $\boldsymbol{p}$ 的激发衰变为动量更小的激发波 (Pitaevskii, 1959).

对于能谱为 $E(\boldsymbol{p}) = c\boldsymbol{p}$ 的液体 (比如上一节中得到的具有 $E(\boldsymbol{p}) = \sqrt{\Delta^2 + (\boldsymbol{p} - \boldsymbol{p}_{\mathrm{F}})^2 v_{\mathrm{F}}^2}$ 的液体), 将具有超流性, 也就是说, 它可以没有摩擦地流过细管. 为了说明这一点, 考虑一个与液体一起运动的坐标系. 超流性意味着管壁 (这里的管壁实际上可以是在液体中运动的任意物体) 不会被减速. 在低温下, 只有一种可能的减速方式, 也就是把能量转移到元激发中. 假设物体的动量减少了 $\boldsymbol{p}$; 那么它的能量变化就是 $\boldsymbol{p} \cdot \boldsymbol{v}$, 而 $\boldsymbol{v}$ 是它的速度. 由于 $\boldsymbol{p}v$ 是物体的能量在给定的动量变化 $\boldsymbol{p}$ 下的最大可能的变化, 所以超流性发生的条件 (朗道准则) 是

$$\boldsymbol{p}v < E(\boldsymbol{p}) \tag{5.68}$$

对于大的速度 v, 这个判据得不到满足; 超流性失效的临界速度 v_{c} 由条件 $v_{\mathrm{c}} = [E(\boldsymbol{p})/\boldsymbol{p}]_{\min}$ 给出.

没有对子关联的费米系统的激发谱不满足 (5.68) 的判据, 即使当速度 v 趋于零. 在这样的系统中, 激发能 $E(\boldsymbol{p}_1, \boldsymbol{p}_2)$ 是 $\varepsilon(\boldsymbol{p}_1) - \varepsilon(\boldsymbol{p}_2)$, 其中 $\boldsymbol{p}_1 > \boldsymbol{p}_{\mathrm{F}}$,　$\boldsymbol{p}_2 < \boldsymbol{p}_{\mathrm{F}}$. 对于小的激发动量, 我们有 $E = \boldsymbol{v}_{\mathrm{F}} \cdot \boldsymbol{p}$, 因此对于很小的 v, 违反了超流性的判据. 因此, 如果电流足够弱, 超导体中的电子在原子晶格中移动时不会被减速 (超导现象). 对于能谱 $E(\boldsymbol{p}) = c\boldsymbol{p}$ 的情况, 临界速度 v_{c} 等于 c.

液氦中的超流现象是卡皮查在 1937 年用实验观察到的. 正如朗道表明的那样, 在有限温度下发生的所有效应, 都可以用两种相互渗透的液体 (“超流体”和 “正常” 液体) 的特殊流体力学来解释. 液氦理论是朗道最辉煌的成就之一.

5.4 外场里的系统

一旦我们知道准粒子密度矩阵在外场中的变化方式, 它在我们把粒子添加到系统中时的变化方式等, 就很容易确定系统的许多属性, 如静态矩、跃迁概率、第一激发态的能量等. 我们已经看到 (第 184 页), 密度矩阵与格林函数简单相关. 为了找到它, 进行如下操作. 首先确定格林函数在有效场中的变化, 这个有效场因为外部场的作用而在系统中产生. 有效场是外部场和由粒子重新分布而产生的 "极化" 场的总和. 这种重新分布也可以用有效场的格林函数的变化来表示, 因此就得到一个封闭的方程组, 可以确定有效场.

接下来, 确定准粒子格林函数在外部场中的变化. 为了简单起见, 我们只考虑场中的一阶微扰理论 (当然, 同时继续准确处理粒子间的相互作用). 在外场中的准粒子格林函数 G' 中出现的一些图形如下

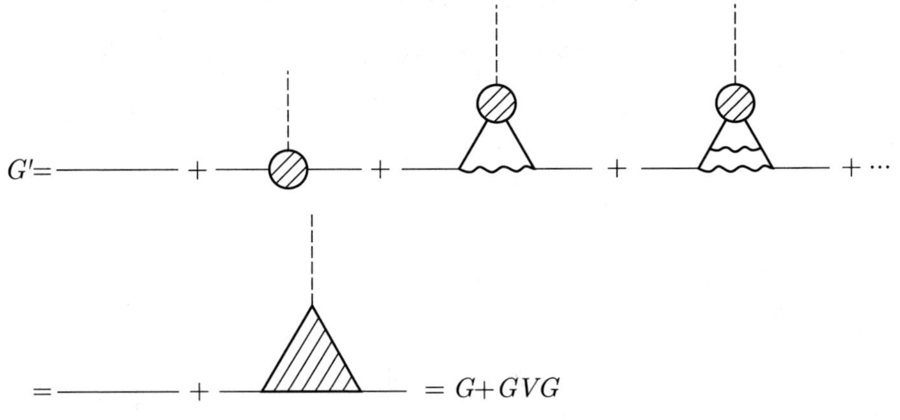

(5.69)

其中, 圆泡表示准粒子与外场的直接相互作用:

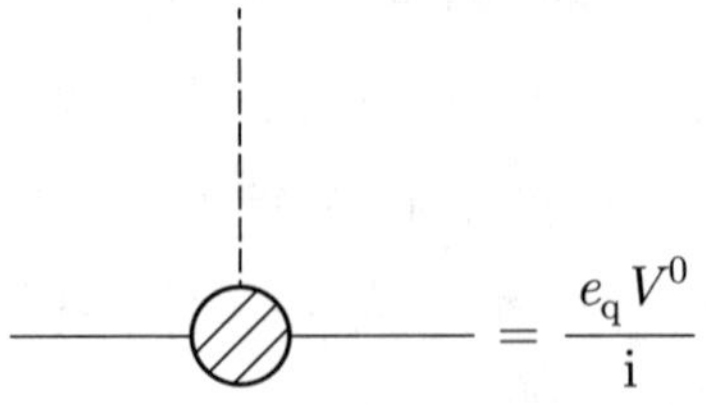

e_q 是准粒子的 "荷". 我们将看到, 对于某些类型的场, e_q 不等于 1.

对于无相互作用的粒子, 应该有

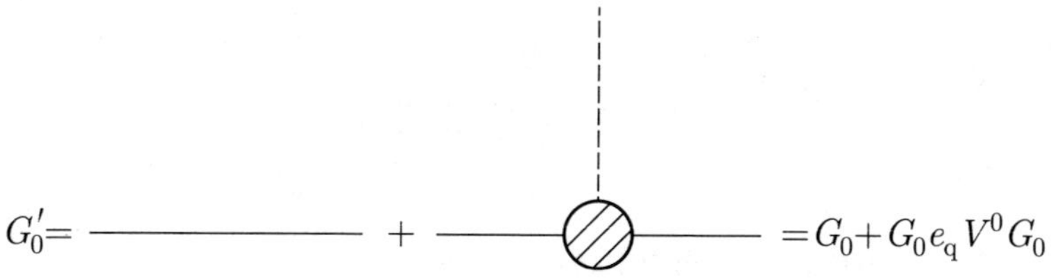

因此, 公式 (5.69) 中的阴影三角形取代了上图中的圆泡, 代表了作用于准粒子的有效场 V. 现在推导这个场的方程.

在对 V 有贡献的图形中, 有一个不包含准粒子之间的相互作用 (这就是 $e_\mathrm{q}V^0$). 其他的图都有如下结构: 如果从三角形的底端朝顶点向上移动, 所有的图都是以相互作用开始的, 接下来是两条线对应于自由运动, 然后是代表有效场的图的集合. 引入块图 $\mathscr{F}$, 它不包含仅由两条线连接的部分, 则有效场就由下述方程决定

$$V=e_\mathrm{q}V^0+\mathscr{F}GGV \tag{5.70}$$

或者用图表示

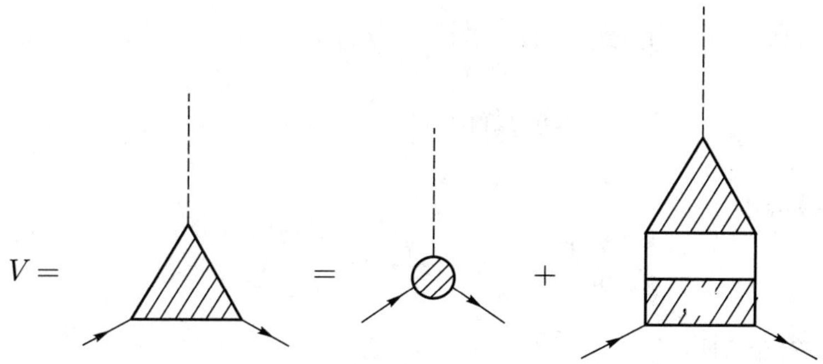

V 的第一项描述了外场对准粒子的直接影响; 第二项给出了由介质的极化产生的额外场, 也就是由于核子的重新分布 (在原子核的情况) 引起的额外场.

在 λ 表示中, 我们得到 (参见第 199 页)

$$V_{\lambda_1\lambda_2}=e_\mathrm{q}V^0_{\lambda_1\lambda_2}-\sum(\lambda_1\lambda_2|\mathscr{F}|\lambda\lambda')\,A_{\lambda\lambda'}V_{\lambda_1\lambda_2} \tag{5.71}$$

其中

$$A_{\lambda\lambda'}=\int G_\lambda(\varepsilon)G_{\lambda'}(\varepsilon-\omega)\frac{\mathrm{i}\,\mathrm{d}\varepsilon}{2\pi} \tag{5.72}$$

可以看到 (第 194 页),

$$A_{\lambda\lambda'} = \frac{n_\lambda - n_{\lambda'}}{\varepsilon_{\lambda'} - \varepsilon_\lambda + \omega} \tag{5.72'}$$

5.4.1 粒子分布在外场里的变化

刚才得到的结果有很简单的物理意义, 我们用一个大系统的例子解释它. 在这种情况, 使用动量表示很方便, 这意味着取 $\varphi_\lambda = \mathrm{e}^{\mathrm{i}\boldsymbol{p}\cdot\boldsymbol{r}}$. 我们可以把 $A_{\lambda\lambda'}$ 写成以下形式

$$A_{\lambda\lambda'} = A_{\boldsymbol{p},\boldsymbol{p}-\boldsymbol{k}} = \frac{n(\boldsymbol{p}) - n(\boldsymbol{p}-\boldsymbol{k})}{\varepsilon(\boldsymbol{p}-\boldsymbol{k}) - \varepsilon(\boldsymbol{p}) + \omega}$$

对于 $k \ll p$, $\varepsilon(\boldsymbol{p}) - \varepsilon(\boldsymbol{p}-\boldsymbol{k})$ 这个差由 $\varepsilon(\boldsymbol{p}) - \varepsilon(\boldsymbol{p}-\boldsymbol{k}) \approx \dfrac{\mathrm{d}\varepsilon}{\mathrm{d}p} \cdot \boldsymbol{k} = \boldsymbol{k}\cdot\boldsymbol{v}$ 给出, 而 $n(\boldsymbol{p}-\boldsymbol{k}) - n(\boldsymbol{p}) = -\dfrac{\mathrm{d}n(p)}{\mathrm{d}\varepsilon}\boldsymbol{k}\cdot\boldsymbol{v}$. 根据公式 (5.28)(第 184 页), 密度矩阵的变化可以用格林函数在外场中的变化来表示, 它的符号形式就是,

$$\delta\rho = (GGV)_{F\to -0} = AV \tag{5.73}$$

写出 $\delta_p = f_{\boldsymbol{k}}(\boldsymbol{p})$, 其中 $f_{\boldsymbol{k}}(\boldsymbol{p})$ 是分布函数 $f(\boldsymbol{r},\boldsymbol{p})$ 的第 $\boldsymbol{k}$ 个傅里叶分量, 我们得到

$$(\omega - \boldsymbol{k}\boldsymbol{v})f_{\boldsymbol{k}}(\boldsymbol{p}) - \frac{\mathrm{d}n(p)}{\mathrm{d}\varepsilon}\boldsymbol{v}\boldsymbol{k}V_{\boldsymbol{k}} = 0 \tag{5.74}$$

或在坐标表示中

$$\frac{\partial f(\boldsymbol{r},\boldsymbol{p})}{\partial t} + v\nabla f(\boldsymbol{r},\boldsymbol{p}) - \frac{\partial f^0}{\partial p}\nabla V = 0 \tag{5.74'}$$

其中 $f^0(\boldsymbol{r},\boldsymbol{p}) = n(p)$.

因此, 关系式 $\delta\rho = AV$ 等同于分布函数在外场中变化的通常方程. 对于跟 p 相仿的 k 值, 我们将得到分布函数的量子方程 (量子动力学方程). 表达式 (5.72′) 在 λ 的表示中给出这个更一般的方程.

(5.74) 不仅能够找到系统对外部场的反应, 还能够确定系统的那些特征振动的频率, 这些振动的量子数对应着形式为 $H' = \mu\sigma_{\lambda\lambda'}a_\lambda^+ a_\lambda a_{\lambda'}\mathscr{H}$ 的扰动形式, 其中 $\mathscr{H}$ 是磁场, 发生的是旋量型振动. 特征频率可以被确定为 $V(\omega)$ 的极点 (参见下文).

5.4.2 自旋极化率和准粒子的磁矩

对于静态场, 在坐标表示里可以把 (5.70) 简单地写成:

$$V(\boldsymbol{r}) = e_{\mathrm{q}}V^0(\boldsymbol{r}) - \int \mathscr{F}\left(\boldsymbol{r}-\boldsymbol{r}'\right)\frac{\mathrm{d}n}{\mathrm{d}\varepsilon_{\mathrm{F}}}V\left(\boldsymbol{r}'\right)\,\mathrm{d}\boldsymbol{r}' \tag{5.75}$$

为了推导这个方程, 我们使用了以下关系

$$\frac{n_\lambda - n_{\lambda'}}{\varepsilon_\lambda - \varepsilon_{\lambda'}} \underset{k\to 0}{=} \frac{\mathrm{d}n_\lambda}{\mathrm{d}\varepsilon_\lambda} = -\frac{\mathrm{d}n_\lambda}{\mathrm{d}\varepsilon_{\mathrm{F}}}$$

以及函数集 φ_λ 的完备性. 考虑类似 δ 函数的形式, 我们可以写成 $\mathscr{F}=\mathscr{F}_0\delta\left(\boldsymbol{r}-\boldsymbol{r}'\right)$. 此外, 我们假设相互作用不依赖于粒子的速度或自旋变量. 我们有 (参见第 200 页)

$$V(\boldsymbol{r}) = \frac{e_{\mathrm{q}}V^0(\boldsymbol{r})}{1+f} \tag{5.76}$$

其中 $f=\mathscr{F}_0\left(\mathrm{d}n/\,\mathrm{d}\varepsilon_{\mathrm{F}}\right)$ 表征介质在外场中的极化性, 而 $(1+f)/e_{\mathrm{q}}$ 类似于介电常量.

在磁场作用于原子核的情况, 扰动 H' 的形式是 $H' \simeq a_\lambda^+ a_{\lambda'}\sigma_{\lambda\lambda'}$, 也就是说, 我们有一个自旋场. 如果原子是足够大的系统, 只需要用 g[参见 (5.48)] 代替 (5.76) 中的 f, 就可以得到单粒子磁矩的自旋部分由于核物质的自旋极化而产生的变化 (在原子中 $g \simeq 1$); 也就是说, 准粒子自旋磁矩由以下公式给出

$$\mu^{\mathrm{s}} \simeq \frac{\mu_0^{\mathrm{s}}}{1+g} \tag{5.77}$$

其中 μ_0^{s} 是自由核子磁矩的自旋部分. 在实践中, 计算球形核的自旋极化性需要用 λ 表示的公式 (5.71) 的数值解. 在变形核中, 由于消除了角动量投影的简并性, 单粒子能级的间隔变得更密了, 更接近于无限系统中的情况, 公式 (5.77) 近似正确.

5.4.3 费米系统里的声波 (“零声”)

在无限系统的情况, 我们从公式 (5.71) 得到

$$V_k \underset{k\ll p_{\mathrm{F}}}{=} e_{\mathrm{q}}V_k^0 + \mathscr{F}_0\int \frac{n(\boldsymbol{p})-n(\boldsymbol{p}+\boldsymbol{k})}{\varepsilon(\boldsymbol{p})-\varepsilon(\boldsymbol{p}+\boldsymbol{k})+\omega}2\frac{\mathrm{d}^3p}{(2\pi)^3}V_k \tag{5.78}$$

其中考虑了 $\mathscr{F}$ 的类似 δ 函数形式, 以及对于小 k 来说, 只有 $|\boldsymbol{p}| \sim p_{\mathrm{F}}$ 的 $\boldsymbol{p}$ 值对于 $\boldsymbol{p}$ 上的积分是重要的. 为了计算 (5.78) 中的积分, 我们利用积分中的 k 很小以及公式 $\mathrm{d}n(p)/\mathrm{d}\varepsilon = -\delta(\varepsilon - \varepsilon_{\mathrm{F}})$ 来计算; 得到

$$\int \frac{n(\boldsymbol{p}) - n(\boldsymbol{p}+\boldsymbol{k})}{\varepsilon(\boldsymbol{p}) - \varepsilon(\boldsymbol{p}+\boldsymbol{k}) + \omega} 2\frac{\mathrm{d}^3 p}{(2\pi)^3} = -\frac{\mathrm{d}n}{\mathrm{d}\varepsilon_{\mathrm{F}}}\frac{1}{2}\int_{-1}^{1} \frac{k v_{\mathrm{F}} x}{\omega - k v_{\mathrm{F}} x}\,\mathrm{d}x \equiv -\frac{\mathrm{d}n}{\mathrm{d}\varepsilon_{\mathrm{F}}}\Phi(k,\omega) \tag{5.79}$$

其中 $\Phi(k,\omega)$ 由下式给出 [对于 $k^2/(4p_{\mathrm{F}}^2) \ll 1$]:

$$\Phi(k,\omega) = 1 - \frac{\omega}{2kv_{\mathrm{F}}}\ln\left|\frac{\omega + kv_{\mathrm{F}}}{\omega - kv_{\mathrm{F}}}\right| + \mathrm{i}\pi\frac{\omega}{2kv_{\mathrm{F}}}\theta(kv_{\mathrm{F}} - \omega)$$

其中 $\theta(x)$ 是通常的阶梯函数. 我们看到, 函数 Φ 决定了系统的特征振动的色散关系, 即 $\omega(k)$ 对 k 的依赖. 在 V 的方程中出现了一个虚部, 对应于这样的事实: $\omega < kv_{\mathrm{F}}$ 场可以产生对子 (当 $\omega = \boldsymbol{k}\cdot\boldsymbol{v}$ 时), 而对于 $\omega > kv_{\mathrm{F}}$, 不可能产生对子 ($\omega > \boldsymbol{k}\cdot\boldsymbol{v}$ 对于所有 $v < v_{\mathrm{F}}$).

有效场的方程是

$$V_k = e_{\mathrm{q}}V_k^0 - \mathscr{F}_0\frac{\mathrm{d}n}{\mathrm{d}\varepsilon_{\mathrm{F}}}V_k\Phi(k,\omega) \tag{5.80}$$

根据场 V 的对称性, $\mathscr{F}$ 表达式 (第 200 页) 中的不同项可能进入这个方程. 因此, 在标量场的情况, 进入的是常数 f, 而在旋量场的情况, $V \sim \sigma$, 符号积 $\mathscr{F}V$ 涉及自旋–自旋相互作用常数 g(为了简明起见, 上面省略了 $\mathscr{F}$ 矩阵元的自旋上标). 因此, 标量场 V 的方程的形式为

$$V_k = \frac{e_{\mathrm{q}}V_k^0}{1 + f\Phi(k,\omega)} \tag{5.81}$$

而在旋量场的情况, g 取代了 f.

系统的特征振动由 V_k 表达式中的极点决定:

$$1 = -f\Phi(k,\omega) \tag{5.82}$$

让我们假设 $\omega = \gamma k v_{\mathrm{F}}$. 那么, (5.82) 就变为

$$1 + f = f\frac{\gamma}{2}\ln\frac{\gamma+1}{\gamma-1}$$

无阻尼的解对应于 $\gamma > 1$. 如果 $f > 0$, 这样的解存在; 在这种情况下,

$$\gamma \ln \frac{\gamma+1}{\gamma-1} = 2\frac{1+f}{f}$$

由于 γ 不依赖于 k, 所以 ω 对 k 的依赖关系与声波相同. 因此, 这些振动称为零声. 在 $V \sim \sigma$ 的情况, 常数 f 被 g 取代; 对于 $g > 0$, 可以存在所谓的 “自旋声”(spin-sound) 的振动. 最后, 当 $V \propto \sigma\tau$ 时, 常数 g'[见公式 (5.48)] 进入问题, 我们得到 “自旋–同位旋的声波”(spin-isospin-sound).

5.4.4　等离子体振荡. 等离子体里一个电荷的屏蔽

作为上述结果的另一个应用, 我们考虑电波在等离子体中传播的方程. 在这种情况, 对于小 k, 相互作用的表达式 $\mathscr{F}$ 应该只剩下一个图

$$\mathscr{F} =$$

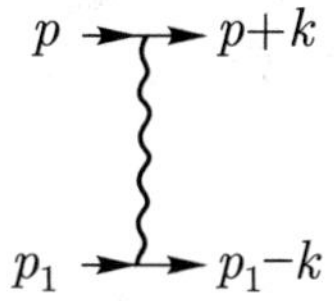

$$= \frac{4\pi e^2}{k^2}, \tag{5.83}$$

它对应于库仑相互作用. 根据定义, 下面这个图

对 $\mathscr{F}$ 没有贡献, 很容易看到, 下面这个图

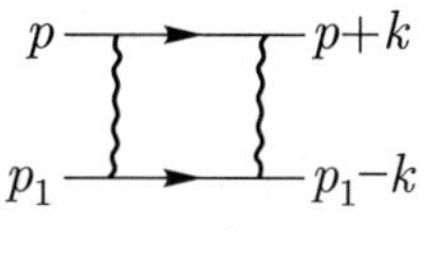

在 $k \to 0$ 的极限下保持有限. 同样的道理也适用于 $\mathscr{F}$ 里其他可能的图. 因此, (5.75) 就变为 (下面将看到, 在这种情况, e_{q} 等于 1)

$$V_k = \frac{V_k^0}{1 + \dfrac{4\pi e^2}{k^2}\dfrac{\mathrm{d}n}{\mathrm{d}\varepsilon_{\mathrm{F}}}\varPhi(k,\omega)} \tag{5.84}$$

考虑 $\omega \ll kv_{\mathrm{F}}$ 和 $\omega \gg kv_{\mathrm{F}}$ 两种极限情况. 在第一种情况, 我们得到位于等离子体中的外部点电荷 Q 周围的电荷分布; 在 k 表示中, 这对应于

$$V_k^0 = \frac{4\pi Q}{k^2}$$

从 (5.84) 可以得到 V_k[因为 $\varPhi(k,0)=1$]

$$V_k = \frac{4\pi Q}{k^2+\kappa^2}, \quad \kappa^2 = 4\pi e^2 \frac{\mathrm{d}n}{\mathrm{d}\varepsilon_{\mathrm{F}}} \tag{5.85}$$

或者在坐标表示里,

$$V(r) = \frac{Q}{r}\mathrm{e}^{-\kappa r} \tag{5.85$'$}$$

这个表达式是针对 $k \ll p_{\mathrm{F}}$ 得到的; 在坐标表示中, 这相当于 $r \gg 1/p_{\mathrm{F}}$. 因此, 在很远的距离上, 外部电荷完全被等离子体的电荷屏蔽了.

在 $\omega \gg kv_{\mathrm{F}}$ 的情况, 很容易证明, $\varPhi(k,\omega) = -k^2v_{\mathrm{F}}^2/(3\omega^2)$, 把它代入 (5.84), 得到

$$V_k = \frac{V_k^0}{1-\dfrac{4\pi e^2 n}{m\omega^2}} \tag{5.86}$$

这个表达式在

$$\omega^2 = \frac{4\pi n e^2}{m}$$

有一个极点. 由于在这个点没有阻尼, 系统中可以存在无阻尼的波. 下面这个量

$$\omega_p = \sqrt{\frac{4\pi n e^3}{m}} \tag{5.87}$$

称为等离子体频率.

需要注意的是, 上述结果并没有假定相互作用很小, 而且在小 k 的极限下是精确的.

在 (5.86) 的分母中的表达式, 根据定义就是介电常量:

$$\varepsilon(\omega) = 1 - \frac{4\pi n e^2}{m\omega^2}$$

这与第 149 页得到的结果一致.

5.4.5 守恒定律和不同场的准粒子电荷

守恒定律对准粒子电荷 e_q 施加了强有力的限制. 下面引用的结果的正式推导在其他地方给出①. 这里只考虑物理上合理的论证.

我们先考虑规范性要求带来的后果. 这个要求意味着, 形式为

$$\frac{\partial \varPhi}{\partial x_i}=\left(\frac{\partial \varPhi}{\partial r_\alpha},\frac{\partial \varPhi}{\partial t}\right)$$

的外部矢量场作用在质子或中子上, 不能导致系统的任何物理变化. 我们记得, 在电磁场的情况, 形式为 $A_i=\partial\varPhi/\partial x_i$ 的矢量势对应于电场和磁场为零, 因此对粒子没有物理影响.

首先考虑标量场, 其形式为

$$V(t)=V^0\mathrm{e}^{\mathrm{i}\omega t}$$

其中 V^0 是常数. 这个场是虚场 (fictitious field)

$$\frac{\partial \varPhi}{\partial x_i}\left(\frac{\partial \varPhi}{\partial r_\alpha}=0,\frac{\partial \varPhi}{\partial t}=V^0\mathrm{e}^{t\omega t}\right)$$

的一种特殊情况. 因为在这样的场中, 系统不可能发生任何物理变化, 所以有效场必须等于外部场:

$$V=V^0$$

现在我们有

$$V=e_{\mathrm{q}}V^0+(\mathscr{F}AV)$$

对于 $V=V^0=$ 常数, 第二项为零, 而条件 $V=V^0$ 给出 $e_{\mathrm{q}}=1$. 如果场 V^0 作用于质子 (中子), 那么场 V 必然也只作用于质子 (中子), 因此我们发现, 对于标量场来说

$$e_{\mathrm{q}}^{pp}=e_{\mathrm{q}}^{nn}=1,\quad e_{\mathrm{q}}^{np}=e_{\mathrm{q}}^{pn}=0 \tag{5.88}$$

由于 e_{q} 由对应于大能量 (或者, 在坐标表示中, 对应于有关点周围的小距离) 的图形决定, 所以, 对于所有在空间和时间上充分均匀的标量场 ($k\ll p_{\mathrm{F}},\omega\ll\varepsilon_{\mathrm{F}}$), 这个结果仍然是真实的.

---

① Migdal A B. Theory of Finite Fermi Systems and the Atomic Nucleus[M]. New York: Interscience, 1967.

关于准粒子电荷的进一步信息, 可以通过以下事实得到: 一些场, 即使它们不是虚的, 可能也无法影响粒子的重新分布, 因此, 相应的有效场就等于外场. 例如, 如果有一个均匀场相同地作用在两类粒子上, 系统将作为一个整体进行振荡而没有任何内部变化. 在这种情况下, 扰动正比于系统的总动量

$$\boldsymbol{P}=\sum_{n+p}\boldsymbol{p}_i$$

这里对中子和质子的态求和. 在我们的符号中, 这相当于一个场 $V_\alpha^0=p_\alpha^n+p_\alpha^p$, 其中 $\alpha=(x,y,z)$. 在这些条件下, 系统没有发生内部变化, 根据这个事实, 我们很容易发现

$$V_{\lambda\lambda'}^p\left(p_\alpha^p+p_\alpha^n\right)=p_\alpha=\left(e_{\mathrm{q}}^{pp}+e_{\mathrm{q}}^{np}\right)p_\alpha \tag{5.89}$$

其中 V 旁边的方括号里是裸的扰动 V. 因此,

$$e_{\mathrm{q}}^{pp}+e_{\mathrm{q}}^{np}=e_{\mathrm{q}}^{nn}+e_{\mathrm{q}}^{np}=1 \tag{5.90}$$

(在 $N\approx Z$ 的原子核中, 同位旋不变性意味着, 在裸场作用于质子的情况, 中子场的有效电荷 e_{q}^{np} 等于裸场作用于中子而引起的质子场的电荷 e_{q}^{pn}: $e_{\mathrm{q}}^{pn}=e_{\mathrm{q}}^{np}$. 此外, $e_{\mathrm{q}}^{nn}=e_{\mathrm{q}}^{pp}$). 由类比得出结论, 对于任何与哈密顿量对易以及在 λ 表示中只有对角矩阵元的扰动, 即下述形式的任何扰动,

$$H'=\sum a_\lambda^+a_\lambda Q_{\lambda\lambda} \tag{5.91}$$

如果算子 H' 与 H 对易, $e_{\mathrm{q}}^{pp}+e_{\mathrm{q}}^{np}$ 的和都是 1. 这种类型的扰动称为“对角的”. 很容易看出, 对角的扰动只改变了粒子的能量, 并不导致粒子的任何重新分布, 只要新能级

$$\widetilde{\varepsilon_\lambda}=\varepsilon_\lambda^0+Q_{\lambda\lambda}$$

与原来的能级是相同的量级 (对于足够小的 $Q_{\lambda\lambda}$ 来说, 总是这样的).

现在寻找自旋场 (即 $\boldsymbol{\sigma}\cdot\boldsymbol{H}$ 形式的扰动) 情况的有效电荷的表达式. 由于电荷 e_{q} 由粒子间的局域相互作用决定, 它在原子核中的数值与相同密度的无限核物质中的相应数值只有微小的差别. 假设核物质中的自旋–轨道相互作用很小, 系统的总自旋算子就与哈密顿量对易. 此外, 在足够大的系统中, 对准粒

子哈密顿量的自旋–轨道修正并不重要, 可以忽略不计. 那么, 准粒子的特征函数 φ_λ 就是算子 σ_z 的特征函数. 因此, 扰动是对角的, 因此

$$e_{\mathrm{q}}^{pp} + e_{\mathrm{q}}^{np} = 1 \tag{5.92}$$

我们把这个条件写为以下形式

$$e_{\mathrm{q}}^{pp} = 1 - \xi_{\mathrm{s}}, \quad e_{\mathrm{q}}^{np} = \xi_{\mathrm{s}} \tag{5.92$'$}$$

ξ_{s} 无法计算, 必须从实验中找到. 我们将证明, 这个常数也出现在轴向核 β 衰变常数的重正化中. 对于允许的伽莫夫–特勒跃迁, 与电子–中微子场的相互作用给核子哈密顿量增加了正比于 $(\tau_x + \mathrm{i}\tau_y)\,\sigma_z$(赝矢量类型的相互作用) 的扰动. 让我们找出这个外场的有效电荷.

首先考虑所有的场 $\tau_z\sigma_z$:

$$\tau_z\sigma_z = \frac{1+\tau_z}{2}\sigma_z + \frac{\tau_z - 1}{2}\sigma_z = \sigma_z^p - \sigma_z^n$$

在这种情况下, 在 V 的方程中, $e_{\mathrm{q}}V^0$ 项由下式给出

$$\begin{aligned} e_{\mathrm{q}}\left[\tau_z\sigma_z\right]\tau_z\sigma_z &= e_{\mathrm{q}}\left[\sigma_z^p\right]\sigma_z - e_{\mathrm{q}}\left[\sigma_z^n\right]\sigma_z = \\ &= \begin{vmatrix} e_{\mathrm{q}}^{pp} - e_{\mathrm{q}}^{pn} \\ e_{\mathrm{q}}^{np} - e_{\mathrm{q}}^{nn} \end{vmatrix}\sigma_z = \begin{bmatrix} 1 - 2\xi_{\mathrm{s}} \\ -(1-2\xi_{\mathrm{s}}) \end{bmatrix}\sigma_z = (1-2\xi_{\mathrm{s}})\,\sigma_z\tau_z \end{aligned}$$

(方括号里的量表示场 V^0 的形式, 对于它来说, 电荷是 $e_{\mathrm{q}}\left[V^0\right]$. 因此我们得到

$$e_{\mathrm{q}}\left[\tau_z\sigma_z\right] = (1 - 2\xi_{\mathrm{s}}) \tag{5.93}$$

根据同位旋不变性, 对于形式为 $(\tau_x + \mathrm{i}\tau_y)\,\sigma_z$ 的场, 会出现同样的电荷. 因此, 因子 $e_{\mathrm{q}} = (1 - 2\xi_{\mathrm{s}})$ 给出了核物质中赝矢量 β 衰变常数的重正化. 因为场 $\tau_x + \mathrm{i}\tau_y$ 对应于费米跃迁 (矢量型相互作用), 我们得到 (最容易的还是先考虑场 τ_z)$e_{\mathrm{q}} = 1$, 也就是说, 矢量相互作用没有被重正化.

第六章 量子场论中的定性方法

量子场论描述了在真空中运动的基本粒子的相互作用. 参与相互作用的粒子的数量并不总是守恒的; 在相互作用的过程中, 粒子可以产生和湮没. 即使粒子的数量在过程开始和结束时相同, 量子力学的一般原理告诉我们, 中间态的虚粒子的形成将对过程的进行情况产生影响. 因此必须认为, 真空不空, 真空是具有复杂性质的介质. 一个在真空中运动的电子或核子将被其运动产生的虚粒子云包围, 就像多体问题中的准粒子一样.

描述基本粒子相互作用的图, 在形式上与多体问题中的图没有差别. 然而, 它们在物理意义上有一些非常重要的差别. 首先, 由于这些过程发生在真空中, 它们必须独立于洛伦兹坐标系的选择; 我们将看到, 这对相互作用的性质和粒子的格林函数施加了很强的约束. 其次, 在量子场论中, 我们实际上只处理"准粒子"; "裸" 粒子就像裸的相互作用一样, 在这种情况下是观察不到的. 原因是, 这种情况与多体问题不同, 我们不能提取粒子并研究它们在"介质"之外的特性. 尽管如此, 在发展量子场论时, 有必要在开始的时候引入裸粒子和裸相互作用. 这种理论表述的一个重要特征是, 在所有把裸质量或裸相互作用与可观测量联系起来的表达式中, 出现了发散的积分. 我们将看到, 这些发散来自量子场论的一个基本假设, 也就是相互作用的局域性假设. 局域性意味着粒子只有在它们的四维坐标相同时才发生相互作用; 所有在远处的相互作用都被认为是因为交换了局部事件中发射和吸收的一个或多个虚拟粒子而产生的次级效应. 由于裸量是不可观测的, 包含它们的表达式中的发散并不是反对局域相互作用假设的论证, 事实上, 在量子电动力学的情况, 这已经在很高的精度下得到了验证 (参见下文).

摆脱这个困难的一种方法如下. 可以这样制定理论: 从一开始就只包含可观察的量. 那么, 尽管相互作用具有局域性, 发散积分也不会出现在计算中. 在原则上, 这个程序可以在色散关系的帮助下进行. 下面我们用一个简单的例子解释这个方法背后的思想, 这也将帮助我们追溯发生在局域相互作用上的发散的根源.

考虑两个具有局域 (δ 函数) 相互作用的非相对论粒子的散射振幅. 假设相互作用是排斥性的, 因此不存在束缚态. 对于 δ 函数的相互作用, 散射振幅与角度无关 (只有 s 波散射). 质心系统中的散射振幅方程可以写成下面的形式 (第 191 页: 让 $m=1$)

$$f\left(\boldsymbol{p}, \boldsymbol{p}^{\prime}\right)=\lambda-4 \pi \int \frac{f\left(\boldsymbol{p}, \boldsymbol{p}_{1}\right) f\left(\boldsymbol{p}_{1}, \boldsymbol{p}^{\prime}\right)}{p^{2}-p_{1}^{2}+\mathrm{i} \delta} \frac{\mathrm{d}^{3} p_{1}}{(2 \pi)^{3}}$$

其中 λ 是玻恩振幅, 在这种情况下, 它与 $\boldsymbol{p}$ 和 $\boldsymbol{p}'$ 无关, 并扮演 “裸” 相互作用的角色.

假设 λ 足够小, 我们尝试获得 f 作为 λ 的幂级数. 在 λ 的二阶中, 我们得到一个在上限处线性发散的积分:

$$f^{(1)}=\lambda, \quad f^{(2)}=\lambda^{2} \int \frac{\mathrm{d}^{3} p_{1}}{p^{2}-p_{1}^{2}+\mathrm{i} \delta} \frac{1}{(2 \pi)^{3}}$$

这种发散与量子场论中的发散具有相同的性质. 我们将看到, 转变到相对论公式, 只改变了发散的性质; 对于玻色子, 对上限的线性依赖被对数依赖所取代, 对于费米子, 则被二次方依赖关系取代. 从数学的角度看, 发散的原因是振幅的积分方程, 它的积分核对于 $p \rightarrow \infty$ 是奇异的, 不允许以 λ 的幂级数展开. 因此, 场论的发散并不神秘; 它们是位置性的自然结果, 导致在无限动量空间上的积分. 如果相互作用是非局域性的, 我们就不可能从积分符号下取出 λ, 动量积分就会在某个值 $(1/r_0)$ 处切断, 其中 r_0 是相互作用的范围.

现在我们尝试获得一个幂级数, 不是 λ 的幂级数, 而是对应于某个任意固定能量 (例如零能量) 的振幅的幂级数. 用它的虚部表示振幅 (见第 152 页: 让 $\boldsymbol{p}=\boldsymbol{p}'$)

$$f(p)=\frac{1}{\pi} \int_{0}^{\infty} \frac{\operatorname{Im} f\left(p_{1}\right)\ \mathrm{d} p_{1}^{2}}{p^{2}-p_{1}^{2}}$$

从光学定理中很容易看出 [参见下面的公式 (b)], 为了获得 $f(0)$ 的幂级数的收敛性, 有必要提高积分的收敛性. 为此, 从上述方程的两边减去 $f(0)$, 就得到

$$f(p)=f(0)+\frac{p^{2}}{\pi} \int_{0}^{\infty} \frac{\operatorname{In} f\left(p_{1}\right)\ \mathrm{d} p_{1}^{2}}{\left(p^{2}-p_{1}^{2}\right) p_{1}^{2}} \tag{a}$$

根据光学定理, $f(p)$ 的虚部

$$\operatorname{Im} f(p) = p|f(p)|^2 \tag{b}$$

依赖于 f 的二次方, 利用 (a) 和 (b), 可以得到 $f(0)$ 的迭代. 将 $f = f(0)$ 放在 (b) 的右边, 我们得到

$$f(p) = f(0) + \mathrm{i}p[f(0)]^2 + \cdots$$

正如前面看到的 (第 152 页), 对于所考虑的情况, 实际上有可能得到一个封闭的方程. 根据 (a), 我们有

$$f(p) = \frac{f(0)}{1 - \mathrm{i}pf(0)}$$

请注意, 为了得到 $f(0)$ 的幂级数, 我们必须以 (a) 的形式重写振幅方程, 也就是说, 减去 $f(0)$ 的一个项.

当我们转到相对论问题时, 费米情况的发散更强就意味着, 为了让 $f(0)$ 的幂级数收敛, 我们不仅要减去 $f(0)$ 本身, 还要减去一个项 $\left(\mathrm{d}f/\,\mathrm{d}p^2\right)_0 p^2$. 在高阶近似中, 发散的程度增加, 需要减去的常数的数目也增加了.

尽管色散方法很有吸引力, 但是它在实践中只能应用于最简单的问题. 在相对论问题的高阶近似中, 中间态粒子的数量增加, 因此涉及多粒子振幅, 导致了巨大的数学困难.

因此, 更方便的做法如下进行. 我们在某个大动量 L(如果计算是在坐标空间进行的, 就在某个短距离 r_0) 切断发散积分. 如果假定相互作用 λ 足够弱, 我们可以得到 λ 的微扰级数. 这样就发现, 在微扰理论的每一阶中, 积分的发散部分 (那些依赖 L 的部分) 可以这样取出: 在重新定义耦合常数 (相互作用常数) 和格林函数中出现的常数之后, 剩余的表达式对截断值 L 不敏感. 这就是我们在多体问题的背景下遇到的重正化的想法; 在从粒子到准粒子的过程中, 我们必须重新定义质量和耦合常数. 在上面讨论的问题中, 从裸耦合常数 λ 到振幅 $f(0)$ 的转变, 是相互作用的重正化的一个例子.

如果理论要有物理意义, 就要重新定义常数来消除发散, 这必须在微扰理论的所有阶中都可以进行. 事实证明, 对于所有的场论来说, 这并非都是可能

的, 也就是说, 不是所有的场论都具有可重正化的特性. 可重正化的标准是由量纲考虑设定的: 如果理论是可重正化的, 那么耦合常数必须是无量纲的, 或者包含长度的某个负数幂. 比如说, 如果常数具有长度平方的量纲, 那么积分的发散程度将随着微扰理论的阶数增加而增加. 要看到这一点, 请注意, 在大动量时, 粒子的质量不能进入问题, 因此, 在 n 阶时唯一可能的无维组合是 $\left(\lambda L^2\right)^n$. 因此, 发散程度随着 n 的增加而增加, 而且, 我们将看到, 为了消除发散而重新定义或全新引入的常数的数量, 就会无限制地增加. 我们将表明, 这意味着在相互作用中丧失局域性.

因此, 可重正化性是物理上可接受的局域相互作用的标准. 可重正化的问题在本质上能够这样来表述理论: 动量远小于截断动量 L 的相互作用, 应该由动量也远小于 L 的状态中的虚粒子决定; 或者, 在坐标空间中, 距离 $r \gg r_0$ 的相互作用, 应该由同样在 $r \gg r_0$ 的虚拟粒子的相互作用决定. 不是所有的理论都满足这个要求——这并不奇怪.

为了说明这一点, 考虑经典物理学中一种类似情况的例子. 假设我们的问题是, 构建一个理论来描述液体或气体的宏观运动. 问题在于, 这些运动是保持宏观的, 还是分解为尺度越来越小的运动, 直到原子的水平. 在流体力学适用的情况, 我们有一个 “可重正化” 理论的例子——小尺度现象的影响可以约化为理论中出现 (宏观的) 黏度和平均密度常数. 然而, 对于某些系统, 例如费米气体, 不可能构建一个描述宏观运动的理论; 这些运动并不保持宏观性, 而是分解为原子尺度的运动.

在讨论小距离 (或大动量) 的场论属性时, 出现了另一个重要的问题: 可重正化的理论在逻辑上是不是自洽, 其结果是不是适用于任意短的距离呢?

在可重正化类型的理论中, 两个粒子之间的相互作用被虚拟粒子的场屏蔽 (关于这个规则的一种可能的例外, 见第 276 页). 因此, 有效的相互作用随着距离的增加而下降. 假设裸相互作用足够弱, 可以用微扰理论来讨论任意距离上的相互作用. 结果发现, 在大距离上, 相互作用被虚拟粒子完全屏蔽了, 就像金属中的电子对外部电荷的屏蔽一样. 因此, 粒子不能在大距离上相互作用. I. Ya. Pomeranchuk 详细研究了这个悖论, 并称为 “零电荷”(zero charge) 悖论. 实际上, 这个现象并不说明该理论在逻辑上不自洽, 原因如下.

在量子电动力学的情况，如果缩短两个电荷之间的距离，那么，尽管可观察到的电荷很小，我们必然会来到一个区域，那里的电荷是 1 的量级，作为悖论基础的微扰理论不再有效. 那么，在更小的距离上，电荷是不是会继续增大呢？如果是这样，我们将得到一个无限的裸电荷，这意味着裸电荷的概念本身就没有物理意义了. 我们将看到，这仍然是有待解决的问题.

电荷 $e^2(r)$ 变成 1 的量级的距离很小，而且弱相互作用或引力相互作用的影响很可能会改变理论，使电荷到达 $e^2(r) \sim 1$ 区域之前就不再变大. 在这种情况，电动力学中的“零电荷”问题就没有任何物理意义，只是在澄清小距离上的场论结构方面有理论价值.

本章的讨论安排如下. 我们基本上只考虑量子场论的一个问题，也就是与小距离上的场论结构有关的问题. 这组问题为使用定性的方法提供了许多机会. 量子场论的具体问题 (如辐射修正的计算) 需要繁琐的计算，而且其他书已经做了很好的解释①. 在最初的几节中，我们为此目的构建了必要的形式化工具. 我们寻找描述自旋为 0、$\dfrac{1}{2}$ 和 1 的自由粒子的方程和格林函数；这些是作为两个薛定谔方程的相对论不变形式以及粒子和反粒子的格林函数而得到的. 首先用 4 个玻色子相互作用的模型，讨论小距离上场论的一般性质. 考虑最简单的双粒子跃迁振幅图，我们解释了发散的性质和重正化的思想；我们还得到了理论应该可以重正化的条件. 接下来计算了散射振幅，直到耦合常数的三阶. 对展开式前几项的分析导致了这样的想法：根据振幅应独立于截止点的要求，也就是可重正化的要求，可以得到振幅的精确表达式. 这样得到的表达式具有“零电荷”属性：对于足够小的裸电荷，电荷在大距离上趋于零.

然后，我们考虑一个现实的理论，即量子电动力学. 通过与经典电动力学比较，我们解释对光子格林函数的修正的物理意义，并在 e^2 的二阶项上，确定由极化电荷引起的对库仑定律的修正. 在考虑到这些准备问题之后，我们利用简单的物理思路，不对 e^2 进行任何展开，就能找到修正的库仑定律，从中推导出在任意短距离上的粒子相互作用的公式 (盖尔曼–洛公式). 我们讨论了量子

① Akhiezer A L, Berestetskii V B. Elements of Quantum Electrodynamics[M]. London: Oldbourne Press, 1962. Bogoliubov N N, Shirkov D V. Introduction to the Theory of Quantized Fields[M]. New York: Interscience, 1958.

电动力学可能的适用性极限①.

6.1 相对论方程的构建

在我们想要寻找描述基本粒子的方程 (或格林函数) 的时候, 对称性的要求发挥了决定性作用, 即相对于广义洛伦兹变换不变性的要求, 包括时空的旋转和反射 (空间反演和时间反演对称性的要求). 对方程的另一个重要约束条件是简单性的要求; 例如, 我们试图选择只涉及最低阶导数的方程, 或者在外场的情况下, 采用尽可能少的参数来描述粒子与场的相互作用. 方程应该简单 (更好的说法是美), 这个要求并不是绝对的, 但是在过去对自然规律的发现中它起到了极其重要的作用.

6.1.1 洛伦兹不变性

描述粒子在真空中运动的方程必须是洛伦兹协变的, 也就是说, 通过洛伦兹变换

$$t' = \frac{t + \boldsymbol{v}\boldsymbol{r}}{\sqrt{1-v^2}}, \quad \boldsymbol{r}' = \frac{\boldsymbol{r} + \boldsymbol{v}t}{\sqrt{1-v^2}}$$

来到一个运动坐标系的时候, 方程必须保持其形式不变. 考虑无限小的洛伦兹变换就够了, 下面将这样做:

$$t' = t + \boldsymbol{v}\boldsymbol{r}, \quad \boldsymbol{r}' = \boldsymbol{r} + \boldsymbol{v}t, \quad v \to 0$$

洛伦兹变换使得两点的时空间隔

$$(x_1 - x_2)^2 = (t_1 - t_2)^2 - (\boldsymbol{r}_1 - \boldsymbol{r}_2)^2$$

保持不变: 我们有

$$(x_1 - x_2)^2 = (x_1' - x_2')^2 = \text{不变量}$$

① 类似于本章的场论中的其他问题的阐述可以在费曼的书《基本过程理论》(R. P. Feynman, Theory of Fundamental Processes, W. A. Benjamin, 1961) 和格里波夫 (V. N. Gribov) 的讲座《量子电动力学》(《列宁格勒核物理研究所第九届冬季学校会议记录》, 第一部分, 列宁格勒, 1974 年)(俄语) 中找到. L. B. Okun′ 的《基本粒子的弱相互作用》对各种过程的具体计算作了极为清楚的说明. (L. B. Okun, "Weak Interactions of Elementary Particles", Israel Program for Scientific Translations, Jerusalem, 1965.)

在经典理论中, 所有的量都是标量或四向量或四张量, 也就是说, 四张量的变换形式是四向量分量的乘积 $x_\mu = (t, \boldsymbol{r})$. 一些例子是, 能量–动量四向量 $p_\mu = (E, p)$, 电流四向量 $J_\mu = (\rho, j)$, 电磁场强度张量 $\boldsymbol{F}_{\mu\nu} = \partial_\mu \boldsymbol{A}_\nu - \partial_\nu \boldsymbol{A}_\mu$(与四向量势 $\boldsymbol{A}_\mu = (\varphi, \boldsymbol{A})$ 有联系), 等等. 所有的四向量都按照以下规则进行变换

$$\boldsymbol{A}_0' = \boldsymbol{A}_0 + \boldsymbol{v}\boldsymbol{A}, \quad \boldsymbol{A}' = \boldsymbol{A} + \boldsymbol{v}\boldsymbol{A}_0$$

所以, 任何两个四向量的标量积都是不变的:

$$(\boldsymbol{AB}) \equiv \boldsymbol{A}_0\boldsymbol{B}_0 - \boldsymbol{AB} = (\boldsymbol{A}'\boldsymbol{B}') = \text{不变量}$$

引入度规张量,

$$\boldsymbol{g}_{\mu\nu} = \begin{pmatrix} 1 & 0 & 0 & 0 \\ 0 & -1 & 0 & 0 \\ 0 & 0 & -1 & 0 \\ 0 & 0 & 0 & -1 \end{pmatrix}$$

就可以保留矢量乘法的通常规则, $\boldsymbol{AB} = \boldsymbol{g}_{\mu\nu}\boldsymbol{A}_\mu\boldsymbol{A}_\nu$. 我们不使用 $\boldsymbol{g}_{\mu\nu}$, 而是对相同的 (重复) 希腊指标求和, 也就是说,

$$\boldsymbol{AB} \equiv \boldsymbol{A}_\mu\boldsymbol{B}_\mu \equiv \boldsymbol{A}_0\boldsymbol{B}_0 - \boldsymbol{A}_i\boldsymbol{B}_i$$

有时候, 我们引入 $\boldsymbol{A}_4 = \mathrm{i}\boldsymbol{A}_0$ 来转为欧几里得度规; 这样的向量将用波浪号 (tilde) 表示:

$$\widetilde{\boldsymbol{A}}\widetilde{\boldsymbol{B}} = \widetilde{\boldsymbol{A}}_\nu\widetilde{\boldsymbol{B}}_\nu = -\boldsymbol{AB}$$

在量子力学中, 可观测量由算子 $\hat{V}$ 表示, 用一组矩阵元 $V_{ij} = \langle \Psi_i^* \, V \Psi_j \rangle$ 来表征. 矩阵元的变换必须像相应的经典量一样, 也就是像矢量或张量分量一样. 然而, 波函数 Ψ 本身可能根据更复杂的规则进行变换, 因为它们以双线性的方式进入矩阵元. 在非相对论量子力学中, 遇到过类似的情况: 在分析 3 维旋转不变性的时候, 我们不仅引入了张量, 还引入了旋量. 张量像 3 维坐标向量的乘积一样变换, 但旋量根据更复杂的规则进行变换, 因为旋量的双线性组合像向量和张量一样变换.

例如, 对于自旋 $\frac{1}{2}$ 的粒子, 当坐标系围绕轴 $\boldsymbol{n}$ 旋转了小角度 θ 时, 波函数 $\varphi=\begin{pmatrix}\varphi_1\\ \varphi_2\end{pmatrix}$ 的变换如下:

$$\varphi'=\varphi+\mathrm{i}\frac{\boldsymbol{\sigma n}}{2}\theta\varphi \tag{6.1}$$

其中 $\boldsymbol{\sigma}$ 的分量是泡利矩阵. 双线性组合 $\varphi^{+}\varphi$ 和 $\varphi^{+}\boldsymbol{\sigma}\varphi$ 因此分别像标量和 3 维赝矢量那样变换 (这就是导致发现旋量变换规则的原因).

现在让我们尝试找到旋量的洛伦兹变换定律. 由于泡利矩阵构成了完全集, 这个定律必须与 (6.1) 相类似:

$$\varphi'=\varphi+c_1\frac{\boldsymbol{\sigma v}}{2}\varphi \tag{6.2}$$

关系 (6.1) 对应于坐标变换

$$x_1'=x_1+\theta x_2,\quad x_2'=x_2-\theta x_1 \tag{6.3}$$

其中为了明确起见, 我们考虑围绕 z 轴的顺时针旋转. 为了在引入欧几里得度规 $\mathrm{i}t=x_4$ 时, 洛伦兹变换

$$x_3'=x_3+vt,\quad t'=t+vx_3$$

应该符合坐标的旋转公式, 有必要选择 $\mathrm{i}\theta=\pm v$(其中符号的选择取决于我们选择右手的 (+) 还是左手的 (−) 空间坐标系). 为了得到 (6.2), 必须把 (6.1) 中的 $\mathrm{i}\theta$ 替换为 $\pm v$, 因此, $c_1=\pm1$.

有两种可能的旋量类型, 它们的变换属性不同:

$$\varphi_+'=\varphi_++\frac{\boldsymbol{\sigma v}}{2}\varphi_+,\quad \varphi_-'=\varphi_--\frac{\boldsymbol{\sigma v}}{2}\varphi_- \tag{6.4}$$

这两个旋量场都没有确定的奇偶性 (宇称), 因为 $\boldsymbol{\sigma v}$ 在反射下会改变符号. 在反射下, φ_+ 会转化为 φ_-, 反之亦然. 这些场描述了两个 2 分量的粒子 (例如, 中微子和反中微子). 利用这样的场, 可以形成两个宇称明确 (奇偶性明确) 的线性组合:

$$\varphi=\varphi_++\varphi_-,\quad \chi=\varphi_+-\varphi_-$$

其中场 φ 的奇偶性与 χ 相反. 这些量的变换法则由 (6.4) 得到:

$$\varphi' = \varphi + \frac{\boldsymbol{\sigma v}}{2}\chi, \quad \chi' = \chi + \frac{\boldsymbol{\sigma v}}{2}\varphi \tag{6.5}$$

这些变换法则在反射时保持其形式不变.

因此, 洛伦兹不变性和反射对称性的要求导致的结果是, 自旋为 $\frac{1}{2}$ 的粒子必须用四分量旋量 $\Psi = \begin{Bmatrix} \varphi \\ x \end{Bmatrix}$ 描述. 下面将看到, 这个事实与反粒子的存在有关; 相对论性的旋量的四个分量分别对应于粒子的两个自旋投影和反粒子的两个自旋投影.

现在不需要确认旋量 φ 和 χ 的物理意义, 我们可以用它们构成双线性组合, 在洛伦兹变换下像标量、向量和张量一样变换. 我们只考虑标量和矢量的情况, 这对后续工作很重要. 标量的形式是

$$S = \varphi^+\varphi - \chi^+\chi$$

因为在洛伦兹变换下, 每个项 $\varphi^+\varphi$ 和 $\chi^+\chi$ 都获得了相同的附加项 $\frac{1}{2}\left(\chi^+\boldsymbol{\sigma v}\varphi + \varphi^+\boldsymbol{\sigma v}\chi\right)$. 因此在 S 中抵消了. 如果用和代替差, 则

$$V_0 = \varphi^+\varphi + \chi^+\chi$$

附加项就不会抵消而是相加, 因此

$$V_0' = V_0 + \boldsymbol{vV}$$

其中

$$V_i = \chi^+\sigma_i\,\varphi + \varphi^+\sigma_i\,\chi \tag{6.6}$$

因此, V_0 像四向量 $V_\mu = (V_0, \boldsymbol{V})$ 那样变换. 很容易验证 V_i 像四向量 V_μ 的空间分量那样变换: 将 (6.5) 代入 (6.6), 我们得到

$$V_i' = V_i + \frac{1}{2}v_k\chi^+\left(\sigma_i\sigma_k + \sigma_k\sigma_i\right)\chi + \frac{1}{2}v_k\varphi^+\left(\sigma_i\sigma_k + \sigma_k\sigma_i\right)\varphi$$

利用反对易关系 $\sigma_i\sigma_k + \sigma_k\sigma_i = 2\delta_{ik}$, 可以得到正确的变换规律

$$V_i' = V_i + v_iV_0$$

利用双旋量 $\Psi = \begin{pmatrix} \varphi \\ X \end{pmatrix}$ 和狄拉克矩阵

$$\gamma_0{}' = \begin{pmatrix} I & 0 \\ 0 & -I \end{pmatrix}, \quad \gamma_i = \begin{pmatrix} 0 & \sigma_i \\ -\sigma_i & 0 \end{pmatrix}$$

通常把刚才得到的双线组合写为

$$S = \Psi^+ \gamma_0 \Psi \equiv \overline{\Psi}\Psi$$

$$V_\mu = \Psi^+ \gamma_0 \gamma_\mu \Psi \equiv \overline{\Psi}\gamma_\mu \Psi$$

狄拉克矩阵服从于反对易关系

$$\gamma_\mu \gamma_\nu + \gamma_\nu \gamma_\mu = 2g_{\mu\nu}$$

6.1.2　麦克斯韦方程

为了说明如何使用对称性，我们将展示，如果不知道麦克斯韦方程，当代的理论学家将如何推导自由空间中的麦克斯韦方程．我们的任务是找到电场 $\boldsymbol{\mathscr{E}}(\boldsymbol{r},t)$ 和磁场 $\boldsymbol{\mathscr{H}}(\boldsymbol{r},t)$ 之间的关系．这些关系必须是线性的，直到非常大的电场值 $(\boldsymbol{\mathscr{E}},\boldsymbol{\mathscr{H}} \sim \boldsymbol{\mathscr{E}}_\mathrm{c} \sim 10^{16}\ \mathrm{V/cm})$，使得真空极化变得很重要 (参见第 3 页的估计)．首先，我们必须找出场 $\boldsymbol{\mathscr{E}}$ 和 $\boldsymbol{\mathscr{H}}$ 的对称性；这可以通过很简单的实验来证明，例如在电场和磁场中电子束的偏转．在这样的实验中，我们发现作用在电子上的力由 $\boldsymbol{\mathscr{F}} = e\boldsymbol{\mathscr{E}} + \dfrac{e}{c}\boldsymbol{v} \times \boldsymbol{\mathscr{H}}$ 给出，由此可见，$\boldsymbol{\mathscr{H}}$ 是赝向量 (轴矢量)；也就是说，与矢量不一样，$\boldsymbol{\mathscr{H}}$ 在反射操作中是不变的．此外，由于 $\boldsymbol{\mathscr{H}}$ 是电流产生的，也就是说，产生它的量正比于带电粒子速度，磁场在时间反演的操作下必须改变符号．此外，电场是一个 (极) 矢量，它可以由静止的电荷产生，所以在时间反演下必然是不变的．那么，能把 $\boldsymbol{\mathscr{E}}$ 和 $\boldsymbol{\mathscr{H}}$ 联系起来的最低阶方程就是

$$\frac{\partial \boldsymbol{\mathscr{E}}}{\partial t} = a\boldsymbol{\nabla} \times \boldsymbol{\mathscr{H}}, \quad \frac{\partial \boldsymbol{\mathscr{H}}}{\partial t} = b\boldsymbol{\nabla} \times \boldsymbol{\mathscr{E}}$$

经论证是，$\mathrm{curl}\,\boldsymbol{\mathscr{H}}$ 是唯一的在反射时不改变符号的量，而当 t 被 $-t$ 取代时，就会改变符号．(项 $\boldsymbol{r} \times \boldsymbol{\mathscr{H}}$ 将违反空间的平移对称性：同样也可以排除所有其他的可能性．)

我们没有让方程包含高于一阶的导数; 包含这些导数会引入额外的常数, 还会破坏理论的美. 此外, 引入高阶空间导数, 就会迫使我们引入高阶时间导数 (否则就会破坏由相对论不变性决定的空间和时间的对称性); 那么, 场 $\mathscr{E}$ 和 $\mathscr{H}$ 在时间 t 的值不仅取决于它们在初始时间的值, 还取决于它们的时间导数的值.

上面引入的两个常数都有速度的量纲; 其中一个可以任意选择, 从而定义 $\mathscr{E}$ 和 $\mathscr{H}$ 的单位. 让 $b=c$ (其中 c 是光速). 然后, 从方程中去掉 $\mathscr{H}$, 并利用 $\operatorname{curl}\operatorname{curl}\mathscr{E}=-\nabla^2\mathscr{E}+\boldsymbol{\nabla}\operatorname{div}\mathscr{E}=-\nabla^2\mathscr{E}$ 这个事实, 我们发现

$$\frac{\partial^2\mathscr{E}}{\partial t^2}=-ac\nabla^2\mathscr{E}$$

为了让波的传播速度等于 c, 我们必须让 $a=-c$, 这时的方程正好是麦克斯韦方程. 我们可以利用相对论不变性的要求, 找到 $\mathscr{E}$ 和 $\mathscr{H}$ 的变换定律, 让它可以补偿坐标的洛伦兹变换, 以保持方程的形式不变. 然而, 为了得到这个结果, 引入四向量 A_ν 更方便:

$$E_i=\dot{A}_i-\partial_i A_0,\quad \mathscr{H}=\nabla\times A,\quad (c\equiv 1)$$

$$\Box A_\nu-\partial_\nu\partial_\mu A_\mu=0,\quad \Box=\frac{\partial^2}{\partial t^2}-\nabla^2$$

因此, A_ν 的四向量性质是明显的. 因此, $\mathscr{E}$ 和 $\mathscr{H}$ 就像四维张量的分量一样变换,

$$F_{\mu\nu}=\partial_\mu A_\nu-\partial_\nu A_\mu$$

6.1.3 克莱因–戈登–福克方程

让我们寻找描述自旋为零的粒子的洛伦兹不变量方程. 在静止坐标系中, 自旋为 j 的波函数的分量的数目决定于 $\boldsymbol{j}$ 在某个固定轴上的可能投影的数目, 也就是 $2\boldsymbol{j}+1$. 所以在我们的例子中, 波函数必须只有一个分量. 在讨论场中的格林函数时, 我们将看到 (参见下一节), 不可能单独为粒子构建相对论性不变的理论; 该理论将不可避免地包含具有相同质量的反粒子, 这些反粒子与粒子同时由一个方程描述. 让我们得到这个方程.

粒子和反粒子在 $(\boldsymbol{p},t)$ 表示中的波函数服从于方程

$$\mathrm{i}\frac{\partial\Psi_+(\boldsymbol{P})}{\partial t}=E(\boldsymbol{p})\Psi_+(\boldsymbol{p}),\quad \mathrm{i}\frac{\partial\Psi_-(\boldsymbol{P})}{\partial t}=E(\boldsymbol{p})\Psi_-(\boldsymbol{p})\tag{6.7}$$

其中

$$E(\boldsymbol{p})=\sqrt{\boldsymbol{p}^2+m^2}$$

引入函数

$$\Psi^*=\Psi_++\Psi_-^*,\quad \Psi_1=\Psi_+-\Psi_-^*$$

那么, 由 (6.7) 可以得到

$$\mathrm{i}\frac{\partial\Psi}{\partial t}=E(\boldsymbol{p})\Psi_1,\quad \mathrm{i}\frac{\partial\Psi_1}{\partial t}=E(\boldsymbol{p})\Psi$$

消去 Ψ_1, 得到

$$-\frac{\partial^2\Psi}{\partial t^2}=\left(\boldsymbol{p}^2+m^2\right)\Psi$$

在坐标表象里, 我们得到克莱因–戈登–福克 (KGF) 方程

$$\left(\Box+m^2\right)\Psi=0 \tag{6.8}$$

根据 $\Psi(\boldsymbol{p},t)$ 的定义, 显然可以看出, $\Psi(\boldsymbol{r},t)$ 中频率为负的项对应于粒子, 而频率为正的项描述反粒子. 方程 (6.8) 是相对论性不变的, 这在 p 表示中是显然的: $\left(p_0^2-\boldsymbol{p}^2-m^2\right)\Psi=0$. 将 (6.8) 乘以 Ψ^* 并减去 Ψ 乘以 Ψ^* 的方程, 就得到连续性方程

$$\frac{\partial\rho}{\partial t}+\operatorname{div}\boldsymbol{j}=0$$

其中 ρ 和 j_α 形成了四维流:

$$j_\nu=\frac{1}{\mathrm{i}}\left(\Psi^*\frac{\partial\Psi}{\partial x_\nu}-\Psi\frac{\partial\Psi^*}{\partial x_\nu}\right)$$

密度 ρ 由下述表达式给出

$$j_0=\rho(\boldsymbol{r},t)=\frac{1}{\mathrm{i}}\left(\Psi^*\frac{\partial\Psi}{\partial t}-\Psi\frac{\partial\Psi^*}{\partial t}\right)$$

或者在 $(\boldsymbol{p},t)$ 表示中,

$$\rho(\boldsymbol{p})=2E(\boldsymbol{p})\left[\Psi_-^*(\boldsymbol{p})\Psi_-(\boldsymbol{p})-\Psi_+^*(\boldsymbol{p})\Psi_+(\boldsymbol{p})\right]$$

因此, ρ 是粒子和反粒子的密度差, 而连续性方程表示, 粒子和反粒子的**数量差**保持不变. (当然, 在没有场的情况, 每一种粒子的数量都是单独守恒的). 对于

带电粒子, 连续性方程显然对应于电荷的守恒, 因此, 反粒子的电荷与粒子的电荷只能相差一个符号.

因此, 公式 (6.8) 是两个薛定谔方程 (6.7) 的相对论性不变的形式; 这在以后引入场的时候是有用的.

6.1.4 狄拉克方程

我们的问题是得到一个相对论性不变的方程, 描述有自旋的粒子. 在克莱因–戈登–福克方程的背景下, 我们说过, 如果只用单个粒子的场, 这是不可能做到的; 有必要建立一个单独的方程, 同时描述粒子和反粒子. 为了明确起见, 我们讨论电子和正电子.

首先考虑静止参考系中的方程. 那么, 我们得到两个独立的方程, 一个是电子的, 一个是正电子的:

$$\mathrm{i}\frac{\partial \Psi_+}{\partial t} = m\Psi_+, \quad \mathrm{i}\frac{\partial \Psi_-}{\partial t} = m\Psi_-$$

每一个函数都有两个分量, 对应两个可能的自旋投影. 令 $\Psi_+ = \varphi, \Psi_-^* = \chi$ 并引入四分量函数 $\Psi = \begin{Bmatrix} \varphi \\ \chi \end{Bmatrix}$. 那么 Ψ 的方程就是

$$\mathrm{i}\gamma_0 \frac{\partial \Psi}{\partial t} = m\Psi \tag{6.9}$$

现在必须写出洛伦兹不变的方程, 其中包含动量算子 $p_\mu = -\mathrm{i}\dfrac{\partial}{\partial x_\mu}$ 的分量, 并在 $p_i\Psi = 0$ 时变为公式 (6.9). 我们知道, $\overline{\Psi}\gamma_\mu\Psi$ 是四向量, 而 $\overline{\Psi}\Psi$ 是标量. 因此, 如果 A_μ 是四向量, $A_\mu\gamma_\mu\Psi$ 这个量就会像 Ψ 一样变换. (这个量从左边乘以 $\overline{\Psi}(\equiv \Psi^+\gamma_0)$, 得到一个标量, 就像 $\overline{\Psi}$ 乘以 Ψ 那样). 在目前的情况, 我们只有四向量 $\mathrm{i}p_\mu = \left(\dfrac{\partial}{\partial t}, \dfrac{\partial}{\partial x_\mu}\right)$. 这样就得到了狄拉克方程

$$\mathrm{i}\gamma_\mu \frac{\partial}{\partial x_\mu}\Psi = m\Psi \tag{6.10}$$

用 γ_0 乘以 (6.10) 的厄米共轭方程, 并利用 γ_μ 的特性, 可以得到 $\overline{\Psi}$ 的方程:

$$-\mathrm{i}\frac{\partial \overline{\Psi}}{\partial x_\mu}\gamma_\mu = m\overline{\Psi} \tag{6.11}$$

用 $\overline{\Psi}$ 从左边乘以 (6.10), 用 Ψ 从右边乘以 (6.11), 然后把二者相减, 就得到连续性方程

$$\frac{\partial}{\partial x_\mu}\overline{\Psi}\gamma_\mu\Psi = 0 \tag{6.12}$$

下面将看到, $\overline{\Psi}\gamma_\mu\Psi$ 表示一个四向量流.

在动量表示中, 我们有

$$\hat{p}\Psi \equiv \gamma_u p_\mu \Psi = m\Psi \tag{6.13}$$

把这个方程用两次, 可以得到

$$\hat{p}^2\Psi = p^2\Psi = m^2\Psi$$

因此,

$$p^2 = \omega^2 - \boldsymbol{p}^2 = m^2$$

这个方程有两个解: $\omega = \pm\left(\boldsymbol{p}^2 + m^2\right)^{1/2}$. 正频率对应于粒子, 负频率对应于反粒子. 当然, 这并不意味着反粒子的能量 E 是负的——它只意味着, 进入 Ψ 的是反粒子波函数的复共轭, 所以出现了 $\mathrm{e}^{-\mathrm{i}Et}$ 这个因子, 而不是 $\mathrm{e}^{\mathrm{i}Et}$, 也就是负频率. 我们不得不引入复共轭, 以便在 (6.9) 里得到矩阵 γ_0, 它允许我们写出协变的方程.

狄拉克方程在 Ψ 的第一个和第二个分量之间建立了联系. 从 (6.13) 可以得出

$$[E(\boldsymbol{p}) - m]\varphi = \boldsymbol{\sigma p}\chi, \quad [E(\boldsymbol{p}) + m]\chi = \boldsymbol{\sigma p}\varphi \tag{6.14}$$

我们把平面波的 $\Psi(x)$ 写为

$$\Psi_{\boldsymbol{p}}^{(\sigma)}(\alpha, x) = u_\alpha^{(\sigma)}\mathrm{e}^{\mathrm{i}px} \tag{6.15}$$

其中指标 σ 定义了能量的符号和自旋投影的符号, 也就是给函数 "贴标签", 而指标 α 是旋量变量, 给分量编号. 从 (6.14) 可以得到 $u_\alpha^{(\sigma)}$, 把它归一化, 使得

$\overline{u}u=1$:

$$u^{(+)s}=\sqrt{\frac{E+m}{2m}}\left\{\begin{array}{c}\varphi^{(s)}\\ \dfrac{\boldsymbol{\sigma p}}{E+m}\varphi^{(s)}\end{array}\right\}$$
$$u^{(-)s}=\sqrt{\frac{|E|+m}{2m}}\left\{\begin{array}{c}-\dfrac{\boldsymbol{\sigma p}}{|E|+m}\chi^{(s)}\\ \chi^{(s)}\end{array}\right\} \tag{6.16}$$

其中 $\varphi^{(s)}$ 是对应于两个自旋投影的旋量. $\left(\varphi^{(s)},\varphi^{(s')}\right)=\delta_{ss'}$. 在静止坐标系中, $\Psi^{(\sigma)}(x)$ 在 $E(\boldsymbol{p})>0$ 时是 $\Psi^{(+)s}=\left\{\begin{array}{c}\Psi_{+}^{(s)}\\ 0\end{array}\right\}$, 在 $E(p)<0$ 时是 $\Psi^{(-)s}=\left\{\begin{array}{c}0\\ \Psi_{-}^{(s)*}\end{array}\right\}$. 由 (6.16) 可知, 函数 $u^{(-)s}(\boldsymbol{p},\alpha)$ 描述了一个动量为 $-\boldsymbol{p}$ 的正电子.

狄拉克方程最重要的结果是预测反粒子, 它的质量与粒子相同, 但是具有相反的宇称. 只要没有外场或相互作用, 粒子和反粒子就会独立传播, 狄拉克方程只是薛定谔方程和洛伦兹不变性条件的简洁写法. 在引入相互作用的时候, 狄拉克方程的优点就变得清楚了.

6.1.5 无自旋粒子的格林函数

自由粒子在 $(\boldsymbol{p},\tau)$ 表示中的格林函数具有如下形式 (见第 175 页)

$$G^{+}(\boldsymbol{p},\tau)=\mathrm{e}^{-\mathrm{i}E^{+}(\boldsymbol{p})\tau}\theta(\tau)$$

其中 $E^{+}(\boldsymbol{p})=\sqrt{m_{+}^{2}+\boldsymbol{p}^{2}}$. 对 τ 做傅里叶变换, 我们有 (第 176 页)

$$G^{+}\left(\boldsymbol{p},p_{0}\right)=\frac{1}{p_{0}-E^{+}(\boldsymbol{p})+\mathrm{i}\delta}$$

这个表达式不是相对论协变的. 事实上, 格林函数 $G\left(\boldsymbol{p},p_{0}\right)$ 在四向量 $(\boldsymbol{p},p_{0})$ 的洛伦兹变换下必须是协变的, 其公式为

$$\boldsymbol{p}'=\boldsymbol{p}+\boldsymbol{v}p_{0},\quad p_{0}'=p_{0}+\boldsymbol{vp}$$

然而, p_0 后面的 $E^{+}(\boldsymbol{p})$ 根据下述规律变化

$$E'(\boldsymbol{p})=E\left(\boldsymbol{p}'\right)=E(\boldsymbol{p})+\boldsymbol{vp}\frac{p_{0}}{E(\boldsymbol{p})}$$

为了得到协变的表达式, 有必要假设存在另一种粒子, 它的格林函数是

$$G^{-}(\boldsymbol{p},\tau)=\mathrm{e}^{-\mathrm{i}E^{-}(\boldsymbol{p})\tau}\theta(\tau),\quad E^{-}=\sqrt{m_{-}^{2}+\boldsymbol{p}^{2}}$$

并且像上面做的那样 (第 178 页), 引入一个对所有 τ 有定义的格林函数:

$$G_{1}(\boldsymbol{p},\tau)=\begin{cases}G^{+}(\boldsymbol{p},\tau), & \tau>0,\\ G^{-}(\boldsymbol{p}-\tau), & \tau<0.\end{cases}\tag{6.17}$$

这样就有

$$-G_{1}\left(\boldsymbol{p},p_{0}\right)=\frac{1}{E^{+}(\boldsymbol{p})-p_{0}-\mathrm{i}\delta}+\frac{1}{E^{-}(\boldsymbol{p})+p_{0}-\mathrm{i}\delta}$$

如果这个表达式是协变的, 我们就必须假设 $E^{+}(\boldsymbol{p})=\boldsymbol{E}^{-}(\boldsymbol{p})=\boldsymbol{E}(\boldsymbol{p})$, 也就是说, 第二个粒子的质量等于第一个粒子 $(m_{+}=m_{-}=m)$. 那么

$$G_{1}\left(\boldsymbol{p},p_{0}\right)=-\frac{2E(\boldsymbol{p})}{E^{2}(\boldsymbol{p})-p_{0}^{2}-\mathrm{i}\delta}\tag{6.18}$$

分母包含不变量 $\boldsymbol{p}^{2}+m^{2}-p_{0}^{2}$.

我们引入 $G(p)=G_{1}(p)/2E(\boldsymbol{p})$ 这个不变量. 请注意, $G(p)$ 正是克莱因–戈登–福克方程的格林函数, 该方程描述了自旋为零的粒子:

$$\Box\Psi+m^{2}\Psi=0$$

$$\left(\Box+m^{2}\right)G\left(x,x'\right)=-\mathrm{i}\delta\left(x-x'\right),\quad x=(\boldsymbol{r},t)\tag{6.19}$$

事实上, 在四动量表示中, 我们有

$$G(p)=\frac{1}{p^{2}-m^{2}+\mathrm{i}\delta}\tag{6.19$'$}$$

这正是 $G_{1}/[2E(\boldsymbol{p})]$.

有时候, 在坐标表示中使用格林函数很方便. 令 $x_{1}-x_{2}=x$, 我们发现

$$G\left(x_{1}-x_{2}\right)=G(x)=\mathrm{i}\int\frac{\mathrm{e}^{-\mathrm{i}px}}{p^{2}-m^{2}+\mathrm{i}\delta}\cdot\frac{\mathrm{d}^{4}p}{(2\pi)^{4}}$$

为了估计这个积分, 转到欧几里得变量 $p_{4}=\mathrm{i}p_{0}$, $x_{4}=\mathrm{i}x_{0}$ 很方便. 从图 6.1 可以看出, 我们可以在复平面内对积分围道进行指定的变形, 而不穿越积分的任何奇点 (下面将更详细地考虑这种变形). 使用关系

$$\frac{1}{\widetilde{p}^{2}+m^{2}}=\int_{0}^{\infty}\mathrm{e}^{-\alpha\left(\widetilde{p}^{2}+m^{2}\right)}\mathrm{d}\alpha,\quad\widetilde{p}^{2}=p^{2}+p_{4}^{2}=-p^{2}$$

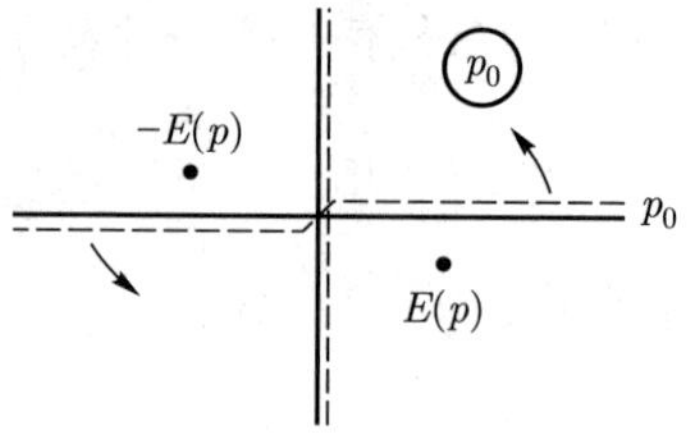

图 6.1

我们得到

$$
\begin{aligned}
G(x) &= \int_0^{\infty} \mathrm{e}^{-\alpha m^2} \mathrm{d}\alpha \prod_{i=1}^{4} \left(\int_1 \exp \left[-\alpha p_i^2 + \mathrm{i} p_i x_i \left(\frac{\mathrm{d}p_i}{2\pi} \right) \right] \right. \\
&= \frac{1}{(4\pi)^2} \int_0^{\infty} \mathrm{d}u \exp\left(-\frac{\widetilde{x}^2}{4} u - \frac{m^2}{u} \right)
\end{aligned} \tag{6.20}
$$

在大距离上, 我们可以把指数函数的参数展开, 并使用最速下降法, 得到 $\left(\widetilde{x} = \sqrt{x_i^2}\right)$

$$
-\frac{\widetilde{x}^2}{4} u - \frac{m^2}{u} = -m\widetilde{x} - \frac{\widetilde{x}^3}{8m} \left(u - u_1\right)^2, \quad u_1 = 2m/\widetilde{x}
$$

因此

$$
G(x) \simeq \frac{1}{8\pi^2} \sqrt{\frac{2\pi m}{\widetilde{x}^3}} \mathrm{e}^{-m\widetilde{x}}, \quad \widetilde{x} \gg 1/m \tag{6.21}
$$

在小 x 的情况, 可以忽略参数中的 m^2, 而 (6.20) 给出

$$
G(x) = \frac{1}{4\pi^2 \widetilde{x}^2} = -\frac{1}{4\pi^2 x^2} \tag{6.22}
$$

格林函数在 $(\boldsymbol{r}, p_0)$ 混合表示中具有非常简单的形式. 从 (6.19) 可以得到

$$
\nabla^2 G\left(p_0, \boldsymbol{r}\right) + \left(p_0^2 - m^2\right) G\left(p_0, \boldsymbol{r}\right) = \delta(\boldsymbol{r})
$$

因此

$$
G\left(p_0, \boldsymbol{r}\right) = -\frac{1}{4\pi r} \exp\left[+\mathrm{i} \left(p_0^2 - m^2\right)^{1/2} r \right] \tag{6.23}
$$

指数中的正号取代了动量表示中的绕极规则 (the rule for going around the pole).

6.1.6 自旋 $\dfrac{1}{2}$ 的粒子的格林函数

我们首先在粒子和反粒子的静止坐标系中得到它们的格林函数; 那么, 它们在 τ 表示中的格林函数有相同的形式:

$$G^+_{ss'}(\tau) = \mathrm{e}^{-\mathrm{i}m\tau}\theta(\tau)\delta_{ss'}, \quad G^-_{ss'}(\tau) = \mathrm{e}^{-\mathrm{i}m\tau}\theta(\tau)\delta_{ss'}$$

其中 s, s' 是自旋指标. 像前面那样 (第 175 页) 引入统一的函数

$$G_{ss'}(\tau) = \begin{cases} G^+_{ss'}(\tau), & \tau > 0 \\ -G^-_{ss'}(-\tau), & \tau < 0 \end{cases}$$

从 τ 表示转到 p_0 表示, 可以把 G 写成 4×4 矩阵的矩阵元:

$$G(p_0) = \begin{pmatrix} I\dfrac{p_0 + m}{p_0^2 - m^2 + \mathrm{i}\delta} & 0 \\ 0 & -I\dfrac{p_0 - m}{p_0^2 - m^2 + \mathrm{i}\delta} \end{pmatrix}$$

$$I = \begin{pmatrix} 1 & 0 \\ 0 & 1 \end{pmatrix}$$

左上角的表达式对应于粒子, 而右下角的表达式对应于反粒子. 换句话说, 我们把 $G_{ss'}$ 表示为 $\overline{\varPsi}_s G \varPsi_{s'}$, 其中 $\varPsi_s = \begin{pmatrix} \varphi_s \\ X_s \end{pmatrix}$ 是描述自旋为 s 的粒子和反粒子的双旋量, 以及 $\overline{\varPsi} = \varPsi^+\gamma_0$. 可以把 $G(p_0)$ 改写为

$$G(p_0) = \frac{\gamma_0 p_0 + m}{p_0^2 - m^2 + \mathrm{i}\delta}$$

为了得到任意坐标系中的 $G(p)$, 必须把 G 写成不变量形式. 为此, 我们必须把分母中的 p_0^2(与标量 m^2 一起) 替换为四维标量 $p^2 = p_0^2 - \boldsymbol{p}^2$. 分子中的 $\gamma_0 p_0$ 由标量 $\gamma_\nu p_\nu$ 组成 (这个积的标量特性来自如下事实: 矩阵元 $\overline{\varPsi}\gamma_\nu\varPsi$ 形成四向量). 这样就得到

$$G(p) = \frac{\hat{p} + m}{p^2 - m^2 + \mathrm{i}\delta} \tag{6.24}$$

其中 $p = \gamma_\nu p_\nu$. 必须把 G 的矩阵元理解为 $\overline{\varPsi}_1 G \varPsi_2$. 表达式 (6.24) 正是狄拉克方程的格林函数, 由以下关系定义

$$(\hat{p} - m)G = I, \quad G = \frac{1}{\hat{p} - m} = \frac{p + m}{p^2 - m^2}$$

让我们寻找坐标表示中的 G:

$$G(x)=\mathrm{i}\int \mathrm{e}^{-\mathrm{i}px}\frac{p+m}{p^2-m^2}\frac{\mathrm{d}^4p}{(2\pi)^4}=(m+\mathrm{i}\gamma_v\partial_v)\,G_s \tag{6.25}$$

其中 G_s 是标量粒子的格林函数, 由 (6.20) 给出. 对于 $m^2x^2\ll 1$, 我们得到

$$G(x)=\frac{\mathrm{i}}{2\pi^2}\frac{r_vx_v}{x^4} \tag{6.26}$$

因此, $G(p)$ 是在旋量变量 α 的空间中的矩阵 $G_{\alpha\beta}(p)$. 利用第 239 页引入的函数 $u_\alpha^{(\sigma)}$, 可以转换到 σ 表示. 对于图的内线 (internal lines), 使用 α 表示更为方便 (参见下文).

6.1.7 光子的格林函数

为了描述标量粒子和旋量粒子, 我们从薛定谔方程开始, 利用洛伦兹不变性的要求, 寻找相对论方程和相应的格林函数. 在电磁场量子 (光子) 的情况, 出发点是洛伦兹不变的麦克斯韦方程, 我们要寻找这些方程的量子力学解释.

我们把洛伦兹条件

$$\partial_\mu A_\mu=0 \tag{6.27}$$

用于矢量势 A_μ. 麦克斯韦方程就约化为四个 KGF 方程, 每个 A_μ 的分量都对应一个:

$$\Box A_\mu=0 \tag{6.28}$$

因此, 我们可以把 $A_\mu(x)$ 解释为质量为零的玻色粒子的波函数; 矢量指标 μ 对应于这个粒子的自旋投影.

对于有质量的粒子, 通过转到静止坐标系, 我们可以确定粒子的自旋; 在这个坐标系中, 波函数的分量有 $2j+1$ 个. 然而, 光子没有静止坐标系. 在这种情况, 我们可以利用规范不变性来确定自旋: 场 A_μ 和 $A'_\mu=A_\mu+\partial_\mu f$ 在物理上不可区分, 必须描述同一个粒子, 其中 f 是坐标和时间的任意函数. 在任何固定的坐标系中, 都可以选择函数 f, 使 A_0 在所有时空点上都为零; 在这种情况下, $\boldsymbol{A}_\mu$ 成为三维矢量, 描述了自旋为 1 的粒子. 然而, 洛伦兹条件只留下两个独立的自旋投影, 对应于电磁波的两个偏振:

$$A_\mu(x)=e_\mu^{(1,2)}\left(a\mathrm{e}^{\mathrm{i}kx}+a^*\mathrm{e}^{-\mathrm{i}kx}\right) \tag{6.29}$$

这里的第一项对应于光子的波函数, 第二项是反光子的复共轭波函数. 由于场 A_μ 是实数, 反光子与光子相同, 对应于粒子和反粒子数量差的流为零. 描述单位体积内单个光子的波函数相当于把 $a=(2k_o)^{-\frac{1}{2}}$ 代入 (6.29)(参见第 265 页的评论).

可以选择向量 $e_\mu^{(\lambda)}$ 满足正交性:

$$e_\mu^{(\lambda)}e_{\mu'}^{(\lambda')}=\delta_{\lambda\lambda'}$$

此外, $e_\mu^{(\lambda)}$ 必须满足 "横向性" 条件:

$$k_\mu e_\mu^{(\lambda)}=0$$

因此, 如果把 A_0 取为零, 并让 $\boldsymbol{k}$ 沿着 z 轴, 就可以得到

$$e_\mu^{(1)}=(0,1,0,0),\quad e_\mu^{(2)}=(0,0,1,0)$$

现在可以把光子的格林函数构建为满足 KGF 方程的粒子的格林函数. 在 $(\lambda,\boldsymbol{k})$ 表示中, 我们有

$$D_{\lambda\lambda'}(k)=\frac{\delta_{\lambda\lambda'}}{k^2+\mathrm{i}\delta} \tag{6.30}$$

为了把这个方程写成协变的形式, 就要像获得自旋粒子的格林函数那样做; 也就是说, 引入一个 4×4 的矩阵, 使得它的矩阵元给出了 $D_{\lambda\lambda'}$:

$$D_{\lambda\lambda'}=e_\mu^{(\lambda)}D_{\mu\nu}e_v^{(\lambda')} \tag{6.31}$$

条件 (6.31) 不能唯一地确定 $D_{\mu\nu}$, 只能确定到相差一个 "纵向" 项 $\left[d\left(k^2\right)-1\right]$ $k_\mu k/k^2$:

$$D_{\mu\nu}(k)=\frac{g_{\mu\nu}+\left[d\left(k^2\right)-1\right]k_\mu k_v/k^2}{k^2+\mathrm{i}\delta} \tag{6.32}$$

由于横向性条件, 纵向项对 (6.31) 没有贡献; 由于函数 $g_{mu\nu}$ 的正交性, $e_{mu}^{(\lambda)}$ 中的项给出了 (6.30). 为了方便中间计算, 可以选择 (6.32) 中的规范函数 $d\left(k^2\right)$; 在最后的结果里, 由于理论的规范不变性, 它被抵消了. 通常的选择是 $d\left(k^2\right)=1$.

我们本可以用另一种方式得到这个结果: 引入一个质量为 m 的矢量粒子, 然后让质量趋于零, 从而转到光子的情况. 矢量粒子在静止坐标系中的格林函数的形式与 (6.30) 相同, 但是与光子不一样, 有三种可能的偏振, 因此有三个基

向量 $e_\mu^{(\lambda)}$. 我们必须找到四张量表达式 $D_{\mu\nu}^{(m)}$, 它在静止坐标系中的矩阵元给出 $D_{\lambda\lambda'}^{(m)}$

$$e_{\mu'}^{(\lambda)} D_{\mu_\nu}^{(m)} e_\nu^{(\lambda')} = \frac{\delta_{\lambda\lambda'}}{k_0^2 - m^2}$$

因此, 与 (6.32) 类似, 可以得到以下结论

$$D_{\mu\nu}^{(m)} = \frac{1}{k^2 - m^2}\left(g_{\mu\nu} - \frac{k_\mu k_\nu}{m^2}\right) \tag{6.33}$$

为了转到 $m \to 0$ 的情况, 必须假设 $D_{\mu\nu}$ 的纵向分量 (括号中的第二项) 不进入可观测的表达式. 这正是规范不变性的表达. 因此, 规范不变性是光子零质量的必然结果.

由于我们引入的格林函数$D_{\mu\nu}$ 是达朗贝尔方程的格林函数

$$\Box D_{\mu\nu} = -\mathrm{i} g_{\mu\nu} \delta\left(x - x'\right)$$

我们可以用 $D_{\mu\nu}$确定 A_μ^{ex}, 由 j_μ^{ex} 引起的经典场:

$$\Box A_\mu^{\mathrm{ex}} = j_\mu^{\mathrm{ex}}$$

因此得到

$$A_\mu^{\mathrm{ex}}(x) = \mathrm{i}\int D_{\mu\nu}\left(x - x'\right) j_\nu^{\mathrm{ex}}\left(x'\right)\, \mathrm{d}^4 x' \tag{6.34}$$

特别是, 对于稳态电荷 (stationary charge)e 的场, 我们有 $j_0 = e\delta(\boldsymbol{r}), A_0^{\mathrm{ex}} = \mathrm{i}e\displaystyle\int D_{00}\left(\boldsymbol{r}, t' - t'\right)\, \mathrm{d}t'$. 因此, 利用质量为零的无自旋粒子的格林函数表达式, 可以得到

$$-\mathrm{i}\int D(\tau, \boldsymbol{r})\, \mathrm{d}\tau \cong D_{00}(\omega = 0, \boldsymbol{r}) = -\frac{1}{4\pi r}, \quad A_0^{\mathrm{ex}} = \frac{e}{4\pi r} \tag{6.35}$$

6.2 发散和可重正化

利用上一节得到的格林函数, 并引入粒子间的相互作用, 现在可以继续解释场论发散的性质, 并通过重新定义理论中的常数来消除这些发散. 我们先在量子场论的最简单模型 (即四玻色子相互作用模型) 的背景下解释这些问题.

6.2.1　粒子之间的局域相互作用

本节考虑粒子之间可能的相互作用类型, 并选择一个非常简单的模型, 用它探讨小距离下的量子场论的特性.

量子场论从粒子间局域相互作用的假设出发, 这意味着粒子只有在相同的空间和时间坐标才会相互作用①. 实验观察到的远距离的相互作用被认为是次级过程, 产生于相互作用的粒子发射和吸收其他虚粒子, 发射和吸收事件本身是局域的. 如果相互作用使得局域的事件产生了单个的粒子, 那么粒子–粒子散射的过程就可以用图 6.2(a) 表示.

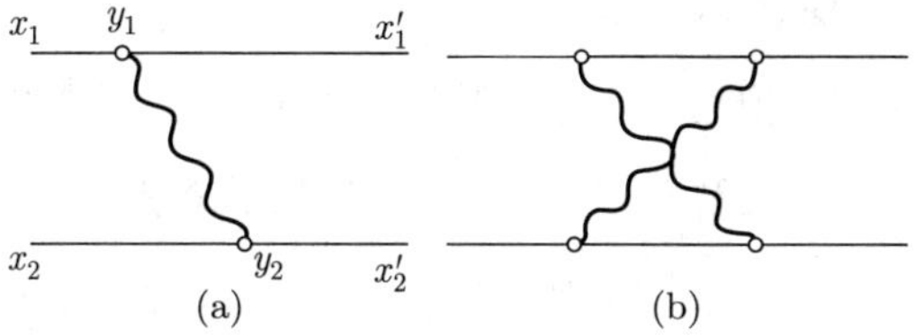

图 6.2

在图 6.2(a) 中, 粒子 1 从 x_1 自由运动到 y_1; 在 y_1 点, 它发射某个粒子, 随后这个粒子在 y_2 点被粒子 2 吸收. 在电动力学的情况, 发射的粒子是光子, 因此库仑作用是交换虚光子的结果. 在两个核子的核 (强) 相互作用的情况, 虚粒子是 π 介子或任何其他与核子发生强相互作用的粒子 (根据 L. B. Okun′ 的建议, 这些粒子统称为 “强子”). 远距离的相互作用也可以用更复杂的过程做媒介, 如图 6.2(b) 所示. 在电动力学的情况, 这个过程对库仑相互作用只有小的修正, 因为电子与电磁场的相互作用由小的无量纲参数 $\alpha = e^2/(\hbar c) = 1/137$ 描述. 另一方面, 在强相互作用的情况, 相关的无量纲参数并不小, 必须考虑图 6.2(b) 类型的图, 以及其他更复杂的图, 其中有大量的虚粒子参与.

在局域事件里发射两个粒子的时候, 远处的相互作用由图 6.3 描述. 这种事件发生在弱相互作用的情况; 事实上, 图 6.3 表示两个核子的弱相互作用过程. 这种相互作用的媒介是交换两个粒子, 即一个电子和一个反中微子.

① 这里不讨论构建非局域理论的尝试; 到目前为止, 这些尝试还没有产生可靠的结果.

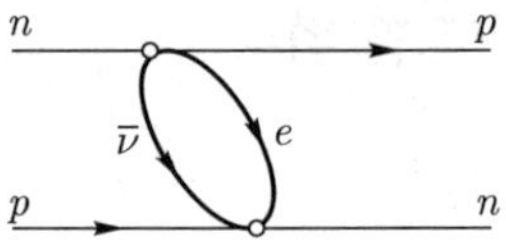

图 6.3

因此, 局域性的要求意味着, 在相互作用事件之间, 粒子自由移动, 而发生相互作用的 (四维) 区域的大小被假定为零. 这个简单而美丽的假设导致了严重的困难: 描述某些过程的空间积分原来涉及发散, 它来自在相互作用事件之间的小距离区域上的积分, 或者等价地, 如果在动量表示中计算, 来自虚粒子的大动量. 这表明, 我们描述量子系统的方法在短距离上不适用. 对时空小区域的系统进行一致的描述, 很可能需要对我们的概念进行根本的修正.

然而, 如果撇开这个未解决的问题, 我们可以尝试构建一个理论, 当研究发生在远大于定义基本理论适用极限的四维间隔 r_0 的过程时, 这个理论就会适用. 这正是所有宏观理论的构建方式: 例如, 对于在时间和空间上变化缓慢的原子尺度上的场, 构建介质的电动力学不需要原子物理学的知识, 只需要引入电感和磁感.

为了实施这样的计划, 首先必须清楚地了解理论中出现的发散的性质和基本特征. 没必要在实际存在的粒子和相互作用的背景下研究这个基本问题; 实际上, 最好是先在单一类型粒子的场论的简单模型中考虑这个问题. 最简单的局域相互作用对应于图 6.4 所示的类型. 但是不难看出, 这样的理论产生无限多的粒子, 它是不稳定的: 对于这种类型的相互作用, 能量密度的形式是 $m^2\varphi^2 + g\varphi^3$, 无论 g 的符号是什么, 通过让 $g\varphi$ 趋向于 $-\infty$, 能量都可以无限地减小. 因此, 会出现与我们要研究的问题无关的发散. 因此, 最简单的合理理论对应于相互作用如图 6.5 所示的标量粒子. 如果这样的理论是稳定的, 表征相互作用的常数必须对应粒子之间的排斥力. 与图 6.5 对应的场能中的项具有 $\lambda\varphi^4$ 的形式; 稳定性就要求 $\lambda > 0$, 这确实对应排斥力.

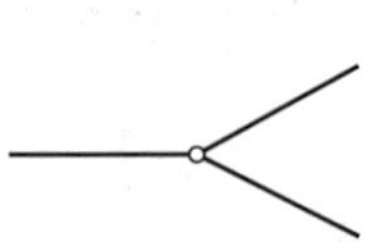

图 6.4

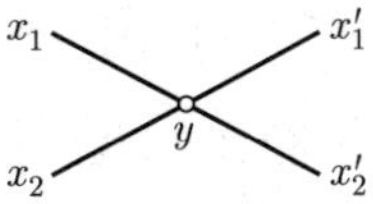

图 6.5

请注意, 在描述两类粒子 (费米子和玻色子) 的理论中, 如图 6.6 所示的相互作用 (其中波浪线表示玻色子) 不会导致不稳定. 这种相互作用对应于能量中形式为 $g\Psi^{+}\Psi\varphi$ 的项. 由于泡利原理阻止了费米子大量产生, 上面给出的简单论证并不适用这种情况. 这种类型的相互作用被用于基本粒子的强相互作用理论中. 同样的评论也适用于电动力学 (参见第 264 页).

图 6.6

6.2.2 一种标量理论中的费曼图

现在我们将解释, 在四玻色子相互作用模型中, 如何计算双粒子格林函数, 也就是说, 找到对应于这个跃迁振幅中出现的最简单的图的解析表达式. 这样就可以得到读图规则, 读出由这些基本元素组成的任意图.

最简单的过程 (如图 6.5 所示) 的振幅有如下形式

$$A\left(x_1, x_2, x_3, x_4\right)=\int \mathrm{d}^4 y G\left(x_1-y\right) G\left(x_2-y\right)\left(-\mathrm{i} \hat{V}_y\right) G\left(y-x_3\right) G\left(y-x_4\right)$$

相互作用 $\hat{V}_y$ 不能显式地依赖于点 y; 这将违反空间的均匀性, 导致能量和动量的不守恒, 因为这些量的守恒定律是时间和空间均匀性的直接结果. 一般来说, 可以在 $\hat{V}_y$ 中包括对梯度的依赖: $\hat{V}_y=V(\partial/\partial y)$, 其中 $\partial/\partial y$ 作用于四个传播函数的任何一个. 然而, 我们将考虑最简单的场论, 也就是没有梯度的场论; 因此我们让 $\hat{V}=\lambda$(只有当 $\lambda>0$ 时, 理论才有意义). 图 6.5 对应于 λ 的微扰理论的最低阶近似, 它对 $\lambda \ll 1$ 有效.

根据叠加原理, 跃迁振幅的贡献不仅来自图 6.5, 还包括对应于不同中间态的所有可能的图. 在 λ 的二阶近似中, 有三种可能的图; 如图 6.7 所示. 这三个

图因为外点 x_1, x_2, x_3, x_4 的排列而不同, 因此这些图的和相对于这四个变量是对称的, 对于服从玻色统计的标量粒子来说, 必然如此.

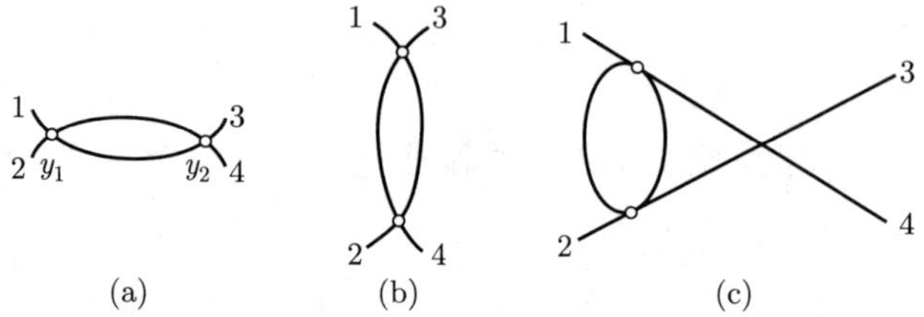

图 6.7

至于内部点的四维坐标 $y_1 = (\tau_1, \rho_1)$, $y_2 = (\tau_2, \rho_2)$, 我们必须在整个时空上做积分. 在 τ_1, τ_2 时间上的不同积分区域对应于不同的中间态; 例如, 在图 6.7(a) 中, $t_1, t_2 < \tau_1 < \tau_2 < t_3, t_4$ 对应于粒子 1 和 2 的反复的散射过程, 而区域 $t_1, t_2 < \tau_2 < \tau_1 < t_3, t_4$ 对应于在 τ_2 时刻从真空中产生四个粒子, 其中两个在 τ_1 时刻与初始粒子 1 和 2 湮没, 而另外两个传播到点 3 和 4. 湮没过程的存在是由洛伦兹不变性决定的; $\tau_1 < \tau_2$ 区域的积分不是不变的 (有可能转到一个运动坐标系, 其中 $\tau_1' > \tau_2'$), 只有通过与 $\tau_1 > \tau_2$ 区域结合, 也就是考虑湮没过程, 才能得到洛伦兹不变的振幅. 还必须要求, 对应于散射的常数 λ 应该与对应于真空中粒子的湮没和产生的类似常数相同. 散射和湮没过程之间的联系 ("交叉对称性") 是局域的相对论场论的一个特征, 并得到了实验的可靠证实.

构建场论时采用的另一个重要原则是粒子的全同性原则. 从非相对论的量子力学可以看出, 因为同类型粒子的坐标 (或动量) 的排列而不同的态是全同的, 对中间态求和时不应该单独计算. 如果我们要对所有这些态求和, 正确的归一化是给具有 n 个粒子的每个中间态附加因子 $1/n!$, 对应于相同的排列组合的数量. 因此, 为了排除 $\tau_1 < t < \tau_2$ 的全同态, 图 6.7(a) 必须乘以 $1/2! = 1/2$. 为了保持洛伦兹不变性, 我们还必须在 τ_1 和 τ_2 的其他积分区域加上 1/2 的因子, 例如 $\tau_2 < \tau_1$. 在这个区域, 系数 1/2 考虑到了从真空中产生的粒子的不可区分性. 图 6.7(b) 和 (c) 可以做类似的分析.

6.2.3　发散的估计: 重正化的想法

找到了读图的规则, 我们可以对得到的表达式进行更详细的分析. 在这里, 一开始就遇到了发散的积分. 事实上, 我们将表明, 对内部坐标或动量做积分时, 包含闭合环路的费曼图是发散的. 例如, 考虑最简单的图, 图 6.7(a). 这里的发散与 $y_2 \to y_1$ 区域有关, 其中格林函数 $G(y_1 - y_2)$ 和 $G(y_2 - y_1)$ 的行为都是

$$G(y) \to \frac{\text{常数}}{y^2}, \quad y^2 \ll m^{-2}$$

(见第 242 页). 这样就得到了一个在下限处有对数发散的积分:

$$\frac{1}{2}\lambda^2 \int \frac{\mathrm{d}^4 y_1\, \mathrm{d}^4 y_2}{y_{12}^4} G(x_1 - y_1) G(x_2 - y_1) G(x_3 - y_2) G(x_4 - y_2) \tag{6.36}$$

如果把 y_{10}, y_{20} 替换为 $\mathrm{i}y_{14}, \mathrm{i}y_{24}$, 这就特别明显了; 感兴趣的积分部分表现为 $\int \frac{y^3\, \mathrm{d}y}{y^4} \sim \ln \frac{1}{mr_0}$.

这个积分的发散部分可以分解, 得到

$$\frac{1}{2}\lambda^2 \int \frac{\mathrm{d}^4 y_{12}}{y_{12}^4} \int \mathrm{d}^4 y_1 G(x_1 - y_1) G(x_2 - y_1) G(x_3 - y_1) G(x_4 - y_1);$$

$$(|y_{12}| \ll |x_i - y_1|)$$

与一阶图的形式相同 (图 6.5). 就像一阶图一样, 二阶图的发散部分对应于点相互作用, 通过重新定义点相互作用常数 λ 把它们组合起来, 是有意义的. 这就是重正化的基本思想.

删除这种点贡献, 相当于从因子 $G(x_1 - y_1) G(x_2 - y_1) G(y_2 - x_3) G(y_2 - x_4)$ 减去点贡献在 $y_2 = y_1$ 时的值. 这样就得到一个在 y_1 和 y_2 上的收敛积分. 并非所有的发散都可以约化为耦合常数的重正化. 例如, 考虑图 6.8 所示的格林函数的二阶图. 它包含了三个格林函数 $G(y)$ 的乘积, 并且在 $y \to 0$ 时发散. 这里的发散不再是对数, 而是依赖于下限 r_0 的二次方:

$$\int \mathrm{d}^4 y G^3(y) \sim \int \mathrm{d}^4 y \cdot y^{-6} \sim r_0^{-2}$$

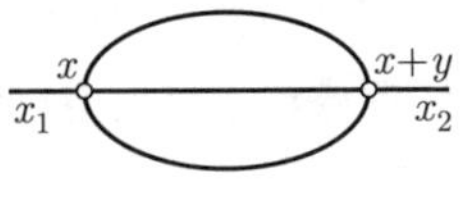

图 6.8

我们将说明, 可以把这个积分的发散部分包括在粒子质量和格林函数的重正化中. 为此, 用戴森形式写出格林函数的精确方程是很方便的, 正如我们在多体问题中所做的那样 (见第 203 页),

$$\left(\Box+m_0^2\right) G\left(x-x'\right)+\mathrm{i}\int \Sigma\left(x-x_1\right) G\left(x_1-x'\right)\ \mathrm{d}^4 x_1=-\mathrm{i}\delta\left(x-x'\right) \tag{6.37}$$

$\Sigma\left(x, x'\right)$ 称为自能部分 (在玻色子的情况, 比如这里, 也称为极化算子); 在没有外场的情况, 时空的均匀性意味着, Σ 可以只依赖于坐标差 $(x-x')$, 就像格林函数本身. $\Sigma(y)$ 包括所有不能被分解成由一条线连接的部分的图; 在 λ 的二阶微扰理论中, 它只是图 6.8 中的内部部分. Σ 不包含与该图的迭代相对应的图——它们已经由 $\widetilde{G}\left(x_1-x'\right)$ 考虑过了.

因此, 在我们的理论中, $\Sigma(y)$ 在 $\mathrm{d}^4 y$ 上的积分在 $y \rightarrow 0$ 时发散. 为了消除这种发散, 我们将 (6.37) 中的积分下的 $\widetilde{G}\left(x_1-x'\right)$ 展开为 y 的幂级数, 假设 $|x-x'| \gg r_0$(其中 r_0 定义了理论的适用极限). 我们将看到, 在展开式中只保留两个项就足够了; 后面的项给出了收敛的积分, 并且对 r_0 的值不敏感. 实际上我们有

$$\begin{aligned}\int \Sigma(y)\widetilde{G}\left(x-x'+y\right)\ \mathrm{d}^4 y= & \widetilde{G}\left(x-x'\right)\int \Sigma(y)\ \mathrm{d}^4 y+ \\ & \partial_v\widetilde{G}\left(x-x'\right)\int \Sigma(y) y_v\ \mathrm{d}^4 y+ \\ & \frac{1}{2}\partial_\mu\partial_v\widetilde{G}\left(x-x'\right)\int \Sigma(y) y_\mu y_v\ \mathrm{d}^4 y+\cdots\end{aligned}$$

由于时空的各向同性, 线性地包含 y_ν 的积分为零, 而双线性地包含它的积分可以写为

$$\int \Sigma y_\mu y_v\ \mathrm{d}^4 y=\frac{1}{4}\delta_{\mu\nu}\int \Sigma y^2\ \mathrm{d}^4 y$$

在二阶微扰理论中, 我们有 $\Sigma \sim \lambda^2/y^6$. 因此, 积分的量级是

$$\int \Sigma\ \mathrm{d}^4 y \sim \frac{\lambda^2}{r_0^2}, \quad \int \Sigma y^2\ \mathrm{d}^4 y \sim \lambda^2 \ln \frac{1}{r_0}$$

展开式中的所有后续项都会导致收敛积分, 让我们用 Σ' 来表示 Σ 的这个部分, 并引入 m'^2 和 C 作为两个发散部分的记号, 因此

$$\mathrm{i}\int \Sigma\widetilde{G}\ \mathrm{d}^4 y=\mathrm{i}\int \Sigma'\widetilde{G}\ \mathrm{d}^4 y+m'^2\widetilde{G}+C\Box\widetilde{G}$$

将其代入式 (6.37), 就得到

$$(1-C)\Box\widetilde{G} + \left(m_0^2 + m'^2\right)\widetilde{G} + \mathrm{i}\int \Sigma'\widetilde{G}\,\mathrm{d}^4y = -\mathrm{i}\delta\left(x - x'\right)$$

其中最后一项是以记号形式写的.

我们引入记号

$$\frac{m_0^2 + m'^2}{1-C} = m_1^2, \quad \frac{\mathrm{i}\Sigma'}{1-C} = \mu^2, \quad \widetilde{G}(1-C) = G_R$$

就可以得到 G_R 的方程, 它只包含可观测的 (收敛的) 量, 而不是 "裸" 量:

$$\left(\Box + m_1^2 + \mu^2\right)G_R = -\mathrm{i}\delta\left(x - x'\right)$$

这个方程只包含有限的量. 让我们用实验质量 m^2 表示 m_1^2. 为此, 我们转到动量表示. 函数 G_R 在 $p^2 = m^2$ 处必然有一个极点, 这对应于粒子能量的表达式, $E(p) = \left(p^2 + m^2\right)^{\frac{1}{2}}$; 因此

$$m^2 = m_1^2 + \mu^2 \; (p^2 = m^2)$$

因此, 提取图的发散部分, 导致了质量重正化和表达式 (6.37) 中 $\delta(x-x')$ 的系数的变化. 这个系数 $Z = 1/(1-C)$ 称为格林函数的重正化常数; 它类似于我们从单粒子格林函数谱中存在的态集合中提取准粒子时出现的系数 (见第 183 页和第 204 页).

把 Σ 的更复杂的图中的发散考虑进来, 只导致所有内线的质量和耦合常数的类似重正化. 内部格林函数的重正化被一个新的耦合常数吸收: 进入相互作用点的四条线中的每一条都有一个因子 $Z^{\frac{1}{2}}$, 因此 $\lambda_1 = Z^2\lambda$. 事实上, 我们将考虑几个简单的图, 从而证明, 这种顶点的重新定义导致每个图乘以一个总体因子 Z^2, 这可以通过重新定义双粒子格林函数来消除. 这个结果来自下述方程

$$G_Z = \left\{ \;\rule{1cm}{0.4pt}\; + \;\bowtie\; + \;\bigcirc\!\!\!\bigcirc\; + \cdots \right\}Z^2$$

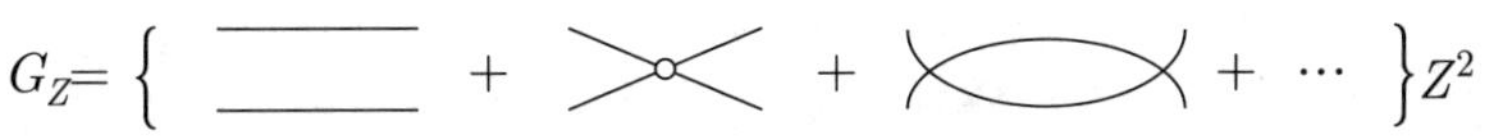

从每个格林函数中提取因子 Z, 大括号里的第一项对应于把归一化从每单位体积一个粒子转变为每单位体积一个准粒子, 而因子 Z^2 对应于跃迁到两个准粒子的格林函数. 如果每个图形都要乘以相同的因子, 我们必须在 λ 中为进入相

互作用点的每个格林函数 (一共四个) 纳入一个因子 $Z^{\frac{1}{2}}$. 这样, 大括号中的表达式就不包含 Z 这个量了, 它就是双准粒子的格林函数. 最后的结果是, 我们可以将图法直接应用于观察到的粒子. 因此, 在提取了发散部分以后, 我们可以使用准粒子方法, 使用的方式与多体问题相同.

因此, 重正化的概念意味着, 通过重新定义相互作用和格林函数中出现的常数, 可以从计算中消除发散的表达式. 我们将看到, 这个程序不可能适用于所有的场论, 也就是说, 并非每个场论都是可重正化的.

6.2.4 可重正化的条件

很容易说服自己, 具有四费米子相互作用的理论是不可重正化理论的一个例子. 自旋 $\dfrac{1}{2}$ 的粒子的相互作用的图与标量粒子的形式相同 (图 6.5, 图 6.7), 但格林函数 $G(x)$ 在 $x \to 0$ 时具有更强的发散性 (见第 243 页).

$$G(x) = \text{常数} \times \frac{r_\mu r_\mu}{x^4} \sim \frac{1}{x^3}$$

图 6.7(a) 是二次发散的:

$$\lambda_{\mathrm{F}}^2 \int G(z)G(z)\ \mathrm{d}^4 z \sim \lambda_{\mathrm{F}}^2 \int \frac{\mathrm{d}^4 z}{z^6}$$

因此, 为了消除发散, 我们必须从表达式 (6.36) 中的格林函数 (也就是下面这个量)

$$G\left(x_1 - y\right) G\left(x_2 - y\right) G\left(y + z - x_3\right) G\left(y + z - x_4\right)$$

提取 z 的展开式中的前两个项. 这些项相当于四点相互作用, 其形式为

$$\begin{aligned}\hat{V}_{\text{eff}}\left(y\right) =& \lambda_{\mathrm{F}}^2 \int G(z)G(z)\ \mathrm{d}^4 z + \lambda_{\mathrm{F}}^2 \int G(z)G(z) z_\mu\ \mathrm{d}^4 z \frac{\partial}{\partial y_\mu} + \\ & \frac{\lambda_{\mathrm{F}}^2}{2} \int G(z)G(z) z_\mu z_v\ \mathrm{d}^4 z - \frac{\partial}{\partial y_\mu}\frac{\partial}{\partial y_v}\end{aligned}$$

所以发散改变了初始相互作用的结构——我们被迫考虑一种取决于梯度的相互作用. 当继续研究更复杂的图时 (比如图 6.9), 会出现具有更高阶导数的项 ($\partial^3/\partial y^3, \partial^4/\partial y^4$ 等).

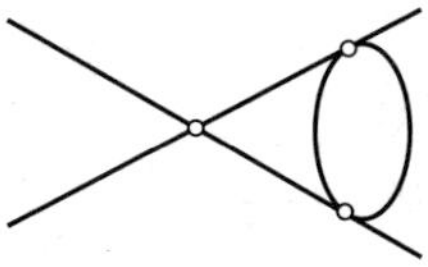

图 6.9

可以把增加的项看作初始相互作用的参数的重正化, 初始相互作用的形式为

$$\hat{V}_y = \lambda_{\mathrm{F}} + C_1\gamma_\mu\frac{\partial}{\partial y_\mu} + C_2\frac{\partial^2}{\partial y^2} + \cdots$$

这个级数不会终止, 并且包含无限多的梯度. 因此, 必须把初始的相互作用视为非局域的; 例如, 它可以有这样的结构

$$\hat{V}_y = \left(\frac{g}{m}\right)^2\sum_n\left(\frac{-\partial^2}{\partial y^2}\right)^n m^{-2n} = \frac{g^2}{m^2+\Box}$$

对应于交换一个质量为 m 的粒子.

换句话说, 局域的四费米子相互作用是没有意义的——如果我们从费米子与玻色子的局域相互作用出发, 就可以构建费米子之间一致的 (即, 可重正化的) 相互作用, 如图 6.6 所示. 这个想法用在基本粒子的强相互作用理论和当代弱相互作用理论的模型中.

一般的规则是什么?怎么才能一目了然地判断某个理论是不是可重正化的呢?

我们可以从量纲分析中找到这个判据. 四个标量粒子的耦合常数 λ 是无量纲的; 正如前面看到的, 这表现为对振幅的修正有如下形式

$$\lambda + \lambda^2\int\frac{\mathrm{d}^4y}{y^4}$$

它证明了这个说法. 与费米子–玻色子相互作用对应的常数 (如图 6.10) 也是无量纲的, 比较图 6.10 所示的两个简单图, 就可以看出. 如果第一个图与耦合常数 g 有关, 第二个图的数量级为

$$g^3\int G_F G_F G_B\ \mathrm{d}^4x_1\ \mathrm{d}^4x_2 \sim g^3\frac{x^4x^4}{x^6x^2}$$

也就是说, 常数 g 是无量纲的. 类似的估计 (用 e 代替 g) 可以得到结论: 电磁耦合常数 e 也是无量纲的. 另一方面, 四费米子相互作用的耦合常数 λ_{F} 具有长度平方的量纲; 这可以从散射振幅的两张图的比较中看出:

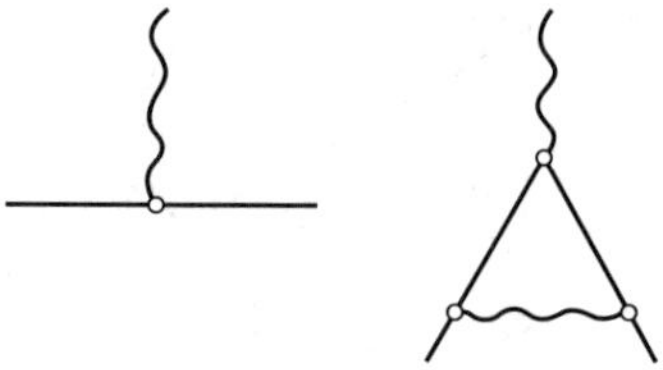

图 6.10

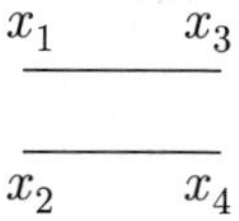

$+$
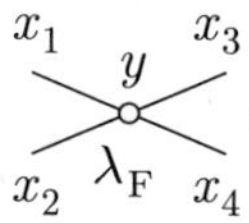

$$= G_F G_F + \lambda_F \int G_F^4 d^4y.$$

因此, λ_F 的量纲是 l^2. 因此, 修正的形式如下:

$$\lambda_F + \lambda_F^2 \int \frac{d^4y}{y^6}$$

也就是说, 它们会出现二次发散, 而且正如我们看到的, 需要在相互作用里引入梯度.

前面提到的三玻色子相互作用的耦合常数 g, 可以很容易地从图 6.10 看出 (通过把费米子改为玻色子), 其量纲为 $g \sim l^{-1}$; 因此, 距离 $\sim r_0$ 的区间对这个常数的修正是:

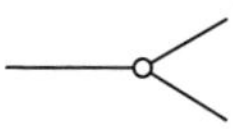
$+$
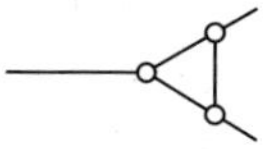

$$= g + g^3 \frac{y^8}{y^6} = g\left[1 + O\left(g^2 r_0^2\right)\right]$$

也就是说, 在这样的理论中, 相互作用没有发散. 唯一必须进行的重正化是二阶微扰理论中的质量重正化, 对应于下面这个图

$$\Sigma^{(2)} =$$

这就得到了 $m'^2 \sim g^2 \ln[1/(mr_0)]$. 一般来说, 对于任何具有耦合常数 γ 的点相互作用, 对无量纲量的 n 阶修正是

$$\left(\gamma r_0^{-d}\right)^n$$

其中 r_0^{-d} 是 γ 的量纲. 在四费米子相互作用的情况下, 第 n 阶修正将包含 r_0^{-2n}, 这导致了相互作用里高阶导数的出现. 在耦合常数 γ 为无量纲的情况, 第 n 阶发散的形式为 (参见下文)

$$\gamma^n \left(C_0 \ln^n \frac{1}{mr_0} + C_1 \ln^{n-1} \frac{1}{mr_0} + \cdots\right)$$

我们利用量纲分析来考虑, 可以立即说服自己, 在四玻色子相互作用的理论中, 不会发生涉及大量粒子的局部相互作用, 例如, 下面的形式 (图 6.11)

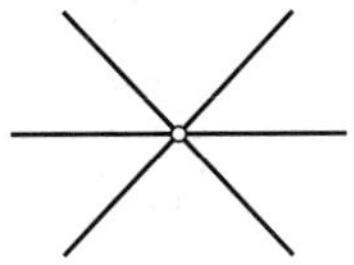

图 6.11

比较下面两个图 (图 6.12),

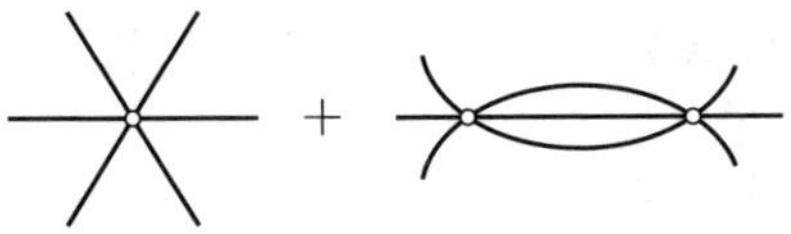

图 6.12

可以得到这种相互作用的耦合常数的量纲. 因此, λ_6 的量纲是 l^2, 因此 $\lambda_6 \sim r_0^2 \to 0$. 考虑最简单的图,

$\lambda_6 =$ 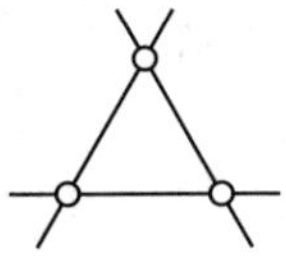

也可以得到同样的结果. 我们请读者说服自己, 在四费米子相互作用的情况, 对于任何偶数个粒子都会发生局域相互作用.

我们得到了一个重要的结论: 并非所有的场论都可以在局域性假设的基础上构建; 局域理论的耦合常数必须是无量纲的. 这是必要条件, 但不是充分条件; 例如, 在含有非零质量的矢量粒子的理论中, 从这种粒子的格林函数的表达式 (6.33) 可以看出, 对于大的四动量 $k^2 \gg m^2$, 质量不会从理论中掉出来, 上面给出的量纲考虑并不适用. 事实上, 我们发现积分是按照幂律发散的.

6.2.5　对数近似和可重正化

我们已经看到, 在耦合常数无量纲的理论中, 会出现对数发散的积分, 可以把它们包括在耦合常数、质量和格林函数的重正化中. 在微扰理论的每一阶中, 对数的幂都在增加.

为了在高阶微扰理论中执行重正化的程序, 我们使用对数近似, 它可以应用于量子场论中的许多问题. 在可重正化的理论中出现的对数发散积分, 在比感兴趣的距离 (跃迁振幅的端点之间的距离) 小得多的某个距离 r_0 处切断. 因此, 出现了大的对数 $l \sim \ln\left(y^2/r_0^2\right)$, 对于 $\lambda \ll 1$, 我们可以在微扰理论的每一阶中只保留包含对数的最高幂的项. 我们首先对微扰理论的前几阶执行这个程序, 然后利用下文将提出的可重正化属性, 把上述操作推广到所有阶.

如果答案不依赖于精确的截断方法, 也就是说, 如果留下的积分由 $y^2 \gg r_0^2$ 的区间决定, 截断积分的程序就是有意义的. 我们将看到, 理论中出现的对数积分确实具有这种性质.

在动量表示而非坐标表示中工作, 是很方便的, 此时, 格林函数 $G(k)$ 有简单的形式

$$G(k) = \frac{1}{k^2 - m^2}$$

在动量表示中, 图 6.5 的贡献就是

$$-\mathrm{i}\lambda \frac{1}{k_1^2 - m^2} \frac{1}{k_2^2 - m^2} \frac{1}{k_3^2 - m^2} \frac{1}{k_4^2 - m^2} \delta\left(\sum_{i=1}^{4} k_i\right) (2\pi)^4$$

因子 $-\mathrm{i}\delta\left(\sum k\right)/(2\pi)^4$ 表示能量动量守恒定律, 因子 $\left(k_i^2 - m^2\right)^{-1}$ 对应于外部格林函数, 它们将出现在所有图中, 今后我们省略它们. 这样做了以后, 剩下的表达式称为粒子散射振幅.

二阶图是对 λ 的修正, 其形式为

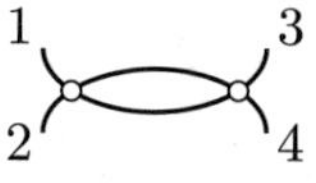

$$= -\frac{1}{2}\lambda^2 \int \frac{\mathrm{d}^4 k}{(2\pi)^4 \mathrm{i}} \frac{1}{\left[(p_1 + p_2 - k)^2 - m^2 + \mathrm{i}\varepsilon\right] (k^2 - m^2 + \mathrm{i}\varepsilon)} \tag{6.38}$$

为简单起见, 我们把外部动量 p_1, p_2, p_3, p_4 看作是纯空间的, 也就是让 $p_{0i} = 0$. (在得到最终结果后, 我们可以放宽这个假设.) 那么微扰理论中出现的积分就是纯实数. 事实上, (6.38) 中对能量分量 k_0 的积分有如下形式

$$\int_{-\infty}^{+\infty} \frac{\mathrm{d}k_0}{2\pi\mathrm{i}} \frac{1}{\left[k_0^2 - (p_1 + p_2 - k)^2 - m^2 + \mathrm{i}\varepsilon\right] (k_0^2 - k^2 - m^2 + i\varepsilon)} \tag{6.39}$$

积分的奇异性如图 6.13 所示. 不穿越任何奇点, 就可以将积分围道 C_1 变形为

虚轴 C_2, 也就是转为 $k_4=-\mathrm{i}k_0$ 的积分:

$$\int_{-\infty}^{+\infty}\frac{\mathrm{d}k_0}{2\pi\mathrm{i}}=\int_{-\infty}^{+\infty}\frac{\mathrm{d}k_4}{2\pi}$$

这种技巧称为威克旋转. 经过威克旋转以后, 动量空间是欧氏的: $k^2=k_0^2-\underset{\sim}{k}^2=-k_4^2-\underset{\sim}{k}^2=-\underset{\sim}{k}_\nu^2=-\widetilde{k}^2$. 因此积分 (6.38) 就约化为欧氏空间的积分:

$$=-\frac{1}{2}\lambda^2\int\frac{\mathrm{d}^4\widetilde{k}}{(2\pi)^4}\frac{1}{\left(\widetilde{k}^2+m^2\right)\left[\left(p_1+p_2-\widetilde{k}\right)^2+m^2\right]}$$

这种积分是正的, 而且很容易估计, 因为角度积分是在四维空间的单位超球的有限表面 $S=2\pi^2$ 上进行的, 所以发散只与 $|\widetilde{k}|=\sqrt{\widetilde{k}^2}$ 上积分的无限区域有关.

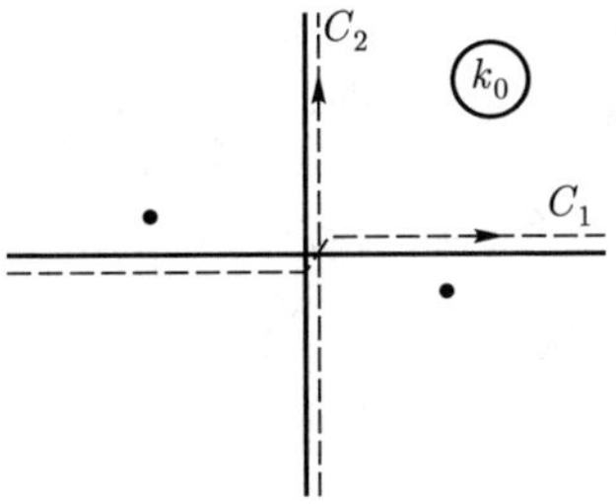

图 6.13

在某个大的数值 $L\gg m,|\widetilde{p}_1+\widetilde{p}_2|$ 上, 我们切断 $|\widetilde{k}|$ 的积分. 这个量对应的截止点在坐标表示中的距离是 r_0 的数量级, 其中 $L\sim 1/r_0$. 假设 $|p_1+p_2|^2\equiv p_{12}^2\gg m^2$(这是下面要求的区域), 我们计算这个积分. 消掉积分中的 m^2 和 p_{12}^2, 可以得到

$$\int_{p_{12}}^{L}\frac{\mathrm{d}^4\widetilde{k}}{(2\pi)^4\widetilde{k}^4}=\frac{1}{16\pi^2}\int_{p_{12}^2}^{L^2}\frac{\mathrm{d}\widetilde{k}^2}{\widetilde{k}^2}=\frac{1}{16\pi^2}\ln\frac{L^2}{p_{12}^2}$$

这种计算的相对误差是 $\left[\ln\left(L^2/p_{12}^2\right)\right]^{-1}\ll 1$ 的量级. 对于图 6.7(b) 和 (c) 的图, 可以做类似的计算, 它们与前面的图的差别在于, 分别替换了 $p_1+p_2\to p_1+p_3$ 和 $p_1+p_2\to p_1+p_4$.

用裸的耦合常数做的所有二阶修正之和为

$$\lambda+A^{(2)}\left(p_1,p_2,p_3,p_4\right)=\lambda-\frac{1}{2}\frac{\lambda^2}{16\pi^2}\left(\ln\frac{L^2}{p_{12}^2}+\ln\frac{L^2}{p_{13}^2}+\ln\frac{L^2}{p_{14}^2}\right)$$

假设所有动量 p_1, p_2, p_3, p_4 都是相同的数量级, 并且远远小于 L. 这样就可以让括号里的三个项相等, 得到

$$\lambda + A^{(2)}(p) \simeq \lambda - \frac{3}{2}\frac{\lambda^2}{16\pi^2}\ln\frac{L^2}{p^2} \equiv \lambda\left(1 - \frac{3}{2}\xi\right)$$

这里和下面都使用记号 $\xi = \dfrac{\lambda}{16\pi^2}\ln\dfrac{L^2}{p^2}$.

当 $\dfrac{\lambda}{16\pi^2}\ln\dfrac{L^2}{p^2} \sim 1$ 时, 刚才得到的修正是第一项的量级. 在这种情况, 下一阶修正 (是 λ^3 的量级) 可能会变得很重要, 如果它们乘以一个因子 $\left[\ln\left(L^2/p^2\right)\right]^2$; 量级为 $\lambda^3\ln\left(L^2/p^2\right)$ 和 λ^3 的修正可以忽略. 现在考虑三阶图 (图 6.14).

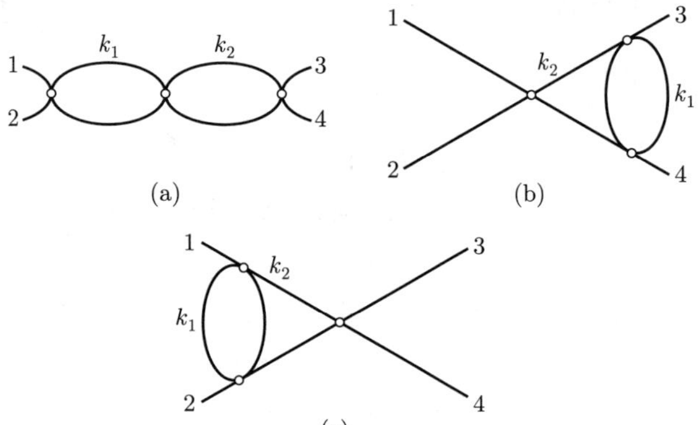

图 6.14

我们不考虑以下形式的图

它对应于入射粒子质量的重正化和格林函数的重正化. 第一个重正化表示对入射粒子质量的重新定义; 因子 $\sqrt{Z}$ 是必须从每根线进入新的耦合常数, 很容易看到它的形式是 $1 + C_1\lambda^2\ln\left(L^2/p^2\right)$, 也就是说, 当我们挑出领先的对数项时, 不应该保留它.

除了我们画的图以外, 还有一些图由于外部动量的互换而不同: $p_1 \leftrightarrow p_3$, $p_1 \leftrightarrow p_4$. 为了达到对数精度, 对于 $p_1 \sim p_2 \sim \cdots \sim p$, 动量的交换不影响这个图

的贡献, 因此, 为了考虑这些置换的图, 只需要把图 6.14 乘以因子 3 就可以了. 此外, 考虑到 “内部” 粒子的全同性, 会导致图 6.14(a) 有一个系数为 $\frac{1}{2}\cdot\frac{1}{2}$, 图 6.14(b) 和 (c) 有一个系数为 $\frac{1}{2}$.

图 6.14(a) 的计算最简单, 因为对 k_1 和 k_2 的积分是独立无关的:

$= \Big($  $\Big)^2 = \lambda\frac{1}{4}\xi^2$

在对应图 6.14(b) 的双积分中, 我们知道 k_1 上的积分贡献:

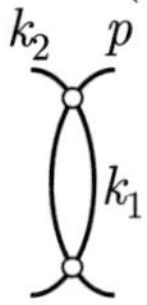

$$= \frac{1}{2}\lambda\int\frac{\mathrm{d}^4k_t}{(2\pi)^4}\frac{1}{k_1^2\,(k_1-p-k_2)^2} = \frac{1}{2}\lambda\frac{1}{16\pi^2}\ln\frac{L^2}{(p+k_2)^2}$$

在对 k_2 的积分中, 重要的区域是 $k_2 \gg p$:

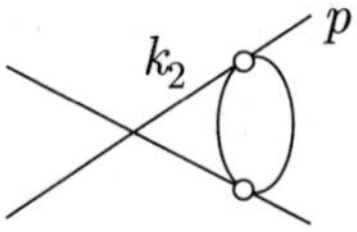

$$= \lambda^2\int_p^L\frac{\mathrm{d}^4k_2}{(2\pi)^4}\frac{1}{k_2^4}\cdot\frac{1}{2}\lambda\frac{1}{16\pi^2}\ln\frac{L^2}{k_2^2}$$

首先对角度做积分: $\int\mathrm{d}^4k_2 = \pi^2\int k_2^2\,\mathrm{d}k_2^2$, 并引入对数变量 $\eta = \frac{\lambda}{16\pi^2}\ln\frac{L^2}{k^2}$; 这样就得到简单的积分

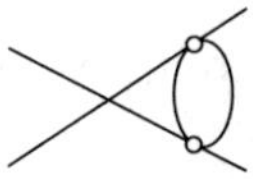
$$= \lambda\frac{1}{2}\int_0^\xi\mathrm{d}\eta\cdot\eta = \lambda\frac{\xi^2}{4}$$

图 6.14(c) 与 (b) 的差别在于外部动量的互换, 因此给出的贡献相同:

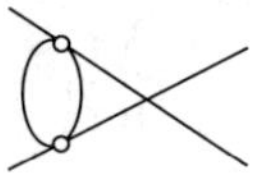
$$= \lambda\frac{\xi^2}{4}$$

这样就得到了三阶图的贡献之和

$$A^{(3)}(p) = \lambda\cdot 3\left(\frac{\xi^2}{4}+\frac{\xi^2}{4}+\frac{\xi^2}{4}\right) = \lambda\cdot\frac{9}{4}\xi^2$$

微扰理论接下来的每一阶, 将给出一个额外的因子 λ 和一个额外的积分 (也就是 ξ 的一个额外的幂). 因此, 总振幅就是

$$A \equiv \lambda f(\xi) = \lambda\left(1-\frac{3}{2}\xi+\frac{9}{4}\xi^2+\cdots\right) \tag{6.40}$$

对四阶图的计算 (我们将省略), 给出 $f(\xi)$ 中的一个项等于 $-(3\xi/2)^3$. 因此, 函数 $f(\xi)$ 中的前几项是 $3\xi/2$ 的幂. 假设后面的项也遵守这个规则, 即, $f(\xi)$ 是几

何级数的和, 我们就得到

$$A=\frac{\lambda}{1+\frac{3}{2}\xi}=\frac{\lambda}{1+\frac{3}{2}\frac{\lambda}{16\pi^2}\ln\frac{L^2}{p^2}} \tag{6.41}$$

基于物理原因, 我们期望截止半径 L 必须以某种方式从最终答案中消失. 对坐标空间中的图的分析, 在更早的时候让我们产生了重正化的想法, 也就是说, 把高阶图的发散贡献纳入其中, 从而重新定义了裸耦合常数. 公式 (6.41) 适合于这样的重正化程序, 把它改写成下面的形式,

$$A(p)=\frac{1}{\lambda^{-1}+\frac{3}{2}\frac{1}{16\pi^2}\ln L^2-\frac{3}{2}\frac{1}{16\pi^2}\ln p^2}$$

就会立刻发现. 如果 L 改变了, 我们可以改变 λ, 使得振幅 $A(p)$ 保持不变.

如果把振幅的值 $A\left(p^2\right)$ 固定在某个点 $p^2=\mu^2$, 那么

$$A(\mu)=\frac{1}{\lambda^{-1}+\frac{3}{2}\frac{1}{16\pi^2}\ln\frac{L^2}{\mu^2}}\equiv\lambda_R$$

把 $A(\mu)$ 称为重正化的耦合常数 λ_R, 振幅 $A(p)$ 和 λ_R 的关系就不再包含截断半径:

$$A(p)=\frac{\lambda_R}{1-\frac{3}{2}\frac{\lambda_R}{16\pi^2}\ln\frac{p^2}{\mu^2}} \tag{6.42}$$

为了明确起见, 我们可以把 μ 选择为重正化的粒子质量 m.

因此, 在 $A(\xi)$ 表达式的前几项中观察到的几何级数, 并不是这些项的偶然的特殊性, 而是反映了有关理论的一个重要属性, 可重正化的属性. 事实上, 我们现在不使用 λ 的微扰理论展开来得到表达式 (6.42), 而是直接从重正化的要求出发, 也就是说, 振幅 A 不应该依赖于截断动量 L. 在这种情况, 振幅相对于 $\ln L^2$ 的总导数 [用 λ 和 $\ln\left(L^2/p^2\right)$ 表示] 在常数 λ_R 处应该是零. 使用 (6.40) 并将 A 对 $\left(16\pi^2\right)^{-1}\ln L^2=u$ 做微分, 我们发现

$$\frac{\mathrm{d}A}{\mathrm{d}u}=0=\lambda^2\frac{\mathrm{d}f}{\mathrm{d}\xi}+\left(\frac{\partial\lambda}{\partial u}\right)_{\lambda_R}\left[f(\xi)+\frac{\mathrm{d}f}{\mathrm{d}\xi}\xi\right]$$

在这个方程中，我们可以对固定的 L[也就是保持 λ 和 $(\mathrm{d}\lambda/\mathrm{d}u)_R$ 的值] 改变 ξ. 令 $\xi=0\quad(p=L)$，我们发现

$$\left(\frac{\partial\lambda}{\partial u}\right)_{\lambda_R}f(0)=-\lambda^2\left(\frac{\partial f}{\partial\xi}\right)_0$$

使用 $f(0)$ 和 $f'(0)$ 的值，我们从 (6.40) 得到

$$\left(\xi+\frac{2}{3}\right)f'(\xi)+f(\xi)=0$$

这个方程的解是

$$f(\xi)=\frac{1}{1+\dfrac{3}{2}\xi}$$

这就导致上面假设的表达式 (6.41)，从而导致 (6.42). 从 (6.42) 可以看出，A 随着 p 的增加 (等价于距离 x 减小) 而增加. 在接近这个表达式的极点时，这个公式就不再有效了. 公式 (6.42) 的适用性判据是，A 应该很小. 为了解释这一点，我们转到坐标表示. 对于 $mx\ll 1$，在振幅 $A(x)$ 的图中，虚粒子散射事件之间的主要距离也是 x 的量级. 事实上，所有对应于小距离的图元素 (即，在小 x 处发散)，都被吸收到耦合常数、质量和格林函数的重正化中，由于格林函数迅速下降，大于 x 的距离给出的贡献很小. (在上面考虑的图的例子中，很容易验证这一点.) 因此，虚粒子的散射由 $A_1\sim A(x)$ 这个量决定，它在短距离内取代 λ_R. 因此，初始表达式 (6.41) 的适用性判据就不是 $\lambda\ll 1$，而是 $A\ll 1$.

这些考虑导致了这样的概念：也许可以更一般性地表述重正化的思想，不用假定常数 λ_R 很小. 下面考虑超小距离的量子电动力学的性质的时候，我们将回到这个问题. 注意，我们完全可以不引入裸耦合常数 λ 和相应的截止半径 L(或坐标表示中的 r_0)，就得到同样的结果. 相反，我们可以引入一些相当任意的截止半径 r_c，比理论的适用极限r_0 大得多，同时也比我们感兴趣的距离 x 小得多. 那么，我们就可以把小于 r_c 的积分区域的贡献包括在任意耦合常数 λ_c 中 (这在 $\sim r_\mathrm{c}$ 的误差以内是局域的). 对于 $\lambda_\mathrm{c}\ll 1$，振幅 A 由 $A=A\left(\lambda_\mathrm{c}\ln\dfrac{x^2}{r_\mathrm{c}^2}\right)$ 决定，或者在动量表示中由 $A=A\left(\lambda_\mathrm{c}l\ln\dfrac{L_\mathrm{c}^2}{p^2}\right)$ 决定. 由于 $r_\mathrm{c}=L_\mathrm{c}^{-1}$ 是任意的，振幅不能依赖于对它的选择. 用 L_c 代替 L，用 λ_c 代替 λ，重复上述推导，我们得到同样的结果.

6.3 小距离的量子电动力学

上面讨论的标量场理论并没有描述任何真实的物理系统. 现实生活中存在的标量粒子 (介子) 不仅彼此相互作用, 而且与旋量粒子 (介子) 发生相互作用, 耦合常数还很大, 所以微扰理论不适用. 因此, 具有小耦合常数的标量场理论就是我们能够找到的最简单的模型, 用来探索小距离上场论的一般特性. 我们现在转向一个现实的理论, 即量子电动力学, 也就是描述电子、正电子和光子相互作用的理论.

6.3.1 量子电动力学中的局域相互作用

第 6.1 节给出了电子 (正电子) 和光子的格林函数, 但没有在这些粒子之间引入任何相互作用. 最简单的电磁过程如图 6.15 所示, 带箭头的线对应于电子 (正电子) 的传播, 波浪线对应于光子的传播. 在 x 处发生了局域的相互作用; 图 6.15 所示的过程的振幅的一般表达式为

$$-\mathrm{i}\overline{\varPsi}_1\int \mathrm{d}^4xG\left(x_1-x\right)\hat{\varGamma}_\mu\left(\frac{\partial}{\partial x}\right)G\left(x-x_2\right)D_{\mu\nu}\left(x-x'\right)\varPsi_2e_v \tag{6.43}$$

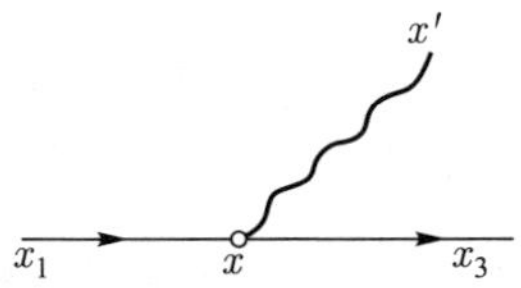

图 6.15

其中 $\varPsi_1,\varPsi_2$ 和 e_v 分别是电子 (或正电子) 和光子的波函数, 而 $\hat{\varGamma}_\mu(\partial/\partial x)$ 是某个未知函数. 导数 $\partial/\partial x$ 可以作用于三个格林函数中的任何一个; 空间均匀性的要求排除了 $\varGamma_\mu$ 对 x 的显性依赖. 跃迁振幅的洛伦兹不变性要求 $\overline{\varPsi}_1$ 必须由 γ_μ 和 $\partial/\partial x_\mu$ 组成. 然而, $\varGamma_\mu$ 的任何梯度依赖关系意味着引入一个有量纲的耦合常数, 这将破坏理论的可重正化. 为了消除发散, 我们不得不引入无限多的 $(\partial/\partial x)^n$ 形式的项, 也就是说, 失去了局域性. 为了说明这一点, 我们估计了三阶图对顶点的贡献, 其形式为

$$\varGamma_{1\mu}=\mathrm{i}\mu_1\left(\gamma_\mu\gamma_\nu-\gamma_\nu\gamma_\mu\right)\partial/\partial x_\nu$$

在动量表示中, 我们有

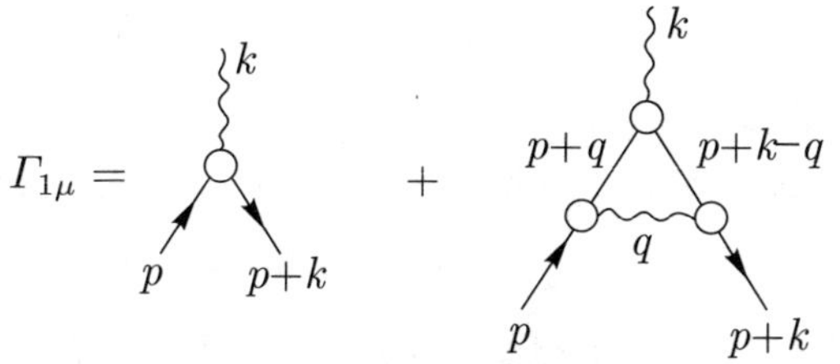

积分区域 $q \gg p, k$ 给出了

$$\Gamma_{1\mu} \sim \Gamma_{1\mu}^{(0)}\left(1+\mu_1^2\int q^2\frac{1}{q^2}\frac{1}{q}\frac{1}{q}\,\mathrm{d}^4q\right) = \Gamma_{1\mu}^{(0)}\left(1+\mu_1^2L^2\right)$$

所以我们得到了二次方发散的修正, 对应着 μ_1 的量纲 ($[\mu_1]=1/m$).

因此, 我们得到了最小电磁耦合

$$\Gamma_\mu = e\gamma_\mu \tag{6.44}$$

具有无量纲的耦合常数, 我们将看到, 这正是电子的电荷, 采用了赫维赛德单位 (有理化的高斯单位). $\left[e^2/(4\pi)=1/137\right]$. 因此, 举例来说, 如果把 (6.44) 给出的顶点放在上面考虑的三阶图中, 就会得到上面对 Γ_μ 的修正, 其中 μ_1 是对电子磁矩的修正. 这个修正可以借助于 (6.44) 计算到 e 的 6 阶, 结果与实验符合得非常精确.

为了说服自己, 耦合常数 e 确实就是电子电荷, 只需取表达式 (6.44) 中对应于非相对论性的电子跃迁 (伴随着光子发射) 的矩阵元, 并将它与第 37 页得到的表达式做比较. 单位体积内单个光子对应的波函数由 $e_\mu^{(\lambda)}/\sqrt{2k_0}$ 给出; 计算电磁场能量 $\displaystyle\int\frac{1}{2}\left(\mathscr{E}^2+\mathscr{H}^2\right)\mathrm{d}V=\omega$, 就可以轻松地验证归一化. 因此, 我们在横向规范中得到了

$$-\mathrm{i}e\overline{u}_\alpha^{(\sigma)}\left(\gamma_i\right)_{\alpha\beta}u_\beta^{(\sigma')}e_i^{(\lambda)}\frac{1}{\sqrt{2k_0}} \tag{6.45}$$

忽略电子动量的变化, 可以得到

$$\overline{u}\left(p_1\right)\gamma_\mu u\left(p_1\right)=\frac{p_\mu}{m}$$

乘以 p_μ, 并利用狄拉克方程, 就可以确定这个表达式的正确性. 对电子哈密顿

量的修正相当于不含因子 $(-\mathrm{i})$ 的表达式 (6.45), 即

$$H' = e\left(\boldsymbol{v}e^{(\lambda)}\right)\frac{1}{\sqrt{2k_0}}, \quad v_i = \frac{p_i}{m}$$

完全对应于第 37 页的公式 (1.23)(这里的电荷 e 采用赫维赛德单位). 由于负能量的 $u^{(\sigma)}(\boldsymbol{p},\alpha)$ 对应于动量为 $-\boldsymbol{p}$ 的正电子 (参见第 239 页), 因此在正电子的情况, 这个表达式的符号发生了变化, 也就是说, 正电子的电荷与电子的电荷相反. 由于 $e_i^{(\lambda)}/\sqrt{2k_0}$ 这个量对应单个光子的矢量势, 把 $e_\mu^{(\lambda)}/\sqrt{2k_0}$ 替换为 A_μ, 可以得到任意电磁场中的矩阵元 A_μ. 这定义了将电磁场引入狄拉克方程的规则——只需要在 $\gamma_\mu \boldsymbol{p}_\mu$ 项中加入 $e\gamma_\mu A_\mu$. 事实上, 根据公式 (5.33), 格林函数方程给出 $G^{(1)} = G\left(-\mathrm{i}e\gamma_\mu A_\mu\right)G$. 计算 Γ_μ 中 e 的高阶项, 不仅给出了对磁矩的修正, 也给出了对电子与原子核场的相互作用的修正, 这导致了第 1.3.7 节讨论的原子能级的兰姆移位.

考虑对应于两个粒子 (例如电子和质子) 散射的跃迁振幅. 在 e 的最低阶, 这个过程由下面的图描述

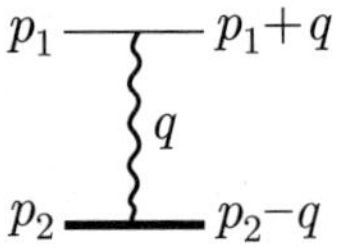

(6.46)

电子线和质子线的短端表示, 对应于进线和出线的传播函数不包括在有关的跃迁振幅中. 与此图相对应的跃迁矩阵元可以为

$$-e^2(-\mathrm{i})^2\overline{\Psi}_1^e\gamma_\mu\Psi_2^e D_{\mu\nu}(q)\overline{\Psi}_1^p\gamma_\nu\Psi_2^p$$

对于小的四动量 $q\,(q \ll M_p)$, 我们可以把质子的运动看作是给定的. 那么 $D_{\mu\nu}$ 右边的因子是质子以动量 p_2 运动的四元流的第 q 个分量, $D_{\mu\nu}(q)j_\nu^p(q)$ 的表达是质子流引起的矢量势的第 q 个分量 (见第 246 页)

$$A_\mu(x) = \mathrm{i}\int D_{\mu\nu}\left(x-x'\right)j_\nu^p\left(x'\right)\,\mathrm{d}^4x' \tag{6.47}$$

在这种情况下, 电子的散射问题就约化为外场中的散射问题 $A_\mu(x)$. 为了考虑质子的反冲, 只要把 $j^p(x)$ 作为 "跃迁" 的流, 也就是初始和最终质子态之间的流算子的矩阵元, 就可以了. 考虑对 $D_{\mu\nu}$ 修正的图, 可以得到这样的结论: (6.47) 中的 $D_{\mu\nu}$ 应该用精确的函数 $\widetilde{D}_{\mu\nu}$ 取代; 我们现在考虑这个量.

6.3.2　真空极化

有外场存在的时候, 真空中出现了与虚对子有关的极化电荷和电流. 我们将看到, 在真空中诱发的额外电荷屏蔽了放置其中的任何外部电荷. 类似的过程发生在电介质中; 因此, 为了说明这些真空过程的物理图景, 与可极化介质的经典电动力学做类比是有用的.

精确的光子格林函数 $\widetilde{D}_{\mu\nu}$ 包含光子在真空中传播时发生的所有可能的虚过程, 我们写出它的戴森方程 (见第 203 页和第 252 页). 将看到, 这个方程在经典电动力学中有一个简单的类比. 我们引入块图 $\Pi_{\mu\nu}(x-x')$, 其中不包含由单个光子线连接的部分. 重复第 203 页的计算, 我们发现在算子形式上

$$\widetilde{D} = D + D\Pi\widetilde{D}$$

用 $-\mathrm{i}D^{-1}$ 从左侧乘以这个方程, 在坐标表示中发现

$$\Box\widetilde{D}_{\mu\nu}(x-x') + \mathrm{i}\int \Pi_{\mu_\gamma}(x-x_1)\,\widetilde{D}_{\gamma\nu}(x_1-x')\ \mathrm{d}^4x_1 = -\mathrm{i}g_{\mu\nu}\delta(x-x') \quad (6.48)$$

把这个方程写成算子的形式, 并从右边乘以 j^{ex}, 也就是放置在真空中的外部电荷引起的电流. 那么我们有

$$\Box\widetilde{D}j^{\mathrm{ex}} + \mathrm{i}\Pi\widetilde{D}j^{\mathrm{ex}} = -\mathrm{i}j^{\mathrm{ex}}$$

由于 $\widetilde{D}^{\mathrm{ex}}_j = -\mathrm{i}\,A$, 这个方程正是可极化介质中的矢势方程, $\Box A = j + j^{\mathrm{ex}}$; $j = \mathrm{i}\Pi A$ 是极化电流, 即 $\Box A + \mathrm{i}\Pi A = j^{\mathrm{ex}}$. 因此, Π 定义了由矢势引起的极化电流, $\widetilde{D}$ 是可极化介质中的势 A 的齐次方程的格林函数. 把指数和显式积分放回去, 我们发现

$$A_\mu(x) = \mathrm{i}\int \widetilde{D}_{\mu\nu}(x-x')\,j^{\mathrm{ex}}_\nu(x')\ \mathrm{d}^4x' \quad (6.49)$$

这个公式将类似的表达式 (6.47) 推广到可极化介质的情况. 极化电流由以下表达式给出

$$j_\mu(x) = \mathrm{i}\int \Pi_{\mu\nu}(x-x')\,A_\nu(x')\ \mathrm{d}^4x' \quad (6.50)$$

为了说明这些公式, 考虑位于原点的静止电荷的情况: $j^{\mathrm{ex}}_i = 0, j^{\mathrm{ex}}_0 = e_0\delta(\boldsymbol{r})$ 和 $A_i = 0, e_0A_0 = V(\boldsymbol{r})$. 对于场 $V(\boldsymbol{r})$, 我们从 (6.49) 得到

$$V(\boldsymbol{r}) = \mathrm{i}e_0^2\int \widetilde{D}_{00}(t,\boldsymbol{r})\ \mathrm{d}t = -e_0^2\widetilde{D}_{00}(\omega=0,\boldsymbol{r}) \quad (6.51)$$

其中 $\widetilde{D}(\omega, \boldsymbol{r})$ 是混合表示中光子的精确格林函数. 诱导电荷的密度由下式给出

$$\rho(\boldsymbol{r}) = -\mathrm{i}e_0 \int \Pi_{00}(\boldsymbol{r}-\boldsymbol{r}', \tau)\, \tilde{D}_{00}(\omega=0, \boldsymbol{r}')\ \mathrm{d}\tau\ \mathrm{d}\boldsymbol{r}' \tag{6.52}$$

把未受干扰的格林函数 $D_{00}(\omega = 0, \boldsymbol{r} = 0) = -\dfrac{1}{4\pi \boldsymbol{r}}$(见第 246 页) 代入 (6.51), 就可以得到库仑定律. 由于电流 $j_\mu(x)$ 必须服从连续性方程

$$\frac{\partial j_\mu}{\partial x_\mu} = 0$$

从 (6.50) 可以看出

$$\frac{\partial \Pi_{\mu\nu}(x-x')}{\partial x_\mu} = 0 \tag{6.53}$$

此外, 从 Π 的图形定义可以看出 $\Pi_{\mu\nu} = \Pi_{\nu\mu}$, 所以条件 (6.53) 自动保证了规范不变性, 也就是说, 如果在 A_ν 中加入 $\partial_\nu f$ 形式的项, 电流并不会改变. 但是我们将看到, 在量子电动力学中, $\Pi_{\mu\nu}(x)$ 有很强的奇异性, 因为当 $x \to 0$ 时, 条件 (6.53) 在 $x = 0$ 处不成立. 这意味着, 对于小 x, 为了保证规范性和电流守恒, 量子电动力学必须修改. 在真空中形成的诱导电荷的密度由关系式 (6.52) 给出, 在下一节中, 我们将利用表达式 (6.51), 给出它们对库仑定律的修正值.

6.3.3 库仑定律的辐射修正

量子电动力学预测了与库仑定律的偏差. 这些辐射修正与高阶图有关. 我们将看到, 对库仑定律的修正的物理性质取决于真空的极化. 尽管辐射修正包含一个小参数 $\alpha = e^2/(\hbar c) = 1/137$, 但从原理的角度来看, 它们是很重要的, 因为能够让我们解释小距离上发散的特性. 事实上, 正是对量子电动力学辐射修正的研究催生了重正化的思想, 它是当代基本粒子相互作用理论的根本基础.

接下来, 我们寻找库仑定律的一阶辐射修正. 考虑一个在原点静止的无限重的带电粒子. 这个粒子产生的场由表达式 (6.51) 给出; 在零阶近似中, 它给出了库仑定律. 库仑定律的变化由屏蔽 (极化) 电荷的出现决定, 因此也由对 $D_{\mu\nu}$ 的修正决定. 在裸电荷 e_0 的最低阶, 我们有

$D^{(2)}_{\mu\nu} =$  (6.54)

我们将在混合表示中做计算. 利用 $\mathrm{i}\Pi(0,\boldsymbol{r}) \equiv \int \Pi(\tau,\boldsymbol{r})\,\mathrm{d}\tau$ 这个事实, 我们得到

$$D^{(2)}_{\mu\nu}(0,\boldsymbol{r}) = -\int D_{\mu\gamma}(0,\boldsymbol{r}-\boldsymbol{r}_1)\,\Pi_{\gamma\rho}(0,\boldsymbol{r}_1-\boldsymbol{r}_2)\,D_{\rho\nu}(0,\boldsymbol{r}_2)\;\mathrm{d}\boldsymbol{r}_1\,\mathrm{d}\boldsymbol{r}_2 \qquad (6.54')$$

其中 $D_{\mu\nu}(0,\boldsymbol{r})$ 是混合表示中的自由格林函数 (见第 246 页)

$$D_{\mu\nu}(0,\boldsymbol{r}) = -\frac{1}{4\pi r}g_{\mu\nu}$$

(我们选择了横向规范 $\alpha = 1$, 参见第 245 页), $\Pi_{\mu\nu}$ 是上一节引入的极化算子, 对应于图 (6.54) 的内部部分:

$\Pi_{\mu\nu}(r,t) =$ 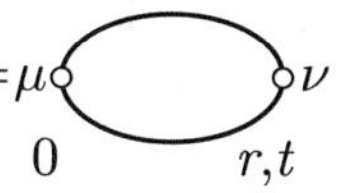

在坐标表示中计算 $\Pi_{\mu\nu}(x)$ 更方便. $\Pi_{\mu\nu}(x)$ 的图可以这样读:

$$\Pi_{\mu\nu}(x) = -\left(-\mathrm{i}e_0\right)^2 \mathrm{Tr}\left[\gamma_\mu G(x)\gamma_\nu G(-x)\right]$$

矩阵的迹 (Tr) 对应于对虚的电子–正电子对的所有可能的自旋态求和. 额外的负号与 $G^+(-t) = -G^-(t)$ 这个事实有关, 其中 G^- 是正电子的格林函数 (参见第 243 页). 下面将说明, 我们需要 $\Pi_{\mu\nu}$ 在远小于康普顿波长的距离上, 所以在电子和正电子的格林函数中, 可以让 $m = 0$; 那么 (参见第 243 页)

$$\Pi_{\mu\nu}(x) = \frac{e_0^2}{4\pi^4}\,\mathrm{Sp}\left(\gamma_\mu\frac{\hat{x}}{x^4}\gamma_\nu\frac{\hat{x}}{x^4}\right)$$

使用下面的关系,

$$\gamma_\nu\hat{\boldsymbol{x}} = -\hat{\boldsymbol{x}}\gamma_\nu + 2x_\nu, \quad \boldsymbol{x}^2 = \boldsymbol{x}^2, \quad \mathrm{Sp}\,(\gamma_\mu\gamma_\nu) = 4\,g_{\mu\nu}$$

迹的计算就很简单,

$$\Pi_{\mu\nu}(x) = \frac{e_0^2}{\pi^4}\left(2x_\mu x_\nu - x^2 g_{\mu\nu}\right)x^{-8} \qquad (6.55)$$

注意, 对于 $\widetilde{x} \gg 1/m$, 根据 $G(x)$ 的表达式 (6.25) 和 (6.21), 可以得到结果 $G(\widetilde{x}) \sim \mathrm{e}^{-m\widetilde{x}}$, 因此 $\Pi_{\mu\nu}(\widetilde{x})$ 在大 $\widetilde{x}$ 时呈指数式下降:

$$\Pi_{\mu\nu}(\widetilde{x}) \underset{\widetilde{x}\gg 1/m}{\sim} \mathrm{e}^{-2m\widetilde{x}}$$

很容易验证, 除了在 $x=0$ 处, 表达式 (6.55) 在任何地方都满足条件 (6.53). 对于小的距离 ($x<r_0$), 这个表达式必须修改, 要么理论需要根本性的变化, 要么, 如果理论是内部一致的 (参见下一节), 就需要考虑更复杂的过程. 当然需要假设, 这些修改保持规范不变性.

为了后续的目的, 只需要假定, 在 A_ν 中加入一个常数项, 不会改变电流 [参见 (6.50)], 即 $\Pi_{\mu\nu}$ 的修正表达式满足下面的条件:

$$\int \Pi_{\mu\nu}(x)\ \mathrm{d}^4x=0 \tag{6.56}$$

由于我们对距离 $x\gg r_0$ 感兴趣, 我们将看到, 与 $\Pi(x)$ 在 $x<r_0$ 的行为有关的困难就可以避免.

为了找到感兴趣的量, 即 $\Pi_{00}(\omega=0,\boldsymbol{r})\equiv\Pi(\boldsymbol{r})$, 我们必须把 (6.55) 对 t 做积分. 绕过对应 $t^2=\boldsymbol{r}^2$ 的极点的正确方法是, 在 $\boldsymbol{r}^2$ 中加入一个无限小的负的虚数项; 这个项的符号取决于 $\Pi(\omega,\boldsymbol{r})$ 对应发散波的这个条件, $\Pi(\omega,\boldsymbol{r})\sim\mathrm{e}^{\mathrm{i}\omega r}$. 把这个积分

$$I(r)=-\mathrm{i}\int_{-\infty}^{+\infty}\frac{\mathrm{d}t}{t^2-r^2-\mathrm{i}\delta}=\frac{\pi}{r}$$

对 $\boldsymbol{r}^2$ 做微分, 容易得到

$$\Pi_{00}(\omega=0,r)=-\mathrm{i}\frac{e_0^2}{\pi^4}\int\frac{t^2+r^2}{\left(t^2-r^2\right)^4}\ \mathrm{d}t=A\frac{e_0^2}{r^5},\quad A=\frac{1}{4\pi^3} \tag{6.57}$$

关于库仑相互作用的修正, 我们发现, 使用 (6.51) 和 (6.54′), 结果是

$$\delta V(\boldsymbol{r})=-e_0^2D_{00}^{(2)}(\omega=0,\boldsymbol{r})=-\frac{e_0^2}{4\pi}\int\frac{1}{|\boldsymbol{r}-\boldsymbol{r}_1|}\Pi(\boldsymbol{\rho})\frac{1}{4\pi}\frac{1}{|\boldsymbol{r}_1+\boldsymbol{\rho}|}\ \mathrm{d}\boldsymbol{r}_1\ \mathrm{d}\boldsymbol{\rho}$$

感应电荷的密度由下式给出

$$\rho_1(r)=-\frac{e_0}{4\pi}\int\Pi(\boldsymbol{\rho})\frac{1}{|\boldsymbol{r}+\boldsymbol{\rho}|}\ \mathrm{d}\boldsymbol{\rho}$$

或者, 利用 (6.56), 就是

$$\rho_1(r)=-\frac{e_0}{4\pi}\int\Pi(\boldsymbol{\rho})\left(\frac{1}{|\boldsymbol{r}+\boldsymbol{\rho}|}-\frac{1}{r}\right)\ \mathrm{d}\boldsymbol{\rho}$$

在这个表达式中，我们必须用勒让德多项式 $P_l\left(\frac{\boldsymbol{\rho}\cdot\boldsymbol{r}}{\rho r}\right)$ 展开括号内的第一项. 利用 $\Pi(\rho)=\Pi(|R|)$ 这个事实，我们得到

$$\rho_1(r)=e_0^3A\int_r^{\sim 1/m}\frac{1}{\rho^5}\left(\frac{1}{r}-\frac{1}{\rho}\right)\rho^2\,\mathrm{d}\rho=\frac{e_0^0A}{6}\frac{1}{r^3}$$

在 δV 中，我们在理论的适用极限 r_0 的下端 r_1 切断了积分. 将 ρ_1 代入 δV 的表达式，并将 $|\boldsymbol{r}-\boldsymbol{r}|^{-1}$ 用勒让德多项式 $\mathrm{P}_l\left(\frac{\boldsymbol{r}\cdot\boldsymbol{r}_1}{rr_1}\right)$ 展开. 我们得到对数精度的

$$V(\boldsymbol{r})=\frac{e_0^2}{4\pi r}\left(1-\frac{e_0^2}{12\pi^2}\ln\frac{r^2}{r_0^2}\right)\tag{6.58}$$

这个表达式对 $r^2\ll 1/m^2$ 有效，因为它是用无质量的格林函数得到的. 在大的距离上，在康普顿波长处切断对数积分，可以得到带有修正电荷的库仑定律:

$$V(r)=\frac{e^2}{4\pi r}$$

其中

$$e^2=e_0^2\left(1-\frac{e_0^2}{12\pi^2}\ln\frac{1}{m^2r_0^2}\right)\tag{6.59}$$

根据定义，e^2 这个量就是观测到的电子电荷. 从 (6.58) 中消除裸电荷 e_0，我们发现

$$V(r)=\frac{e^2}{4\pi r}\left[1+\frac{e^2}{12\pi^2}\ln\frac{1}{m^2r^2}+O\left(e^4\right)\right]=\frac{e^2{}_{\text{eff}}}{4\pi r}$$

有效电荷随着 r 的减少而增加，就应该这样，因为极化电荷的屏蔽作用随之减小.

6.3.4　超近距离处的电磁相互作用

跟前面讨论的四玻色子相互作用理论一样，量子电动力学是可重正化的理论 (参见第 255 页)；它的特点是有一个无量纲常数，即精细结构常数 $\alpha=e^2=1/137$.

如果引入裸电荷 e_0 和截止半径 L，观察到的电荷和裸电荷之间的关系就有类似于 (6.59) 的形式:

$$e^2=e_0^2f\left(e_0^2\ln\frac{L}{m}\right)\tag{6.60}$$

这个公式假定裸电荷 e_0 很小, 但是 $e_0^2\ln(L/m)$ 是 1 的量级. 那么, 在微扰理论的图中, 我们只需要保留领先项, 即那些在 $\left[e_0^2\ln(L/m)\right]^n$ 里的项. 利用威克旋转对图做分析, 就像为标量理论所做的那样, 这样的项实际上是明显的. 假设裸电荷 e_0 是小的, 只是为了简单起见——在下面的内容中, 实际上只需要观测到的电荷 e 应该是小的.

重正化的要求使我们能够找到函数 $f(\xi)$, 直到未知常数 $f'(0)$. 与标量理论的情况一样, 形式为 $e_0^2 f\left(e_0^2\ln\dfrac{L}{m}\right)$ 的唯一函数允许我们通过裸电荷的变化 δe_0 来补偿截止半径的变化 δL, 其形式为

$$e^2=\frac{e_0^2}{1-f'(0)e_0^2\ln\dfrac{L}{m}}$$

通过简单的直观考虑, 可以得到这个公式, 因而可以看出, 对于任何类型的带电粒子, 我们必须有

$$f'(0)<0$$

考虑一组静止的裸电荷 e_0 的势 $\varphi(\boldsymbol{r})$, 电荷密度为 $n_0(\boldsymbol{r})$. 势 φ 满足泊松方程

$$\nabla^2\varphi=-e_0^2\left(n_0+n_1\right) \tag{6.61}$$

其中 n_1 是真空中产生的电荷密度, 是真空被电场极化的结果. 根据上述结果, 引入 $\varPi_0(\boldsymbol{\rho})=\varPi(\boldsymbol{\rho})/e_0^2$ 这个量, 我们可以得到

$$n_1(\boldsymbol{r})=\int\varPi_0(\boldsymbol{\rho})[\varphi(\boldsymbol{r}+\boldsymbol{\rho})-\varphi(\boldsymbol{r})]\,\mathrm{d}\boldsymbol{\rho} \tag{6.62}$$

从这个关系可以看出, 真空的总电荷仍然是零, $\left[\int n_1(\boldsymbol{r})\,\mathrm{d}\boldsymbol{r}=0\right]$. 在距离 $\rho\gg 1/m$ 时, $\varPi_0(\boldsymbol{\rho})$ 呈指数下降, 在小的距离 $(\rho<1/m)$, 根据 (6.57), 我们有

$$\varPi_0(\boldsymbol{\rho})=A|\boldsymbol{\rho}|^{-5},\quad A=1/(4\pi^3)>0$$

把 (6.62) 中对 $\boldsymbol{\rho}$ 的积分划分成三个区间: $\rho\ll r,\rho\sim r$ 和 $\rho\gg r$. 在第一个区间, 可以把 $\varphi(\boldsymbol{r}+\boldsymbol{\rho})$ 展开为 ρ 的幂级数. 对 $\boldsymbol{\rho}$ 的方向取平均, 我们得到

$$\overline{\varphi(\boldsymbol{r}+\boldsymbol{\rho})-\varphi(\boldsymbol{r})}=\overline{\rho}_i\partial_i\varphi(\boldsymbol{r})+\frac{1}{2}\overline{\rho_i\rho_k}\partial_i\partial_k\varphi(\boldsymbol{r})+\cdots\simeq\frac{1}{6}\rho^2\nabla_\varphi^2$$

因此, 这个区域对 $n_1(\boldsymbol{r})$ 的贡献是

$$n_1(\boldsymbol{r}) \simeq \frac{1}{6}A\nabla\varphi\int_{r_0}^{r}\frac{\mathrm{d}^3\rho}{\rho^3} = \frac{2\pi}{3}A\nabla^2\varphi\ln\frac{r}{r_0}$$

对于 $r > 1/m$, 积分的上限应该用 $1/m$ 代替. 积分的下限是由理论的有效性极限定义的. 前面说过 (第 263 页), 我们完全可以把一个任意的点 r_c 作为下限, 使得 $1/m > r_\mathrm{c} > r_0$; 这对应于一个电荷 e_c. 理论的可重正化意味着, 用电荷的观测值表示时, 最终的结果不依赖于 e_c 和 r_c. 下面我们证实这一点.

对于 $r > 1/m$ 的情况, $\rho \gg r$ 区域对于 $n_1(\boldsymbol{r})$ 实际上没有贡献, 因为 $\rho > 1/m$ 的 $\Pi(\rho)$ 快速下降. 对于 $r < 1/m$, 这个区域的贡献是 $A\varphi(\boldsymbol{r})/\rho_1^2$ 的数量级, 其中 $\rho_1 \gg r$, 也就是说, 跟第一个区域的贡献相比, 它是很小的.

最后, 做代换 $\varphi(\boldsymbol{r}+\boldsymbol{\rho})-\varphi(\boldsymbol{r}) \to \boldsymbol{\rho}\cdot\boldsymbol{\nabla}\varphi \sim \boldsymbol{r}\cdot\boldsymbol{\nabla}\varphi$, 我们从区域 $r \sim \rho$ 得到了形式为 $\delta n_1 \sim A\boldsymbol{r}\cdot\boldsymbol{\nabla}\varphi/r^2$ 的项. 这个项前面的系数可以这样得到: 根据普通电动力学我们知道, 感应电荷的密度可以用极化矢量的散度来表示; 因此, $n_1(\boldsymbol{r})$ 必须是某个矢量 $\boldsymbol{P} = f(\boldsymbol{r})\boldsymbol{\nabla}\varphi$ 的散度, 这样就得到 $n_1 \sim \operatorname{div}\boldsymbol{P} = f(r)\nabla^2\varphi + \dfrac{\mathrm{d}f}{\mathrm{d}r}\boldsymbol{r}\cdot\boldsymbol{\nabla}\varphi$. 因此, 对应于 $r \sim \rho$ 区域的项, 必须补充与 $n_1(\boldsymbol{r})$ 里的 $\nabla^2\varphi$ 成正比的项, 这样就得到了向量的散度. 因此, 最终得到

$$n_1(\boldsymbol{r}) = \frac{2\pi}{3}A\operatorname{div}\left[\ln\left(\frac{r}{r_0}\right)\nabla\varphi\right]$$

首先考虑当密度 $n_0(\boldsymbol{r})$ 分布在 $r > 1/m$ 的区间时的情况. 将 $n_1(\boldsymbol{r})$ 的表达式 (其中 r 必须用 $1/m$ 代替) 代入泊松方程, 可以得到

$$\nabla^2\varphi = -e^2 n_0(r) \tag{6.63}$$

其中

$$e^2 = \frac{e_0^2}{1 + e_0^2\dfrac{2\pi}{3}A\ln\dfrac{1}{mr_0}} \tag{6.64}$$

从 (6.63) 可以明显看出, e 决定了相距很远的电荷之间的相互作用, 因此就是观察到的电子电荷. 表达式 (6.64) 建立了 e^2 与裸电荷的平方 e_0^2 之间的关系. 定义了真空极化的 A 是正的, 因此观察到的电荷比裸电荷要小.

现在考虑裸电荷分布在 $r < 1/m$ 区间的情况, 特别是当原点有一个电荷时: $n_0(\boldsymbol{r}) = \delta(\boldsymbol{r})$. 我们把 $n_1(\boldsymbol{r})$ 写为

$$n_1(\boldsymbol{r}) = \frac{2\pi}{3} A \left[\operatorname{div}(\ln(mr)\nabla\varphi) - \ln(mr_0)\nabla^2\varphi\right]$$

把第二项转移到公式 (6.61) 的手边并转到电荷 e 上, 我们得到

$$\nabla^2\varphi = -e^2\left[n_0(\boldsymbol{r}) + n_R(\boldsymbol{r})\right] \tag{6.65}$$

其中,

$$n_R(\boldsymbol{r}) = \frac{2\pi}{3} A \operatorname{div}[\ln(mr)\nabla\varphi]$$

可以称为真空电荷的重正化密度.

下面引入

$$\mathscr{D} = -\left(1 - e^2\frac{2\pi}{3}A\ln\frac{1}{mr}\right)\nabla\varphi$$

它类似于电位移矢量. 公式 (6.65) 就给出了

$$\operatorname{div}\mathscr{D} = e^2 n_0(\boldsymbol{r})$$

因此,

$$\varepsilon = 1 - e^2\frac{2\pi}{3}A\ln\frac{1}{mr} \tag{6.66}$$

是真空在距离电荷很近时的介电响应率.

让我们找出位于原点的电荷 e_0 周围的真空电荷分布: $n_0(\boldsymbol{r}) = \delta(\boldsymbol{r})$. 在半径为 r 的球内, 电荷 $e^2(r)$ 与 φ 的连接关系是 $-\nabla\varphi = \dfrac{e^2(r)}{4\pi r^3}\boldsymbol{r}$. 利用 $\mathscr{D} = \left[e^2/(4\pi r^3)\right]\boldsymbol{r}$, 我们得到

$$e^2(r) = \frac{e^2}{\varepsilon} = \frac{e^2}{1 - e^2\dfrac{2\pi^2}{3}A\ln\dfrac{1}{mr}} \tag{6.67}$$

对于 $r \geqslant 1/m$, $e^2(r)$ 就变为观测到的电荷 e^2, 而对于 $r = r_0$, 它变为裸电荷. 由于极化过程不改变真空的总电荷, 出现在电荷 e_0 附近的屏蔽真空电荷被相等的、相反的电荷所补偿, 这个电荷会在无穷远处消失, 就像电荷放在无限大的电介质中发生的情况一样.

由 (6.67) 可以在形式上得到, 对于

$$r \sim r_1 \sim \frac{1}{m}\exp\left(-\frac{3}{8\pi^2 Ae^2}\right)$$

电荷 $e^2(r)$ 趋向于无穷大. 但是实际上, 公式 (6.67) 在这么小的距离上是不适用的. 事实上, 在寻找 $\Pi(\boldsymbol{r})$ 的时候, 我们假设无量纲的电荷 $e^2(r)$ 很小, 而没有考虑 $\Pi(\boldsymbol{r})$ 可能对 $e^2(r)$ 的依赖.

在 $r \sim r_1$ 的区间, 当 $e^2(r) \sim 1$ 时, 在相对距离 $\sim r$ 上产生的电荷可以反过来发生相互作用, 用电荷 $\sim e^2(r)$ 表征. 下面将看到, 这个自然的假设是重正化属性的另一种表述.

因此 (6.64) 中的 "常数"A 实际上可以通过 $e^2(r)$ 依赖于 r:

$$A = A\left[e^2(r)\right]$$

如果考虑这种依赖关系, 我们可以得到代替 (6.64) 的结果

$$e^2 = \frac{e_0^2}{1 + e_0^2 \dfrac{4\pi}{3}\displaystyle\int_{\ln r_0}^{\ln\frac{1}{m}} A\left[e^2(0)\right] d\ln\rho}$$

$e^2(r)$ 的修正公式具有积分方程的形式:

$$e^2(r) = \frac{e^2}{1 + \dfrac{4\pi}{3}e^2 \displaystyle\int_{\ln\frac{1}{m}}^{\ln r} d\ln\rho A\left[e^2(\rho)\right]} \tag{6.68}$$

把 (6.68) 对 $\ln r$ 做微分, 可以得到盖尔曼 (Gell-Mann) 和洛 (Low) 首次发现的微分方程:

$$\frac{\mathrm{d}e^2(r)}{\mathrm{d}\ln r} = -\beta\left[e^2(r)\right]$$

其中盖尔曼–洛函数$\beta\left(e^2\right)$ 与函数 $A\left(e^2\right)$ 的关系为

$$\beta\left(e^2\right) = e^4\frac{4\pi}{3}A\left(e^2\right) \tag{6.69}$$

这个方程的隐式解是

$$\int_{e^2}^{e^2(r)} \frac{\mathrm{d}x}{\beta(x)} = \ln\frac{1}{mr} \tag{6.70}$$

其中我们引入了电荷的观测值 $e^2 = e^2\left(m^{-1}\right)$. 观察到的电荷与裸电荷之间的关系 $e_0^2 = e^2\left(r_0\right)$ 是由公式 (6.70) 给出, 对于 $r \sim r_0$:

$$\int_{e^z}^{e_0^2} \frac{\mathrm{d}x}{\beta(x)} = \ln\frac{1}{mr_0} \tag{6.71}$$

这些公式显然满足可重正化关系, 事实上, 盖尔曼–洛就是从这个要求出发而发现它的.

上面给出的定性推导使我们能够掌握盖尔曼–洛函数 (6.69) 的物理意义: 它与极化相关, 因此在理论有意义的区间里不能是负的. 我们注意到, 这个推导可以进一步细化. 我们假设 $A(r) = A\left[e^2(r)\right]$. 实际上, 在距离 r 处, A 由电荷 $e^2\left(r_1\right)$ 决定, 其中 $r_1 \sim r$. 首先假设 $\ln r_1 = \ln r + \nu$, 其中 ν 是一个小的修正项. 那么我们有

$$A\left[e^2\left(r_1\right)\right] = A\left[e^2(r)\right] + \frac{\mathrm{d}A}{\mathrm{d}e^2}\frac{\mathrm{d}e^2}{\mathrm{d}\ln r}\nu = \varPhi\left[e^2(r)\right]$$

迭代这个操作, 我们得出结论, 确实有 $A = \varPhi\left[e^2(r)\right]$.

盖尔曼–洛函数是场论的非常重要的特征; 然而, 到目前为止, 除了微扰理论之外, 还没有找到计算它的方法. 微扰理论可以提供 $A\left(e^2\right)$ 展开中的前几个系数, 但是对 $A\left(e^2\right)$ 在真正感兴趣的区间 $e^2 \geqslant 1$ 的特性, 却得不到任何结论.

原则上我们不能排除这样的可能性: 函数 $A\left(e^2\right)$ 在 e_*^2 的某个值趋于零. 由于极化不能变成负值, 因此在这种情况, 函数 $A\left(e^2\right)$ 必须在 $e^2 = e_*^2$ 处与 e^2 轴相切. 盖尔曼–洛函数有没有零呢? 这个问题具有一定的理论意义, 因为在这种情况, 有可能构造一个 $r_0 = 0$ 的严格局域理论. 为了说明这一点, 请注意, 对于 $r_0 \to 0$, (6.71) 中的积分必须发散. 如果积分的上限 e_0^2 或下限 e^2 应该与函数 $\beta(x)$ 的零点 $\left(e_*^2\right)$ 重合, 这就会发生. 观察到的电荷 $e^2 = 1/137$ 足够小, 我们可以相信微扰理论中的函数 $\beta\left(e^2\right)$; 这肯定不会在 $e^2 = 1/137$ 处有一个零. 如果 e_0^2 等于 e_*^2, 就可以让 $r_0 = 0$, 也就是说, 理论将是严格局域的.

如果盖尔曼–洛函数完全没有零 (这似乎是最有可能的), 那么对于 $r_0 \to 0$, 裸电荷 e_0^2 必须等于 ∞, 积分才会发散. 在这种情况下, 裸相互作用的概念就没有任何意义了.

相互作用的屏蔽(即 (6.64) 中系数 A 是正数) 是直到最近研究的所有可重

正化理论的一般特征: 电动力学、标量场 (相互作用是 $\sim \lambda\varphi^4$)、汤川理论 (相互作用是 $\sim \overline{\Psi}\Psi\varphi$) 等. 二十年来, 裸相互作用的屏蔽似乎是与可重正化理论不可分割的属性. 对于任何大距离的有限相互作用来说, 短距离的相互作用会很大, 甚至趋向于无穷大, 这就让裸相互作用的概念本身变得不确定了.

对相互作用的屏蔽常常被作为反对局域场论的论证提出来. 其他的理论方法已经开始深入发展, 它们可以避免这一困难; 有人试图用仅由一般属性产生的关系来表述该理论, 如幺正性和因果性 (S 矩阵方法). 然而, 我们说过, 不可能以自洽的理论形式制定这样的方案.

最近发现了一种新的可能性. 人们认识到, 杨振宁和米尔斯早在 1954 年提出的规范变量理论是可重正化的. 这种类型的理论是电动力学的推广; 费米子场与几种类型的矢量场 (即所谓的胶子) 相互作用. 与光子不同的是, 胶子是带电的, 因此它们有相互作用. 拉格朗日的结构是由重正化和规范不变性的要求唯一确定的; 该理论只包含一个无量纲常数, 它决定了费米子与胶子的相互作用以及胶子之间的相互作用. 胶子的裸质量为零, 但费米子的质量可以不是零.

在这种情况, 守恒的 "荷" 与电荷不同, 它是矢量算子, 它的分量像角动量的分量一样对易. 因此, 极化 "荷" 的组合规律比电动力学中更复杂. 计算表明, 根据费米子场和胶子场的数量的关系, 放置在真空中的 "荷" 可能是屏蔽的或 "反屏蔽" 的. 对于数量不太大的费米子场, 会发生反屏蔽.

在这样的理论中, 重正化的特性也导致有效耦合常数的对数定律 (6.64), 然而系数 A 是负的. 这意味着有效相互作用随着距离的增加而增加, 而在超短距离的极限中, 相互作用消失 (所谓的 "渐近自由" 现象). 有人认为, 这种现象与解决强相互作用物理学的一个悖论有关: 众所周知, 强子的质量谱, 以及在深度非弹性电子–强子反应中观察到的强子的电磁结构, 可以用无相互作用的夸克模型很好地描述①. 然而, 没有观察到自由夸克, 尽管多年来一直在寻找它们. 这个悖论可能通过以下假设得到解决: 夸克的相互作用由杨–米尔斯理论描述, 即它在小距离上消失, 并且不允许夸克和胶子都逃到很远的距离.

因此, 超短距离的可重正化性和相互作用的纯理论问题, 可能对我们理解强相互作用的性质至关重要.

---

① Feynman R P. Photon-Hadron Interactions. Reading, Mass.: W. A. Benjamin Inc., 1972.

索引

β 衰变, 68

S 矩阵, 150, 168

f 求和规则, 149

A

艾里函数, 18, 102

鞍点法, 9

B

半经典近似, 20

贝塞尔函数, 18

标量场理论, 264

玻尔量子化规则, 131

玻尔量子化条件, 106, 134

玻色凝聚体, 209

玻色子, 179

泊松方程, 26, 132

泊松分布, 51

C

超导电性, 206

超导性, 209

超流性, 209, 215

重正化, 251

穿透势垒, 117

D

戴森方程, 201, 203, 267

单粒子格林函数, 177

导数的估计, 4

等离子体振荡, 221

狄拉克方程, 45, 238, 265

狄拉克矩阵, 235

电动力学, 264

电荷交换, 79, 89

叠加原理, 150

定态, 22, 98

动力学方程, 170

对角的扰动, 224

对应原理, 23, 108

多体问题, 170

多重散射, 33

F

范德瓦耳斯相互作用, 32

非共振散射, 155

非中心势, 135

费曼时空, 98

费曼图, 186, 249

费米子, 179

分子的振动能级, 84

G

伽马函数, 10, 62

盖尔曼–洛函数, 275, 276

戈德斯通定理, 144, 212

格林函数, 214

格林函数方法, 170

共振散射, 152

共振效应, 31

勾股定理, 1

光电效应, 37
光学定理, 151, 191
规范变量理论, 277
规范不变性, 244, 277

H

哈特里–福克自洽势, 204
合流超几何方程, 18
核裂变, 72
红外灾难, 46, 56

J

渐近级数, 5, 100
渐近特性, 54
渐近自由, 277
胶子, 277
焦散曲面, 138
解析特性, 141
解析性质, 56
解析延拓, 102
介电常量, 145
绝热近似, 56
绝热扰动, 74

K

壳层模型, 201
克莱因–戈登–福克方程, 236
库仑波函数, 40, 62, 76, 159
库仑定律, 268
库仑相互作用, 221, 247
库珀对, 206
夸克模型, 277
块图, 199, 202

L

兰姆移位, 52, 95, 266
朗格 (Langer) 修正, 125
雷诺数, 2
量纲分析, 21
量子场论, 226
量子化条件, 105
零电荷悖论, 229
零声, 219
卢瑟福公式, 27
卢瑟福散射, 63
洛伦兹不变性, 231

M

麦克斯韦方程, 235
“模型” 近似, 21
穆斯堡尔效应, 72

N

凝聚体, 206

O

偶极态, 96
偶极跃迁, 95

P

庞加莱定理, 158
泡利矩阵, 233
碰撞参数, 29, 81

Q

气体近似, 171

R

冉绍尔, 32

韧致辐射, 42

S

散射截面, 27
散射振幅, 13
色散关系, 141, 151
势垒上的反射, 121
双粒子格林函数, 179
斯塔克效应, 94
斯特林公式, 10
斯托克斯线, 102
四极矩, 42
四极跃迁, 42
隧穿, 117

T

突然扰动, 56
图的方法, 186
图形方法, 173
托马斯–费米半径, 27
托马斯–费米方程, 19, 132
托马斯–费米方法, 55
托马斯–费米分布, 26, 129

W

威克旋转, 259, 272
微扰理论, 25, 43, 56
位力定理, 109
无量纲参数, 3

X

小参数, 56, 66
虚粒子, 226
旋量, 232
薛定谔方程, 36, 91

Y

杨振宁, 277
幺正性, 150
液氦的比热, 214
液氦理论, 215
一维谐振子, 23
阈值奇异性, 168
元激发, 171
原子电离, 38
跃迁振幅, 174

Z

真空极化, 267
振荡函数积分, 11
正负电子对, 45
直接反应, 166
周期势, 93
准经典近似, 102, 106
准粒子, 171
准粒子的格林函数, 177
准粒子能谱, 209
准粒子相互作用, 200
自旋极化率, 219
自旋声, 221
自旋–同位旋的声波, 221
最速下降法, 8

译后记

大约 30 年前, 我在中国科学院半导体研究所读博士研究生。那时候, 赵凯华老师的《定性和半定量物理学》已经影响了我, 虽然那里面主要是一些普通物理学方面的应用; 我也刚自学完《高等应用数学方法》[本德 (Bender C M), 奥斯扎戈 (Orszag S A), 著, 李家春, 庄峰青, 王柏懿, 译, 科学出版社 1992 年出版], 虽然那里面更多的是经典物理特别是流体力学方面的应用。有一天, 我在研究所的图书馆里碰到了一本影印书, 也就是《量子理论中的定性方法》的英译本 *Qualitative Methods in Quantum Theories*, 觉得它非常有趣, 仿佛是把前两本书的精神具体体现在量子物理学里——当然, 这本书的原著和英译本很早就有了, 只是我遇到它的时候比较晚而已。我挺认真地学了这本书, 大概能搞懂三分之二的内容吧, 后来还在我的博士论文中用到了其中的 WKB 方法。在此过程中, 我也了解到, 作者米格达尔和英文版译者莱格特都是大物理学家, 对基础物理学的研究做出了卓越的贡献。

在接下来的 30 年里, 这本书以及刚才提到的另外两本书没有再为我的工作提供直接的帮助, 但是它们的精神一直影响着我, 无论是在分析问题还是科学交流的时候, 我都愿意先从物理图像出发, 进行一些定性和半定量的分析, 然后再深入到问题的细节里。前几年在《物理》杂志上看到刘寄星老师的文章, 介绍苏联物理学的朗道学派的工作和人物的时候, 以及另外一本回忆录《在朗道的旗帜下》(*Under the Spell of Landau: When Theoretical Physics was Shaping Destinies*, 编者是 Mikhail Shifman, 由 World Scientific 出版公司于 2013 年出版, 里面有 6 篇关于米格达尔的文章), 我又想起了这本书。我把它找出来看了看, 发现它的精神仍然没有过时, 而它的内容在中文世界里也还不是广为人知, 至少没有得到系统性的介绍。尽管这本书的原著已经出版了 50 年, 但是现在它仍然没有中译本。

* * * * * * * * * * * * *

这本书在出版两三年后, 就被翻译为英文, 译者安东尼 · 莱格特 (Anthony J. Leggett, 1938—) 是著名的物理学家, 由于他在超流体理论研究中做出的原创性工作, 获得了 2003 年诺贝尔物理学奖。与他一同获奖的维塔利 · 金茨堡 (1916.10.4—2009.11.8) 和阿列克谢 · 阿布里科索夫 (1928.6.25—2017.3.29) 都是苏联物理学界的杰出人物, 与朗道学派有着密切的关系。

这本书不仅在俄语世界里很有影响, 它的英译本在英语世界里也很流行, 先后被编入 "物理学前沿" 和 "高级经典图书" 两个丛书系列里出版发行。在 "物理学前沿" 丛书的序言里, 著名物理学家大卫 · 派恩斯 (David Pines,1924.6.8—2018.5.3) 解释了丛书出版的精神:

> 采用连贯一致的方式, 交流物理学最兴奋和最活跃的领域里的问题, 在今天似乎特别紧迫。物理学家的数量急剧增加, 大大降低了人们用熟悉的渠道交流的效率。某个特定领域的专家可以紧跟当前的文献; 而新手只会感到困惑。我们需要对某个领域给出一致的描述, 并提出明确的 "观点"。在快速发展的领域中, 正式的专著无法满足这种需求, 也许更重要的是, 这种综述文章似乎不受欢迎了。事实上, 一个人越是积极地参与发展某个特定领域, 他似乎就越不可能详细地写文章。
>
> "物理学前沿" 在几个方面努力改善这种情况。今天, 顶尖的物理学家经常在他们感兴趣的特殊领域举办一系列讲座、研讨会或研究生课程。这种讲座旨在总结某个迅速发展的领域的现状, 而且很可能是当时唯一连贯的叙述。通常会有关于讲座的笔记 (由授课人自己、研究生或博士后准备), 并在有限的范围里以油印形式分发。"物理学前沿" 系列丛书的主要目的之一就是, 把这样的笔记提供给更广泛的物理学工作者。
>
> 需要强调的是, 课堂讲稿的风格和内容必然是粗糙的和非正式的; 这个系列也不例外。本来就应该这样。这个系列的目的是为物理学工作者提供新的、及时的、不那么正式的内容, 用更有效的方式来互相学习。如果只有优美的讲义才合格, 就迷失要点了。

> 出版最近非常活跃的物理学领域的文章抽印本，可以改善交流。这些文章本身就对该领域的工作者很有用。但是，如果这些文章同时有中等长度的介绍，将有助于把这些文章联系起来，并必然构成对该领域现状的简要调查，从而进一步提高抽印本的价值。同样，为了跟上该领域的迅速发展，这种非正式的介绍是适当的。
>
> 非正式的专著介于课堂讲稿和正式专著之间，为作者提供了机会来展示他对特定领域的观点，这个领域已经发展到这样的阶段：总结肯定会很有成效，但正式的专著尚不可行或不可取。
>
> “当代经典图书”是当今物理教学的一种特别有价值的方法。这里有一些处于当今许多研究的核心领域，但它们的本质现在已经得到了很好的理解，比如量子电动力学或磁共振。在这些领域中，一些最好的教学材料并不容易获得，因为它们或者是早已绝版的论文，或者是从未发表过的讲座内容。

关于这本书，他还特别介绍说：

> 上述文字写于 1971 年 8 月，但今天似乎同样适用。此外，在过去的 15 年里，用于研究量子理论问题的形式方法发展得很快，初学者似乎比以往任何时候都更需要一本书强调该学科的定性方法。现在这本书就是为了满足这种需求。长期以来，米格达尔院士一直以物理洞察力和迅速理解问题本质的能力而闻名。在这个系列的早期，他和同事克雷诺夫合著了一本书，传授如何用定性方法来推导量子力学中一些近似方法的基本结果，特别关注原子物理和核物理的问题；本书的第一部分是米格达尔和克雷诺夫那本书的修订本。本书的第二部分把定性方法推广到凝聚态物理、核物理和量子场论的问题，仍然强调了基础的物理和研究的工具。
>
> 我非常高兴地欢迎米格达尔教授再次为这个系列做出贡献。正像他希望的那样，我也认为这本书不仅为学生介绍理论物理的基本问题，还可以提醒专业物理学家，特别是那些讲授研究生课程的人，量子理论中的定性方法可以给出许多深刻的见解和有用的结果。

也许值得指出的是，这里提到的克雷诺夫 (Vladimir P. Krainoy) 后来也写了一本关于定性方法的书并被翻译为英文出版，《物理动理学和流体动力学中的定性方法》(*Qualitative Methods of Physical Kinetics and Hydrodynamics*)，其影印本曾经出现在中国科学院理论物理研究所资料室 (WXYZ 工作室)。在“高级经典图书”丛书的前言里，大卫·派恩斯在 2000 年 5 月介绍了这套丛书的由来：

> 自 1961 年以来，帕索斯出版社的“物理学前沿”丛书让领先的物理学家用连贯一致的方式，交流他们对物理学最活跃和最激动人心的领域里最新发展的看法——而不必费时费力地准备正式的评论或专著。事实上，在创立的近四十年中，这套丛书一直强调风格和内容的非正式性，以及教学上的清晰性。人们预期，随着时间的推移，这些非正式的叙述将被更正式的出版物 (教科书或专著) 取代，因为它们处理的前沿课题逐渐融入物理学知识体系，而读者的兴趣则逐渐减少。但事实证明，这套丛书中有一些并非如此。许多作品一直在按需印刷，而其他作品则具有内在价值，以至于物理学界敦促我们延长其寿命。
>
> “高级经典图书”丛书就是为了满足这个需求。它将保留“物理学前沿”中仍然为某个长期有趣的主题提供独特描述的那些书。通过可观的印刷量，这些经典著作将以比较低的成本提供给读者。

然后是对这本书的具体介绍：

> 已故的米格达尔是我们这个时代的伟大的理论物理学家，他对核物理、凝聚态物理、天体物理和粒子物理做出了重大贡献。他把敏锐的物理洞察力与他对物理学和物理现象的深刻理解结合起来，认为学生学习量子理论比学习公式和方程的数学操作更重要。正是由于这个原因，他开发了关于量子理论中的定性方法的系列讲座，这些讲座包含在本书中。因为他的独创性和对教学法的细致关注，米格达尔的“量子理论中的定性方法”成为每个愿意学习和应用量子理论的科学家的必读书。最让我高兴的是，随着“高级经典图书”的出版，未来一代的科学家更容易得到它，有望从阅读中获益匪浅。

* * * * * * * * * * * * *

阿拉伯谚语说,“知识虽远在中国, 亦当求之。”

刘寄星老师认为这是一部奇书, 介绍了理论物理学家们在实际工作中采用但很少有人公开传授的“武林秘籍”。然而, 在这本书的原著出版 50 年以后, 连英译本也出版接近 50 年了, 中文世界里仍然看不到它的身影。有能力的学者当然很多, 但是他们也许太忙了, 也许认为这本书过时了, 也许认为有英文版就足够了, 所以这本书在中文世界里仍然只是传说。

我花了一些时间, 把这本书翻译为中文, 也许会帮助一些物理系的学生。2023 年 11 月 24 日, 我给莱格特教授写了一封邮件:

> ……我写这封信是想问您关于《量子理论中的定性方法》这本书的一些事情, 大约 50 年前, 您把它从俄文版翻译为英文。大约 30 年前, 我读了这本书, 最近, 我把它翻译成了中文 (借助了您的英文版本)。我想知道您能不能介绍一下作者米格达尔教授, 以及您为什么要翻译这本书, 在翻译的过程中有什么遭遇。许多中国读者都知道您是伟大的物理学家, 但只有少数人知道您把这本俄语书 (及其早期版本) 翻译成了英文版。我们将很高兴听到关于这本书、作者和您的任何故事。……

12 月 11 日, 我收到了莱格特教授的回信:

> ……我不记得最初是怎么被邀请翻译米格达尔的书了, 但我怀疑一定是通过我的论文导师德克 • 特哈尔 (Dirk ter Haar), 他和苏联物理学者有密切接触, 而且长期主持 JETP[①]的英文翻译工作。当然, 我很高兴抓住这个机会, 因为我觉得, 至少在那个时候, 这本书实际上是独一无二的, 对说英语的读者来说非常有价值。(你可能知道, 翻译有两个版本[②]; 第一个标题是“近似方法……”, 给人以非常误导的印象; 我很遗憾地说, 虽然这个标题可能是出版商提出的, 但我似乎并

① 中译者注: 苏联的《实验和理论物理学杂志》。

② 中译者注: 这本书有两个版本, 第一个版本只是现在这一版的前三章内容。这两个版本都是由莱格特教授翻译为英文并出版的。

没有反对它。不管怎样，我很高兴你用了后来的版本；“定性”是俄语的直译，更合适。)

关于翻译的事情，我有两个主要的回忆。一个是，俄语原文中几乎完全没有任何迹象表明一句话和下一句话之间的逻辑联系，这总是让我感到沮丧。对于理论物理学中的俄语作品来说，这似乎相当普遍，我听说这可能是故意试图迷惑外国读者；然而，我自己的怀疑是，就像这个领域的许多其他事情一样，这是朗道的遗产。我的另一个回忆是 (我想这可能适用于早期的版本)：这本书是基于米格达尔在黑板上的授课，由弗拉基米尔・克雷诺夫转录的，我相信他当时是米格达尔的研究生。这个过程导致了方程中的大量错误，我尽自己最大的努力纠正它们；对于这样的方程，我在翻译版相应位置的页边空白处做了标记。此外我发现，一些米格达尔的短语和类比，如果直译的话，对于英语 (至少英国) 读者来说就很奇怪甚至没有意义；比如说，为了说明扁球体和长球体之间的区别，他称前者为“圆饼干”(这个还行吧)，称后者为“黄瓜”(这就不合适了)，跟俄罗斯不一样的是，英国出售的大多数黄瓜根本不是球形的。同样地，为了说明随机游走的概念，米格达尔举的例子是“在一部电话被使用 N 次后，电话线扭曲的次数是 N”；这对英国读者来说没有意义，因为在英国，当人们从供应商那里得到电话机时，电话线已经扭曲了。[①]在这样的地方，我试图做适当的自由翻译，但我还是在相应的页边空白处做了标记。

最后，当翻译完成以后，我把它 (还有批注) 交给了米格达尔审阅。在返回的稿件里，我发现他几乎采纳了我修正的每一个方程，但是对我尝试自由翻译的模棱两可的文本，他却异常粗暴，并且坚持对俄语原文进行严格的字面翻译 (他提供了译文)！

无论如何，我很高兴知道你已经把这本书翻译成中文了——我相

① 中译者注：这里说的是有线电话机，电话筒跟电话机之间是有线连接的。在中国和在英国一样，这个线不是直的，而是设计成卷卷的螺旋状，在拉伸和收缩时，它都会像弹簧一样。听这里的意思，苏联的连线似乎起初是直的，打电话的时候，你可能会无意中把线转了一圈，所以，在打了 N 次电话以后，就会把电线转了大约 N 圈。参见本书第 1.2.10 节，中译本第 34 页，以及那里的译注。

信中译本的读者会发现它非常有用。……

* * * * * * * * * * * * *

由于本人的精力和能力所限，翻译难免有些疏漏之处，请读者谅解。如有翻译不当之处，请多加指正。来信请寄 jiyang@semi.ac.cn 或者 jiyang2024@zju.edu.cn.

我特别感谢莱格特教授，他的英译本对我的帮助非常大，否则就不会有现在这个中译本。但是，毕竟 50 年过去了，米格达尔教授也去世 30 多年了，不可能发表任何意见了，所以我在中译本里不可避免地采用了一些自由翻译。我也试图学习莱格特教授的翻译风格，但是终究不能完全做到。我们的差别最明显地表现在 “译后记” 里，我在这里唠唠叨叨地说了很多，而他在英译本里只做了非常简短的说明：

> 为了多快好省地翻译出版，本书中的大多数公式都是直接从俄文版中影印出来的。一般来说，英语读者可能不熟悉的符号已经做了改变，以符合英语的用法，但也有少数情况，改变符号不方便甚至不可能；最常见的有以下几种情况。……

在翻译过程中，我还看到了米格达尔教授的儿子小米格达尔 (A. A. Migdal) 的回忆文章《失乐园》(Paradise lost)，中译版由 “1/137” 翻译，2023 年 10 月 15 日发表于科学新媒体 “返朴” 微信公众号。我联系了小米格达尔教授，从他那里了解了更多关于这本书和作者的事情，并且得到了他的鼓励。对此我也表示感谢。

我还感谢刘寄星老师的支持和鼓励，特别是感谢他为本书撰写了 “中译本序”。

感谢中国科学院高能物理研究所邢志忠老师和周顺老师的帮助。

最后，我感谢中国科学院半导体研究所多年来对我工作的支持，感谢浙江大学物理学院的支持。感谢全家人特别是妻女多年来的鼓励、支持和帮助。

姬 扬

2024 年 11 月 7 日

浙江大学紫金港校区

《汉译物理学世界名著 (暨诺贝尔物理学奖获得者著作选译系列)》

已 出 书 目

朗道–理论物理学教程–第一卷–力学 (第五版) Л. Д. 朗道, Е. М. 栗弗席兹 著, 李俊峰, 鞠国兴 译校	2007.4	ISBN 978-7-04-020849-8
朗道–理论物理学教程–第二卷–场论 (第八版) Л. Д. 朗道, Е. М. 栗弗席兹 著, 鲁欣, 任朗, 袁炳南 译, 邹振隆 校	2012.8	ISBN 978-7-04-035173-6
朗道–理论物理学教程–第三卷–量子力学 (非相对论理论) (第六版) Л. Д. 朗道, Е. М. 栗弗席兹 著, 严肃 译, 喀兴林 校	2008.10	ISBN 978-7-04-024306-2
朗道–理论物理学教程–第四卷–量子电动力学 (第四版) В. Б. 别列斯捷茨基, Е. М. 栗弗席兹, Л. П. 皮塔耶夫斯基 著, 朱允伦 译, 庆承瑞 校	2015.3	ISBN 978-7-04-041597-1
朗道–理论物理学教程–第五卷–统计物理学 I (第五版) Л. Д. 朗道, Е. М. 栗弗席兹 著, 束仁贵, 束莼 译, 郑伟谋 校	2011.4	ISBN 978-7-04-030572-2
朗道–理论物理学教程–第六卷–流体动力学 (第五版) Л. Д. 朗道, Е. М. 栗弗席兹 著, 李植 译, 陈国谦 审	2013.1	ISBN 978-7-04-034659-6
朗道–理论物理学教程–第七卷–弹性理论 (第五版) Л. Д. 朗道, Е. М. 栗弗席兹 著, 武际可, 刘寄星 译	2011.5	ISBN 978-7-04-031953-8
朗道–理论物理学教程–第八卷–连续介质电动力学 (第四版) Л. Д. 朗道, Е. М. 栗弗席兹 著, 刘寄星, 周奇 译	2020.2	ISBN 978-7-04-052701-8
朗道–理论物理学教程–第九卷–统计物理学 II (凝聚态理论) (第四版) Е. М. 栗弗席兹, Л. П. 皮塔耶夫斯基 著, 王锡绂 译	2008.7	ISBN 978-7-04-024160-0
朗道–理论物理学教程–第十卷–物理动理学 (第二版) Е. М. 栗弗席兹, Л. П. 皮塔耶夫斯基 著, 徐锡申, 徐春华, 黄京民 译	2008.1	ISBN 978-7-04-023069-7
量子电动力学讲义 R. P. 费曼 著, 张邦固 译, 朱重远 校	2013.5	ISBN 978-7-04-036960-1
量子力学与路径积分 R. P. 费曼 著, 张邦固 译	2015.5	ISBN 978-7-04-042411-9

费曼统计力学讲义 R. P. 费曼 著, 戴越 译	2021.7	ISBN 978-7-04-055873-9
金属与合金的超导电性 P. G. 德热纳 著, 邵惠民 译	2013.3	ISBN 978-7-04-036886-4
高分子物理学中的标度概念 P. G. 德热纳 著, 吴大诚, 刘杰, 朱谱新 等译	2013.11	ISBN 978-7-04-038291-4
高分子动力学导引 P. G. 德热纳 著, 吴大诚, 文婉元 译	2014.1	ISBN 978-7-04-038562-5
软界面——1994 年狄拉克纪念讲演录 P. G. 德热纳 著, 吴大诚, 陈谊 译	2014.1	ISBN 978-7-04-038693-6
液晶物理学 (第二版) P. G. de Gennes, J. Prost 著, 孙政民 译	2017.6	ISBN 978-7-04-047622-4
统计热力学 E. 薛定谔 著, 徐锡申 译, 陈成琳 校	2014.2	ISBN 978-7-04-039141-1
量子力学 (第一卷) C. Cohen-Tannoudji, B. Diu, F. Laloë 著, 刘家谟, 陈星奎 译	2014.7	ISBN 978-7-04-039670-6
量子力学 (第二卷) C. Cohen-Tannoudji, B. Diu, F. Laloë 著, 陈星奎, 刘家谟 译	2016.1	ISBN 978-7-04-043991-5
泡利物理学讲义 (第一、二、三卷) W. 泡利 著, 洪铭熙, 苑之方 译	2014.8	ISBN 978-7-04-040409-8
泡利物理学讲义 (第四、五、六卷) W. 泡利 著, 洪铭熙, 苑之方 等译	2020.8	ISBN 978-7-04-054105-2
相对论 W. 泡利 著, 凌德洪, 周万生 译	2020.7	ISBN 978-7-04-053909-7
量子论的物理原理 W. 海森伯 著, 王正行, 李绍光, 张虞 译	2017.9	ISBN 978-7-04-048107-5
引力和宇宙学: 广义相对论的原理和应用 S. 温伯格 著, 邹振隆, 张历宁 等译	2018.2	ISBN 978-7-04-048718-3
量子场论: 第一卷 基础 S. 温伯格 著, 张驰 译, 戴伍圣 校	2021.6	ISBN 978-7-04-054601-9

黑洞的数学理论 S. 钱德拉塞卡 著, 卢炬甫 译	2018.4	ISBN 978-7-04-049097-8 9 787040 490978 >
理论物理学和理论天体物理学 (第三版) B. Л. 金兹堡 著, 刘寄星, 秦克诚 译	2021.6	ISBN 978-7-04-055491-5 9 787040 554915 >
物理世界 列昂 • 库珀 著, 杨基方, 汲长松 译	2023.1	ISBN 978-7-04-058456-1 9 787040 584561 >
费米量子力学 E. 费米 著, 罗吉庭 译, 赵富鑫 校	2023.7	ISBN 978-7-04-060025-4 9 787040 600254 >
朗道普通物理学: 力学和分子物理学 Л. Д. 朗道, Л. Д. 阿希泽尔, E. M. 栗弗席兹 著, 秦克诚 译	2023.6	ISBN 978-7-04-060023-0 9 787040 600230 >
自旋的故事——成熟期的量子力学 朝永振一郎 著, 姬扬, 孙刚 译	2024.8	ISBN 978-7-04-061793-1 9 787040 617931 >
弹性理论 (第三版) S. P. 铁摩辛柯, J. N. 古地尔 著, 徐芝纶 译	2013.5	ISBN 978-7-04-037077-5 9 787040 370775 >
统计力学 (第三版) R. K. Pathria, Paul D. Beale 著, 方锦清, 戴越 译	2017.9	ISBN 978-7-04-047913-3 9 787040 479133 >
量子理论中的定性方法 A. Б. 米格达尔 著, 姬扬 译	2025.8	ISBN 978-7-04-064526-2 9 787040 645262 >

ISBN: 978-7-04-040409-8

ISBN: 978-7-04-054105-2

ISBN: 978-7-04-053909-7

ISBN: 978-7-04-036886-4

ISBN: 978-7-04-047622-4

ISBN: 978-7-04-038291-4

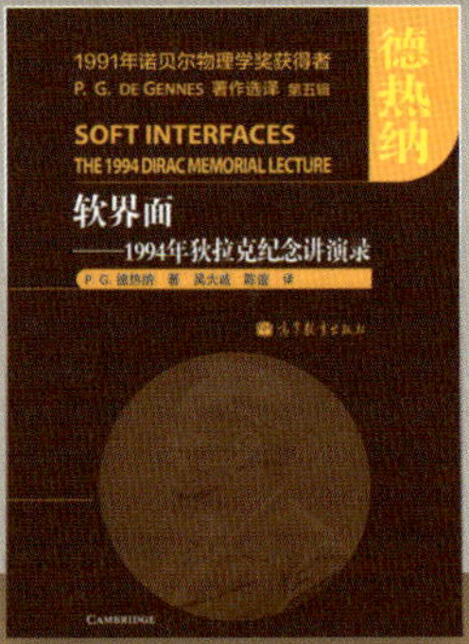

ISBN: 978-7-04-038693-6

ISBN: 978-7-04-038562-5

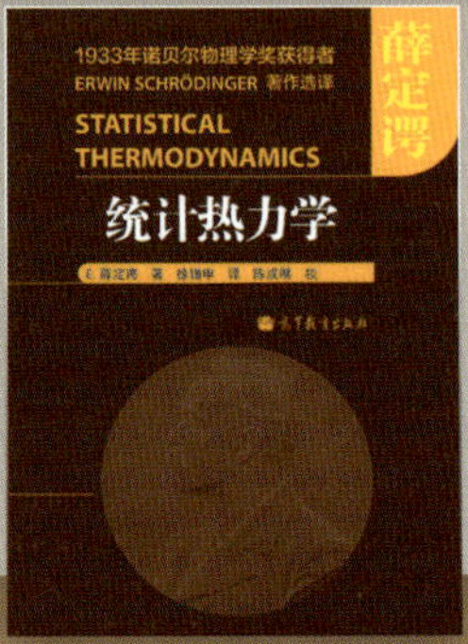

ISBN: 978-7-04-048107-5

ISBN: 978-7-04-039141-1

ISBN: 978-7-04-060025-4

有ISBN号的截至本书出版时已出版